全国高职高专教育“十一五”规划教材
机械制造及机电一体化系列

机电一体化系统

Jidian Yitihua Xitong

第二版

赵先仲 主编

高等教育出版社·北京
HIGHER EDUCATION PRESS BEIJING

内容提要

全书共分 8 章，第 1 章介绍机电一体化的概念和主要特征、机电一体化系统的组成、机电一体化系统的分类。第 2 章介绍机电一体化系统中的机械结构。第 3 章介绍机电一体化系统中的检测环节。第 4 章介绍机电一体化系统的控制系统。第 5 章介绍控制系统中常用的控制方式。第 6 章介绍机电一体化系统的执行装置及其控制。第 7 章介绍工业机器人技术。第 8 章介绍机电一体化产品实例。

本书可作为高职高专机电一体化、数控技术等相关专业的“机电一体化系统”课程教学用书，也可供从事机电一体化相关工作的技术人员参考使用。

图书在版编目(CIP)数据

机电一体化系统/赵先仲主编. —2 版. —北京：高等教育出版社，2010.11(2019.11 重印)

ISBN 978 - 7 - 04 - 030130 - 4

Ⅰ.①机… Ⅱ.①赵… Ⅲ.①机电一体化-高等学校：技术学校-教材 Ⅳ.①TH - 39

中国版本图书馆 CIP 数据核字(2010)第 174566 号

策划编辑 徐 进　责任编辑 许海平　封面设计 张申申　责任绘图 尹 莉
版式设计 余 杨　责任校对 刘 莉　责任印制 刘思涵

出版发行	高等教育出版社	网　址	http://www.hep.edu.cn
社　址	北京市西城区德外大街 4 号		http://www.hep.com.cn
邮政编码	100120	网上订购	http://www.landraco.com
印　刷	山东百润本色印刷有限公司		http://www.landraco.com.cn
开　本	787×1092　1/16		
印　张	16.5	版　次	2004 年 7 月第 1 版
字　数	400 000		2010 年 11 月第 2 版
购书热线	010-58581118	印　次	2019 年 11 月第 8 次印刷
咨询电话	400-810-0598	定　价	28.90 元

物 料 号　30130-00

第二版前言

为了适应机电一体化技术的发展和应用，本书在保留第一版特色的基础上对部分内容进行了修订。在第二版中对机电一体化系统中经常涉及的齿轮传动的类型及结构、滚珠丝杠的类型及结构、同步带传动、滚动导轨等机械传动的内容进行了补充，主要从合理选用的角度介绍工作原理、使用特点、选用计算方法和选用参考资料。同时对差补原理和运动控制部分进行了补充，不仅给出了差补原理框图，还给出了可直接运行的直线和圆弧插补的C语言源程序，步进电动机驱动的C语言源程序。这部分内容不仅是学习的重要内容，也是实际控制软件设计的参考内容。

编者注意了编写内容的系统性，同时也考虑了实际设计人员的需要，在介绍各种设计方法时，尽可能具体、实用。

我们相信，通过本书的学习，可以使学生在全面了解典型机电一体化产品的基础上，加深对一般机电一体化产品运行原理的理解，提高对故障的初步分析、判断的能力及初步的维护、维修能力。

本书由赵先仲担任主编，第2章、第6章由林定笑修订，第7章、第8章的8.1和8.2由刘晓刚修订，第8章的8.3由刘立伟修订，其余由赵先仲修订。全书由赵先仲统稿。

由于编者水平有限，加之书中所涉及的内容多且范围广，难免存在不足之处，敬请读者批评指正。

编者

2010年7月

第一版前言

机电一体化是在以大规模集成电路和微型计算机为代表的微电子技术高度发展、精密机械高速发展、机械与电子技术高度结合的现代工业基础上，综合应用机械技术、微电子技术、自动控制技术、信息技术、传感测试技术、电力电子技术、接口技术、信号变换技术以及软件编程技术等的技术集成。它从根本上改变了产品的结构，为人类带来了巨大的经济效益。

本书是为高职高专机电一体化专业的机电一体化系统课程编写的教材。本书从应用角度出发，介绍了机电一体化产品的组成和原理、产品特点，主要零部件和元器件的原理、作用和选用，主要控制元件与控制电路的介绍、分析、选择，机电一体化产品应用实例等。书中内容新颖、深浅适中，符合专业应用要求。主要应用内容为电梯、全自动洗衣机、机器人和灌装机等系统，特别适合机电一体化专业和数控技术应用专业的学生使用。本书也可作为从事计算机控制、机电一体化工作的技术人员的参考资料。

全书共分8章。第1章介绍机电一体化的概念和主要特征、机电一体化系统的组成、机电一体化系统的分类；第2章介绍机电一体化系统的机械结构；第3章介绍机电一体化系统中的检测环节；第4章介绍机电一体化系统的控制系统；第5章介绍控制系统中常用的控制方式；第6章介绍机电一体化系统的执行装置及其控制；第7章介绍工业机器人技术；第8章介绍机电一体化产品实例。

通过本书的学习，可以使学生在全面了解典型机电一体化产品的基础上，培养对一般机电一体化产品运行原理、故障等初步分析、判断的能力，提高初步的维护、维修能力，也为深入学习机电一体化工作打下良好的基础。

本书由赵先仲任主编、刘晓刚、王春海任副主编，其中第1、4章由赵先仲编写，第2、6、7章以及第8章第1、2节由刘晓刚编写，第3、5章由王春海编写，第8章第3节由刘立伟编写。全书由赵先仲统稿，由杨祖效老师主审。

由于水平有限，书中所涉及的内容多、范围广，难免存在不少缺点，敬请读者批评指正。

编者

2004年2月

目 录

概　述　第1章

1.1　机电一体化的概念

机电一体化是在大规模集成电路和微型计算机为代表的微电子技术高度发展、精密机械高速发展、机械与电子技术高度结合的现代工业基础上，综合应用机械技术、微电子技术、自动控制技术、信息技术、传感测试技术、电力电子技术、接口技术、信号变换技术以及软件编程技术等的一门群体技术，根据系统功能目标优化组织结构目标，合理配置布局机械本体、执行机构、动力驱动单元、传感测试元件、控制元件、微电子信息接收、分析、加工、处理、生产、传输单元和线路以及衔接接口元件等硬件元素，并在软件程序和微电子电路逻辑的控制下，相互协调、有机融合和集成，在高功能、高质量、高可靠性、低能耗的意义上实现特定功能的系统工程技术。由此而产生的功能系统则成为一个以微电子技术为主导的现代高新技术支持下的机电一体化系统或机电一体化产品。

数控机床是典型的机电一体化产品，同时又是用于产品制造的机电一体化生产设备。以美国辛辛那提（Cincinnati）1210 - U 车削加工中心为例，机床拥有刀塔的 Z（纵向）、X（横向）直线运动和 C（主轴转角位置）三个坐标及相应伺服驱动单元，两坐标联动，转塔式刀库有十二个刀位，可安装自转和非自转刀具。因此除一般车削内、外圆柱面，内、外圆锥面，内、外曲面外，还可进行端面和柱面分布孔、槽及螺旋表面的钻削和铣削加工。机床配备有刀具测头和工件测头，可对刀具坐标和工件尺寸进行测量。机床使用高档数控系统，其控制系统结构采用多总线、多 CPU 结构。各 CPU 分别进行数据传送通道管理、操作键盘和显示管理、磁盘驱动器读写操作、可编程控制器输入输出、插补运算和伺服驱动控制等，由总线仲裁器按中断优先原则管理总线分配和通信，协调各子模块的运算和控制功能。数控系统通过可编程控制器管理机床的辅助功能（M 功能）和系统各环节运行状态监测信息。系统具备很强的自诊断功能，系统运行过程中对故障和操作错误实时报警。同时，系统设置有标准数据传送通道，可以通过串行接口与上位计算机联机，进行程序传送和管理，控制信息通信，因此可直接接入计算机集成制造系统网络。

这种机电一体化生产装备，不仅自身具有很强的功能，还可以使用这些设备形成更高级的机电一体化制造系统。数控机床和加工中心机床配备自动上下料装置，包括机床工作台自动交换设备或工业机器人，在上位计算机程序控制下实现多品种加工对象的连续自动化生产，构成柔性制造单元（FMC）；根据加工对象的类别范围，合理组织不同种类的 FMC，并配置工件、工具等的自动物流传送设备，采用控制级、决策级等层次结构式的多级计算机管理与控制，实现优化自动生产过程，构成能够适应多品种、中小批量自动化生产的柔性制造系统（FMS）；而计算机集成化制造系统（CIMS）则是计算机经营决策管理系统、计算机辅助设计和辅助制造（CAD/CAM）与FMS的有机集成。

机电一体化产品和机电一体化生产系统是机械制造工业进步的必然趋势，也是现代高新技术支持下的综合技术发展的结果。

1.2　机电一体化系统的组成

一个较完善的机电一体化系统，一般应由机械本体、动力部分、测试传感部分、执行机构、驱动部分、控制及信息处理单元及接口组成，各部分之间通过接口相联系。

1. 机械本体

机械本体是所有功能元素的机械支持结构，包括机身、框架、机械连接、机械运动部件等。由于机电一体化产品技术性能、水平和功能的提高，机械本体要在机械结构、材料、加工工艺性以及几何尺寸及精度等方面适应产品高效、多功能、可靠、节能、小型、减轻重量、美观等要求。

2. 动力部分

在控制系统的控制下，为系统提供能量和动力使系统正常运行。用尽可能小的动力输入获得尽可能大的功率输出，是机电一体化产品的显著特征之一。

3. 测试传感部分

在系统运行中对系统本身和外界环境的各种参数及状态进行检测，变成可识别信号，传输到信息处理单元，经过分析、处理后产生相应的控制信息。其功能一般由专门的传感器和仪器仪表完成。

4. 执行机构

接收控制系统的控制信息和指令，完成要求的动作。执行机构是运动部件，一般采用机械、电磁、电液等机构。根据机电一体化系统的匹配性要求，需要考虑改善性能，如提高刚性，减轻重量，实现组件化、标准化和系列化，提高系统整体可靠性等。

5. 驱动部分

在控制信息作用下，提供动力并实现功率匹配，驱动各执行机构完成各种动作和功能。机电一体化系统一方面要求驱动的高效率和快速响应特性，同时要求对水、油、温度、尘埃等外部环境的适应性和可靠性。由于几何尺寸上的限制，动作范围狭窄，还需考虑维修和实现标准化。由于电力电子技术的高度发展，高性能步进驱动、直流和交流伺服驱动大量应用于机电一体化系统。

6. 控制及信息处理单元

将来自各传感器的检测信息和外部输入命令进行集中、存储、分析、加工，根据信息处理结果，按照一定的程序和节奏发出相应的指令，控制整个系统按要求实现有序地运行。控制及信息处理单元一般由计算机、可编程控制器（PLC）、数控装置以及逻辑电路、A/D与D/A转换、I/O（输入输出）接口和计算机外部设备等组成。机电一体化系统对控制和信息处理单元的基本要求是提高信息处理速度，提高可靠性，增强抗干扰能力，完善系统自诊断功能，实现信息处理智能化和小型、减轻重量、标准化等。

7. 接口

接口是系统中各单元和环节之间进行物质、能量和信息交换的连接界面，是外部设备和数控装置之间的桥梁。基本功能主要有三个。

(1) 变换　两个需要进行信息交换和传输的环节之间，由于信号的模式不同(数字量与模拟量、串行码与并行码、连续脉冲与序列脉冲等)，无法直接实现信息或能量的交流，通过接口完成信号或能量的统一。

(2) 放大　在两个信号强度相差悬殊的环节间，经接口放大，达到能量的匹配。

(3) 传递　变换和放大后的信号在环节间能可靠、快速、准确地交换，必须遵循协调一致的时序、信号格式和逻辑规范。接口具有保证信息传递的逻辑控制功能，使信息按规定模式进行传递。

由于接口的作用使各组成部分连接成为一个有机整体，由于控制和信息处理单元的信息导引，使各功能环节按预先的要求有条不紊地动作，从而形成机电一体化系统工程。

1.3 机电一体化各功能组成部分的关系及作用

机电一体化是系统技术、计算机与信息处理技术、自动控制技术、检测传感技术、伺服传动技术和机械技术等多学科技术领域综合交叉的技术密集型系统工程。

1. 精密机械技术

机械技术是机电一体化的基础。随着高新技术引入机械行业，传统的机械技术面临着挑战和变革。在机电一体化产品中，它不再是单一地完成系统间的连接，在系统结构、重量、体积、刚性与耐用性方面对机电一体化系统有着重要的影响。机械技术的着眼点在于如何与机电一体化的技术相适应，利用其他高、新技术来更新概念，实现结构、材料、性能方面的变更，满足减少重量、缩小体积、提高精度、提高刚度、改善性能的要求。

在制造过程的机电一体化系统中，经典的机械理论与工艺应借助于计算机辅助技术，同时采用人工智能与专家系统等，形成新一代的机械制造技术。原有的机械技术以知识和技能的形式存在，是任何其他技术代替不了的。如计算机辅助工艺规程编制(CAPP)是目前CAD/CAM系统研究的瓶颈，其关键问题在于如何将广泛存在于各行业、企业、技术人员中的标准、习惯和经验进行表达和陈述，从而实现计算机的自动工艺设计与管理。

2. 计算机与信息处理技术

信息处理技术包括信息的交换、存储、运算、判断和决策，实现信息处理的工具是计算机，因此计算机技术与信息处理技术是密切相关的。

计算机技术包括计算机的软件技术和硬件技术，网络与通信技术，数据库技术等。机电一体化系统中，计算机与信息处理部分指挥整个系统的运行，信息处理是否正确、及时，直接影响到系统工作的质量和效率。因此，计算机应用及信息处理技术是为促进机电一体化技术发展和变革的最重要的因素之一。

人工智能技术、专家系统技术、神经网络技术等都属于计算机信息处理技术。

3. 系统技术

系统技术就是以整体的概念组织应用各种相关技术，从全局角度和系统目标出发，将总体分解成相互有机联系的若干功能单元，以功能单元为子系统进行二次分解，生成功能更为单一和具体的子功能单元。这些子功能单元同样可继续逐层分解，直到能够找出一个可实现的技术方案。深入了解系统内部结构和相互关系，把握系统外部联系，对系统设计和产品开发十分重要。

接口技术是系统技术中一个重要方面，它是实现系统各部分有机连接的保证。接口包括电气接口、机械接口、人－机接口。电气接口实现系统间电信号连接；机械接口则完成机械与机械部分、机械与电气装置部分的连接；人－机接口提供了人与系统间的交互界面。

4. 自动控制技术

自动控制技术主要包括基本控制理论；在此理论指导下，对具体控制装置或控制系统的设计；设计后的系统仿真，现场调试；最后使控制的系统能可靠地投入运行。由于控制对象种类繁多，所以控制技术的内容极其丰富，例如高精度定位控制、速度控制、自适应控制、自诊断、校正、补偿、再现、检索等。

由于微型计算机的广泛应用，自动控制技术越来越多地与计算机控制技术联系在一起，成为机电一体化中十分重要的关键技术。

5. 传感与检测技术

传感与检测装置是系统的感受器官，它与信息系统的输入端相连并将检测到的信号输送到信息处理部分，经过分析计算确定是否满足要求。传感与检测是实现自动控制、自动调节的关键环节，它的功能越强，系统的自动化程度就越高。传感与检测的关键元件是传感器。

传感器是将被测量（包括各种物理量、化学量和生物量等）变换成系统可识别的、与被测量有确定对应关系的有用电信号的一种装置。

现代工程技术要求传感器能快速、精确地获取信息，并能经受各种恶劣环境的考验。与计算机技术相比，传感器的发展显得缓慢，不少机电一体化装置不能达到满意的效果或无法实现设计的关键原因在于没有合适的传感器。

6. 伺服传动技术

伺服传动包括电动、气动、液压等各种类型的传动装置，由微型计算机通过接口与这些传动装置相连接，控制它们的运动，带动工作机械作回转、直线以及其他各种复杂的运动。伺服传动技术是直接执行操作的技术，伺服系统是实现电信号到机械动作的转换装置与部件，对系统的动态性能、控制质量和功能具有决定性的影响。常见的伺服驱动有电液马达、脉冲油缸、步进电动机、直流伺服电动机和交流伺服电动机。由于变频技术的进步，交流伺服驱动技术已取得突破性进展，可为机电一体化系统提供高质量的伺服驱动单元，极大地促进了机电一体化技术的发展。

1.4 机电一体化技术的特点

机电一体化综合利用各相关技术优势，取得系统优化效果，有显著的社会效益和技术经济效益。

1. 提高精度

机电一体化技术使机械传动部件大大减少，因而使机械磨损、配合间隙、零件制造精度及受力变形等所引起的误差大大减小，同时由于使用计算机和电子技术实现自动检测和控制，补偿校正因各种干扰因素造成的动态误差，从而达到纯机械传动装备所不能实现的工作精度。如采用微型计算机误差分离技术的电子化圆度仪，其测量精度可由原来的0.025 μm提高到0.01 μm，大型镗铣床装上感应同步器数显装置可将加工精度从0.06 mm/1 000 mm提高到0.02 mm/1 000 mm。

2. 增强功能

现代高新技术的引入极大地改变了机械工业产品的性能，一台设备具有多种复合功能，已成为机电一体化产品和应用技术的一个显著特征。例如，加工中心机床可以将多台普通机床上的多道工序在一次装夹中完成，并且还有自动检测工件和刀具，自动显示刀具动态轨迹图形，自动保护和自动故障诊断等极强的应用功能；配有机器人的大型激光加工中心，能够完成自动焊接、划线、切割、钻孔、热处理等操作，可对金属、塑料、陶瓷、木材、橡胶等各种材料进行加工。这种极强的复合功能，是机电一体化的结果，是传统机械加工系统所不能比拟的。

3. 提高生产效率，降低成本

机电一体化生产系统能够减少生产准备和辅助时间，缩短新产品开发周期，提高产品合格率，减少操作人员的数量，提高生产效率，降低生产成本。例如，数控机床的生产效率比普通机床高5～6倍，柔性制造系统可使生产周期缩短40%，生产成本降低50%。

4. 节约能源，降低消耗

机电一体化产品通过采用低能耗的驱动机构，最佳的调节控制，使设备的能源消耗大大降低，能源利用率显著提高。例如，汽车电子点火器由于控制最佳点火时间和状态可大大节约汽车耗油量；如将节能工况下运行的风机、水泵改为随工况变速运行，平均可节电30%；工业锅炉使用微型计算机精确控制燃料与空气的最佳混合比，可节约燃煤5%～20%，耗电量大的电弧炉，如改用微型计算机实现最佳功率控制，可节省20%的电力。

5. 提高安全性、可靠性

具有自动检测监控功能的机电一体化系统能够对各种故障和危险情况自动采取保护措施和及时修正运行参数，提高系统的安全可靠性。例如，大型火力发电设备中，锅炉与汽轮机的协调控制系统、汽轮机的电液调节系统、自动启停系统、安全保护系统等，不仅提高了机组运行的灵活性和经济性，而且提高了机组运行的安全性和可靠性，使火力发电设备逐步走向全自动控制；又如，大型轧机多级计算机分散控制系统，可以解决对大型、高速、冷热轧机的多参数测量、控制问题，保证系统可靠运行。

6. 改善操作性和使用效果

机电一体化装置或系统各相关传动机构的动作顺序及功能协调关系，可由程序控制自动实现，并建立友好的人－机界面，对操作参量加以提示，因而可以通过简便的操作得到复杂的功能控制和使用效果。操作者只需输入一些参数或编制控制运行的应用程序。如一座高度复杂的现代大型熔炉作业的控制系统，其控制内容包括最优配料、多台电炉的功率控制、球化和孕育处理、记忆球铁浇铸情况、铁水成分、熔化和造型之间的协调平衡等，整个系统从起动到熔炉的全部作业完成，只需操作几个按钮就能完成。有的机电一体化装置，可实现操作全自动化，如带有示教功能的工业机器人，在由人工进行一次示教操作后，即可按示教内容自动重复实现全部动作。有些更高级的机电一体化系统，还可通过被控对象的数学模型和目标函数以及各种运行参数的变化情况，自动确定最佳工作过程，以及对内对外协调关系，以实现自动最优控制，如微型计算机控制的钢板测厚自动控制系统、电梯全自动控制系统、智能机器人等。机电一体化系统的先进性和技术密集性与操作使用的简易性和方便性相互联系在一起。

7. 减轻劳动强度,改善劳动条件

机电一体化一方面能够将制造和生产过程中极为复杂的人的智力活动和资料数据记忆查找工作改由计算机来完成,一方面又能由程序控制自动运行,代替人的紧张和单调重复操作以及在危险或有害环境下的工作,因而大大减轻了劳动者的脑力和体力劳动,改善了劳动者的工作环境条件。例如,CAD 和 CAPP 极大地减轻了设计人员的劳动复杂性,提高了设计效率;搬运、焊接和喷漆机器人取代了人的单调重复劳动;武器弹药装配机器人、深海工作机器人、在核反应堆和有毒环境下的自动工作系统,替代了人类在危险环境中的劳动。

8. 简化结构,减轻重量

由于机电一体化系统采用新型电力电子器件和传动技术代替笨重的老式电气控制和复杂的机械变速传动,由微处理机和集成电路等微电子元件和程序逻辑软件完成过去靠机械传动链和机构来实现的关联运动,从而使机电一体化产品体积减小,结构简化,重量减轻。例如,无换向器电动机,将电子控制与相应的电动机电磁结构相结合,取消了传统的换向电刷,简化了电动机结构,提高了电动机寿命和运行特性,并缩小了体积;数控精密插齿机可节省齿轮和相关的支承零部件 30%;一台现金出纳机用微处理机控制可取代几百个机械传动部件。采用机电一体化技术简化结构,减轻重量对于航空航天技术有更特殊的意义。

9. 降低价格

由于结构简化,材料消耗减少,制造成本降低,同时由于微电子制造技术的高速发展,微电子器件价格迅速下降,因此,机电一体化产品价格低廉,而且维修性能改善,使用寿命延长。例如石英晶振电子表以其高功能、计时准确、使用方便和价格低的优势迅速占领了计时商品市场。

10. 增强柔性应用功能

机电一体化系统可以根据使用要求的变化,对产品应用功能和工作过程进行调整修改,满足用户多样化的使用要求。例如工业机器人具有较多的运动自由度,手爪部分可以换用不同工具,可以使机器人完成搬运、焊接、切割、喷漆等操作。通过修改程序改变运动轨迹和运动姿态,适应不同的作业过程和工作内容;利用数控加工中心或柔性制造系统可以通过更换加工程序,加工不同的零件。机械工业约有 75% 的产品属中小批量,利用柔性生产系统,能够经济迅速地解决这种中小批量多品种的自动化生产。

通过编制应用程序来实现工作方式的改变,适应各种用户对象及现场参数变化的需要,机电一体化的这种柔性应用功能构成了机械控制"软件化"和"智能化"特征。

1.5 机电一体化技术在国民经济中的地位与作用

一个国家的制造产业的机电一体化水平直接影响产品的性能、生产效率、经济效益,直接影响国家的经济发展。

现代军事产品对机电一体化提出了更高的要求。如卫星制导、激光制导等,都是先将目标的准确位置送给计算机,通过计算机快速准确的计算并发出控制指令,控制导弹准确击中目标。

机电一体化以其本身特有的技术优势迅速改变现代制造产业的产品结构,机电一体化使产品实现更新和升级换代,技术性能指标大幅度提高,使原来的低、中档产品上升为高档产品,在功能、水平、质量、品种、使用效果和价格等方面能更好地满足国内外市场需求,增强了产品的竞争性。另一方面,机电一体化的生产装备易于根据市场需求组织和改变产品生产,缩短新产品生产周期,降低能耗和生产成本,使企业增强生产经营的竞争能力。

以数控机床、机器人、FMS 的发展应用为例,可以体现出机电一体化在现代机械制造产业构成中的重要地位和作用。

1. 机床产业数控化

机床是机械工业的基础制造装备和工作母机,是决定机械工业生产能力和水平的关键。数控机床的技术经济效益显著,主要表现在,缩短新产品试制和生产周期,节约大量工艺装备,生产效率高,辅助生产时间减少,减少人为误差,加工精度稳定性显著提高,零件互换性好,能加工用普通机床很难甚至无法加工的各类复杂零件,数控机床的结构,如宽调速主轴和进给伺服系统可以减少齿轮传动机构。因此,在国际竞争日益激烈,产品品种变化频繁的形势下,机床产业的数控化发展十分迅速。

高档数控加工中心机床,由于其在自动化生产系统中的重要地位,近年来得到迅速发展。

当前,数控机床一方面向多功能、高速化的方向发展,同时开发简易数控装置也有广泛的应用需求。以 8 位和 16 位微型计算机为核心的数控系统大量广泛应用;以 32 位微型计算机为核心的数控系统使数控机床发展到一个崭新的阶段。32 位高档数控系统既能独立而高效地完成单机控制任务,又能依据需要很容易地联入 FMS,是构成柔性自动化生产系统的基础。

2. 机器人产业兴起

在第一台电子计算机于 1946 年问世后的第二年,即 1947 年,就有科学家提出“人工智能”概念,1956 年这一术语正式得到科技界的确认。由于人们的认识不同,技术水平和理论基础的局限性等因素,机器人的研究工作曾出现几次大起大落。20 世纪 40 年代和 50 年代中期,都曾发生过起伏而未结出硕果。直到 20 世纪 60 年代初,在信息论、现代计算机和微电子及通信技术的推动下,利用计算机软件模拟人的大脑信息处理系统,推出了体现智能行为的程序,终于在美国产生了第一台实用样机。20 世纪 60 年代末 70 年代初,日本、美国等在专家系统和庞大数据处理技术的研究飞速发展的情况下,机器人技术研究取得重大突破,功能日益增强,应用范围不断扩展。目前,机器人技术在全球范围内得到了广泛的应用,逐步形成了一个重要的高技术学科领域和工业机器人产业。

目前,国外工业机器人主要生产厂家有 400 余家,机器人品种规格达 700 余种,不少国家都有自己的标准化、系列化产品和销售市场。工业发达国家的机器人产值每年平均增长率为 20%~40%。

据统计,工业机器人的 98% 用于制造业,主要用途是:① 材料加工,② 机床上下料,③ 点焊与弧焊,④ 喷漆与抛光,⑤ 冲压,⑥装配,⑦ 浇铸和锻造。由于机器人的成功使用,各国纷纷加紧研究试制,应用领域也越来越广,已逐步扩展到水下、空间、核工业、采伐、救灾、医疗及服务行业等非机械制造领域。如 1985 年 9 月美、法两国海洋科学家经多年努力,使用了可潜入深度约为 6 km(两万英尺)的高级水下机器人 Argo,在北大西洋海底找到了 73 年前(1912 年)沉没的“泰坦尼克”巨轮残骸;美国的“挑战者”号航天飞机残骸也是由水下机器人打捞的。机器人技术还受到了军事部门的重视,一些军事大国正在研究开发各种各样的军用机器人。由美国国家实验室指导发展的军事机器人能执行侦察巡逻任务,还可具有反坦克武器的技能。它由计算机遥控,配有摄影机和监视器以及光纤网络,能够在远距离接受指令。

3. 制造系统自动化

柔性制造系统发展很快,因为小批量生产自动化可由加工中心解决,大批量生产自动化由自动生产线解决,在它们之间存在中批量生产自动化问题,其数量占机械制造品种的70%,因此许多国家开发 FMS 解决这方面问题。

FMS 由计算机系统控制、协调多台数控机床、辅机和物料储运装置,因此比 FMC 有较多的自动化作业功能。系统可按优化的程序自动连续高效运行,设备利用率高,对作业对象及生产批量的变化有良好的适应能力。根据大量资料综合分析,它与单机流水线相比,减少机床和工人52%以上,减少占地面积 42% ~76%,减少制品和流动资金 95.6%,可提高机床利用率 1.3 ~3.5 倍,提高生产效率 50% ~55%,可缩短生产周期 40% ~90%,可降低成本 50%。这些显著效益促进了 FMS 的生产和应用。

20 世纪 80 年代,国外柔性制造设备开始和 CAD/CAPP/CAM 及生产管理经营决策系统进行集成,把管理信息和制造活动,借助计算机技术和网络技术有机联系起来,向计算机集成制造系统 CIMS 发展,以谋求实现整个企业生产管理的现代化。1985 年日本建成筑波无人化实验工厂就是一例。又如山崎株式会社在美浓加茂工厂建立了 CIM - FMS - 21 系统自动化车间,由五条 FMS 与 38 台机床组成,加工 543 种机床零件,月产 200 种机床的 11 120 个零件。

机电一体化的制造系统已经在现代制造产业中占据极为重要的地位。

习 题

1-1 试说明机电一体化的含义。

1-2 机电一体化系统由哪些基本要素组成?分别实现哪些功能?

1-3 机电一体化系统中接口的基本功能有哪些?

1-4 机电一体化对机械技术有何要求?

1-5 机电一体化技术有何特点?

第2章 机电一体化系统中的机械结构

一个典型的机电一体化系统,一般由控制部件、接口电路、功率放大电路、执行元件、机械系统以及检测传感部件等部分组成。其中机械系统起着传递功率、支承、连接、执行的功能。机械系统一般由减速装置、丝杠螺母副、蜗轮蜗杆副等各种线性传动部件以及连杆机构、凸轮机构等非线性传动部件、导向支承部件、旋转支承部件、轴系及架体等机构组成。这些部件或零件的装配或使用是以零件或部件的精度为前提的,因此,机械系统中的精度概念是机电设备或装置满足使用要求的基本条件。

2.1 机械精度

精度与误差是一对相反的概念。所谓误差,就是对某一特定的物理量进行度量时,所测得数值与真值的差值。精度的高低是以误差的大小来衡量的,误差越大精度越低,反之亦然。根据误差的性质不同,精度包括了三个方面的含义,即准确度、精密度、精确度。准确度通常用来反映系统的测量值与真值的近似程度,反映了系统误差的大小;精密度是从随机误差的角度来反映系统的测量值与真值的近似程度;精确度则是系统误差和随机误差的综合反映。

在机械系统中,有许多精度的具体概念,如机床的加工精度、设计精度、定位精度等,但总体上可以分为两大类,即反映整体设备的精度概念和涉及零件的精度概念。

2.1.1 反映整体设备的精度概念

(1) 机床精度　是指机床在未受外载作用下的原始精度,它包括几何精度、传动精度、定位精度等各项指标,它们的精度表述以允差的形式来描述。

机床是机电设备中十分典型的精度要求较高的仪器设备,为了保证设备达到或满足使用要求,国家规定了各类机床的验收标准。例如,C6140A 普通车床有 18 项精度指标,如表 2-1 所示,国家用此来检验 400 mm 普通车床是否达到部颁标准。

(2) 几何精度　是指机床或仪器在不运动(如主轴不转,工作台不移动)或运动速度较低时的精度。它规定了决定于加工或测量精度的各主要零部件以及这些零部件的运动轨迹的相对位置允差。例如表 2-1 中第 1、2、3 项等就规定了 400 mm 普通车床的几何精度标准。

表 2-1　400 mm 普通车床精度标准

项目序号	检验项目	允差
1	滑板移动在垂直平面内的直线度	0.02 mm/m,只许凸
2	滑板移动时的倾斜	0.03 mm/m
3	滑板移动在水平平面内的直线度	0.015 mm/m
4	尾架移动对滑板移动的平行度	上母线:0.03 mm/m 侧母线:0.03 mm/m
5	主轴锥孔中心线的径向跳动	近主轴端 在 300 mm 处
6	滑板移动对主轴中心线的平行度	上母线:0.03 mm/m,只许向上 侧母线:0.015 mm/m,只许向操作者
7	小刀架移动对主轴中心线的平行度	0.04 mm/m
8	主轴的轴向窜动	0.01 mm/m
9	主轴轴肩支承面的跳动	0.02 mm/m
10	主轴定心轴颈的径向跳动	0.01 mm/m
11	滑板移动对尾架套筒锥孔中心线的平行度	上母线:0.03 mm/m 侧母线:0.03 mm/m
12	滑板移动对尾架套筒伸出方向的平行度	上母线:0.03 mm/100 mm,只许向上 侧母线:0.03 mm/100 mm,只许向操作者
13	主轴锥孔中心线和尾架套筒锥孔中心线对滑板移动的等高度	0.06 mm/m,只许尾架高
14	丝杠两轴承中心线和开合螺母中心线对床身导轨的等距度	上母线:0.15 mm/m 侧母线:0.15 mm/m
15	丝杠的轴向窜动	0.01 mm/m
16	精车螺纹的螺距精度	0.03 mm/25 mm;0.04 mm/100 mm; 0.06 mm/300 mm
17	精车外圆的圆度和圆柱度	圆度:0.01 mm/m 圆柱度:0.01 mm/100 mm
18	精车端面的平面度	$D_{试件}$ < 200 mm,0.015 mm/m 只许凹

（3）传动精度　是指机械传动链单向传动时,其输入端与输出端瞬时传动比的实际值与理论值之差。通常以传动误差来衡量,并定义为:输入轴单向回转时,输出轴转角的实际值与理论值之差。凡是有执行动作功能的机电产品都有传动精度的要求,例如表 2-1 中第 16 项就规定了 400 mm 普通车床的传动精度标准。

（4）机床定位精度　是指机床或仪器主要部件在运动终点所能达到的实际位置的精度,这是一个具有综合性质的精度指标。机床的定位形式大致可分为手动定位、自动间歇定位和连续定位三种形式。

手动定位,从字面上理解,机床上的运动部件的运动位置是依靠手动来确定的。例如,一些坐标镗床的工作台和主轴箱的移动、定位就是手动的。自动间歇定位的设备，如磨齿机、花键轴磨床，加工完一个齿后，机床自动分度。连续定位的设备，如仿形机床，在工作时，它把一个连续的加工过程分解成一个个单元，只有每一个单元都定位准确，才能保证加工精度。

(5) 机床加工精度　是一项综合性的精度指标，即指机床在加工工件时所能达到的精确度。机床加工精度和机床精度概念之间有一定区别，机床加工精度是在加工时体现出来的精度，与机床设备本身使用的时间年限、加工时的切削力、环境温度等都有关系，机床精度所描述的是机床的原始精度，不考虑上述这些情况。

(6) 动态精度　是指系统的动态参数误差。动态误差的分析，一般是根据系统的动力学方程，求得影响动态精度特性的各项精度指标并加以控制。一般来说，系统的动态精度不仅考虑几何尺寸精度，而且也要考虑设备的刚度、惯性、阻尼、摩擦和电路的动态响态等因素。因此，直接测量比较困难，常用典型零件的加工或测试，间接对设备的综合动态精度作出评价。

(7) 重复精度　是指在同一测量方法及测试条件下，在不太长的时间间隔内，连续多次测量同一个物理参数，所得数据的分散程度。它反映了一台设备所固有的精密度，因而是一项重要的精度指标。机床部件在多次重复定位时，也有重复定位精度问题。

(8) 装配精度　是指不同零件或部件按照特定要求组装成具有一定功能的综合精度，包括零件或部件的相对位置精度、运动精度、接触精度。一个机电产品的质量好坏，不仅与产品结构设计的正确性、材料选择、热处理方法以及零件本身的机械加工精度有关，而且还与产品的装配精度有关，机电产品的装配精度是保证产品质量的重要因素之一。

为了适应不同装配精度要求的需要，保证产品质量，人们在实践中总结了许多种装配方法。常用保证装配精度的方法主要有完全互换法、大数互换法、分组法、修配法、调整法等装配方法。

(9) 运动精度　是指设备主要零部件在以工作速度运动时的精度，常用运动误差来表示。运动精度对于加工精度要求较高的机床和测量精度要求较高的仪器是很重要的。

(10) 测量精度　是指计量仪器或测量系统的使用精度，也是一个综合性的精度指标，常用测得值与被测值的偏差程度来衡量。

(11) 再现精度　是指在不同的测量方法和测试条件下，以较长的时间间隔对同一物理参数作多次测量所得数据的接近程度。显然，再现精度，一般低于重复精度，因在测量时其随机因素多于测定重复精度。若重复精度和再现精度均高，则表明该设备的精度稳定、测得数据准确可信，否则应该找出其差别太大的原因。

2.1.2 涉及零件的精度概念

1. 加工精度

是指零件经机械加工后，它的实际几何参数(尺寸、形状、表面相互位置)与理想零件的几何参数相符合的程度。它包括尺寸精度、几何形状精度、相互位置精度。实际几何参数与理想几何参数之差称为加工误差，实际几何参数与理想几何参数越接近，加工误差越小，加工精度越高，当然，加工成本也越高。一个零件加工精度的要求是根据零件在所属产品中的地位和作用来决定的，也就是说，零件精度等级的确定既要考虑零件的作用，也要考虑零件的加工成本以及加工条件。

2. 定位精度

是指被加工零件放置在机床上的实际加工位置与所要求的加工位置之间的接近程度。定位精度的高低直接影响着零件的成品率和设计时提出的精度要求。

由定位原理可知,如图2-1所示,一个零件在机床上实现完全定位需要限定六个自由度。但是在一些特定环境下,没有必要去限定六个自由度。例如,在铣床上铣削轴类零件的键槽时,绕轴线旋转方向的自由度就没有必要限定,因为从端面上来看,所得到的圆是关于过轴线的任意一个平面对称的。另外,在定位时,定位的基准选择十分重要,选择不好很容易导致零件报废。

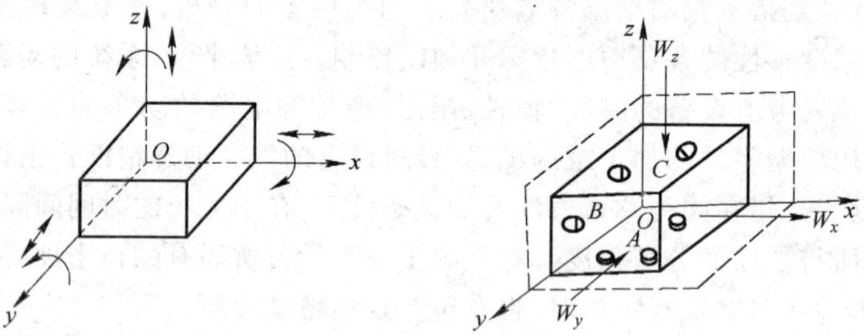

图2-1　六点定位原理

3. 设计精度

是设计者根据零件在产品中的地位和作用提出的满足使用要求的精度。设计精度的提出尽管是根据零件在产品中的地位和作用提出的,但必须考虑零件的可加工性和实现精度的可行性。因此,对于零件的设计者必须要有足够的加工现场阅历,并且对整个产品实用性能十分熟悉,才能在设计时提出合理的零件设计精度。

零件精度与产品精度的确定是从两个不同的角度来描述的,零件精度的确定是依据零件在产品中的作用来确定的,产品精度的确定是从该产品使用的用途要求来确定的。没有零件精度的要求,就不可能有产品的精度。然而,仅有零件的精度,产品是不能满足使用要求的。因此,在设计、维护机电设备时,应该合理地确定零件精度和产品精度的关系。

2.2　材料选择

在机械系统的设计过程中,材料的选择直接影响着产品的使用寿命、工作的稳定性、能否达到预期的设计目的等一系列问题。因此,材料的选择是设计机械系统的一个基本问题。

1. 铸铁

铸铁具有耐磨性和减振性好,热稳定性高,易于铸造和切削加工,成本低等特点,因此在机械系统中作为支承部件、导向部件而被广泛采用。常用的铸铁有:

(1) 灰铸铁　常用的是HT 200(一级铸铁),硬度以180~200 HB较为合适。适当增加铸铁中含碳量和含磷量,减少含硅量,可提高耐磨性。若灰铸铁不能满足耐磨性要求,可使用耐磨铸铁。

(2) 高磷铸铁　它是指含磷量为0.3%~0.65%的灰铸铁,其硬度为180~220 HB,耐磨性能比灰铸铁HT200约高1倍。若加入一定量的铜和钛,成为高磷铜钛铸铁,其耐磨性能比HT200约高2倍。高磷铸铁的脆性和铸造应力较大,易产生裂纹,生产中应采用适当的铸造工艺。

(3) 低合金铸铁 如钒钛铸铁、中磷钒钛铸铁、中磷铜钒钛铸铁等。这类铸铁具有较好的耐磨性(与高磷铜钛铸铁接近),且铸造性能优于高磷系铸铁。

(4) 稀土铸铁 它具有强度高、韧性好的特点。耐磨性与高磷铸铁相近。但铸造性能和减振性较差,成本也较高。

(5) 孕育铸铁 常用的孕育铸铁是 HT300,它比 HT200 的耐磨性高。

(2)~(5)属于耐磨铸铁。

2. 钢

为了满足使用的需要,一些零件如齿轮,可以采用钢并淬火。淬火后钢零件的耐磨性比铸铁零件的高 5~10 倍。

一般要求的零件,常用的材料有 45、40Cr、T8A、T10A、GCr15、GCr15SiMn 等,淬火硬度一般为 52~58 HRC。要求较高的零件,常用的材料有 20Cr、20CrMnTi、15 等,一般渗碳淬火硬度为56~62 HRC。

3. 有色金属

常用的有色金属材料有黄铜、锡青铜、铝青铜和锌合金等,如蜗轮的齿圈就是用铝青铜制造的。

4. 塑料

塑料的抗振性能好,工作温度适应范围广(-200~260 ℃),抗撕伤能力强,动、静摩擦系数低,动、静摩擦系数差别小,可降低低速运动的临界速度,加工性和化学稳定性好,工艺简单,成本低。在各类机床的动导轨上均有应用。镶装塑料导轨具有较好的耐磨性(但略低于铝青铜)。

为了提高运动副的耐磨性,动导轨和支承导轨应具有不同的硬度,如果采用相同的材料,也应采用不同的热处理,以使动、静导轨的硬度不同,其差值一般在 20~40 HB 范围内,而且最低硬度应不低于所用材料标准硬度值的下限。

2.3 机械系统中的传动

2.3.1 机械传动部件及其功能要求

1. 机械传动的功能

机电一体化系统中所用的机械传动机构及其传动功能如表 2-2 所示。从表中可以看出,某种传动机构既可以实现运动形式的变换,也可以实现运动速度的变化,同时还可以实现动力的传动。例如,齿轮齿条传动既可将直线运动或回转运动相互转换,又可将驱动力或转矩相互转换。带传动、蜗轮蜗杆及各类齿轮减速器(如谐波齿轮减速)既可进行升速或降速,也可进行转矩大小的变换。

在实际应用中,要根据运动部件的运动类型和运动变换的要求,选择相应的传动机构和相应的传动比。

2. 传动比分配

在机械传动中,当传动比较大时,一般要经过若干级传动实现。为了使减速系统结构紧凑,满足动态性能和提高传动精度要求,对各级传动比要进行合理分配,一般其分配原则如下。

表 2-2　机械传动机构及其传动功能

基本功能 / 传动机构	运动变换				动力变换	
	形式	行程	方向	速度	大小	形式
丝杠螺母	回转、直线	—	—	—	改变力的大小	回转、直线
齿轮	—	—	改变方向	改变速度	改变力的大小	—
齿轮齿条	回转、直线	—	—	—	—	回转、直线
链轮链条	回转、直线	—	—	—	—	回转、直线
带、带轮	—	—	改变方向	改变速度	改变力的大小	—
缆绳、绳轮	回转、直线	—	改变方向	改变速度	改变力的大小	回转、直线
杠杆机构	—	增大或缩小	—	改变速度	改变力的大小	—
连杆机构	—	增大或缩小	—	改变速度	改变力的大小	—
凸轮机构	回转、直线	增大或缩小	改变方向	改变速度	—	回转、直线
摩擦轮	—	—	改变方向	改变速度	改变力的大小	—
方向节	—	—	改变方向	—	—	—
软轴	—	—	改变方向	—	—	—
蜗轮蜗杆	—	—	改变方向	—	改变力的大小	—
间歇机构	直线、回转	—	—	—	—	回转、直线

(1) 重量最轻原则　对于小功率传动系统,使各级传动比 $i_1=i_2=i_3=\cdots=\sqrt[n]{i}$,即可使传动装置的重量最轻。由于各级传动比相同,所以各主动齿轮的齿数和模数相同,各从动轮的齿数和模数相同,每级齿轮副的中心距离也相同。

上述结论对于大功率传动系统是不适用的,随着转速的降低,各级齿轮的齿数和模数应逐渐增加,各级传动比也应逐渐增加,各级传动比一般符合“先大后小”的原则。

(2) 输出轴转角误差最小原则　为了提高机电一体化系统中齿轮传动系统的传动精度,各级传动比一般按先小后大原则分配,以便降低齿轮的加工误差、装配误差以及回转误差对输出转角精度的影响。设齿轮传动系统中各级齿轮的转角误差换算到末级输出轴上的总转角误差为 $\Delta\Phi_{\max}$,则

$$\Delta\Phi_{\max}=\sum_{i}^{n}\frac{\Delta\Phi_k}{i_{kn}} \tag{2-1}$$

式中　$\Delta\Phi_k$ 为第 k 个齿轮所具有的转角误差;

i_{kn} 为第 k 个齿轮的转轴至 n 级输出轴的传动比。

总转角误差主要取决于最末一级齿轮的转角误差和传动比的大小。在设计中最末两级的传动比应取大一些,并尽量提高最末一级齿轮副的加工精度。

(3) 等效转动惯量最小原则　利用该原则所设计的齿轮传动系统,换算到电机轴上的等效转动惯量应最小。

在机械传动设计中,应根据上述原则并结合实际情况对转动惯量、结构尺寸和传动精度提出如下要求:① 对于要求体积小、重量轻的齿轮传动系统,可用重量最轻原则。② 对于要求运动平

稳、起停频繁和动态性能好的伺服系统的减速齿轮系,可按最小等效转动惯量和总转角误差最小的原则来处理。对于主要传递动力的传动齿轮系统的各级传动比最好采用不可约的比数,避免同齿啮合以降低噪声和振动。③ 对于传动精度要求较高的传动齿轮系,可按总转角误差最小原则。对于增速传动,由于增速时容易破坏传动齿轮系工作的平稳性,应在开始几级就增速,并且要求每级增速比最好是1∶3,这样有利于增加轮系刚度、减小传动误差。④ 对较大传动比传动的齿轮系,一般是将定轴轮系和行星轮系结合为混合轮系。对于相当大的传动比,并且要求传动精度与传动效率高、传动平稳、体积小重量轻时,一般选用新型的谐波齿轮传动。

2.3.2 滚珠丝杠螺母传动部件

1. 滚珠丝杠副的组成

图2-2为滚珠丝杠副滚珠的内循环方式示意图。它由丝杠1、螺母2、滚珠3和回珠器(滚珠循环导引装置)4等四部分组成。当丝杠转动时,带动滚珠沿螺纹滚道滚动,在螺母的螺旋槽两端装有滚珠回珠引导装置可使滚珠在滚道中形成循环的闭合通道。滚珠丝杠副具有轴向精度高、运动平稳、传动精度高、不易磨损、使用寿命长等优点。但由于不能自锁,其传动具有可逆性,在用作升降机构时,当需要运动件停止在某一位置时,要采取制动措施。

2. 滚珠的循环方式

滚珠丝杠副中滚珠的循环方式有内循环和外循环二种。

(1) 内循环 如图2-2所示,在螺母2的侧面孔内装有连通相邻滚道的具有空间曲线槽的回珠器4,利用回珠器引导滚珠3越过丝杠1的螺纹顶部进入相邻滚道,形成一个循环回路。内循环方式的滚珠在循环过程中始终与丝杠表面保持接触。一般在同一螺母上装有2~4个回珠器,并沿螺母圆周均匀分布。

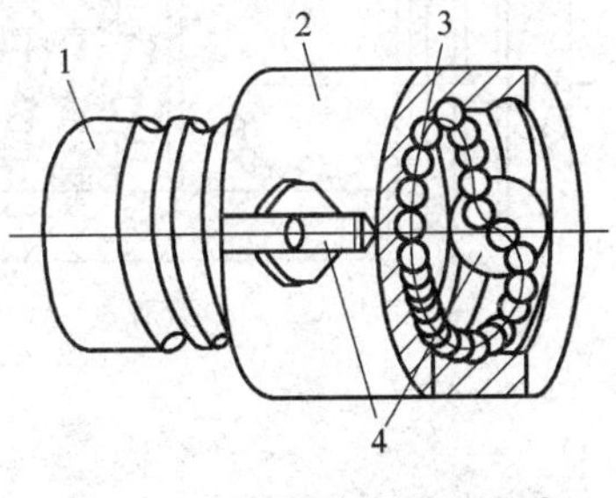

图2-2 滚珠的内循环方式

内循环方式的优点是滚动循环的回路短、流畅性好、效率高、螺母的径向尺寸也较小。其不足是装配调整不方便。

(2) 外循环 外循环方式中的滚珠在螺母体内或体外作循环运动,循环时滚珠与丝杠滚道脱离。外循环常见的有以下两种结构:

① 螺旋槽式 如图2-3所示。为了在螺母外面形成滚珠的循环回路,在螺母1的外圆表面上铣出螺旋槽,槽的两端处钻有与螺纹滚道相切的通孔。螺纹滚道内装入两个回珠器3引导滚珠2进入这两个孔,在螺母的外面还装一个套筒,盖住循环用的螺旋槽,这种结构的特点是工艺简单、径向尺寸小、易于制造。但是回珠器刚性差、容易磨损。

② 插管式 如图2-4所示。用弯管形成滚珠的循环回路。弯管的两端插入与螺纹滚道3相切的两个内孔,用弯管的端部引导滚珠2进入弯管,构成滚珠的循环回路,再用压板1和螺钉将弯管固定。插管式结构简单、容易制造。但螺母的径向尺寸较大,弯管端部容易磨损。

3. 滚珠丝杠副间隙调整与预紧

滚珠丝杠副的轴向间隙会引起换向时的空行程。这种空行程是非连续的,影响传动精度,影响系统的动态性能。常用的调整和预紧方法有以下几种。

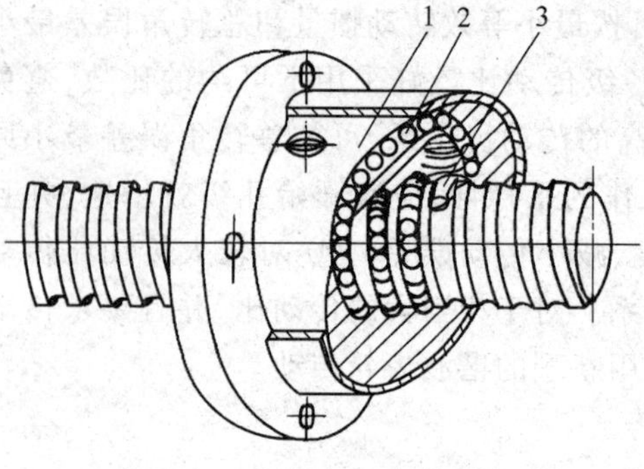

图 2 – 3　螺旋槽式外循环结构

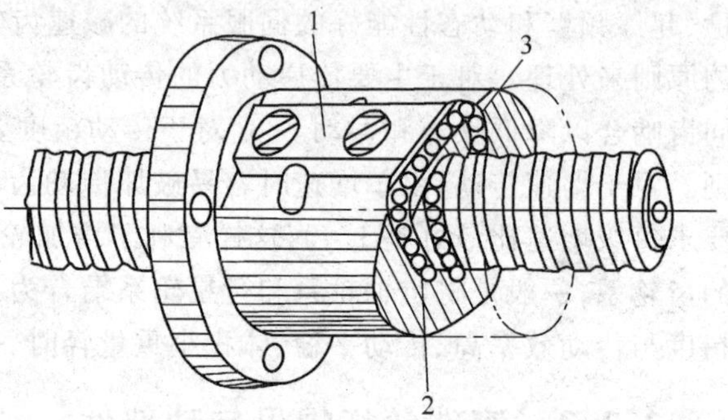

图 2 – 4　插管式外循环结构

（1）双螺母螺纹预紧调整式　如图 2 – 5 所示，其中螺母 3 的外端无凸缘，但制有螺纹，并通过两个圆螺母固定。调整时先松开螺母 1，旋转圆螺母 2，由于两螺母间装有一个防转键，两螺母只能发生轴向相对移动，不能发生相对转动，消除轴向间隙并产生一定的预紧力，然后用锁紧螺母 1 使其锁紧。预紧后两个螺母中的滚珠相向受力，从而消除轴向间隙。其特点是结构简单，刚性好，预紧可靠，使用中调整方便，但不能准确、定量地调整。

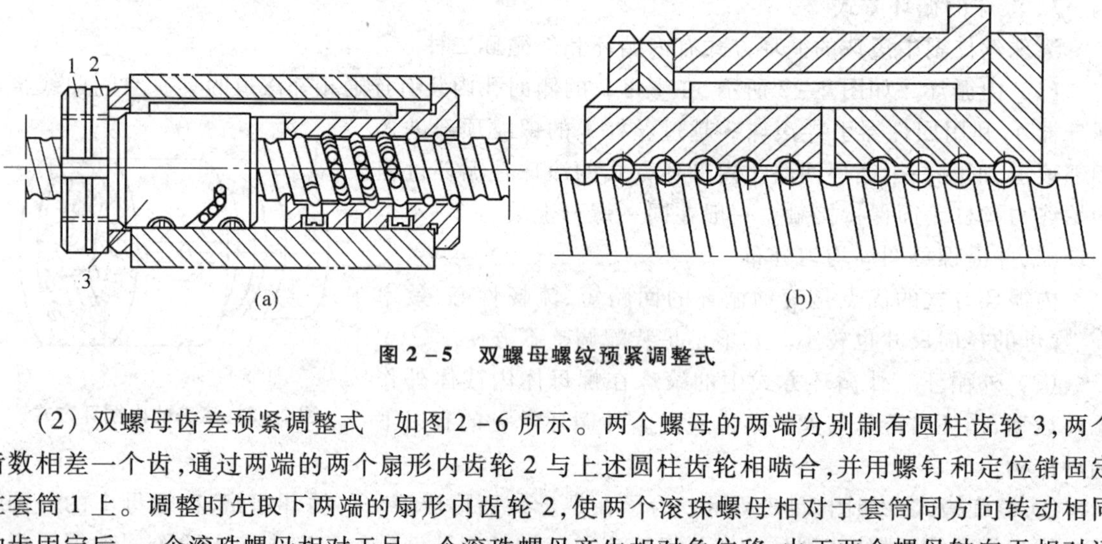

(a)　　(b)

图 2 – 5　双螺母螺纹预紧调整式

（2）双螺母齿差预紧调整式　如图 2 – 6 所示。两个螺母的两端分别制有圆柱齿轮 3，两个齿数相差一个齿，通过两端的两个扇形内齿轮 2 与上述圆柱齿轮相啮合，并用螺钉和定位销固定在套筒 1 上。调整时先取下两端的扇形内齿轮 2，使两个滚珠螺母相对于套筒同方向转动相同的齿固定后，一个滚珠螺母相对于另一个滚珠螺母产生相对角位移，由于两个螺母轴向无相对运动，这样两个滚珠螺母的滚道产生相对移动，从而消除间隙并产生一定的预紧力。这种方法调整较方便，可实现定量精密调整。

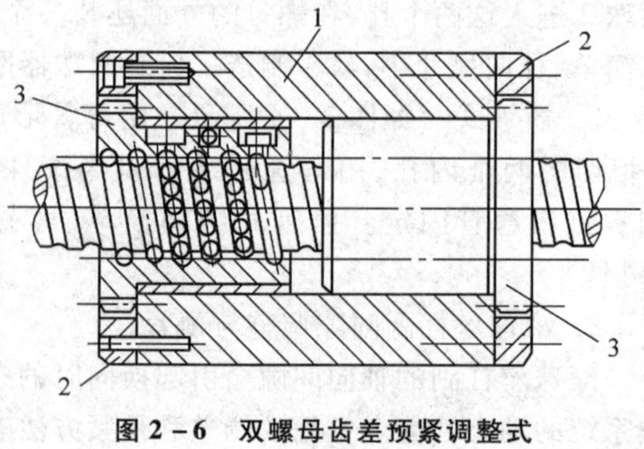

图 2 – 6　双螺母齿差预紧调整式

（3）双螺母垫片调整预紧式　如图 2 – 7 所示。在两个螺母之间装有一个垫片 1，调整垫片的厚度，可使两螺母 2 产生相对位移，以达到消除间隙、产生预紧之目的。其特点是结构简单，刚度高，预紧可靠，但使用中调整不方便。

（4）弹簧式自动调整预紧式　如图 2 – 8 所

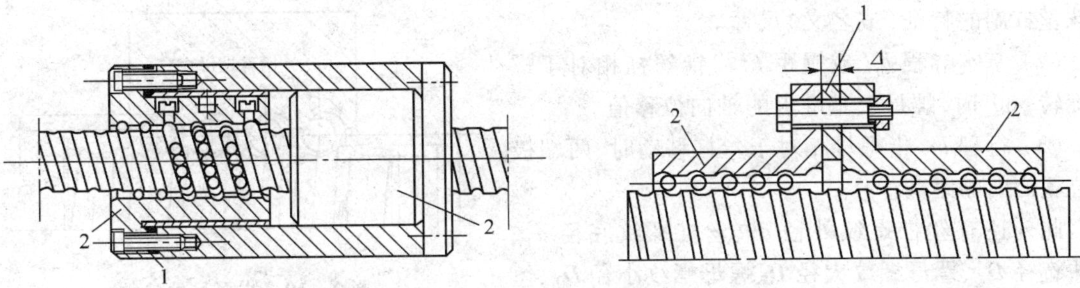

图 2-7 双螺母垫片调整预紧式

示。双螺母中一个固定,用弹簧推动另一个螺母使两个螺母产生轴向相对位移,从而达到预紧的目的。其特点是能消除使用过程中由于磨损或弹性变形产生的间隙。但其结构复杂、轴向刚度低。

(5) 单螺母变位导程自预紧式(如图 2-9 所示)和单螺母滚珠过盈预紧式　它是在滚珠螺母体内的两列循环滚珠链之间,使内螺纹滚道在轴向制作一个导程差。从而使两列滚珠在轴向错位而实现预紧。夹紧力的大小取决于导程差和单列滚珠的径向间隙。其特点是结构简单紧凑,但使用中不能调整,制造困难。

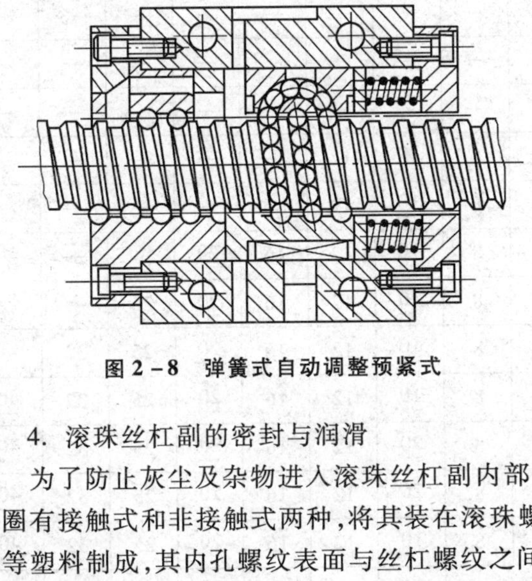

图 2-8 弹簧式自动调整预紧式

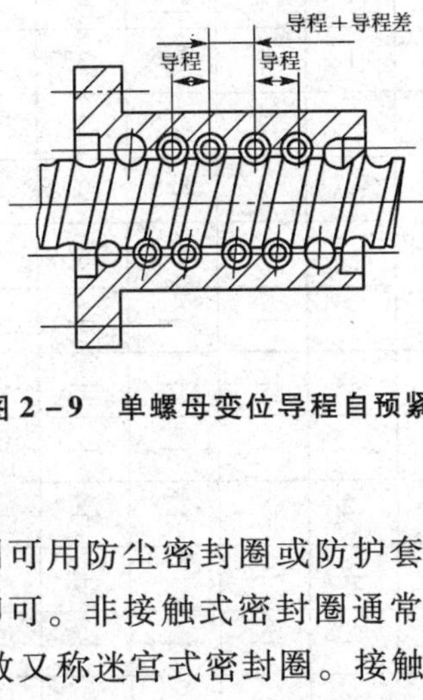

图 2-9 单螺母变位导程自预紧式

4. 滚珠丝杠副的密封与润滑

为了防止灰尘及杂物进入滚珠丝杠副内部,滚珠丝杠副可用防尘密封圈或防护套密封。密封圈有接触式和非接触式两种,将其装在滚珠螺母的两端即可。非接触式密封圈通常由聚氯乙烯等塑料制成,其内孔螺纹表面与丝杠螺纹之间略有间隙,故又称迷宫式密封圈。接触式密封圈用具有弹性的耐油橡胶或尼龙等材料制成,因此有接触压力并产生一定的摩擦力矩,但其防尘效果好。使用润滑剂来提高耐磨性及传动效率,保持传动精度、延长使用寿命。常用的润滑剂有润滑油和润滑脂两类。润滑油和润滑脂都可通过注油孔注油。目前普遍使用油脂润滑。

5. 滚珠丝杠副的选型

滚珠丝杠副的选型包括选择主要尺寸参数、精度等级、循环方式、间隙调整与预紧方式等。

1) 主要尺寸参数

如图 2-10 所示,滚珠丝杠副的主要尺寸参数有:

(1) 公称直径 d_0　指滚珠与螺纹滚道在理论接触角状态时包络滚珠球心的圆柱直径。它是滚珠丝杠副的特征(或名义)尺寸。

(2) 基本导程 l_0(或螺距 t)　指丝杠相对于螺母旋转 360°时,螺母上基准点的轴向位移值。

(3) 行程 l　指螺母相对于丝杠移动时,两端极限位置之间的距离。

此外还有丝杠螺纹外径 d_1、丝杠螺纹底径 d_2、滚珠直径 D_w、螺母螺纹大径 D、螺母螺纹小径 D_1、丝杠螺纹全长 l_s等。

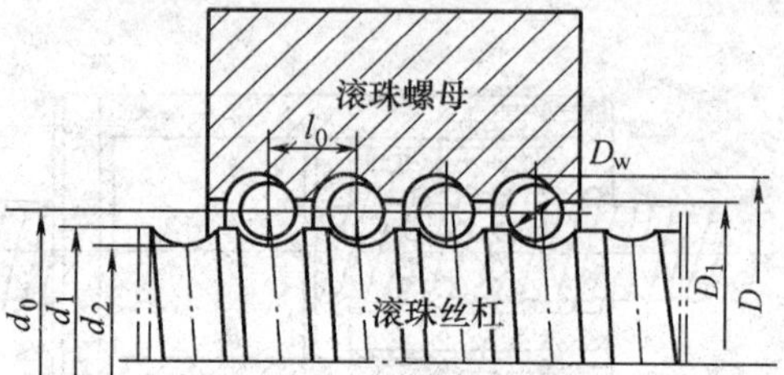

图 2-10　主要尺寸参数

基本导程的大小应根据机电一体化产品(系统)的精度要求确定。精度要求高时应选取较小的基本导程。第一、第二和第三圈(或列)分别承受轴向载荷的 50%、30% 和 20% 左右。因此,工作圈(或列)数一般取 2.5(或 2)~3.5(或 3)。滚珠总数 N 一般不超过 150 个。

表 2-3 所示为滚珠丝杠副的标准尺寸参数组合,其中带下画线的为优先级。

表 2-3　滚珠丝杠副的标准尺寸参数组合

公称直径/mm	基本导程/mm														
6	1	2	2.5	—	—	—	—	—	—	—	—	—	—	—	—
8	1	2	2.5	3	—	—	—	—	—	—	—	—	—	—	—
10	1	2	2.5	3	4	5	6	—	—	—	—	—	—	—	—
12	—	2	2.5	3	4	5	6	8	10	12	—	—	—	—	—
16	—	2	2.5	3	4	5	6	8	10	12	16	—	—	—	—
20	—	—	—	3	4	5	6	8	10	12	16	20	—	—	—
25	—	—	—	—	4	5	6	8	10	12	16	20	25	—	—
32	—	—	—	—	4	5	6	8	10	12	16	20	25	32	—
40	—	—	—	—	—	5	6	8	10	12	16	20	25	32	40
50	—	—	—	—	—	5	6	8	20	12	16	20	25	32	40
63	—	—	—	—	—	5	6	8	20	12	16	20	25	32	40
80	—	—	—	—	—	—	6	8	10	12	16	20	25	32	40
100	—	—	—	—	—	—	—	—	10	12	16	20	25	32	40
125	—	—	—	—	—	—	—	—	10	12	16	20	25	32	40
160	—	—	—	—	—	—	—	—	—	12	16	20	25	32	40
200	—	—	—	—	—	—	—	—	—	12	16	20	25	32	40

2) 精度等级及其标注

(1) 精度等级　根据 GB/T 17587.3—1998 标准,滚珠丝杠副的精度分为 1、2、3、4、5、7、10 共七个等级,最高级为 1 级,最低级为 10 级。不同设备的精度等级如表 2-4 所示。

表 2-4 滚珠丝杠副的精度等级选择表

主机类型		坐标轴	精度等级						
				1	2、3	4	5	7	10
数控机床	车床	X	—	○	○	○	—	—	—
		Z	—	—	○	○	○	—	—
	磨床	X	—	○	—	—	—	—	—
		Z	—	○	—	—	—	—	—
	镗床	XY	—	○	○	○	—	—	—
		Z	—	—	○	○	—	—	—
		W	—	—	—	○	○	—	—
	坐标镗床	XY	○	○	○	—	—	—	—
		Z	○	○	○	—	—	—	—
		W	○	○	○	—	—	—	—
	铣床	XY	—	—	○	○	○	—	—
		Z	—	—	○	○	○	—	—
	钻床	XY	—	—	○	○	—	—	—
		Z	—	—	—	○	○	—	—
	加工中心	XY	—	○	○	○	—	—	—
		Z	—	○	○	○	—	—	—
		W	—	—	○	○	—	—	—
	切割机床	XY	—	○	○	—	—	—	—
		UV	—	—	○	○	—	—	—
	电火花机床	XY	—	○	○	—	—	—	—
		(Z)	—	—	○	○	—	—	—
	激光加工机床	XY	—	—	○	○	—	—	—
		Z	—	—	○	○	—	—	—
普通、通用机床		—	—	—	—	○	○	○	○
三坐标测量机		—	○	○	○	—	—	—	—
工业机器人	直角坐标型	装配	—	○	○	○	○	—	—
		其他	—	—	—	○	○	○	—
	垂直多关节型	装配	—	○	○	○	—	—	—
		其他	—	—	○	○	○	—	—
	圆柱坐标型	—	—	—	○	○	○	○	—

续表

主机类型		坐标轴	精度等级						
				1	2、3	4	5	7	10
数控机械	绘图机	XY	—	—	○	○	○	—	—
	冲压机	XY	—	—	—	○	○	○	—
一般机械		—	—	—	—	—	○	○	○

注：1. 表中“○”表示选中；

2. 高于 1 级的精度，标准中尚未制定，由用户与制造厂协商决定。

滚珠丝杠副的行程偏差的检验项目如表 2－5 所示。

表 2－5　行程偏差的检验项目

每一基准长度的行程偏差	滚珠丝杠副类型	
	P 型（定位型）	T 型（传动型）
	检验序号	
有效行程 l_u 内行程补偿值 C	用户规定	$C=0$
目标行程公差 e_p	E1.1	E1.2
有效行程内平均的行程偏差 V_{up}	E2	—
300 mm 轴向行程内允许的行程变动量 V_{300p}	E3	E3
2π 弧度内允许的行程变动量 $V_{2\pi p}$	E4	—

表 2－6 给出了行程偏差值。

表 2－6　行程偏差值

序号	检验项目	允差							
		定位滚珠丝杠副							
		有效行程 l_u/mm	标准公差等级						
			1	2	3	4	5	7	10
			e_p/μm						
E1.1	有效行程 l_u 内的目标行程偏差 e_p	≤315	6	8	12	16	23	—	—
		>315～400	7	9	13	18	25	—	—
		>400～500	8	10	15	20	27	—	—
		>500～630	9	11	16	22	32	—	—
		>630～800	10	13	18	25	36	—	—
		>800～1 000	11	15	21	29	40	—	—
		>1 000～1 250	13	18	24	34	47	—	—

续表

序号	检验项目	允差							
E1.1	有效行程 l_u 内的目标行程偏差 e_p	定位滚珠丝杠副							
		有效行程 l_u/mm	标准公差等级						
			1	2	3	4	5	7	10
			$e_p/\mu m$						
		>1 250~1 600	15	21	29	40	55	—	—
		>1 600~2 000	18	25	35	48	65	—	—
		>2 000~2 500	22	30	41	57	78	—	—
		>2 150~3 150	26	36	50	69	96	—	—
E2	有效行程 l_u 内的平均行程偏差 V_{up}	有效行程 l_u/mm	$V_{up}/\mu m$						
		≤315	6	8	12	16	23	—	—
		>315~400	6	9	12	18	25	—	—
		>400~500	7	9	13	19	26	—	—
		>500~630	7	10	14	20	29	—	—
		>630~800	8	11	16	22	31	—	—
		>800~1 000	9	12	17	24	34	—	—
		>1 000~1 250	10	14	19	27	39	—	—
		>1 250~1 600	11	16	22	31	44	—	—
		>1 600~2 000	13	18	25	36	51	—	—
		>2 000~2 500	15	21	29	41	59	—	—
		>2 150~3 150	17	24	34	49	69	—	—
		注：传动滚珠丝杠副的有效行程 l_u 内的行程变动量 V_{up} 未规定。							
E1.2	有效行程 l_u 内的目标行程偏差 e_p		传动滚珠丝杠副						
			$C=0, e_p=2\frac{l_u}{300}V_{300p}$，$V_{300p}$ 见 E3						
E3	任意 300 mm 轴向行程内允许的行程变动量 V_{300p}		定位或传动滚珠丝杠副						
			$V_{300p}/\mu m$						
			6	8	12	16	23	52	210
E4	2π 弧度内行程变动量 $V_{2\pi p}$		定位滚珠丝杠副						
			$V_{2\pi p}/\mu m$						
			4	5	6	7	8	—	—

(2) 标注方法　滚珠丝杠副国家标识符号的内容如图 2－11(a)所示。不同生产厂家的标注方法略有不同,一般省略 GB 字符。图 2－11(b)是某精密丝杠公司的滚珠丝杠副产品的标注示例。

滚珠丝杠副的结构类型如表 2－7 所示。

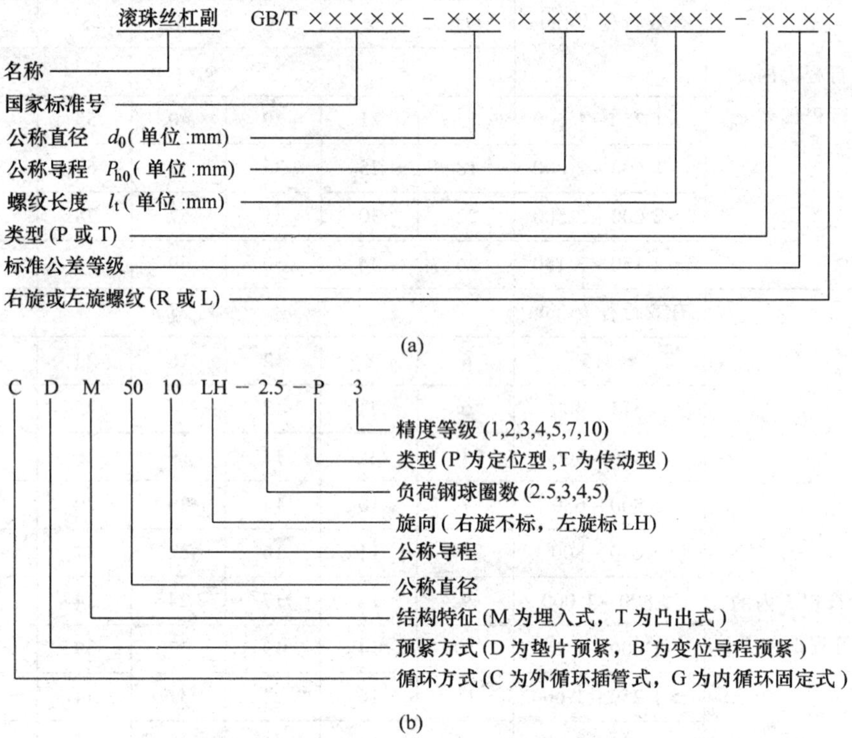

图 2－11　滚珠丝杠副标注方法举例

表 2－7　滚珠丝杠副的结构类型

型号	结构类型
G	内循环固定反向器单螺母
GD	内循环固定反向器双螺母垫片预紧
CM	外循环插管埋入式单螺母
CDM	外循环插管埋入式双螺母垫片预紧
CT	外循环插管凸出式单螺母
CDT	外循环插管凸出式双螺母垫片预紧
CBT	外循环插管凸出式单螺母变位导程预紧

3) 选型计算

滚珠丝杠副的选型是根据设备的工作状态首先计算出最大工作载荷和最大动载荷,然后选择公称直径和导程,最后进行效率、刚度、稳定性验算。

（1）最大工作载荷的计算　最大工作载荷是指滚珠丝杠副在驱动工作台时所承受的最大轴向力，也叫进给牵引力。它包括滚珠丝杠副的进给力、移动部件的重力，以及作用在导轨上的切削分力所产生的摩擦力。图2－12所示为车削外圆时拖板的受力情况，拖板所受载荷与车削力的对应关系是：

纵向载荷 $F_x=F_f$，横向载荷 $F_y=F_p$，垂向载荷 $F_z=F_c$

最大工作载荷 F_m 的实验计算公式如表2－8所示。

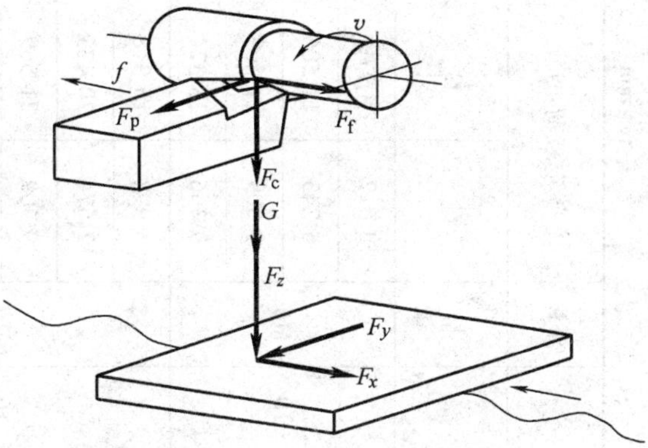

图2－12　车削外圆时拖板的受力情况

表2－8　F_m 实验计算公式及参考系数

导轨类型	实验公式	K	μ
矩型导轨	$F_m=KF_x+\mu(F_z+F_y+G)$	1.2	0.15
燕尾导轨	$F_m=KF_x+\mu(F_z+2F_y+G)$	1.4	0.2
三角型或综合导轨	$F_m=KF_x+\mu(F_z+G)$	1.15	0.15～0.18

注：表中摩擦系数 μ 均指滑动导轨的，对于贴塑导轨 $\mu=0.03\sim0.05$，滚动导轨 $\mu=0.003\sim0.005$。F_x 为纵向载荷；F_y 为横向载荷；F_z 为垂向载荷；G 为移动部件总重量，单位均为N；K 为颠覆力矩影响系数；μ 为摩擦系数。

（2）最大动载荷 F_Q 的计算　最大动载荷 F_Q 的计算公式为

$$F_Q=\sqrt[3]{L_0}f_w f_H F_m \qquad (2-2)$$

式中　L_0 为滚珠丝杠副的寿命，单位为 10^6 r（r为转动圈数）。$L_0=60\,nT/10^6$（其中 T 为使用寿命，普通机械取 $T=5\,000\sim10\,000$ h，数控机床及一般机电设备取 $T=15\,000$ h；n 为丝杠为每分钟的转数）。

f_w 为载荷系数，平衡或轻度冲击时取1.0～1.2；中等冲击时取1.2～1.5；较大冲击或振动时取1.5～2.5。

f_H 为硬度系数，≥58HRC时，取1.0；等于55HRC时，取1.11；等于52HRC时，取1.35；等于50HRC时，取1.56；等于45HRC时，取2.4。

F_m 为滚珠丝杠副的最大工作载荷，单位为N。

（3）规格型号的初选　初选滚珠丝杠副的规格时，应使其额定动载荷 $C_a\geqslant F_Q$。当滚珠丝杠副在静态或低速状态下（$n\leqslant10$ r/min）长时间承受工作载荷时，还应使其额定静载荷 $C_{oa}\geqslant(2\sim3)F_m$。

根据额定动载荷 C_a 和额定静载荷 C_{oa} 可从表2－9至表2－11中选择滚珠丝杠副的型号和有关参数。G、GD系列滚珠丝杠副连接尺寸如图2－13和表2－9所示。CM、CDM系列滚珠丝杠副连接尺寸如图2－14和表2－10所示。FL、LL系列滚珠丝杠副连接尺寸如图2－15和表2－11所示。

表 2-9　G、GD 系列滚珠丝杠副尺寸参数表

单位:mm

型号规格	公称直径	导程	滚珠直径	丝杠底径	丝杠外径	循环列数		螺母安装尺寸									油杯	额定载荷/N	
	d_0	P_h	D_w	d_2	d_1	G	GD	D_1	D	D_4	L (G)	L (GD)	B	h	ϕ_1	ϕ_2	M	C_a	C_{oa}
1604-3	16	4	2.381	13.1	15.3			28	52	38	37	65	10					4 612	8 779
2004-3		4	2.381	17.1		3	3×2				40	72		6	5.8	10	M6	5 243	11 506
2005-3	20	5	3.175	16.2	19.3			36	60	48	46	80	11					9 309	21 569
2006-3		6	3.5	15.8							52	92						9 366	18 324
2504-3		4	2.381	22.1		3	3×2				40	72						5 992	15 318
2504-4						4	4×2				44	78						7 674	20 423
2505-3	25	5	3.175	21.2	24.2	3	3×2	40	66	53	46	80	11	6	5.8	10	M6	9 309	21 569
2505-4						4	4×2				50	90						11 921	28 759
2506-3		6	3.969	20.2		3	3×2				52	92						12 097	25 340
2506-4						4	4×2				60	108						15 493	33 787
3205-3		5	3.175	28.2		3	3×2				46	82						10 678	29 091
3205-4						4	4×2				52	92						13 675	38 788
3206-3	32	6	3.969	27.2	31.2	3	3×2	50	82	67	52	92	13	7	7	12	M6	14 283	35 361
3206-4						4	4×2				60	108						18 292	47 148
4005-3		5	3.175	36.2	39.2	3	3×2				50	85						11 952	37 700
4005-4	40					4	4×2	60	94	75	55	95	15	9	9	15	M8	15 307	50 267
4006-3		6	3.969	35.2	39	3	3×2				58	100						15 960	45 465

表 2-10 CM、CDM 系列滚珠丝杠副尺寸参数表

型号	公称直径	导程	滚珠直径	丝杠底径	丝杠外径	循环列数		螺母安装尺寸									油杯	额定载荷/N	
规格	d_0	P_h	D_w	d_2	d_1	G	GD	D_1	D	D_4	L G	L GD	B	h	ϕ_1	ϕ_2	M	C_a	C_{oa}
2004-2.5	20	4	2.381	17.1	19.5	1×2.5	1×2.5×2	40	66	53	39	72	10	6	5.8	10	M6	5 076	11 525
2004-5						2×2.5	2×2.5×2				55	102	11					9 197	23 050
2005-2.5		5	3.175	16.2		1×2.5	1×2.5×2	45	70	56	40	80						7 988	16 762
2005-5						2×2.5	2×2.5×2				62	106						14 498	33 524
2504-2.5	25	4	2.381	22.1	24.2	1×2.5	1×2.5×2	50	76	63	39	72	11	6	5.8	10	M6	5 587	14 538
2504-5						2×2.5	2×2.5×2				56	102						10 140	29 076
2505-2.5		5	3.175	21.2		1×2.5	1×2.5×2				40	80						8 888	21 216
2505-5						2×2.5	2×2.5×2				62	108						16 132	42 432
2506-2.5		6	3.969	20.2		1×2.5	1×2.5×2				44	86						11 939	26 192
2506-5						2×2.5	2×2.5×2				64	123						21 670	52 385
3205-2.5	32	5	3.175	28.2	31.5	1×2.5	1×2.5×2	60	90	75	42	80	13	7	7	12	M6	9 916	27 448
3205-5						2×2.5	2×2.5×2				62	115						17 998	54 896
3206-2.5		6	3.969	27.2		1×2.5	1×2.5×2				46	87						13 428	33 978
3206-5						2×2.5	2×2.5×2				66	125						24 373	67 974
4005-2.5	40	5	3.175	36.2	39.5	1×2.5	1×2.5×2	67	104	85	45	86	15	9	9	15	M6	10 890	34 568
4005-5						2×2.5	2×2.5×2				65	123						19 766	69 136
4006-2.5		6	3.969	35.2		1×2.5	1×2.5×2	71	110	90	48	94						14 820	42 890

表 2－11　FL、LL 系列滚珠丝杠副尺寸参数表

规格 $L\times e$	D_w	d_1	L_1	d_3	D	D_3	B	L_2	L_3	平键尺寸 GB/T1096—2003	小圆螺母 GB/T 812—1988	额定载荷/kN C_a	额定载荷/kN C_{oa}
1 202	1.5	12.1	—	14	21	21	5	51	35	4×4×20	M20×1	2.4	5.6
2 003	2.382	19.3	—	14	30	42	6	74	47	4×4×28	M30×1.5	4.0	8.9
2 004/280×230	2.382	19.3	25	14	30	42	6	73	45	4×4×30	M30×1.5	4.9	11.1
2 004/300×250	2.382	19.3	25	17	30	42	6	73	45	4×4×30	M30×1.5	4.9	11.1
2 004/330×280	2.382	19.3	25	17	30	42	6	73	45	4×4×30	M30×1.5	4.9	11.1
2 004/410×330	2.382	19.3	50	—	30	42	6	73	45	4×4×30	M30×1.5	4.9	11.1
2 004/490×410	2.382	19.3	50	—	30	42	6	73	45	4×4×30	M30×1.5	4.9	11.1
1 605	3.5	15.5	—	—	30	42	6	73	45	4×4×28	M30×1.5	6.9	14.5
2 005	3.5	19	—	—	30	42	8	84	55	4×4×28	M30×1.5	7.4	15.6
2 505	3.5	24	—	—	40	55	8	94	64	6×6×40	M40×1.5	8.4	17.08
3 205	3.5	31	—	—	50	72	11.5	117	77	6×6×50	M50×2	9.5	24.6
4 005	3.5	39	—	—	60	80	12	124	84	6×6×50	M60×2	10.4	32.8
2 506/750×700	3.5	24	25	17	45	62	8	95	66	6×6×50	M45×1.5	10.4	22.2
2 506/1 020×960	3.5	24	30	17	45	62	8	95	66	6×6×50	M45×1.5	10.4	22.2
3 206/1 020×960	3.968 8	31.8	30	20	50	72	11.5	130	92	6×6×60	M50×2	12.0	27.4
4 006/1 200×1 130	3.968 8	38.86	35	25	60	80	10	122	82	6×6×55	M60×2	13.2	37.4
4 006/1 500×1 430	3.968 8	38.86	35	25	60	80	10	122	82	6×6×55	M60×2	13.2	37.4
4 006/1 700×1 630	3.968 8	38.86	35	25	60	80	10	122	82	6×6×55	M60×2	13.2	37.4
4 012/1 250×11 180	7.143 8	38	35	25	65	80	12	176	135	6×6×100	M64×2	28.3	63.5
4 012/1 500×1 430	7.143 8	38	35	25	65	80	12	176	135	6×6×100	M64×2	28.3	63.5

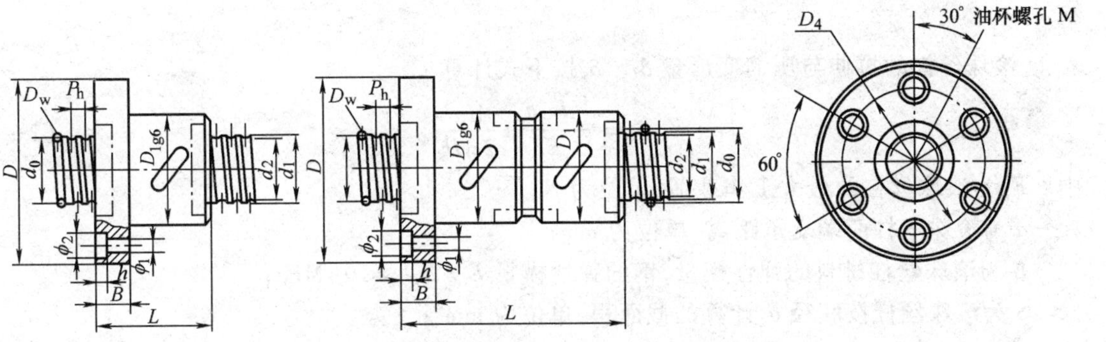

(a) G系列 (b) GD系列

图 2-13 G、GD 系列滚珠丝杠副连接尺寸

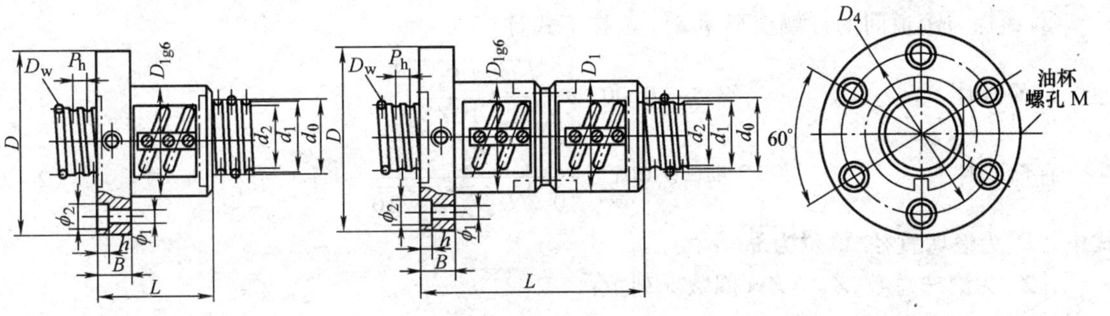

(a) CM系列 (b) CDM系列

图 2-14 CM、CDM 系列滚珠丝杠副连接尺寸

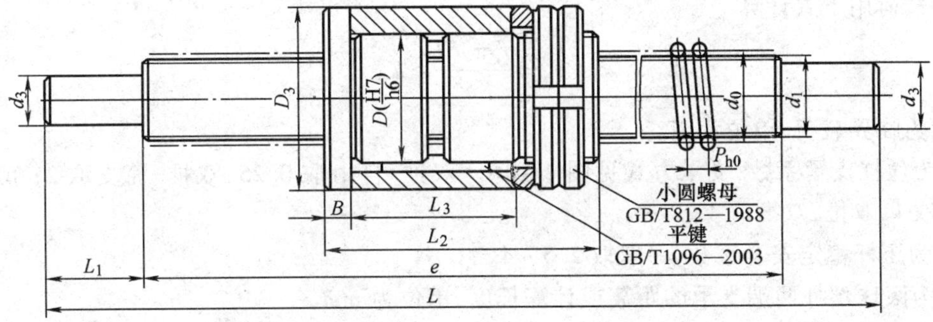

图 2-15 FL、LL 系列滚珠丝杠副连接尺寸

(4) 传动效率的计算 滚珠丝杠副的传动效率一般在 0.8 ~ 0.9 之间,可由下式计算

$$\eta = \frac{\tan\lambda}{\tan(\lambda + \varphi)} \tag{2-3}$$

式中 λ 为滚珠丝杠的螺旋升角;

φ 为摩擦角,一般取 10′。

(5) 刚度验算 滚珠丝杠副的轴向变形将引起滚珠丝杠的导程发生变化,直接影响定位精度和运动的平稳性。轴向变形主要包括丝杠的拉伸或压缩变形、丝杠和螺母之间滚道的接触变形等。

① 滚珠丝杠的拉伸与压缩变形量 δ_1　δ_1按下式计算

$$\delta_1 = \pm \frac{F_m a}{ES} \pm \frac{Ma^2}{2\pi IE} \tag{2-4}$$

式中　F_m为滚珠丝杠的最大工作载荷,单位为 N;

a 为滚珠丝杠两端支承距离,单位为 mm;

E 为滚珠丝杠材料的弹性模量,钢的弹性模量 $E = 2.1 \times 10^5$ MPa;

S 为滚珠丝杠按底径 d_2计算的截面积,单位为 mm^2;

M 为负载转矩,单位为 N · mm;

I 为滚珠丝杠按底径 d_2计算的截面惯性矩($I = \pi d_2^4/64$),单位为 mm^4。

式中的“ + ”号用于拉伸,“ - ”号用于压缩。

② 滚珠与滚道间的接触变形量 δ_2　δ_2按下式计算

无预紧时
$$\delta_2 = 0.003\,8\sqrt[3]{\frac{1}{D_w}\left(\frac{F_m}{10Z_\Sigma}\right)^2} \tag{2-5}$$

有预紧时
$$\delta_2 = 0.001\,3\frac{F_m}{10\sqrt[3]{D_w F_{YJ} Z_\Sigma^2/10}} \tag{2-6}$$

式中　D_w为滚珠直径,单位为 mm;

Z_Σ为滚珠总数,$Z_\Sigma = Z \times$圈数 × 列数;

Z 为单圈滚珠数,$Z = \pi d_0/D_w$(外循环),$Z = \pi d_0/D_w - 3$(内循环);

F_{YJ}为预紧力,单位为 N。

(6) 稳定性计算　滚珠丝杠工作时属于细长杆,如果轴向力过大,可能产生失稳现象,失稳时的临界载荷用下式计算

$$F_k = \frac{f_k \pi^2 EI}{Ka^2} \geqslant F_m \tag{2-7}$$

式中　F_k为临界载荷,单位为 N。

f_k为丝杠支承系数,支承方式见图 2 - 16。双推-自由取 0.25;双推-简支取 2;单推-单推取 1;双推-双推取 4。

K 为压杆稳定安全系数,一般取 2.5 ~ 4。

a 为滚珠丝杠两端支承的距离或计算长度,单位为 mm。

2.3.3　齿轮传动部件

1. 齿轮传动间隙的调整

为了满足传动精度的要求,机电一体化设备中的齿轮传动都要进行齿轮间隙的调整。

1) 圆柱直齿轮传动

圆柱直齿轮传动间隙的调整方法有偏心套调整法、轴向垫片调整法和双片薄齿轮错齿调整法。

(1) 偏心套调整法　如图 2 - 17 所示,图中齿轮 5 和齿轮 4 啮合,3 为减速箱,1 为偏心套,2 为电动机。电动机 2 安装在偏心套中,通过转动偏心套的转角可调节两啮合齿轮的中心距,从而消除圆柱齿轮啮合的齿侧间隙。特点是结构简单,但其侧隙不能自动补偿。

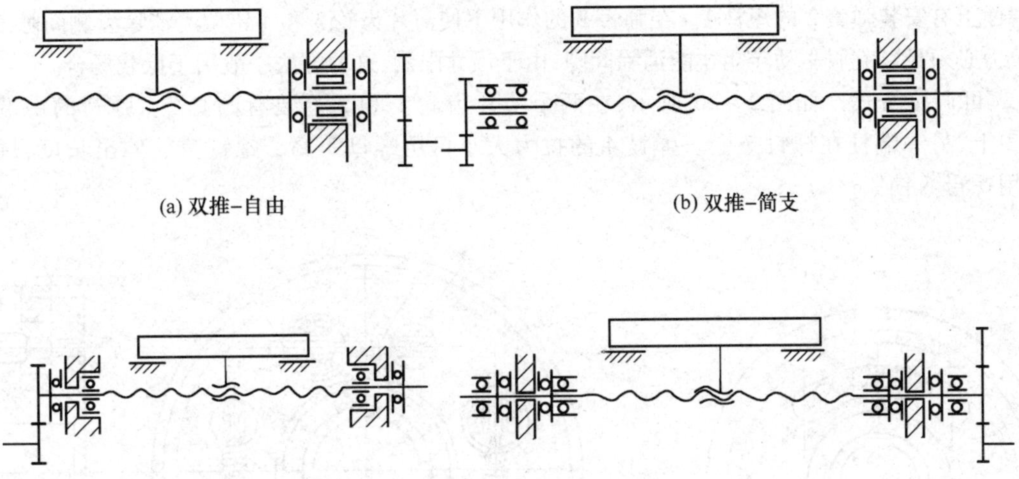

(a) 双推-自由　　(b) 双推-简支

(c) 单推-单推　　(d) 双推-双推

图 2-16　滚珠丝杠的支承方式

(2) 轴向垫片调整法　如图 2-18 所示,图中 4 为电动机,齿轮 1 和 2 相啮合,其齿厚沿轴线方向有小的锥度,这样就可以用轴向垫片 3 使齿轮 2 沿轴向移动,从而消除两齿轮的齿侧间隙。装配时调整垫片 3 的厚度,应使得齿轮 1 和 2 之间既齿侧间隙小,又运转灵活。特点同偏心套调整法。

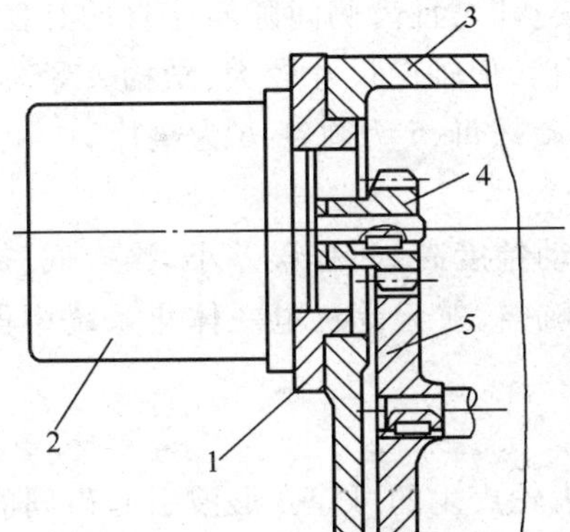

图 2-17　偏心套调整法

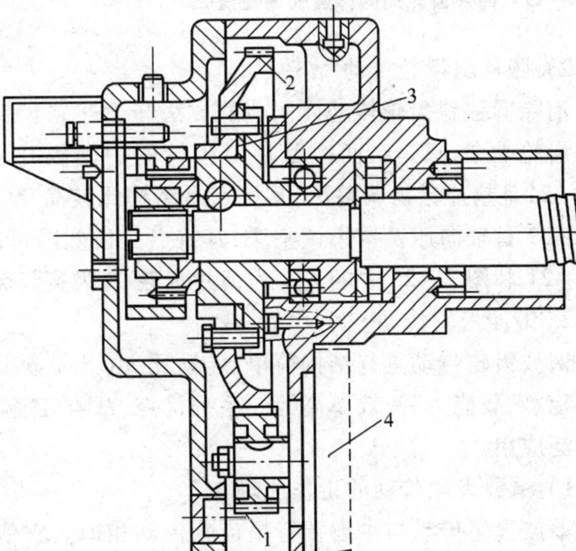

图 2-18　圆柱齿轮轴向垫片调整法

(3) 双片薄齿轮错齿调整法　这种消除齿侧间隙的方法是将其中一个作成宽齿轮,另一个用两片薄齿轮组成。采取措施使一个薄齿轮的左齿侧和另一个薄齿轮的右齿侧分别紧贴在宽轮齿槽的左、右两侧,以消除齿侧间隙,使反向时不会出现死区。其措施如下:

① 周向弹簧式(图 2-19)　在两个薄片齿轮 3 和 4 上各开了几条周向圆弧槽,并在齿轮 3 和齿轮

4 的端面上有安装弹簧 2 的短柱 1。在弹簧 2 的作用下使薄片齿轮 3 和 4 错位而消除齿侧间隙。弹簧 2 的拉力必须足以克服驱动转矩才能消除间隙,由于尺寸限制,这种方法一般用于低载场合。

② 可调拉簧式　如图 2－20 所示,在两个薄片齿轮 1 和 2 上装有凸耳 3。弹簧的一端挂在凸耳 3 上,另一端挂在螺钉 7 上。弹簧 4 的拉力大小可用螺母 5 调节螺钉 7 的伸出长度,调整好后再用螺母 6 锁紧。

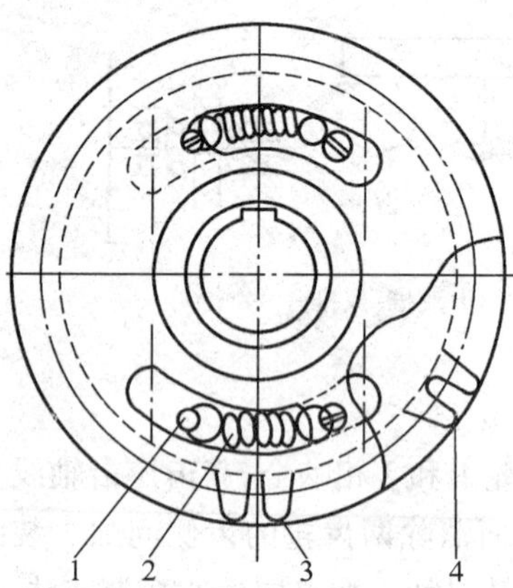

图 2－19　薄片齿轮周向弹簧式调整法

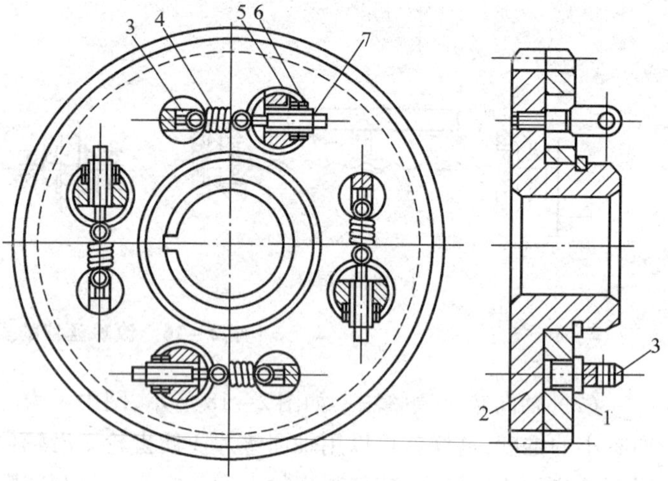

图 2－20　可调拉簧式调整法

2）圆柱斜齿轮传动

消除圆柱斜齿轮传动齿侧隙的方法与上述错齿调整法基本相同,也是用两个薄片齿轮与一个宽齿轮啮合,只是在两个薄片斜齿轮的中间隔开了一小段距离,这样它的螺旋线便错开了。图 2－21是垫片错齿调整法,其特点是结构比较简单,但调整较费时,且齿侧间隙不能自动补偿;图 2－22 是轴向压簧错齿调整法,其特点是齿侧隙可以自动补偿,但轴向尺寸较大,结构欠紧凑。图 2－21 和图 2－22 中的 1、2 为薄片齿轮,3 为宽齿轮,4 为调整螺母,5 为弹簧,6 为垫片。

2. 谐波齿轮传动

谐波齿轮传动具有结构简单、传动比大(几十至几百)、传动精度高、回程误差小、噪声低、传动平稳、承载能力强、效率高等一系列优点,故在工业机器人、航空、航天等机电一体化系统中得到广泛应用。

1）谐波齿轮传动的工作原理

谐波齿轮传动与少齿差行星齿轮传动相似。它依靠柔性齿轮产生的可控变形波引起齿间的相对错齿来传递动力和运动。如图 2－23 所示,谐波齿轮传动由波形发生器 3(H)和刚轮 1、柔轮 2 组成。波形发生器为主动件,刚轮或柔轮为从动件。刚轮有内齿圈,柔轮有外齿圈,其齿形为渐开线或三角形,周节相同而齿数不同,柔轮是薄圆筒形,由于波形发生器的长径比柔轮内径略大,故装配在一起时就将柔轮撑成椭圆形。工程上常用的波形发生器为两个触头的双波发生器,也有三个触头的。具有双波发生器的谐波减速器,其刚轮和柔轮的齿数之差为 $z_g - z_r = 2$。其椭圆长轴的两端柔轮与刚轮的牙齿相啮合,在短轴方向的牙齿完全分离。当波形发生器逆时针转一圈时,两轮相对位移为二个齿距。当刚轮固定时,则柔轮的回转方向与波形发生器的回转方向相反。

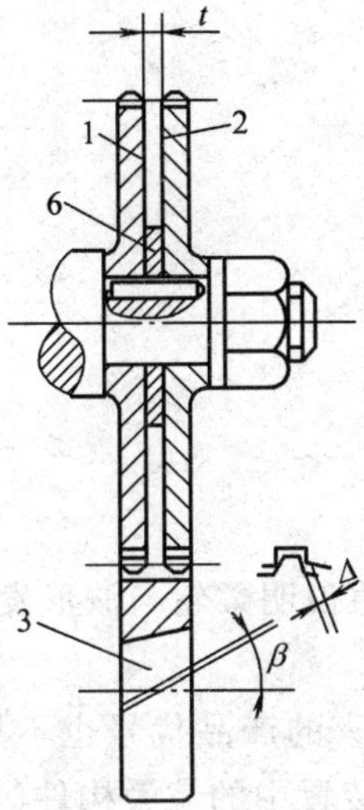

图 2-21　垫片错齿调整法

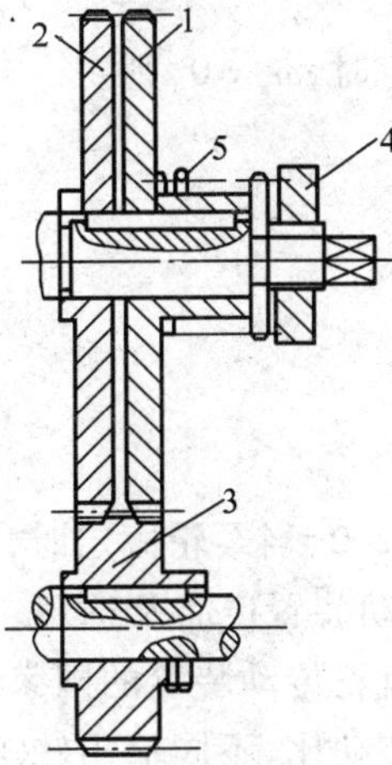

图 2-22　轴向压簧错齿调整法

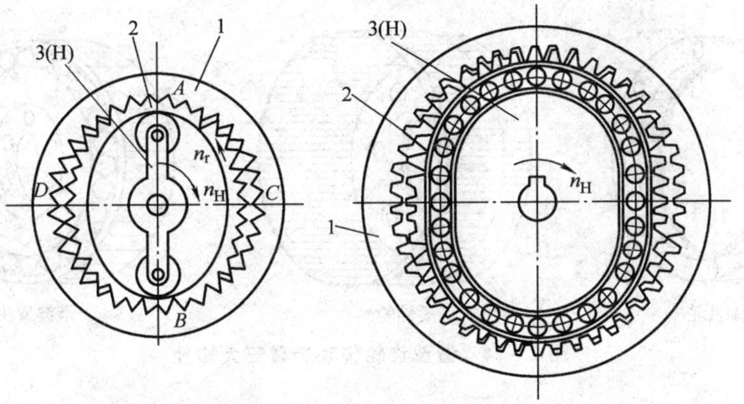

图 2-23　谐波齿轮传动的原理

2）谐波齿轮传动的传动比

谐波齿轮传动的波形发生器相当于行星轮系的转臂，柔轮相当于行星轮，刚轮相当于中心轮。所以，谐波齿轮传动装置（谐波减速器）的传动比可以应用行星轮系求传动比的方式来计算。设 ω_g、ω_r 和 ω_H 分别为刚轮、柔轮和波形发生器的角速度，则

$$i_{rg}^{H}=\frac{\omega_r-\omega_H}{\omega_g-\omega_H}=\frac{z_g}{z_r} \tag{2-8}$$

（1）当柔轮固定时，$\omega_r=0$，则

$$i_{rg}^{H}=\frac{-\omega_H}{\omega_g-\omega_H}=\frac{z_g}{z_r} \tag{2-9}$$

$$\frac{\omega_g}{\omega_H}=1-\frac{z_r}{z_g}=\frac{z_g-z_r}{z_g} \tag{2-10}$$

$$i_{Hg}=\frac{\omega_H}{\omega_g}=\frac{z_g}{z_g-z_r} \tag{2-11}$$

（2）当刚轮固定时，$\omega_g=0$，则

$$\frac{\omega_r-\omega_H}{-\omega_H}=\frac{z_g}{z_r} \tag{2-12}$$

$$1-\frac{\omega_r}{\omega_H}=\frac{z_g}{z_r} \tag{2-13}$$

$$i_{Hr}=\frac{\omega_H}{\omega_r}=\frac{z_r}{z_r-z_g} \tag{2-14}$$

设 $z_r=200$、$z_g=202$，当柔轮固定时，则 $i_{Hg}=-100$，负值说明柔轮与波形发生器的转向相反。

3）谐波齿轮传动装置产品及选用

目前尚无谐波齿轮传动装置的国家标准，不同生产厂家的产品代号也不尽相同。设计者可根据需要购买不同传动比、不同输出转矩的谐波齿轮传动装置中的三大构件（如图 2－24 所示），并根据其安装尺寸与系统的构件相连接。图 2－25 为小型谐波齿轮传动装置结构图。图中 5 为输入轴，4 为谐波发生器，3 为刚性轮，2 为柔性轮，1 为输出轴。

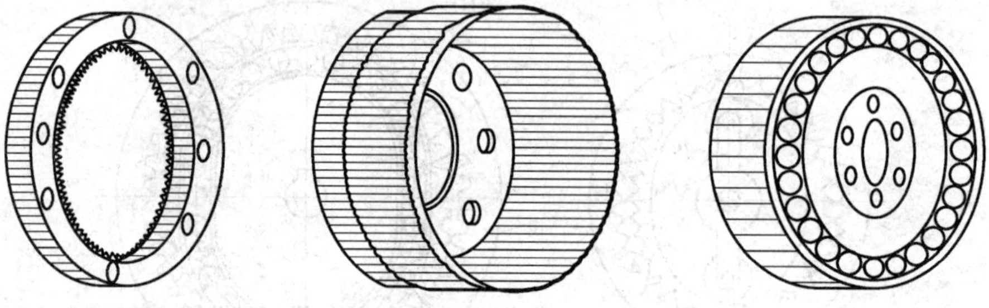

图 2－24　谐波齿轮传动装置三大构件

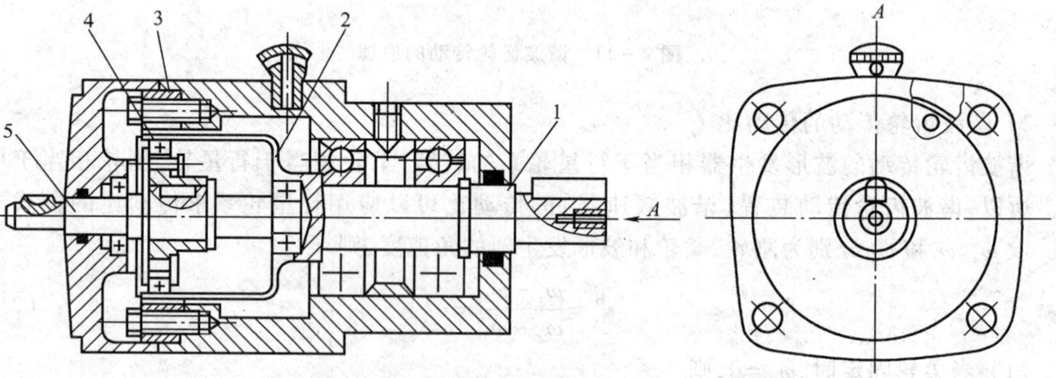

图 2－25　小型谐波齿轮传动装置结构图

2.3.4　挠性传动部件

机电一体化系统中除滚珠丝杠副、齿轮副等传动部件之外，还大量使用同步带、钢带、链条、钢丝绳及尼龙绳等挠性传动部件。

1. 同步带传动

1）同步带传动的特点

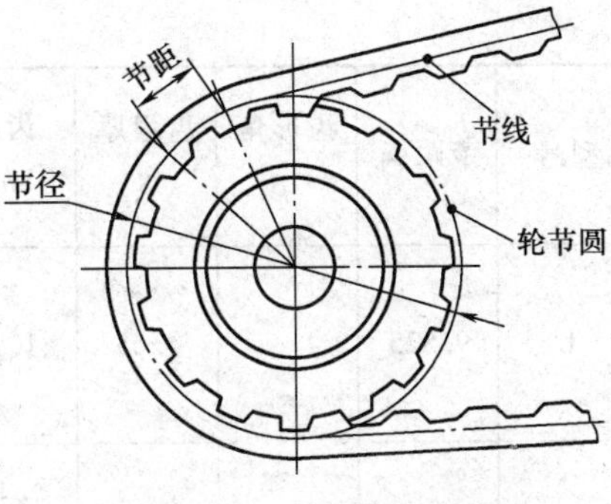

图 2－26　同步带传动示意图

同步带传动示意图如图 2－26 所示，在同步带和带轮上均制有啮合齿，通过同步带齿与轮齿作啮合传动。它因具有传动比准确、传动效率高（可达 98%）、噪声低、传动平稳、能高速传动、维护保养方便等优点，在数字控制中有广泛的应用。其不足之处是制造和安装精度要求高，中心距要求严格。

2）同步带的主要参数

（1）节距 p_b　带的节距为相邻两齿对应齿间沿节线方向所测得的距离。同步带的齿形有梯形齿形和圆弧齿形之分。同步带的型号如表 2－12 所示。

表 2－12　同步带的型号

<table>
<tr><th>型号</th><th>节距 p_b/mm</th><th>基准带宽所传递功率/kW</th><th>基准带宽 b_s/mm</th><th>说明</th></tr>
<tr><td>MXL（最轻型）</td><td>2.032</td><td>0.000 9～0.15</td><td>6.4</td><td rowspan="7">GB/T 11616—1989
GB/T 11362—1989</td></tr>
<tr><td>XXL（超轻型）</td><td>3.175</td><td>0.002～0.25</td><td>6.4</td></tr>
<tr><td>XL（特轻型）</td><td>5.080</td><td>0.004～0.573</td><td>9.5</td></tr>
<tr><td>L（轻型）</td><td>9.525</td><td>0.05～4.76</td><td>25.4</td></tr>
<tr><td>H（重型）</td><td>12.700</td><td>0.6～55</td><td>76.2</td></tr>
<tr><td>XH（特重型）</td><td>22.225</td><td>3～81</td><td>101.6</td></tr>
<tr><td>XXH（最重型）</td><td>31.750</td><td>7～125</td><td>127</td></tr>
</table>

（2）带宽 b_s　在各种型号同步带的标准带宽系列中，最大尺寸的标准带宽为该型号同步带的基本宽度。同步带齿形与带宽尺寸如表 2－13 所示。

表 2－13　同步带齿形与带宽尺寸　　单位：mm

<table>
<tr><th>型号</th><th>节距 p_b</th><th>齿形角 2β</th><th>齿根厚 S</th><th>齿高 h_t</th><th>齿根圆角半径 r_r</th><th>齿顶圆角半径 r_s</th><th>带高 h_s</th><th colspan="4">带宽 b_s</th></tr>
<tr><td rowspan="2">MXL</td><td rowspan="2">2.032</td><td rowspan="2">40°</td><td rowspan="2">1.14</td><td rowspan="2">0.51</td><td rowspan="2" colspan="2">0.13</td><td rowspan="2">1.14</td><td>基本尺寸</td><td>3.0</td><td>4.8</td><td>6.4</td></tr>
<tr><td>代号</td><td>012</td><td>019</td><td>025</td></tr>
<tr><td rowspan="2">XXL</td><td rowspan="2">3.175</td><td rowspan="4">50°</td><td rowspan="2">1.73</td><td rowspan="2">0.76</td><td rowspan="2">0.2</td><td rowspan="2">0.3</td><td rowspan="2">1.52</td><td>基本尺寸</td><td>3.0</td><td>4.8</td><td>6.4</td></tr>
<tr><td>代号</td><td>012</td><td>019</td><td>025</td></tr>
<tr><td rowspan="2">XL</td><td rowspan="2">5.080</td><td rowspan="2">2.57</td><td rowspan="2">1.27</td><td rowspan="2" colspan="2">0.38</td><td rowspan="2">2.3</td><td>基本尺寸</td><td>6.4</td><td>7.9</td><td>9.5</td></tr>
<tr><td>代号</td><td>025</td><td>031</td><td>037</td></tr>
</table>

续表

型号	节距 p_b	齿形角 2β	齿根厚 S	齿高 h_t	齿根圆角半径 r_r	齿顶圆角半径 r_s	带高 h_s	带宽 b_s					
L	9.525	40°	4.65	1.91	0.51		3.60	基本尺寸	12.7	19.1	25.4		
								代号	050	075	100		
H	12.700		6.12	2.29	1.02		4.30	基本尺寸	19.1	25.4	38.1	50.8	76.2
								代号	075	100	150	200	300
XH	22.225		12.57	6.35	1.57	1.19	11.20	基本尺寸	50.8	76.2	101.6		
								代号	200	300	400		
XXH	31.750		19.05	9.53	2.29	1.52	15.70	基本尺寸	50.8	76.2	101.6	127	
								代号	200	300	400	500	

（3）节线长度 L_p　同步带上通过强力层中心、长度不发生变化的中心线称为节线，节线长度为带的基本带长。

国内有关同步带传动部件的国家标准有 GB/T 11616—1989 和 GB/T 11362—1989 等，有专门生产厂家生产。

3）同步带轮的结构和主要参数

图 2－27 所示为同步带轮的结构。同步带轮的参数有节距、齿数和带宽。

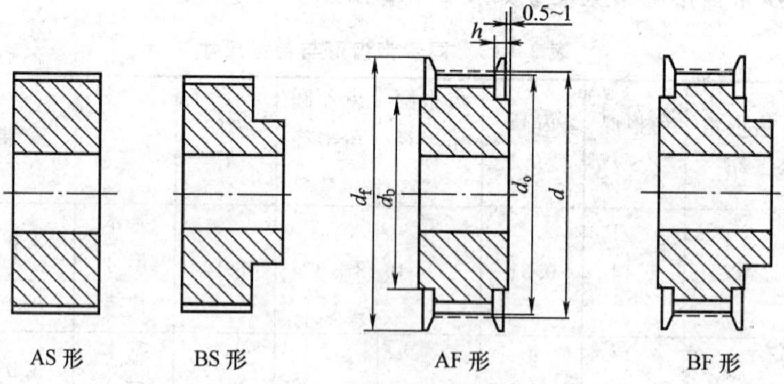

图 2－27　同步带轮的结构

4）同步带的选用

（1）确定带的设计功率 P_d

$$P_d = K_A P \tag{2-15}$$

式中 K_A为工作情况系数(如表2－14所示);

P为传递的功率,单位为kW。

表2－14 同步带工作情况系数

载荷性质		每天工作小时数		
变化情况	瞬时峰值载荷/额定工作载荷	≤10	10~16	>16
平稳	—	1.20	1.40	1.50
小	≈150%	1.40	1.60	1.70
较大	≥150%~200%	1.60	1.70	1.85
很大	≥250%~400%	1.70	1.85	2.00
大而频繁	≥250%	1.85	2.00	2.05

下列情况应对K_A值进行修正:经常正反转或使用张紧轮装置时,K_A应乘1.1;间断性工作时,K_A应乘0.9;增速传动时,K_A应乘如表2－15所示的修正系数。

表2－15 工作情况系数的修正系数

增速比	1.25~1.74	1.75~2.49	2.50~3.49	≥3.5
修正系数	1.1	1.2	1.3	1.4

(2) 带型和节距的选择 根据设计功率P_d和主动轮转速n_1由图2－28选择带型,图中横坐标为设计功率P_d,纵坐标为主动轮转速n_1。

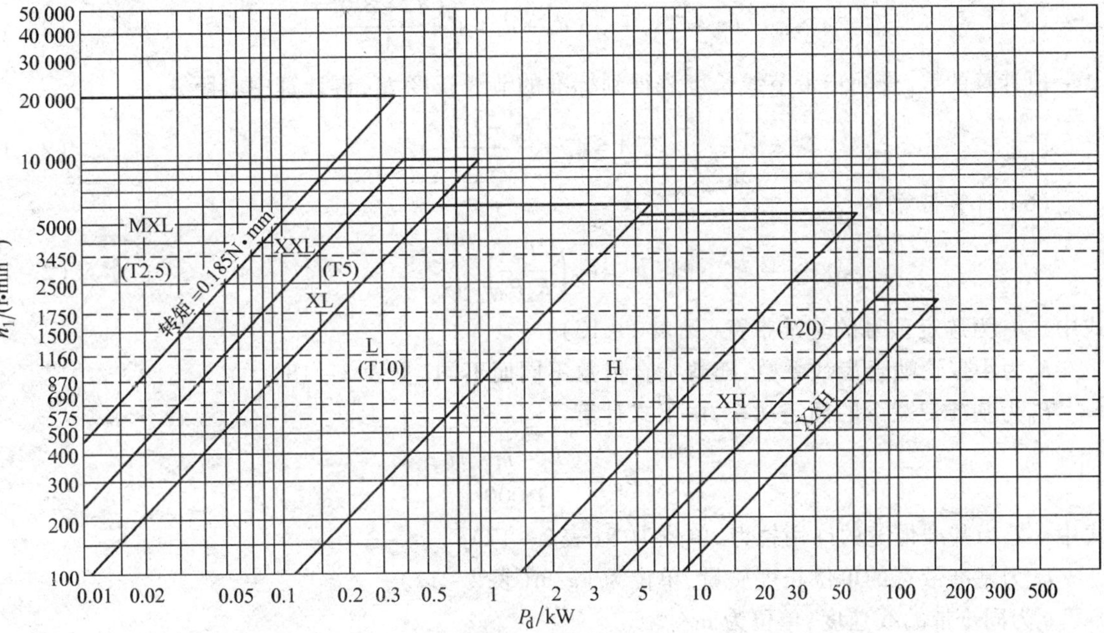

图2－28 同步带选型图

(3) 确定小带轮齿数 z_1 和节圆直径 d_1　选择小带轮齿数时应满足 $z_1 \geqslant z_{min}$，z_{min} 由表 2－16 查得。小带轮直径 $d_1 = P_d z_1 / \pi$。验算带速是否符合下式要求

$$v = \frac{\pi d_1 n_1}{60 \times 1\,000} \geqslant v_{max} \tag{2-16}$$

MXL、XXL、XL 型同步带的 $v_{max} = 40 \sim 50$ m/s；L、H 型 $v_{max} = 35 \sim 40$ m/s；XH、XXH 型 $v_{max} = 25 \sim 30$ m/s。

表 2－16　带轮最少许用齿数

小带轮转速/$r \cdot min^{-1}$	带轮最少许用齿数						
	MXL	XXL	XL	L	H	XH	XXH
<900	—	—	10	12	14	22	22
900～1200	12	12	10	12	16	24	24
1200～1800	14	14	12	14	18	26	26
1800～3600	16	16	12	16	20	30	—
3600～4800	18	18	15	18	22	—	—

(4) 确定大带轮的齿数 z_2 和节圆直径 d_2　大带轮的齿数 $z_2 = iz_1$，大带轮直径 $d_2 = id_1$。

(5) 初选中心距 A_0、带的节线长度 L_{p0} 和带的齿数 z_b

$$0.7(d_1 + d_2) \leqslant A_0 \leqslant 2(d_1 + d_2) \tag{2-17}$$

$$L_{p0} \approx 2A_0 + \frac{\pi}{2}(d_1 + d_2) + \frac{(d_2 - d_1)}{4A_0} \tag{2-18}$$

由计算的 L_{p0} 查同步带节线长度表得到标准的节线长度 L_p，再计算中心距 A_0

$$A = A_0 + \frac{L_p - L_{p0}}{2} \tag{2-19}$$

(6) 计算带宽 b_s

$$b_s \geqslant b_{s0}\left(\frac{P_d}{K_z P_0}\right)^{1/1.14} \tag{2-20}$$

式中　b_{s0} 为选定型号的基准带宽(见表 2－17)；

K_z 为小带轮啮合齿数系数，随着啮合齿数不同而不同(见表 2－18)。

P_0 为基准带宽下的额定功率，由下式计算

$$P_0 = \frac{(T_a - mv^2)v}{1\,000} \tag{2-21}$$

式中　T_a 为基准带宽的许用拉力，单位为 N(表 2－17)；

m 为基准带宽的单位长度质量，单位为 kg/m(表 2－17)；

v 为同步带的线速度，单位为 m/s。

表 2-17 同步带在基准带宽下的许用拉力和单位长度质量

带型号	基准带宽 b_{s0}/mm	许用拉力 T_a/N	单位长度质量 m/(kg/m)
MXL	6.4	27	0.007
XXL	6.4	31	0.010
XL	9.5	50.17	0.022
L	25.4	244.46	0.095
H	76.2	2 100.85	0.448
XH	101.6	4 048.90	1.484
XXH	127.0	6 398.03	2.473

表 2-18 小带轮的啮合齿数系数

z_m	≥6	5	4	3	2
K_z	1.0	0.8	0.6	0.4	0.2

2. 钢带传动

钢带传动的特点是钢带与带轮间接触面积大、无间隙、摩擦阻力大无滑动，结构简单紧凑，运行可靠，噪声低，驱动力大，寿命长，钢带无蠕变。图 2-29 所示为钢带传动在磁头定位机构中的应用。图中 1 为导杆，2 为轴承，3 为小车，4 为导轨，5 为磁头，6 为钢带，7 为步进电动机。钢带挂在驱动轮上，磁头固定在往复运动的钢带上，磁头移动迅速。

3. 绳轮传动

绳轮传动具有结构简单、传动刚度大、结构柔软、成本较低、噪声低等优点。其缺点是安装面积大、加速度不易太高。图 2-30 所示为打印机字车的绳轮传动送进机构图。图中 1 为字车，2 为绳轮，3 为伺服电动机，4 为钢丝绳。

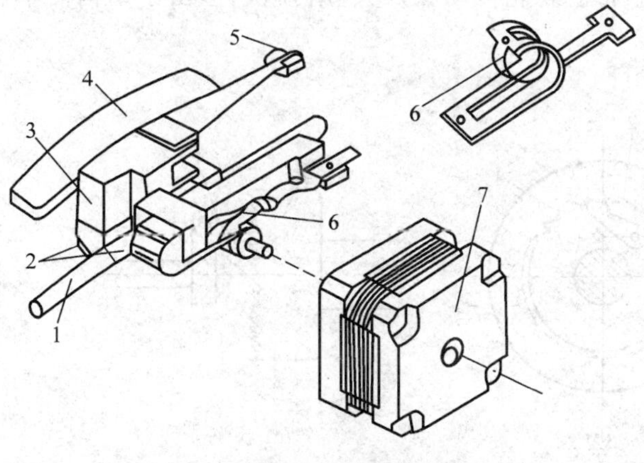

图 2-29 钢带传动定位机构

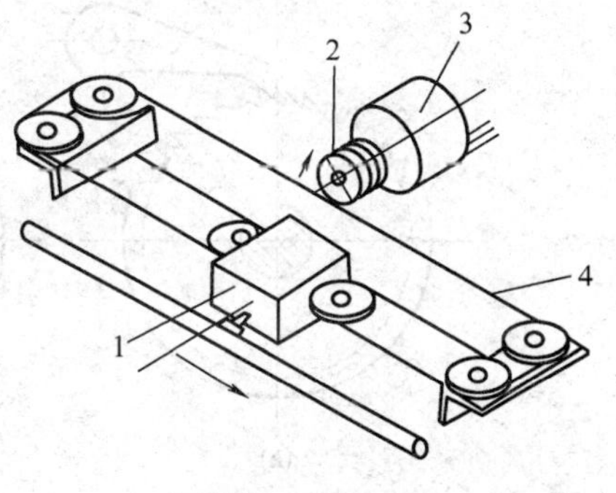

图 2-30 绳轮传动

挠性传动的传动方式比较如表 2-19 所示。

表 2－19　挠性传动方式比较

传动方式	传动带	带轮	传动刚度	蠕变	结构
同步带传动	同步带	齿形轮	中等	有	简单
钢带传动	钢带	无齿带轮	大	无	简单
绳轮传动	钢丝绳(尼龙绳)	开槽绳轮	大(小)	有	较简单

2.3.5　间歇传动部件

机电一体化系统中常用的间歇传动部件有棘轮传动、槽轮传动、蜗形凸轮传动等部件。这种传动部件可将原动机构的连续运动转换为间歇运动。其基本要求是移位迅速，移位过程中运动无冲击，停位准确可靠。

1. 棘轮传动部件

棘轮传动部件主要由棘轮和棘爪组成，其工作原理如图 2－31 所示。棘爪 1 装在摇杆 4 上，能围绕 O_1 点转动，摇杆空套在棘轮回转轴上做往复摆动。当摇杆(主动件)作逆时针方向摆动时，棘爪与棘轮 2 的齿啮合，推动棘轮朝逆时针方向转动，此时止动爪 3 在棘轮齿上打滑。当摇杆摆过一定角度 λ 后返回作顺时针方向摆动时，止动爪 3 把棘轮闸住，使其不能随同摇杆一起作顺时针转动，此时棘爪 1 在棘轮齿上打滑而返回到起始位置。摇杆如此往复不停地摆动时，棘轮就不断地按逆时针方向间歇地转动。扭簧 5 用于帮助棘爪与棘轮齿啮合。

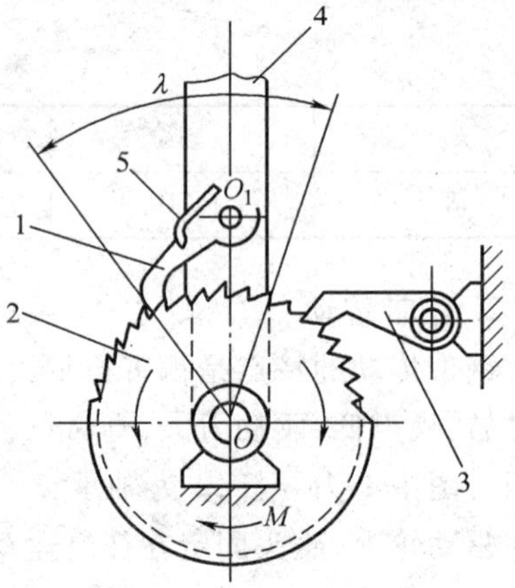

图 2－31　齿式棘轮传动部件的原理图

如图 2－32 所示，棘轮传动部件有外齿式[图 2－32(a)]、内齿式[图 2－32(b)]和端齿式[图 2－32(c)]之分。它由棘轮 1 和棘爪 2 组成，棘爪为主动件、棘轮为从动件。棘爪的运动可由连杆机构、凸轮机构、油(气)缸等的运动获得。棘轮传动噪声大、磨损快，但由于结构简单、制造容易，故应用较广泛。

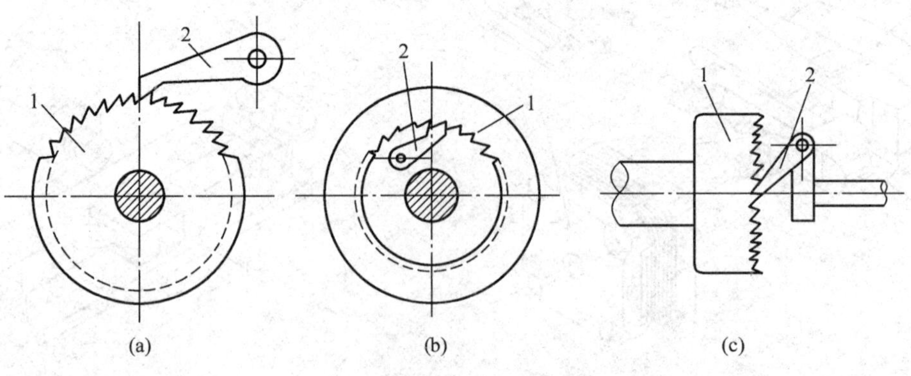

图 2－32　棘轮传动部件的三种形式

2. 槽轮传动部件

槽轮传动部件又称马氏槽部件。如图 2－33 所示，它由拨销盘 1 和槽轮 3 组成。当拨销盘以不变的角速度 ω_0 旋转，且拨销转过 2β 角时，槽轮转过相邻两槽间的夹角 2α。拨销盘每转一圈，使槽轮转过一个槽位。为保证槽轮在静止时间内的位置准确，在拨销盘和槽轮上分别作出锁紧弧面和定位弧面来锁住槽轮。

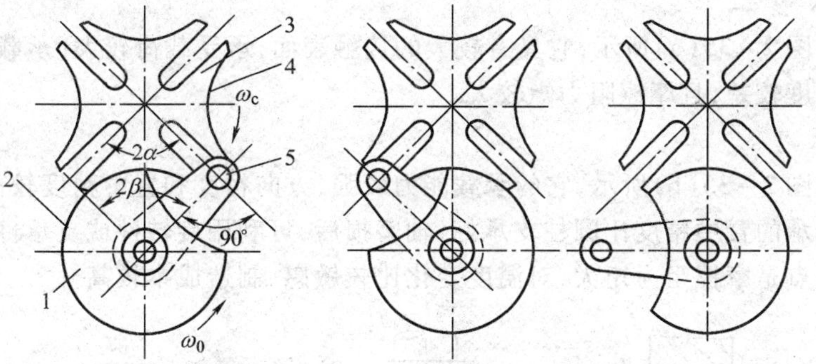

图 2－33　槽轮传动部件原理图

1—拨销盘；2—锁紧弧；3—槽轮；4—定位弧；5—拨销

槽轮传动部件具有结构简单，传动效率高，槽轮转位时间与静止时间之比为定值等优点。但是，由于槽轮的角速度不是常数，在转位开始和结束时，有一定大小的角加速度，从而产生冲击；又由于利用锁紧弧 2 和定位弧 4 定位，其定位精度不高，在要求工作盘的定位精度较高时，需要另加定位装置；制造和装配精度要求较高。

3. 蜗形凸轮传动部件

图 2－34 所示为蜗形凸轮传动部件。它由转盘 1、安装在转盘上的滚子 2 和蜗形凸轮 3 组成。蜗形凸轮 3 以等角速度 ω 连续旋转，当凸轮转过 θ 角时，转盘就转过 ϕ 角（相邻两个滚子之间的夹角），在凸轮转过其余的角度（$2\pi-\theta$）时，转盘停止不动，并靠凸轮的棱边卡在两个滚子中间，使转盘定位。它把凸轮的连续运动变成转盘的间歇运动。

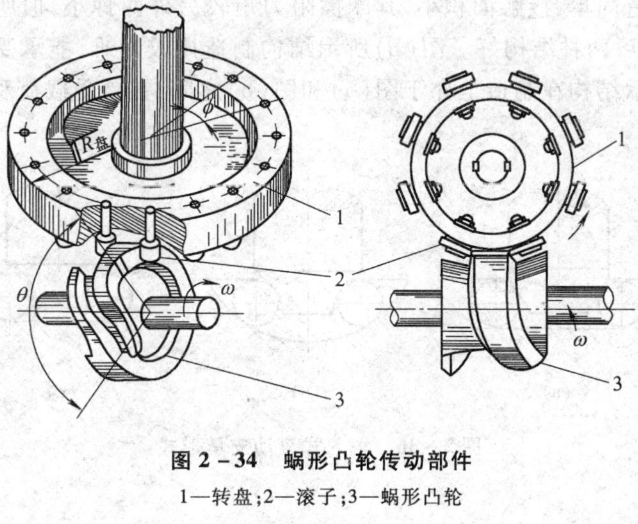

图 2－34　蜗形凸轮传动部件

1—转盘；2—滚子；3—蜗形凸轮

2.4　轴与旋转支承结构

2.4.1　旋转支承结构

1. 圆柱支承

圆柱支承如图 2 – 35(a)所示，它具有较大的接触表面，承受载荷较大(承载能力强)，但其方向精度和置中精度较差，且摩擦阻力矩较大。

2. 圆锥支承

圆锥支承如图 2 – 35(b)所示，它的承载能力较强，方向精度和置中精度较高，但摩擦阻力矩也较大。圆锥支承的置中精度比圆柱支承好，轴磨损后，可利用旋转件或支承件的轴向位移自动补偿间隙。其缺点是摩擦阻力矩大，对温度变化比较敏感，制造成本较高。

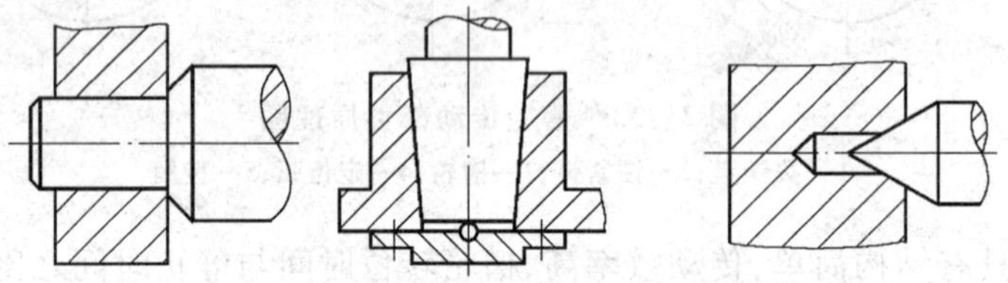

(a) 圆柱支承　　(b) 圆锥支承　　(c) 顶针支承

图 2 – 35　旋转支承的种类

3. 填入式滚动支承

滚动支承摩擦阻力矩小，耐磨性好，承载能力较大，温度剧烈变化时对传动性能影响小。故可在高速度、重载情况下使用，但成本较高。当标准滚珠轴承不能满足结构上的使用要求时，可以使用非标准滚珠轴承(即填入式滚珠支承)。这种支承一般没有内圈和外圈，仅在相对运动的零件上加工出滚道面，用标准滚珠散装在滚道内。图 2 – 36 为填入式支承常用的三种典型形式。图(a)所示的结构制造简单，接触面积小，其摩擦阻力矩较另外两种小，但所承受的载荷也较小，在耐磨性方面也不及后两种结构好。图(b)所示结构制造比较困难，能承受较大载荷，但摩擦阻力矩较大。图(c)所示结构在制造上介于图(a)和图(b)之间，在承受载荷和摩擦阻力矩方面，也介于前两者之间。

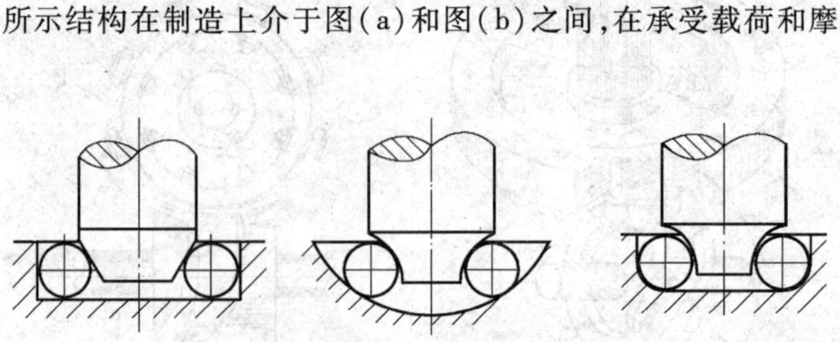

(a)　　(b)　　(c)

图 2 – 36　填入式滚动支承形式

4. 球面支承

如图 2－37 所示,球面支承由球形轴径、内圆锥面或内球面组成。球面支承的接触面是一条狭窄的球面带,旋转轴除自转外,还可轴向摆动一定角度。由于接触表面很小,适用于低速、轻载场合。球面轴径与轴加工成一体时,其旋转轴常用材料为 45 钢、T10、T12 等,轴承一般用耐磨的青铜。

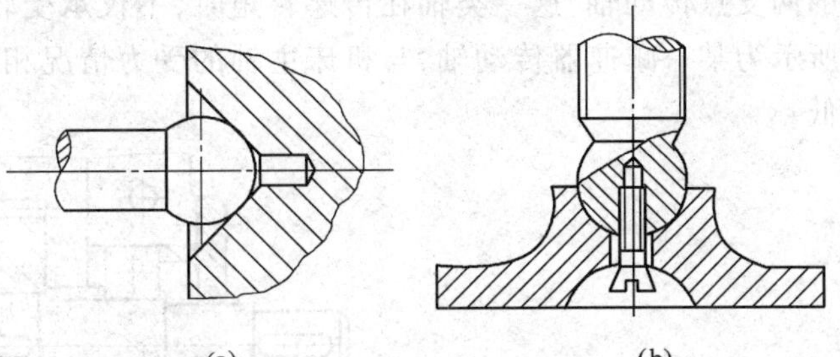

(a)　(b)

图 2－37　球面支承

5. 顶针支承

顶针支承如图 2－35(c)所示,由圆锥形轴径和带埋头圆柱孔的圆锥轴承所组成。顶针支承的轴径和轴承在半径很小的狭窄环形表面上接触,故摩擦半径很小,摩擦阻力矩较小。但由于接触面积小,其单位压力很大,润滑油从接触处被挤出,因此用润滑降低摩擦阻力矩的作用不大。故顶针支承宜用于低速、轻载的场合。

2.4.2　轴与支承

轴是机械中的重要零件,其功用是支承转动零件(如齿轮,带轮及凸轮等),并传递运动和动力。因其在机器中的作用不同,使之在结构上、支承方式上也有所不同。图 2－38 所示是普通 CA6140 车床的主轴部件图。为了满足 CA6140 车床加工精度和切削力的需要,该轴在支承上采用了三点支承方式,前后及中间三处均有轴承支承,并且前后的轴承皆为双列短圆柱滚子轴承。这种支承方式结构简单,刚度较高,极限转速较高,承载能力强。

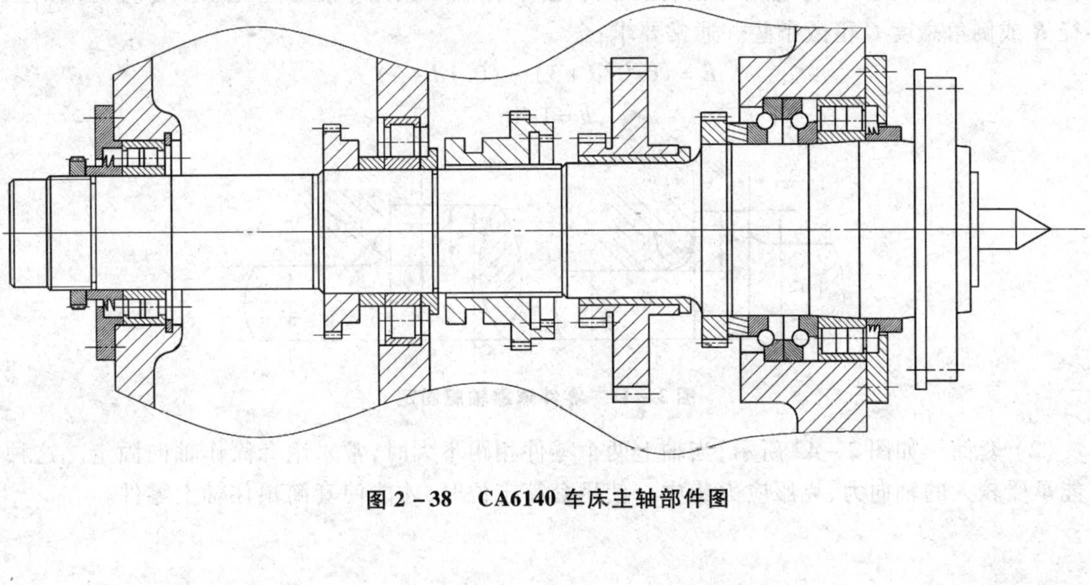

图 2－38　CA6140 车床主轴部件图

有一种轴只传递转矩而不承受弯矩或承受弯矩较小，在支承上采用浮动方式，两支点并不固定，如汽车的传动轴，如图 2 – 39 所示，两端连接的是万向节，通过万向节与汽车的发动机输出轴和汽车后桥驱动轴相连，它仅仅传递的是汽车发动机的扭矩和转速，不承受弯矩。因此，这一类轴在结构上比较细长，具有重量轻、加工精度要求不高的特点。

有些轴是定轴心的两支点传动轴，这一类轴在传递转矩时，不仅承受转矩，而且还承受弯矩和轴向力。图 2 – 40 所示为某一减速器传动轴，与机床主轴的受力情况相似，但精度、刚度以及抗振性要比主轴要求低。

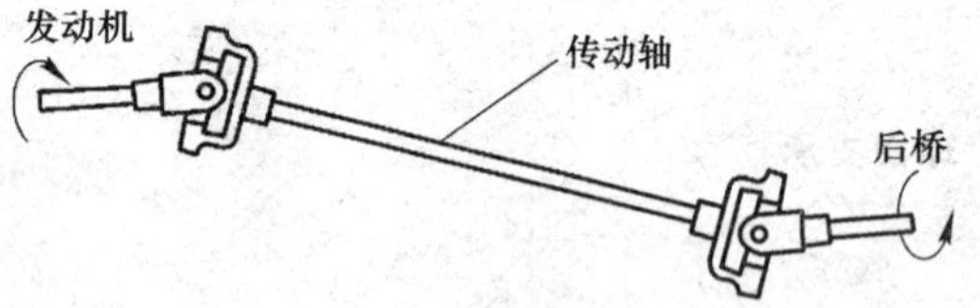

图 2 – 39　汽车传动轴

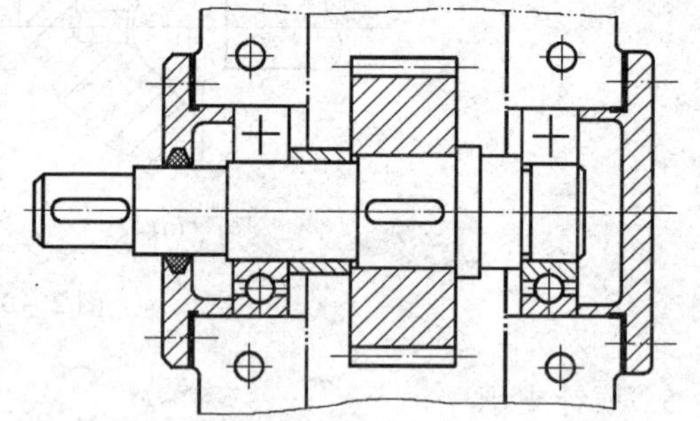
图 2 – 40　减速器传动轴

2.4.3　轴上零件的固定

零件在轴上的固定一方面有沿轴向固定的问题，另一方面有沿周向固定的问题。根据零件在轴上所要完成的功能不同，可以是沿轴向固定零件，也可以是沿周向固定零件，或者既沿轴向又沿周向固定零件。

在轴上零件固定是为了保证零件有确定的工作位置，防止零件沿轴向窜动并进行力的传递。轴向固定的方式很多，各有其特点，常见的轴向固定有轴肩、轴环、弹性挡圈、螺母、套筒等。

1. 零件沿轴向固定

（1）轴肩　如图 2 – 41 所示，轴上零件依靠轴肩固定的方法简单可靠，可承受较大的轴向力，应用较多。为了使零件端面与轴肩能很好地贴合，轴上圆角半径 r 应比轴上零件孔端的圆角半径 R 或倒角高度 C 稍微小些。通常要求：

$$h = (0.07d + 3) \sim (0.1d + 5)$$

$$b = 1.4h$$

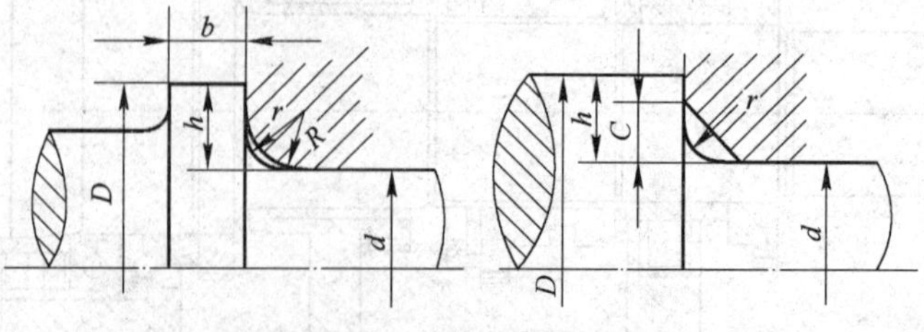

图 2 – 41　零件依靠轴肩固定

（2）套筒　如图 2 – 42 所示，当轴上两个零件相距不大时，常采用套筒作轴向固定。这种固定能承受较大的轴向力，克服应力集中。使用套筒定位时，才能使套筒顶住轴上零件。

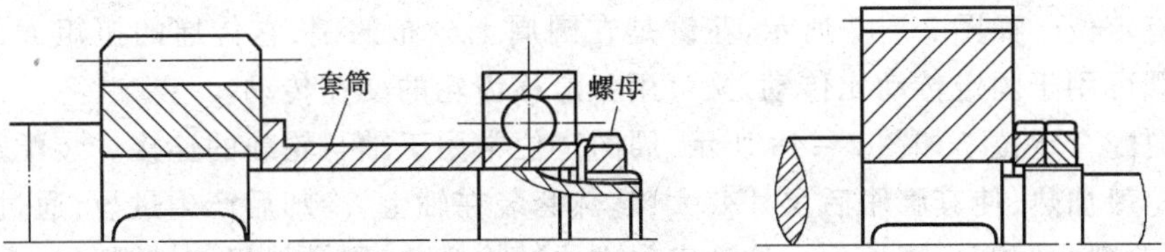

图 2－42　套筒与螺母定位

（3）螺母　当轴端允许车制螺纹时，可采用螺母作轴向定位。值得注意的是，此处螺纹一般用细牙螺纹，以免过多削弱轴的强度。如图 2－42 所示。

（4）轴端挡圈和弹性挡圈　两者均适用于轴伸端零件的轴向固定。轴端挡圈和弹性挡圈，均可对零件实现轴向的双向固定。如图 2－43 所示，轴端挡圈这种定位方式装拆方便，并可兼做周向固定，宜用于高速、轻载的场合。弹性挡圈常与轴肩联合使用，对轴上零件实现双向固定，常用于滚动轴承的轴向固定，如图 2－44 所示。

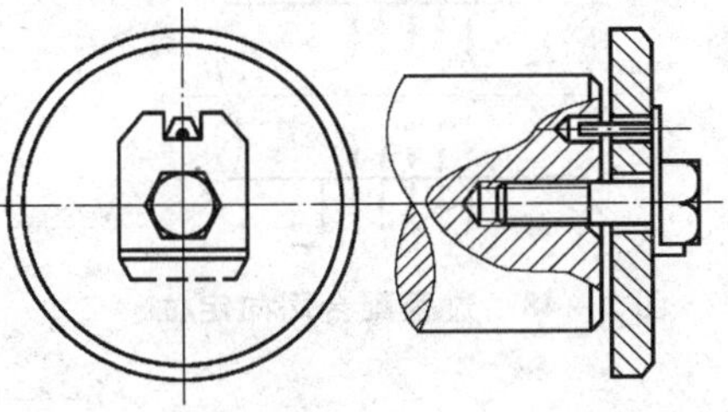

图 2－43　轴端挡圈

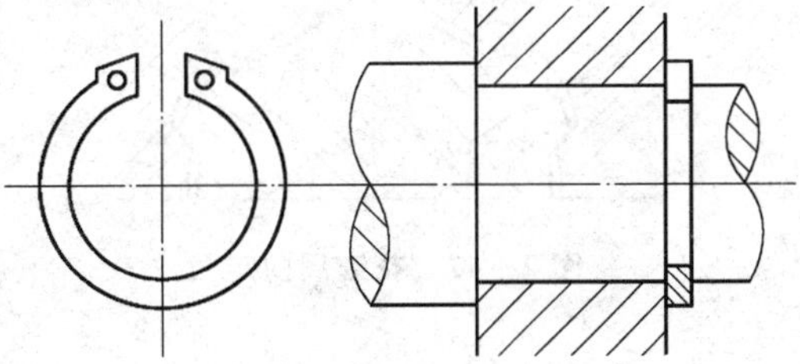

图 2－44　弹性挡圈

（5）紧定螺钉　主要用于轴向力较小，且为了防止零件偶然沿轴向移动的场合。紧定螺钉多用于光轴上零件的轴向固定，还可周向固定，如图 2－45 所示。这种固定方法结构简单，便于拆装，但不宜用于较高转速的轴。

2. 零件在轴上的周向固定

当零件在轴上传递转矩时，如齿轮，轴与零件之间要有足够力，防止零件与轴产生相对转动。这个力依靠紧定螺钉、螺母是难以满足要求的，因此，人们常用键或花键连接、销连接、过盈配合等方法进行周向固定。

（1）键　键是一种标准件，它又分为平键、半圆键、楔键和切向键。平键的周向定位方法如图 2－46 所示。

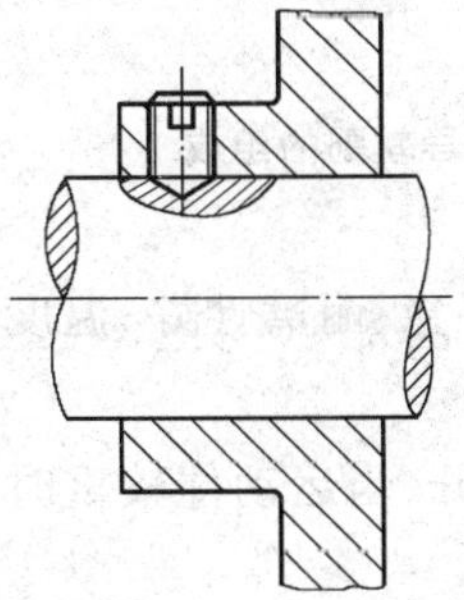

图 2－45　紧定螺钉

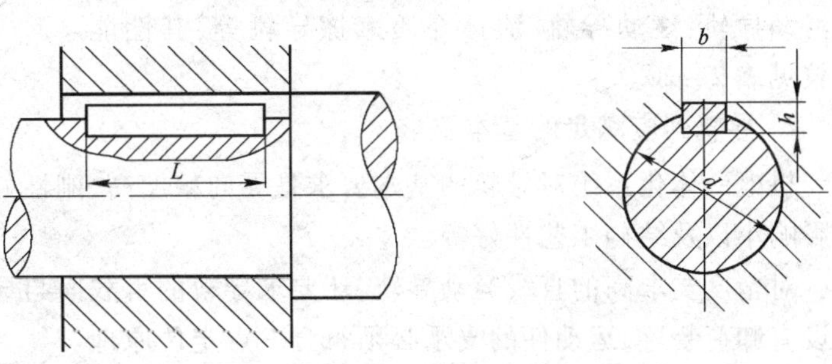

图 2－46　平键周向定位

（2）花键定位　如图 2－47 所示，花键是在圆周上分布的键，它传递的扭矩大，并具有较好的导向性。既可用于固定传动比传动，又可用于滑移齿轮的变速传动。

（3）过盈配合定位　如图 2－48 所示，周向定位常用于轴与轮毂的连接。装配过盈零件时，一般是先将轮毂加热，使其膨胀后尺寸变大，趁热套装在轴上，冷却后产生过盈，通过轴与轮毂的过盈，使轴与轮毂之间产生摩擦力。这种定位方式结构简单，同轴性好，对轴削弱少、耐冲击性能好。但对配合表面的制造精度要求高。

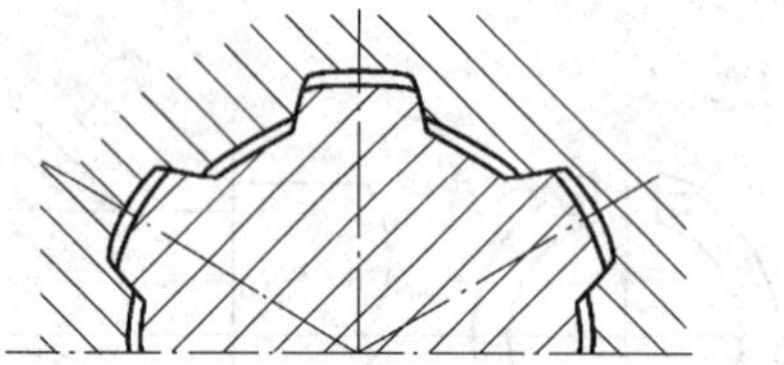

图 2－47　花键周向定位

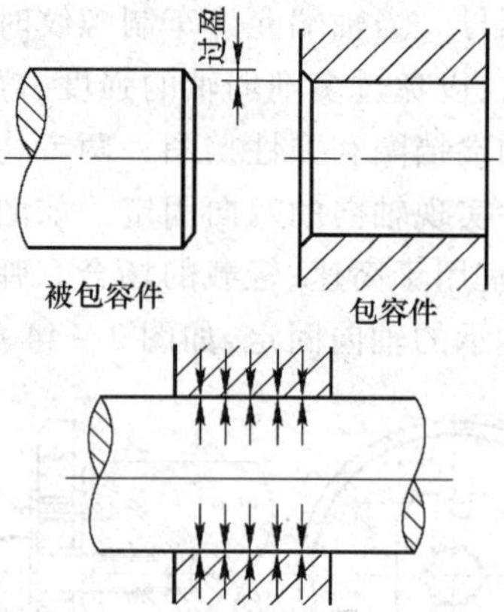

图 2－48　过盈配合周向定位

2.5　导向支承部件

2.5.1　导轨副的组成、种类及其应满足的要求

导向支承部件的作用是支承和限制运动部件按给定的运动要求和规定的运动方向运动。这样的部件通常被称为导轨副，简称导轨。

1. 导轨副的种类

导轨副主要由承导件 1 和运动件 2 两大部分组成，如图 2－49 所示。运动方向为直线的被称为直线运动导轨副，运动方向为回转的被称为回转运动导轨副。常用导轨副的种类很多，按其接触面的摩擦性质可分为滑动导轨、滚动导轨、流体介质摩擦导轨等，其性能比较见表 2－20。

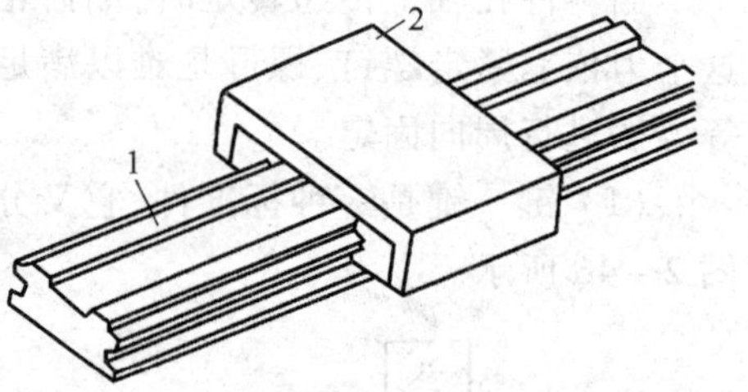

图 2－49　导轨副的组成

2. 导轨副应满足的基本要求

机电一体化系统对导轨的基本要求是导向精度高、刚性好、运动轻便平稳、耐磨性好、温度变化影响小以及结构工艺性好等。

对精度要求高的直线运动导轨，还要求导轨的承载面与导向面严格分开，当运动件较重时必须设有卸荷装置，运动件的支承必须符合三点定位原理。

（1）导向精度　导向精度是指动导轨按给定方向作直线运动的准确程度。导向精度的高低,主要取决于导轨的结构类型,导轨的几何精度和接触精度,导轨的配合间隙,油膜厚度和油膜刚度,导轨和基础件的刚度和热变形等。

表 2-20 常用导轨性能比较

导轨类型	结构工艺性	方向精度	摩擦力	对温度变化的敏感性	承载能力	耐磨性	成本
开式圆柱面导轨	好	高	较大	不敏感	小	较差	低
闭式圆柱面导轨	好	较高	较大	较敏感	较小	较差	低
燕尾导轨	较差	高	大	敏感	大	好	较高
闭式直角导轨	较差	较低	较小	较敏感	大	较好	较低
开式 V 型导轨	较差	较高	较大	不敏感	大	好	较高
开式滚珠导轨	较差	高	小	不敏感	较小	较好	较高
闭式滚珠导轨	差	较高	较小	不敏感	较小	较好	高
开式滚柱导轨	较差	较高	小	不敏感	较大	较好	较高
滚动轴承导轨	较差	较高	小	不敏感	较大	好	较高
液体静压导轨	差	高	很小	不敏感	大	很好	很高

(2) 刚度　导轨的刚度是抵抗载荷的能力,抵抗恒定载荷的能力称为静刚度,抵抗交变载荷的能力称为动刚度。

(3) 精度的保持性　它主要由导轨的耐磨性决定。导轨的耐磨性是指导轨在长期使用后,应能保持一定的导向精度。导轨的耐磨性,主要取决于导轨的结构、材料、摩擦性质、表面粗糙度、表面硬度、表面润滑及受力情况等。提高导轨的精度保持性,必须进行正确的润滑与保护。采用独立的润滑系统自动润滑已被普遍采用。防护方法很多,目前多采用多层金属薄板伸缩式防护罩进行防护。

(4) 运动的灵活性和低速运动的平稳性　机电一体化系统和计算机外用设备等的精度和运动速度都比较高,因此,其导轨应具有较好的灵活性和平稳性,工作时应轻便省力,速度均匀,低速运动或微量位移时不出现爬行现象,高速运动时应无振动。在低速运行时(如0.05 mm/min),往往不是作连续的匀速运动而是时走时停(即爬行)。其主要原因是摩擦系数随运动速度的变化和传动系统刚性不足造成的。

(5) 对温度的敏感性和结构工艺性　导轨在环境温度变化的情况下,应能正常工作,既不"卡死",也不影响系统的运动精度。

导轨对温度变化的敏感性,主要取决于导轨材料和导轨配合间隙的选择。

结构工艺性是指系统在正常工作的条件下,应力求结构简单、制造容易,装拆、调整、维修及检测方便,从而最大限度地降低成本。

2.5.2 滚动导轨副的类型

直线运动滚动导轨副的滚动体有循环的和不循环的两种类型。根据滚动体的不同,直线运动导轨又可分为多种形式。

1. 滚动体不循环的滚动导轨副

如图 2 - 50 所示，这种导轨的滚动体可以是滚珠、滚针或圆柱滚子。它们的共同特点是滚动体不循环，因而行程不能太长。这种导轨结构简单，制造容易，成本较低，但有时难以施加预紧力，刚度较低，抗振性能差，不能承受冲击载荷。

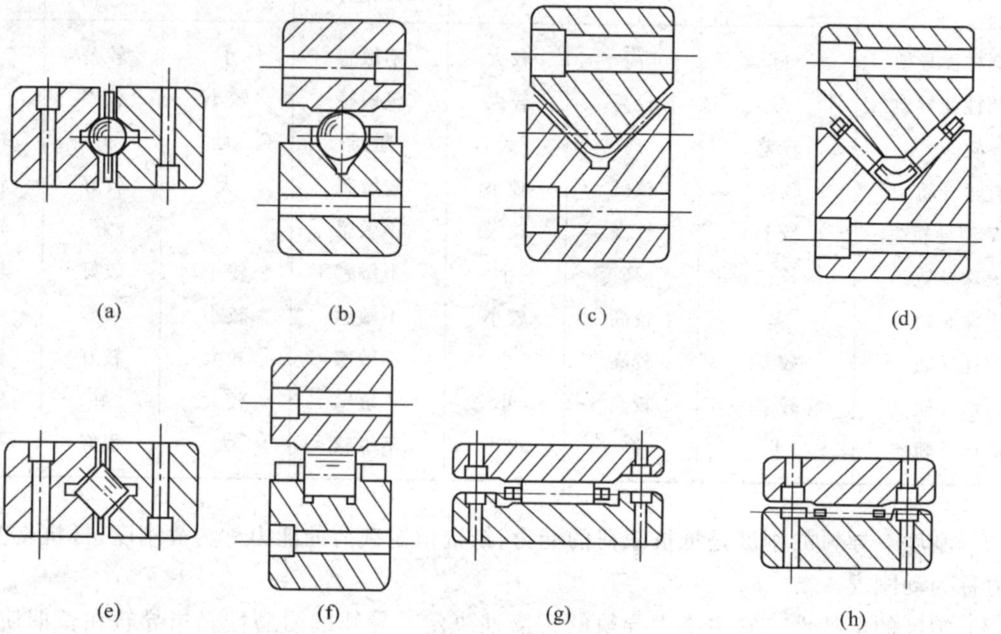

图 2 - 50　滚动体不循环的滚动导轨副

滚针和滚柱导轨副［图 2 - 50(c)、(d)、(e)、(f)、(g)、(h)］的特点是承载能力比滚珠导轨副高近 10 倍；刚度也比滚珠导轨副高，其中的交叉滚珠导轨副［图 2 - 50(e)］四个方向均能受载，导向性能好。但是滚针和滚柱对导轨面的平行度误差比较敏感，还容易侧向偏移和滑动，引起磨损加剧。

图 2 - 51 所示为无需加载荷的三角 - 平面滚珠导轨，结构简单，制造方便，适用于轻载、小颠覆力矩条件下。图 2 - 52 所示为有预加载荷的双三角形滚珠导轨，结构较简单，制造较方便，用于中载和中等颠覆力矩条件下。导轨面若做成双圆弧，可提高承载能力。

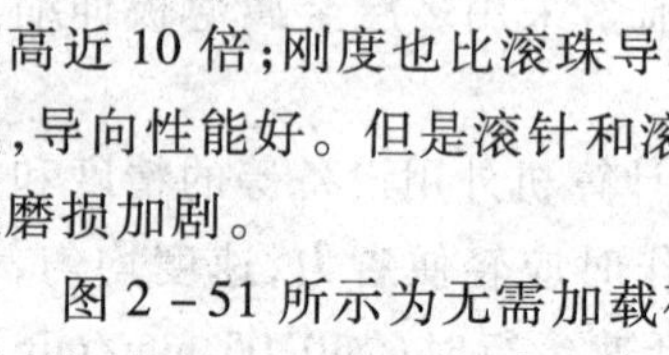

图 2 - 51　三角 - 平面滚珠导轨图

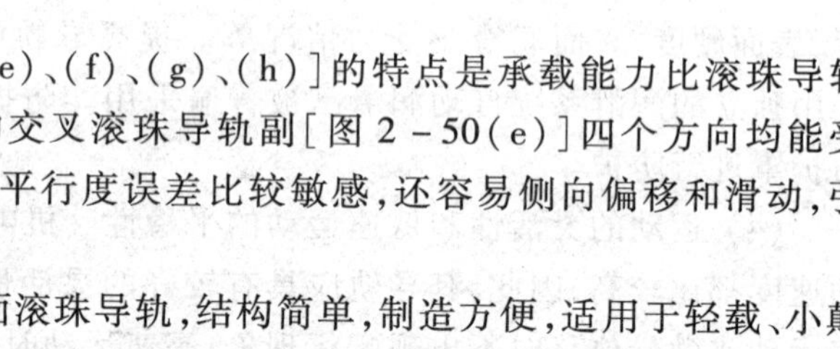

图 2 - 52　双三角形滚珠导轨

这类导轨中的滚珠导轨副[图 2 - 50(a)、(b)]的特点是摩擦阻力小,但承载能力差,刚度低。不能承受大的颠覆力矩和水平力;经常工作的滚珠接触部位,容易在导轨面上压出凹坑,使导轨副丧失精度。这种导轨适用于载荷不超过 200 N 的小型部件。设计时应注意尽量使驱动力和外加载荷作用点位于两条导轨副的中间。

2. 滚动体循环的滚动导轨副

图 2 - 53 为行程无限的标准滚动导轨副。这种导轨副用于重载条件下,但结构较复杂,装卸调整不方便。目前的滚动导轨副大都采用这种形式。

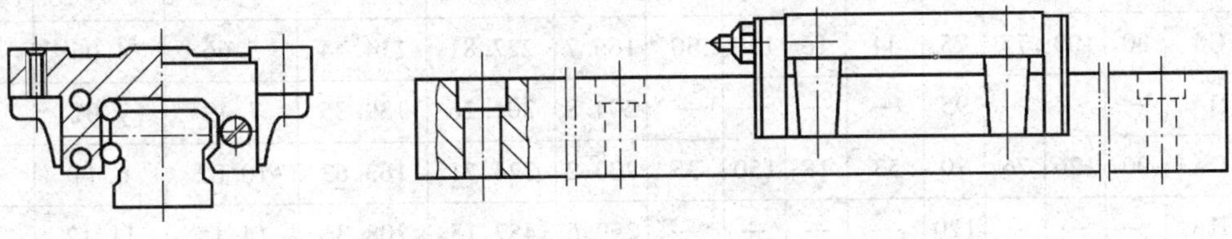

图 2 - 53 滚动导轨副

2.5.3 滚动导轨副的计算与选用

1. 基本静额定载荷

每种型号的导轨都有一个基本静额定载荷。使用时实际静载荷小于基本静额定载荷。静力矩小于额定静力矩。一般取安全系数为 1 ~ 3;有冲击和振动时,安全系数取 3 ~ 5。HGH 系列直线滚动导轨副的静额定载荷及尺寸见表 2 - 21。表中各尺寸的含义如图 2 - 54 所示。

表 2 - 21 HGH 系列直线滚动导轨副静额定载荷及尺寸表

型号	组件尺寸/mm				滑块及滑轨尺寸/mm					基本静额定载荷	基本动额定载荷	额定静力矩		
	H	W	B	C	H_R	d	P	E	L	C_0/kN	C_a/kN	M_R/(kN · m)	M_P/(kN · m)	M_Y/(kN · m)
HGH15CA	28	34	26	26	15	4.5	60	20	61.4	25.31	11.38	0.17	0.15	0.15
HGH20CA	30	44	32	36	17.5	6	60	20	77.5	37.86	17.75	0.38	0.27	0.27
HGH20HA	—	—	—	50	—	—	—	—	92.2	48.84	21.18	0.48	0.47	0.47
HGH25CA	40	48	35	35	22	7	60	20	84	56.19	26.48	0.64	0.51	0.51
HGH25HA	—	—	—	50	—	—	—	—	104.6	76.00	32.75	0.87	0.88	0.88
HGH30CA	45	60	40	40	26	9	80	20	97.4	83.06	38.74	1.06	0.85	0.85
HGH30HA	—	—	—	60	—	—	—	—	120.4	110.13	47.27	1.40	1.47	1.47
HGH35CA	55	70	50	50	29	9	80	20	112.4	102.87	49.52	1.73	1.20	1.20
HGH35HA	—	—	—	72	—	—	—	—	138.2	136.31	60.21	2.29	2.08	2.08
HGH45CA	70	86	60	60	38	14	105	22.5	139.4	155.93	77.57	3.01	2.35	2.35

续表

型号	组件尺寸/mm				滑块及滑轨尺寸/mm					基本静额定载荷	基本动额定载荷	额定静力矩		
	H	W	B	C	H_R	d	P	E	L	C_0/kN	C_a/kN	M_R/(kN · m)	M_P/(kN · m)	M_Y/(kN · m)
HGH45HA	—	—	—	80	—	—	—	—	171. 2	207. 12	94. 54	4. 00	4. 07	4. 07
HGH55CA	80	100	75	75	44	16	120	30	166. 7	227. 81	114. 44	5. 66	4. 06	4. 06
HGH55HA	—	—	—	95	—	—	—	—	204. 8	301. 26	139. 35	7. 49	7. 01	7. 01
HGH65CA	90	126	76	70	53	18	150	35	200. 2	324. 71	163. 63	10. 02	6. 44	6. 44
HGH65HA	—	—	—	120	—	—	—	—	259. 6	457. 15	208. 36	14. 15	11. 12	11. 12

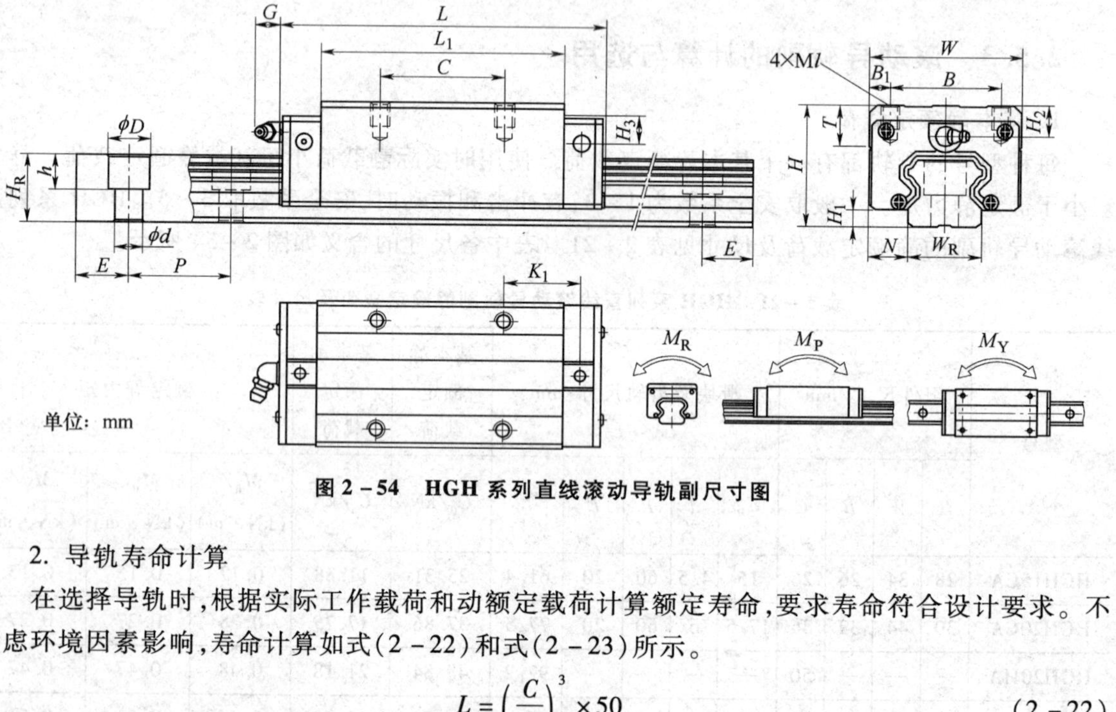

图 2 – 54　HGH 系列直线滚动导轨副尺寸图

2. 导轨寿命计算

在选择导轨时，根据实际工作载荷和动额定载荷计算额定寿命，要求寿命符合设计要求。不考虑环境因素影响，寿命计算如式(2 – 22)和式(2 – 23)所示。

$$L=\left(\frac{C}{P}\right)^3\times 50 \qquad (2-22)$$

式中　L 为额定寿命，单位为 km；

C 为基本动额定载荷，单位为 kN；

P 为工作载荷，单位为 kN。

$$L_h=\frac{L\times 10^3}{V_e\times 60} \qquad (2-23)$$

式中　L_h 为额定时间，单位为 h；

V_e 为运动速度，单位为 m/min。

2.5.4 直线滚动导轨副的定位

直线滚动导轨副的定位是机械设计的关键,要求定位合理、调整方便、安全可靠。导轨和滑块的定位原理如图 2-55 所示。具体定位方式如图 2-56 所示,图 2-56(a)为压板定位,图 2-56(b)为紧定螺钉定位,图 2-56(c)为斜面定位,图 2-56(d)为滚柱定位。

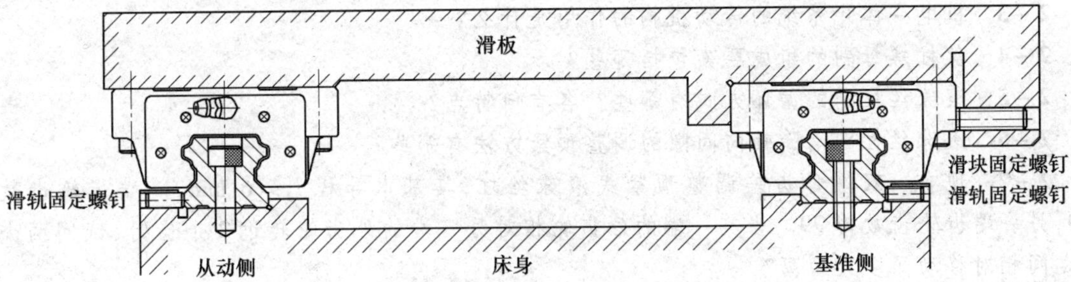

图 2-55 导轨和滑块的定位原理图

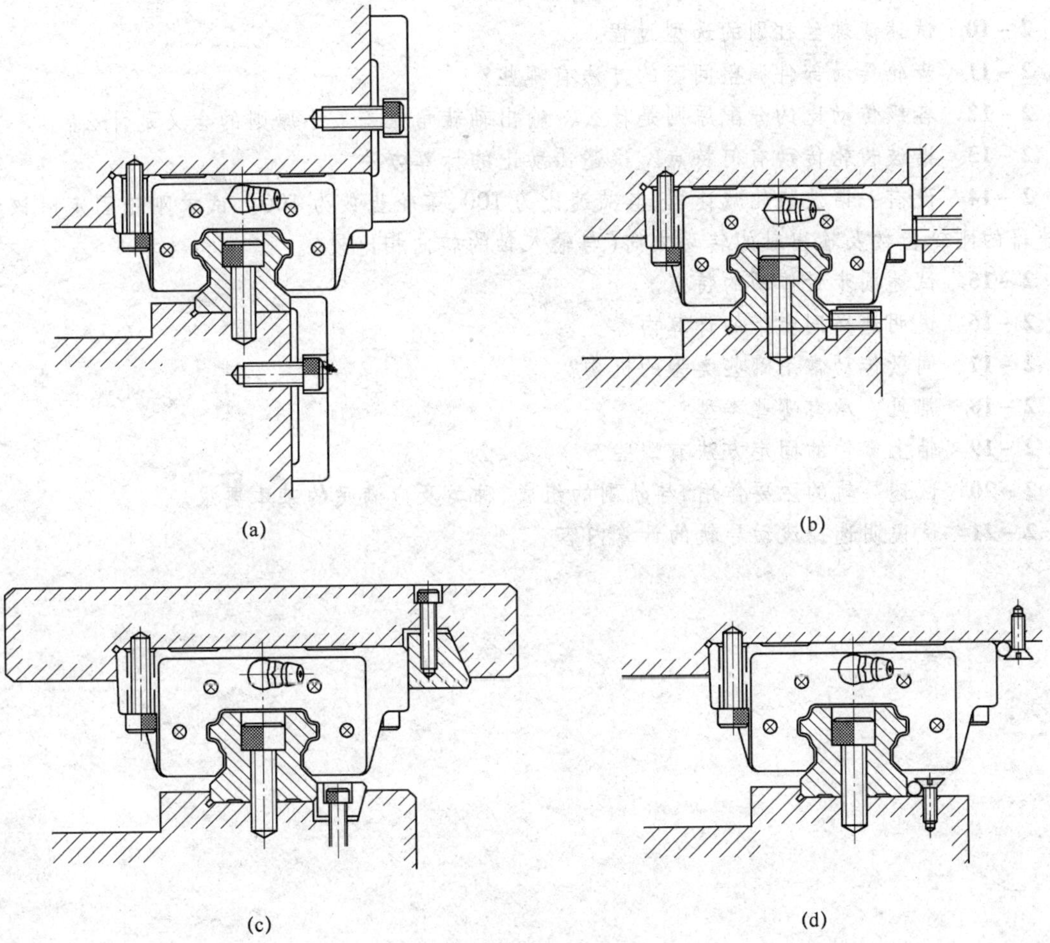

图 2-56 直线滚动导轨和滑块的定位方式

习 题

2－1　机电一体化系统一般由哪些机构组成？

2－2　普通机床的精度指标有哪些？

2－3　机电一体化系统的传动机构的作用是什么？

2－4　丝杠螺母副的组成要素包括哪些？

2－5　滚珠丝杠副的循环方式有哪些？各有何特点？

2－6　滚珠丝杠副消除轴向间隙的调整预紧方法有哪些？

2－7　现有一双螺母齿差调整预紧式滚珠丝杠，其基本导程 $l_0 = 6$ mm，一端齿轮齿数为100，另一端齿轮齿数为99。当其一端的外齿轮相对另一端的外齿轮转过2个齿时，试问两个螺母之间相对移动了多大距离？

2－8　试述滚珠丝杠副的主要尺寸参数及其含义。

2－9　试述滚珠丝杠副的精度等级及标注方法。

2－10　试述滚珠丝杠副的选型过程。

2－11　齿轮传动部件调整间隙的方法有哪些？

2－12　各级传动比的分配原则是什么？输出轴转角误差最小原则的含义是什么？

2－13　谐波齿轮传动有何特点？试述传动比的计算方法。

2－14　设有一谐波齿轮减速器，其减速比为100，柔轮齿数为100。试求刚轮固定时该谐波减速器的刚轮齿数及输出轴的转动方向(与输入轴的转向相比较)。

2－15　试述同步带传动的特点。

2－16　说明选择同步带的计算内容。

2－17　间歇传动常用哪些类型的机构？

2－18　常见支承有哪些类型？

2－19　轴上零件的固定方法有哪些？

2－20　试述导轨的主要作用，导轨副的组成、种类及应满足的基本要求。

2－21　试说明选择滚动导轨的计算内容。

第3章 检测环节

检测环节是机电一体化系统的一个非常重要的组成部分,其功能是利用传感器对机电一体化系统的自身和外界环境参数进行检测,将其转换成系统可识别的电信号,然后传递给控制装置,控制装置根据这些信息确定系统要执行的动作。检测环节是机电一体化系统的感受装置,它的功能越强,系统的自动化程度越高。没有检测环节,机电一体化系统就无法接受各种信息,实现不了闭环控制。

根据被检测物理量特性的不同,检测环节可以分为运动学检测系统(主要完成对位移、速度、加速度和振动的检测)、力学参数检测系统(主要完成对拉力、压力、弯曲力矩和应力的检测)、其他物理量检测系统(如温度检测、湿度检测、酸碱度检测、声音检测和图像检测系统)等。在本章中主要介绍位置检测环节的构成和接口、速度检测的构成和接口与温度检测环节的构成和接口。

3.1 位置检测环节的构成和接口

机电一体化系统执行机构的运动有直线和回转两种,所以其检测元件也分为直线型和回转型两种。在闭环系统中,检测元件安装在执行机构上,直接检测运动部件的实际位置;而在半闭环控制系统中,一般将检测元件安装在执行元件的驱动轴或传动轴上,间接检测运动部件的直线位移或回转位移。

3.1.1 感应同步器

感应同步器是一种电磁式位置检测元件,按其结构特点可分为旋转式和直线式两种。前者用于直线位移的测量,后者用于角位移的测量。感应同步器广泛用于高精度的数控机床上。先介绍感应同步器的结构和工作原理。

1. 感应同步器的结构

直线感应同步器由作相对平行移动的定尺和滑尺组成,定尺和滑尺之间有均匀气隙,在全程上保持(0.25±0.05) mm。标准型感应同步器的定尺长250 mm,表面制有连续绕组,绕组节距为2 mm。节距是衡量感应同步器精度的主要参数,工艺上要保证其节距的精度。滑尺上制有两组分段绕组,即正弦绕组(S)和余弦绕组(C),两者相对于定尺绕组在空间错开1/4节距,如图

3－1所示。

定尺和滑尺的基板通常采用与机床床身材料热膨胀系数相近的钢板，用绝缘黏接剂把铜箔粘在钢板上，经精密照相腐蚀工艺制成印刷绕组，再在尺子表面涂上一层保护层。滑尺表面有时还贴上一层带绝缘的铝箔，以防静电感应。

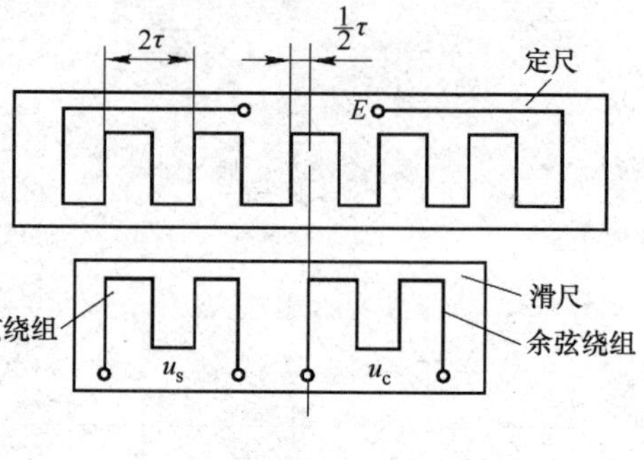

图 3－1　直线感应同步器结构原理图

在使用感应同步器时，一般将定尺固定在机床的固定部件（如床身、立柱、横梁）上，滑尺固定在移动部件（如床鞍、主轴箱、工作台或刀架）上。当工作台移动时，滑尺和定尺产生相对移动。由于感应同步器的精度很高，故安装精度也要求很高。要求安装、运动时定尺和滑尺之间的间隙均匀。

2. 感应同步器的工作原理

如上所述，感应同步器的滑尺上有两组励磁绕组：正弦绕组和余弦绕组。使用时，在滑尺任一绕组中通以一定频率的交流电压，由于电磁感应，在定尺绕组中产生电压，其幅值和相位与励磁电压有关，也与定尺与滑尺的相对位移有关。

图 3－2 所示为感应同步器定尺中产生电压的原理图，图 3－3 所示为滑尺绕组相对于定尺绕组处于不同的位置时，定尺绕组中电压的变化情况。当只给滑尺上正弦绕组加励磁电压时，在 *A* 点，滑尺绕组与定尺绕组重合，这时定尺绕组中穿入的磁通最多，为最大耦合，电压最大；如果滑尺相对定尺从 *A* 点逐渐向右平行移动，电压就随之逐渐减小，在两绕组刚好错开 1/4 节距的位置 *B* 点时，定子线圈中穿入和穿出的磁通量相等，互相抵消，电压为零；再继续移动到 1/2 节距的位置 *C* 点时，电压与 *A* 位置相同，但其极性相反；其后，当到达 3/4 节距的 *D* 点时，又变为零；在移动了一个节距到达 *E* 点时，情况与 *A* 点相同。因此滑尺在移动一个节距的过程中，感应同步器定尺绕组的电压近似于余弦函数变化了一个周期。

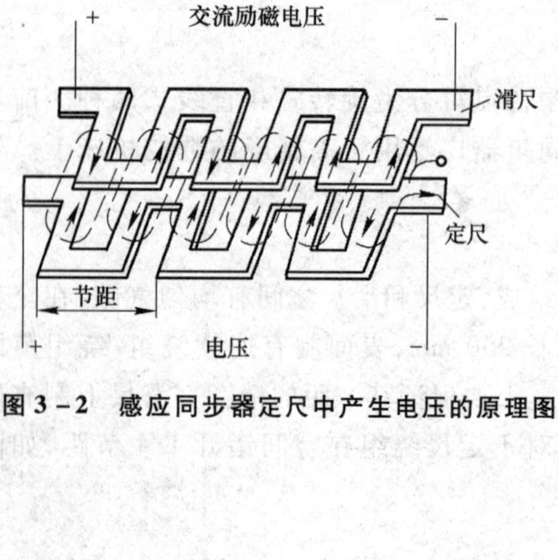

图 3－2　感应同步器定尺中产生电压的原理图

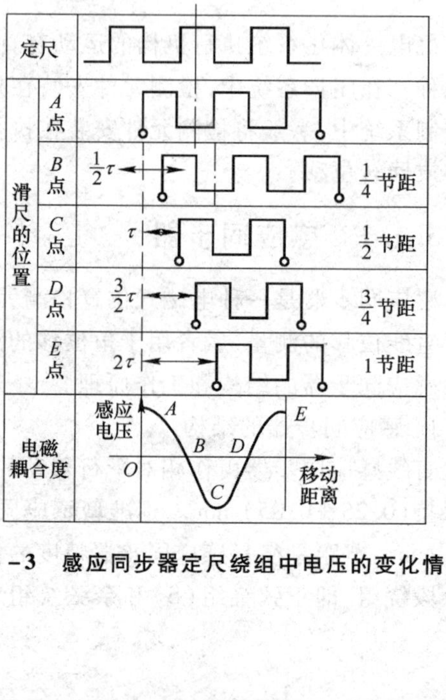

图 3－3　感应同步器定尺绕组中电压的变化情况

设滑尺绕组的节距为 2τ，它对应的电压以余弦函数变化了 2π，若滑尺的位移为 X，则对应的电压以余弦函数将变化 α 角

$$\alpha=\frac{X}{2\tau}2\pi=\frac{X\pi}{\tau} \tag{3-1}$$

若用 u 表示滑尺上正弦励磁电压，即

$$u=U_m\sin\omega t \tag{3-2}$$

则定尺绕组中的电压 u_2 为

$$u_2=Ku\cos\alpha=KU_m\cos\alpha\sin\omega t \tag{3-3}$$

式中 K 为耦合系数。

由此可知，只要测出 u_2 的幅值，便可求出 α 角，而 α 反映的就是定尺和滑尺的相对位置，即被测位移。

3. 感应同步器的应用

根据对滑尺两个正交绕组供电方式的不同，以及对输出电压检测方式的不同，感应同步器的测量系统分为鉴相型和鉴幅型两种，前者是通过检测感应电压的相位来测量位移的，后者是通过检测感应电压的幅值来测量位移的。

（1）鉴相方式　数控机床闭环系统采用鉴相式测量系统时，其结构方框图如图 3－4 所示。误差信号 $\pm\alpha$ 用来控制数控机床的伺服驱动机构，使机床向消除误差的方向运动，构成位置反馈，指令信号 u_r 由数控装置（插补器）发出，经脉冲相位变换器变成相位信号 α_1。机床工作时，由于定尺和滑尺之间产生了相对位移，则定尺上电压 u_2 的相位 α_2 发生了变化。当 $\alpha_2\neq\alpha_1$ 时，鉴相器有信号 $\pm\Delta\alpha$ 输出，使机床伺服驱动机构带动机床工作台移动。当滑尺与定尺的相对位置达到指令要求值 α_1 时，即 $\alpha_1=\alpha_2$，鉴相器输出电压为零，工作台停止移动。脉冲相位变换器同时还产生基准激励信号供给滑尺正、余弦绕组。

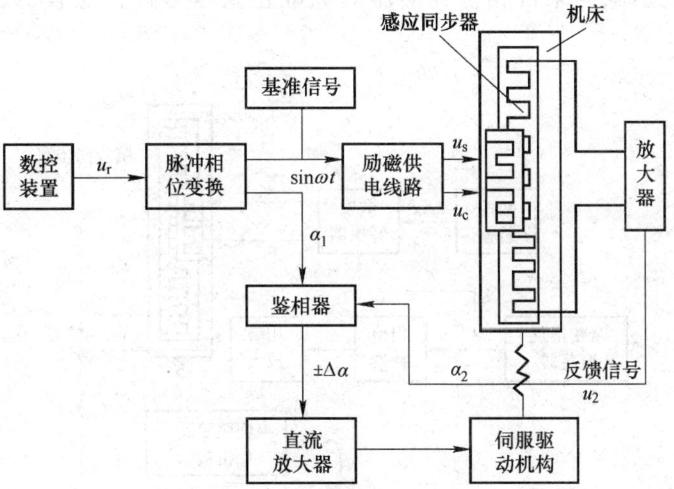

图 3－4　感应同步器鉴相式测量系统

要求给滑尺正余弦绕组分别通以幅值相同、频率相同但相位相差 90°的交流电压，即

$$u_s=U_m\sin\omega t \tag{3-4}$$

$$u_c = U_m \cos \omega t \tag{3-5}$$

当 $u_s = U_m \sin \omega t, u_c = 0$ 时，定尺绕组上的电压为

$$u_{2s} = Ku_s \cos \alpha = KU_m \cos \alpha \sin \omega t \tag{3-6}$$

当 $u_c = U_m \cos \omega t, u_s = 0$ 时，定尺绕组上的电压为

$$u_{2c} = Ku_c \cos(\alpha + \pi/2) = -KU_m \sin \alpha \cos \omega t \tag{3-7}$$

当对滑尺的正、余弦绕组同时供电时，$u_s = U_m \sin \omega t, u_c = U_m \cos \omega t$，按照叠加定理，定尺绕组上的输出电压 u_2 是前两种情况所感应的电压的叠加，即

$$\begin{aligned} u_2 &= u_{2s} + u_{2c} = Ku_s \cos \alpha + Ku_c \cos(\alpha + \pi/2) \\ &= KU_m \cos \alpha \sin \omega t - KU_m \sin \alpha \cos \omega t \\ &= KU_m \sin(\omega t - \alpha) \end{aligned} \tag{3-8}$$

式中　α 为定尺感应电压与正弦励磁电压间相位差，$\alpha = \dfrac{X\pi}{\tau}$；

X 为滑尺、定尺间相对位移。

例如当定尺电压与滑尺励磁电压之间相位差为 1.8°，$\tau = 1$ mm 时，则

$$X = \frac{\alpha\tau}{\pi} = \frac{1.8° \times 1}{180°}\ \text{mm} = 0.01\ \text{mm}$$

它表明两者相对于节距为零位置移动了 0.01 mm。

(2) 鉴幅方式　鉴幅式测量系统用于数控机床闭环系统的结构方框图如图 3-5 所示。当工作台位移值 X 未达到指令要求值 X_1 时，即 $X \neq X_1$，($\alpha_M \neq \alpha_E$)，定尺上电压 $u_2 \neq 0$。该电压一方面经检波放大控制伺服驱动机构带动机床工作台移动；另一方面，当该电压超过门槛值时，产生输出脉冲，并经数模转换器转换后去自动地改变励磁电压的幅值（即 α_E）。当工作台移动至 $X = X_1$ ($\alpha_M = \alpha_E$) 时，定尺上电压 $u_2 = 0$，误差信号消失，工作台停止移动。定尺上电压 u_2 同时输至相敏放大器，与来自相位补偿器的标准正弦信号进行比较，以控制工作台运动的方向。

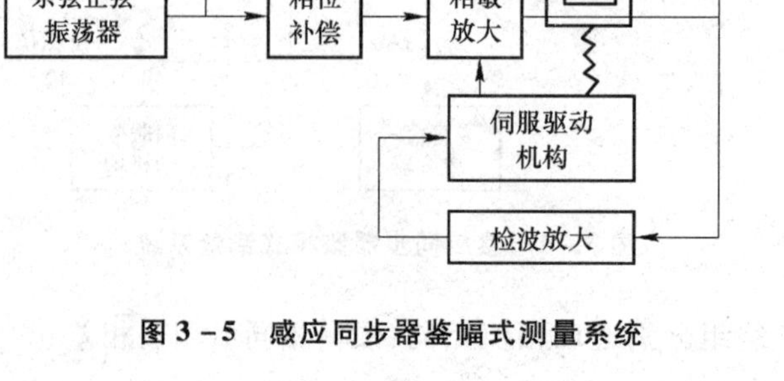

图 3-5　感应同步器鉴幅式测量系统

要求给滑尺的正余弦绕组分别通以频率相同、相位相同，但幅值不同的交流电压，即

$$u_s = U_{ms}\sin \omega t \tag{3-9}$$

$$u_c = U_{mc}\sin \omega t \tag{3-10}$$

当 $u_s = U_{ms}\sin \omega t, u_c = 0$ 时，定尺绕组上的电压为

$$u_{2s} = Ku_s\cos \alpha = KU_{ms}\cos \alpha\sin \omega t \tag{3-11}$$

当 $u_c = U_{mc}\sin \omega t, u_s = 0$ 时，定尺绕组上的电压为

$$u_{2c} = Ku_c\cos (\alpha + \pi/2) = -KU_{mc}\sin \alpha\sin \omega t \tag{3-12}$$

当对滑尺的正、余弦绕组同时供电时，由叠加定理得定尺绕组上的电压为

$$\begin{aligned} u_2 &= u_{2s} + u_{2c} = Ku_s\cos \alpha + Ku_c\cos (\alpha + \pi/2) \\ &= KU_{ms}\cos \alpha\sin \omega t - KU_{mc}\sin \alpha\sin \omega t \\ &= K\sin \omega t(U_{ms}\cos \alpha - U_{mc}\sin \alpha) \end{aligned} \tag{3-13}$$

为了在一个节距内的任何一点上均可使输出电压为零，必须有

$$U_{ms}\cos \alpha - U_{mc}\sin \alpha = 0 \tag{3-14}$$

换句话说，只要使励磁电压的幅值 U_{ms}、U_{mc} 随 α 不同而变化，就可保证上式一直为零，达到测量位移的目的。

令

$$U_{ms} = U_m\sin \alpha_E \tag{3-15}$$

$$U_{mc} = U_m\cos \alpha_E \tag{3-16}$$

式中 U_m 为励磁电压峰值；

α_E 为电角度，用它来确定励磁电压的幅值。

则

$$\begin{aligned} u_2 &= KU_m\sin \omega t(\sin \alpha_E\cos \alpha - \cos \alpha_E\sin \alpha) \\ &= KU_m\sin \omega t\sin (\alpha_E - \alpha) \end{aligned} \tag{3-17}$$

若 $\alpha = \alpha_E$，则 $u_2 = 0$。

假定励磁电压的电角度与定尺、滑尺的实际位置 α 不一致时，设 $\alpha = \alpha_E + \Delta\alpha$，则

$$\begin{aligned} u_2 &= K\sin \omega t[U_m\sin \alpha_E\cos(\alpha_E + \Delta\alpha) - U_m\cos \alpha_E\sin(\alpha_E + \Delta\alpha)] \\ &= -KU_m\sin \omega t\sin \Delta\alpha \end{aligned} \tag{3-18}$$

当 $\Delta\alpha$ 很小时，上式可近似表示为

$$u_2 \approx -(KU_m\sin \omega t)\Delta\alpha \tag{3-19}$$

或表示为

$$u_2 \approx -\left(K\frac{\pi}{\tau}U_m\sin \omega t\right)\Delta x \tag{3-20}$$

即当位移增量 Δx 很小时，误差电压 u_2 的幅值与 Δx 成正比。这就是对位移增量进行高精度细分的依据。例如，当 $\Delta x = 0.001$ mm 时，使 u_2 达到某一门槛电平，并产生一个脉冲信号，用这个脉冲信号又去控制修改励磁电压的线路，即改变电角度 α_E，使其产生合适的 U_{ms} 和 U_{mc}，从而使 u_2 重新为零，则 α_E 的变化量就代表了 α 所对应的机械位移量

$$X = \alpha\tau/\pi \tag{3-21}$$

用这样的方法把位移量转化成数字量脉冲，以达到测量和控制的目的。

4. 圆感应同步器

圆感应同步器的工作原理与直线感应同步器的工作原理相同，两者的差别仅在于定子、转子及其绕组的形状不同。检测角位移的感应同步器有圆形和扇形两种，两者原理相同，圆形感应同

步器测量范围可达 360°,扇形感应同步器测量范围小于 360°。如图 3 - 6 所示是圆形感应同步器结构图。

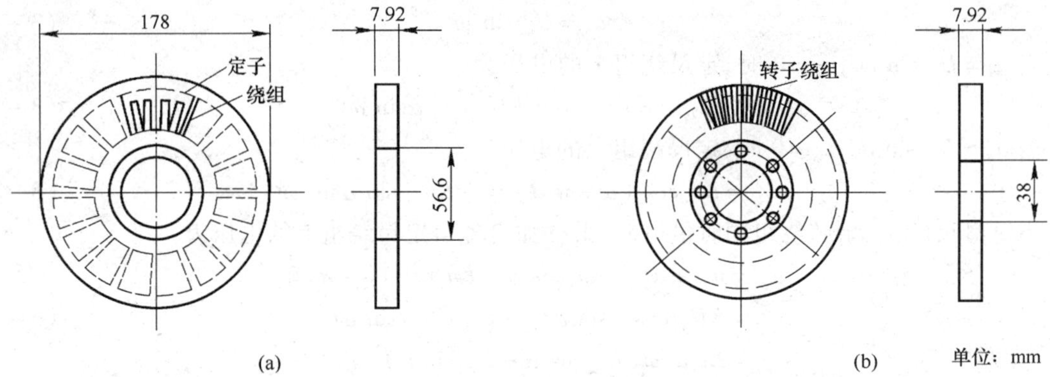

图 3 - 6 圆形感应同步器的结构

圆形感应同步器的定子如图 3 - 6(a)所示,它具有相互交替排列的相位相差 90°的两相绕组,一个为正弦绕组,另一个为余弦绕组,它们的周期相同,分别由正弦电压和余弦电压激励。因为每相绕组片均呈线形,并构成一个整圆,故称圆形感应同步器。转子绕组(转子导电片)如图 3 - 6(b)所示,它有扇形片 N 片。

5. 感应同步器的特点

(1) 精度高 因为定尺的节距误差有平均自补偿作用,所以尺子本身的精度能做得较高。直线感应同步器对机床的测量是直接测量,不经过任何机械传动装置,测量精度主要取决于尺的精度。

(2) 工作可靠,抗干扰性强 在感应同步器绕组的每个周期内,测量信号与绝对位置有一一对应的单值关系,不受干扰影响。

(3) 维护简单、寿命长 定尺、滑尺之间无接触磨损,在机床上安装简单。使用时需要加防护罩,以防止切屑进入定、滑尺之间划伤导片且不受灰尘、油雾影响。

(4) 测量距离长 可测量长距离位移。机床移动速度基本上不受限制,故适合大、中型机床使用。

(5) 滑尺要全部覆盖在定尺上 当测量长度超过 150 mm 时,必须使用多块定尺接长。对定尺接长的要求是,通过适当地调整两个相邻定尺间的接缝,使接长后的定尺组件在全程上的累积误差不超过其中一块定尺的最大零位误差。

感应同步器常用于检测机械设备的角度和角位移,常用的形式有两种:一种是将单个圆盘直接安装在设备上;另一种是将定子与转子先组装成一个整体,再通过联轴器与机械旋转轴连接起来,从而用来测定旋转的角位移。

3.1.2 旋转变压器

1. 旋转变压器的结构和工作原理

旋转变压器的结构和两相线绕式异步电动机相似,由定子和转子组成,分有刷与无刷两种。在有刷结构中,定子绕组为变压器的一次绕组,转子为变压器的二次绕组,励磁电压接到一次绕组,频率通常为 400 Hz、500 Hz、1 000 Hz 以及 5 000 Hz 等几种。频率高的旋转变压器尺寸可以显著减小,特别是转子的惯性矩可做得很小,适用于加、减速度大或与高精度的齿轮、齿条组合使用的场合。定子与转子均装有两个相互垂直的绕组,定子与转子铁心间有均匀气隙,转子绕组的端点通过电刷和滑环引出。定子和转子绕组之间的互感系数是按转子偏转角的正弦和余弦规律变化,一个信号与转子角度的正弦成比例变化,另一个信号与转子角度的余弦成比例变化。其结构如图 3-7(a)所示。无刷旋转变压器没有电刷和滑环,由两部分组成:一部分为分解器,其结构与有刷旋转变压器基本相同;另一部分为变压器,它的一次绕组绕在与分解器转子轴固定在一起的线轴(高导磁材料)上,与转子一起旋转。它的二次绕组绕在与转子同心的定子线轴(高导磁材料)上。分解器定子绕组接外加的励磁电压,它的转子绕组输出信号接到变压器的一次绕组,从变压器的二次绕组引出最后输出信号。无刷旋转式变压器结构如图 3-7(b)所示。它具有可靠性高,寿命长,不用维修以及输出信号大等优点,已成为数控机床主要使用的位置检测装置之一。

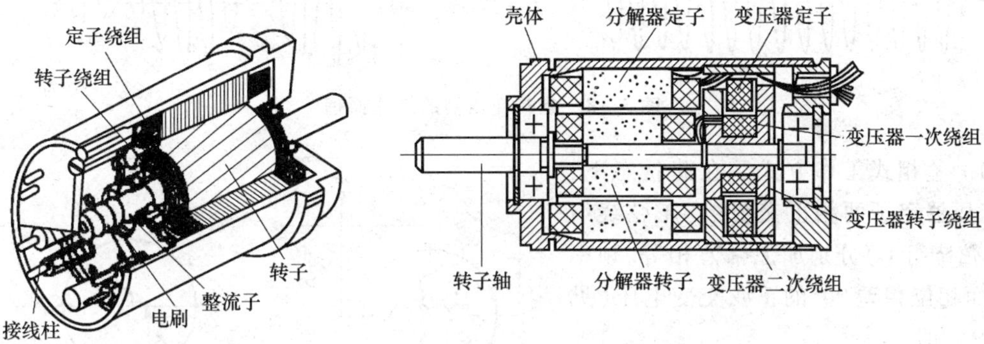

(a) 有刷结构　　(b) 无刷结构

图 3-7　旋转变压器的结构

旋转变压器是根据互感原理工作的。它的结构保证了其定子与转子间空气隙内的磁通分布呈正(余)弦规律。当给定子一个绕组加上励磁电压(为交变电压,频率为 0.4~4 kHz),通过电磁耦合,转子绕组中将产生电压,如图 3-8 所示。其输出电压的大小取决于定子和转子两个绕组轴线在空间的相对位置。两者平行时其值最大,两者垂直时,其值为零。电压值大小随着转子偏转的角度呈正(余)弦变化,即

$$u_2 = Ku_1 \sin\alpha = KU_m \sin\omega t \sin\alpha \tag{3-22}$$

式中　u_2 为转子绕组电压;

u_1 为定子励磁电压 $u_1 = U_m \sin\omega t$;

U_m 为定子励磁电压幅值;

α 为两绕组轴线间夹角;

K 为变压比(即绕组匝数比)。

2. 旋转变压器的应用

在实际应用中,通常采用正余弦旋转变压器,其定子和转子各有互相垂直的两相正交绕组,转子绕组的其中一相作为补偿电枢反应,另一相作为输出信号。旋转变压器作为位置检测装置,具体有两种应用方法:鉴相式工作方式和鉴幅式工作方式。

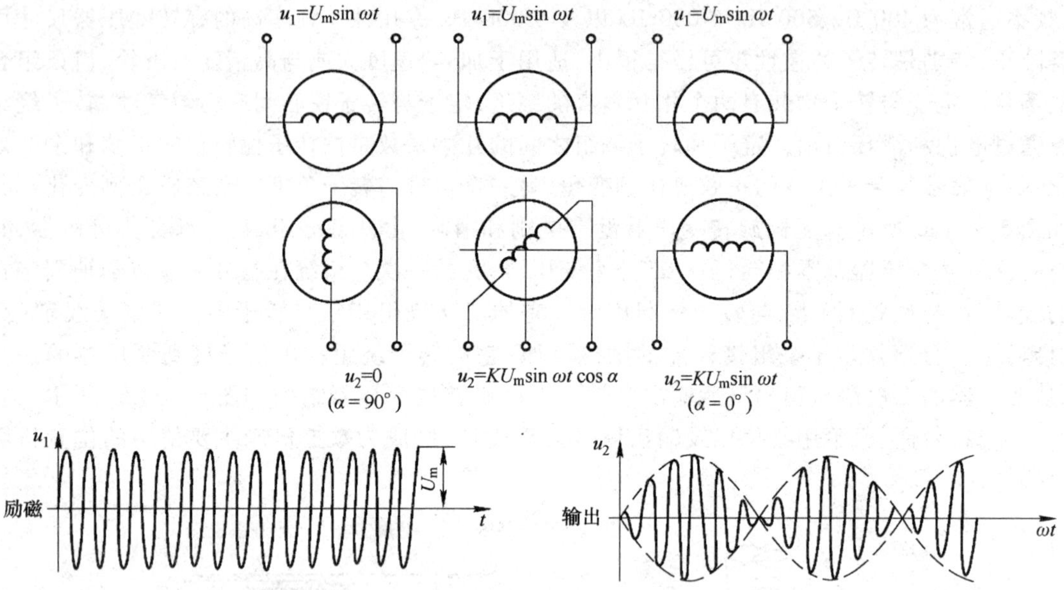

图 3-8　旋转变压器的工作原理

(1) 鉴相式工作方式　在此状态下，旋转变压器定子两相正交绕组(正弦绕组S和余弦绕组C)分别加上幅值相等、频率相同，而相位相差90°的正弦交变电压(见图3-9)，即

$$u_s = U_m\sin\omega t \qquad (3-23)$$

$$u_c = U_m\cos\omega t \qquad (3-24)$$

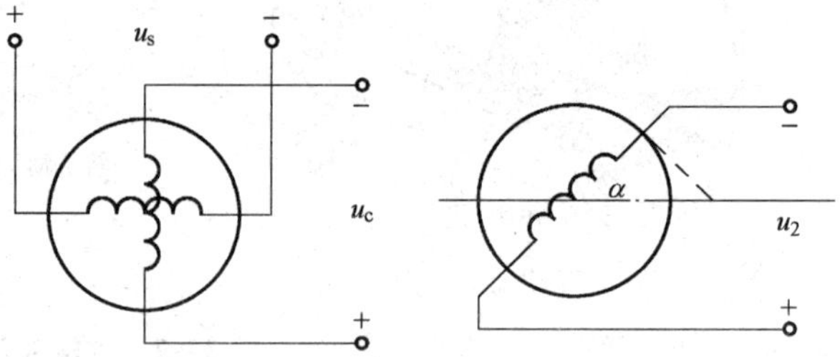

图 3-9　旋转变压器鉴相式工作方式

这两相励磁电压在转子绕组中会产生电压，根据线性叠加定理，在转子工作绕组中电压为

$$\begin{aligned} u_2 &= Ku_s\cos\alpha - Ku_c\sin\alpha \\ &= KU_m(\sin\omega t\cos\alpha - \cos\omega t\sin\alpha) \end{aligned} \qquad (3-25)$$

式中　α为定子正弦绕组轴线与转子工作绕组轴线间的夹角；

ω为励磁角频率。

由上式可见，旋转变压器转子绕组中的电压u_2与定子绕组中的励磁电压同频率，但相位不同，其差值为α。测量转子绕组输出电压的相位角α，即可测得转子相对于定子的空间转角位置。也就是与转子机械相连的被测轴偏转角。如果把旋转变压器装在机床丝杠的一头，就可测出丝杠的转角，从而也就间接地测出机床工作台的直线位移。如当α角从0°→360°时，表示丝杠上的螺母走了一个螺距。测全长时，可加一个计数器累计所走的螺距数并折算成位移总长度。为区别正反向，可再加一只相敏检波器。在实际应用中，把定子正弦绕组励磁的交流电压相位作为基准相位，与转子绕组输出电压作比较，来确定转子转角的位置。

(2) 鉴幅式工作方式　在这种工作方式中，定子两相绕组加的是频率相同、相位相同，而幅值分别按正弦、余弦变化的交变电压，即

$$u_s = U_m \sin \alpha_E \sin \omega t \tag{3-26}$$

$$u_c = U_m \cos \alpha_E \cos \omega t \tag{3-27}$$

式中 $U_m \sin \alpha_E$、$U_m \cos \alpha_E$ 分别为定子两相绕组励磁信号的幅值。定子励磁电压在转子中的电压不但与转子和定子的相对位置 α_M 有关,还与励磁的幅值有关,即

$$\begin{aligned} u_2 &= Ku_s \cos \alpha_M - Ku_c \sin \alpha_M \\ &= KU_m \sin \omega t(\sin \alpha_E \cos \alpha_M - \cos \alpha_E \sin \alpha_M) \\ &= KU_m \sin (\alpha_E - \alpha_M) \sin \omega t \end{aligned} \tag{3-28}$$

可见,感应电压的幅值 $KU_m \sin (\alpha_E - \alpha_M) \sin \omega t$ 随转角 α_M 而变化,测量幅值即可求得转角。

若 $\alpha_M = \alpha_E$,则 $u_2 = 0$(其中 α_E 为电角度)。

从物理概念上理解,$\alpha_M = \alpha_E$ 表示定子绕组合成磁通 Φ 与转子绕组平行,即没有磁感线穿过转子绕组,故感应电压为0。当 Φ 垂直于转子绕组平面时,即($\alpha_E - \alpha_M$) = ±90°时,转子绕组中感应电压最大。在实际应用中,根据转子误差电压的大小,不断修正定子励磁信号 α_E(即励磁幅值),使其跟踪 α_M 的变化。

由上式可知,电压 u_2 是以 ω 为角频率的交变信号,其幅值为 $U_m \sin(\alpha_E - \alpha_M)$,若电角度 α_E 已知,那么只要测出 u_2 的幅值,便可间接地求出 α_M 值,即可知被测角位移大小。一个特殊情况,即当幅值为零时,说明电角度的大小就是被测角位移的大小。鉴幅工作方式时,不断调整 α_E,让幅值等于零,这样,用 α_E 代替了对 α_M 的测量,α_E 可通过具体电子线路测得。

旋转变压器测量系统也分为鉴幅型和鉴相型两种,其工作原理与感应同步器相同,不再重述。由于旋转变压器只能测量转角,故需要齿轮、齿条转化来测量工作台的位移,在数控机床上通常用来直接测量丝杠的转角。

3.1.3 光栅

光栅种类很多,其中有物理光栅和计量光栅之分。物理光栅刻线细而密,栅距(两刻线间的距离)在0.002～0.005 mm之间,通常用于光谱分析和光波波长的测定。计量光栅刻线较粗,栅距在0.004～0.25 mm之间,通常用于数字检测系统,用来检测高精度直线位移和角位移,是数控机床上应用较多的一种检测装置。下面介绍计量光栅。

1. 光栅的种类、特点

光栅分为长光栅(测量直线位移)和圆光栅(测量角位移),而每一种又根据其用途和材质的不同分为多种。

1) 直线光栅(即长光栅)

有以下几种:

(1) 玻璃透射光栅　在玻璃的表面上制成透明与不透明间隔相等的线纹,简称透射光栅。它是在玻璃表面感光材料的涂层上或者在金属镀膜上制成的光栅线纹;也有用刻腊、腐蚀、涂黑工艺的。玻璃透射光栅的特点是:① 光源可以采用垂直入射,光电元件可直接接受光信号,因此信号幅度大,读数头结构简单;② 每毫米上的线纹数多,一般常用的黑白光栅可做到每毫米100条刻线,其栅距为0.01 mm,再经过电路细分,可做到微米级的分辨率。

(2) 金属反射光栅　这是在钢尺或不锈钢带的镜面上用照相腐蚀工艺制成全反射与漫反射

间隔相等的光栅线纹，或用钻石刀直接刻划制作光栅条纹。金属反射光栅的特点是：① 标尺光栅的线膨胀系数很容易做到与机床材料一致；② 标尺光栅的安装和调整比较方便；③ 安装面积较小；④ 易于接长或制成整根的钢带长光栅；⑤ 不易碰碎。目前常用的每毫米线纹数为 4，10，25，40，50。

2）圆光栅

圆光栅是在玻璃圆盘的外环端面上，做成黑白相间条纹，根据不同的使用要求在圆周内线纹数也不相同。圆光栅一般有三种形式：

(1) 六十进制，如 10 800，21 600，32 400，64 800 等。

(2) 十进制，如 1 000，2 500，5 000 等。

(3) 二进制，如 512，1 024，2 048 等。

光栅检测系统的精度主要取决于光栅本体的制造精度，也就是计量光栅任意两点的误差，即累积误差。由于使用了莫尔条纹技术，所以相邻误差得以适当地被修正，但对累计误差无多大改善。

由于激光技术的发展，光栅制作精度可以提高，细分电路可以做到 0.1 μm，甚至更高的分辨率。

2. 光栅测量系统的组成和基本原理

目前光栅精度可达到微米级，光栅位置检测装置由光源、长光栅、短光栅、光电元件等组成。如图 3－10 所示，通常将其光学系统（包括光源、透镜等）与指示光栅、光电元件等做成一体，称为读数头。长光栅 G1 固定在机床活动部件上，长度相当于工作台移动的全行程，又称为标尺光栅。短光栅装在机床上的固定部件（读数头）上，称为指示光栅。光栅线纹之间的距离 W 称为节距或栅距，由所需精度决定，通常每毫米刻 50、100、200 条线纹。光栅一般制成预定的长度以满足机床工作台移动距离的全行程，特殊需要时可以接长。

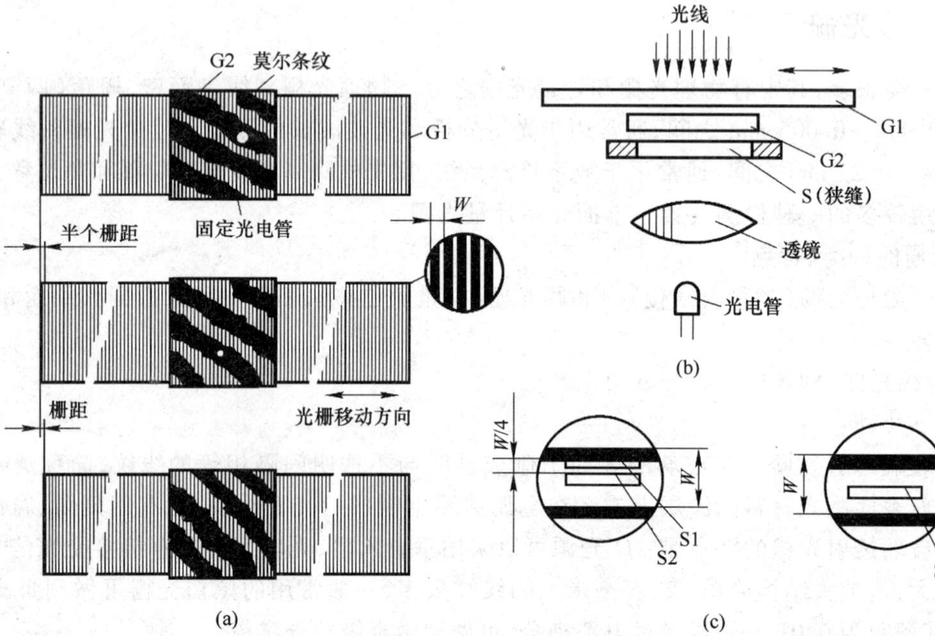

图 3－10　光栅的工作原理

如图3-11所示,长、短光栅节距相等,保持一定间隙重叠在一起,并在自身的平面内转一个很小角度θ。若光源以平行光照射光栅时,由于挡光效应和光的衍射,在a线上两块光栅的刻线相交处,其透光缝隙互不遮挡,形成一条亮带。在b线上一块光栅的黑刻线正好将另一块光栅的透光部分挡住,形成一条暗带。这样就在与线纹垂直方向,更确切地说,在与两块光栅线纹夹角的平分线相垂直的方向上,出现了明暗交替、间隔相等的粗大条纹,称为"莫尔干涉条纹",简称莫尔条纹。光栅莫尔条纹的特点是:

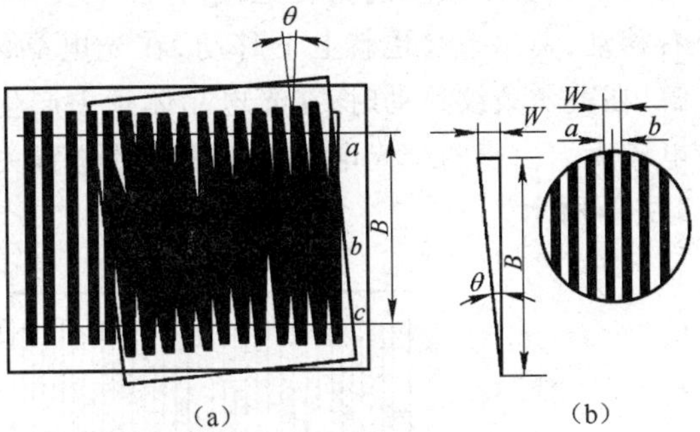

图3-11 莫尔条纹

(1) 用平行光束照射时,莫尔条纹由亮带到暗带,再由暗带到亮带,透过的光强度为正弦分布。

(2) 起放大作用 用W表示栅距,B表示莫尔条纹纹距,θ表示两光栅线纹间的夹角,则

$$B=\frac{W}{2\sin(\theta/2)}\approx W/\theta \tag{3-29}$$

式中 θ的单位为rad,W的单位为mm。

减小θ可增大B,即增加莫尔条纹纹距,使$B>>W$可起到放大作用。它使得根据莫尔条纹读数比按栅距读数方便得多。例如,已知$W=0.01$ mm,通过减小θ,把莫尔条纹的纹距调成10 mm时,则放大倍数相当于1 000倍,即利用光的干涉现象,无需复杂的光学系统,就能把光栅栅距放大1 000倍,因而大大提高了光栅测量装置的分辨率,同时减轻了电子线路的负担。

(3) 起平均误差的作用 莫尔条纹是由若干根线纹组成的,例如100线/mm的光栅,10 mm宽的莫尔条纹就由1 000条线纹组成。这样栅距之间的固有相邻误差就得到了均化,而且短光栅的工作长度越长,这一均化误差的作用就越显著。

(4) 莫尔条纹的移动与栅距之间的移动成比例关系 当光栅移动一个栅距(W)时,莫尔条纹也相应地移动一条(B);若移动方向相反,则条纹移动方向也相反。莫尔条纹的移动有如下规律:若标尺光栅不动,将指示光栅按逆时针方向转过一个很小的角度(假设为$+\theta$),然后使它向左移动,则莫尔条纹向下移动;反之,当指示光栅向右移动时,条纹向上移动。如果将指示光栅按顺时针方向转过一个小角度($-\theta$),则情况与上述相反,如图3-10(a)所示。

上述这种栅距移动与莫尔条纹移动的对应关系,便于用光电元件(如硅光电池)将光信号转换成电信号。

需要指出的是,当θ接近于零时,莫尔条纹的宽度变得很大,此时不能同时看到亮带和暗带,光栅刻线部分的宽度成为均匀一致。移动光栅时,透过光栅的光只作明暗交替的变化,这是莫尔条纹的特殊情况。因为它犹如一个闸门,故称为光闸莫尔条纹。按这种原理制成的光栅检测元件,通常又称为光电脉冲发生器。

3. 光栅的应用

在机电一体化系统中需经常检测位移,将位移信号反馈给控制系统,经由控制部分处理后驱动执行元件动作,下面给出一个光栅位移检测应用实例。

如果莫尔条纹的宽度是 W,并在宽度 $W/4$ 处分别安置两个光电晶体管,则随着指示光栅左右移动,莫尔条纹也就上下移动,在光电晶体管中就感应出和光线亮度相应的电流。很容易理解,在莫尔条纹移动时,在光电晶体管中产生的电流呈正弦波形状。光线暗时电流小,光线亮时电流大。由于两个光电晶体管所处的位置关系,使两个光电晶体管的电流在相位上相差 W,如图 3－12 所示。

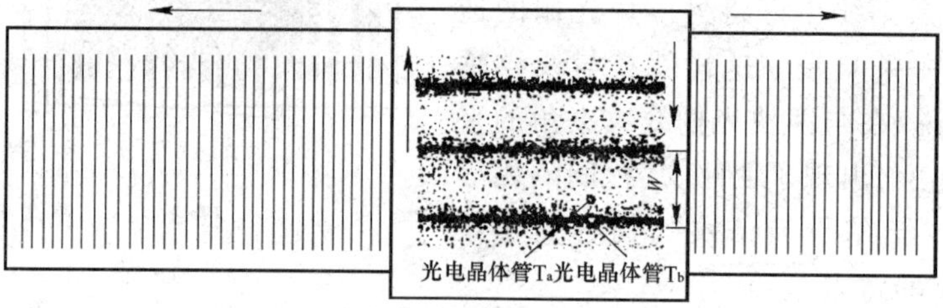

图 3－12 光栅及莫尔条纹形成

利用光电晶体管对莫尔条纹的检测就可以检测出指示光栅和标尺光栅的相对位置,也就是它们的位移位置。在指示光栅上,以四分之一的莫尔条纹宽度为距离安置的两个光电晶体管 VT_a、VT_b 所检测出来的电流信号及放大后的电压波形如图 3－13 所示。在图中,i_a 是光电晶体管 VT_a 的检测电流,而 u_A 则是由比较器放大之后所得的对应开关电压。i_b 是光电晶体管 VT_b 的检测电流,u_B 则是放大所得的对应开关电压。在图 3－12 中,当指示光栅向左移动,莫尔条纹向上移动时,形成了图 3－13(a)中的电流、电压波形。当指示光栅向右移动,莫尔条纹向下移动时,形成了图 3－13(b)中的电流、电压波形。

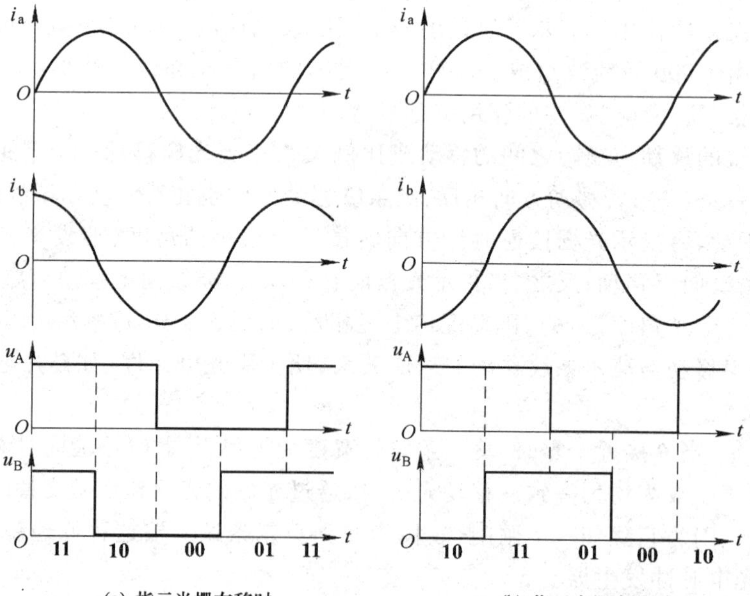

(a) 指示光栅左移时 (b) 指示光栅右移时

图 3－13 光电晶体管电流及放大之后的电压波形

在图 3－13(a)中，当指示光栅左移时，$u_A u_B$ 的电平为 **00→01→11→10→00**。图 3－13(b)中，当指示光栅右移时，$u_A u_B$ 的电平变化为 **00→10→11→01→00**。显然，从逻辑电平的变化情况，也可以判别出指示光栅移动的方向。

单片机控制的光栅及位移检测电路原理如图 3－14 所示。它由三部分组成：光栅信号检测电路、移动方向判别电路、位置计数电路。

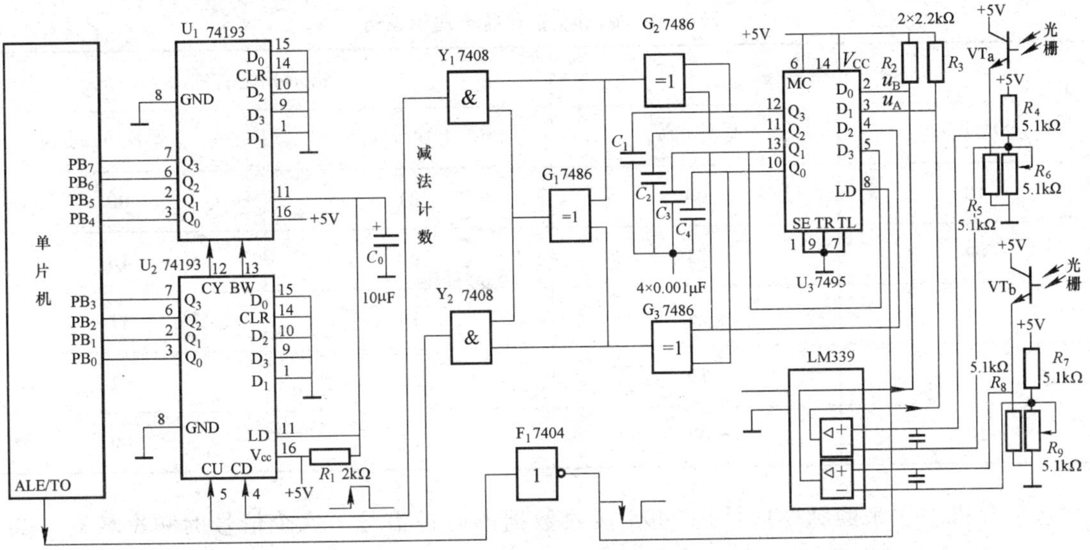

图 3－14 单片机控制的光栅及位移检测电路原理图

(1) 光栅信号检测电路　光栅信号检测电路由光电晶体管和比较器 LM339 组成。来自光栅的莫尔条纹照到光电晶体管 VT_a 和 VT_b 上。它们所感应的电信号加到 LM339 的两个比较器的正输入端上，而在这两个比较器的负输入端分别由电阻 R_4、R_6 和 R_7、R_9 形成一定的参考电压，该参考电压应使光栅匀速移动时产生的 u_A、u_B 的高低电平宽度一致。LM339 中的两个比较器输出的电压 u_A、u_B 送到移动方向判别电路中去。在光栅匀速移动时，u_A、u_B 波形如图 3－13 所示，它们的相位相差90°。指示光栅左移时，u_B 超前 u_A 90°；指示光栅右移时，u_A 超前 u_B 90°。

(2) 移动方向判别电路　移动方向判别电路由与门 Y_1、Y_2，异或门 G_1、G_2、G_3 和 4 位寄存器 7495 组成。7495 的数据输入端 D_1 接收 u_A，D_0 接收 u_B，接收脉冲由单片机的 ALE/TO 端提供。中间经反相器 $F_1$7404 反相。因此，当 7495 接收脉冲端 LD 有脉冲的下降沿产生时，则 u_A、u_B 的电平分别由 D_1 和 D_0 端输入到 Q_1、Q_0 端；在图 3－13 中看出，无论是光栅左移或右移，$u_A u_B$ 都是由逻辑电平 **00**、**01**、**10**、**11** 四种情况组合而成。因此，单从 u_A、u_B 的电平，无法判别出光栅移动方向。为了判别方向，必须考虑 u_A、u_B 的电平变化序列，这是因为它们在光栅移动方向不同时，电平变化序列也跟着不同。

指示光栅左移时，$u_A u_B$ 电平的变化序列为 **00→01→11→10→00**；指示光栅右移时，$u_A u_B$ 电平的变化序列为 **00→10→11→01→00**。在考虑 u_A、u_B 的现行状态及上次状态时，则有逻辑信号如表 3－1 所示。从表中看出，当把上次及本次的 u_A、u_B 状态组合成一个数码时，对于指示光栅左移的情况，两端总是不等的，中间两位总是相同的；对于指示光栅右移的情况，两端总是相等的，中间两位总是不相同的。利用这种明显相反的特点，通过逻辑电平判别出指示光栅的移动方向。

因此，在4位寄存器7495中，把 Q_0 端接到 D_2 端，把 Q_1 端接到 D_3 端。其意义也就是用 Q_3、Q_2 寄存 u_A、u_B 原来的电平，用 Q_1、Q_0 寄存 u_A、u_B 现在的电平。这样，在7495中就形成了表3-1中所示的代码。

表3-1　u_A、u_B 相邻状态逻辑信号

指示光栅左移		指示光栅右移	
上次 u_Au_B	本次 u_Au_B	上次 u_Au_B	本次 u_Au_B
10	**00**	**01**	**00**
00	**01**	**00**	**10**
01	**11**	**10**	**11**
11	**10**	**11**	**01**
10	**00**	**01**	**00**

从单片机中送来的脉冲信号是7495接收数据的时钟信号。这个信号的频率较高。当这个信号从7495的LD端输入时，就产生这种情况：只有当现行的 u_A、u_B 电平变化时，才会产生表3-1的编码；如果 u_A、u_B 电平不变，在7495中的 Q_3、Q_2 中的数码和 Q_1、Q_0 中的数码会完全一样。例如 u_Au_B = **01** 而且不变，则接收数据信号从LD端输入时，7495接收的结果为 **0101**；当 u_Au_B = **00** 时，在7495接收后为 **0000**。这些情况有利于判别 u_A、u_B 电平变化。很明显，有如下结论：

① 当 u_A、u_B 不变时，7495的 Q_3、Q_2 和 Q_1、Q_0 相同，故此，有 Q_2、Q_1 不等时，Q_3、Q_0 也不等；Q_2、Q_1 相同时，Q_3、Q_0 也相同。

② 当 u_A、u_B 变化时，7495的 Q_3、Q_2 寄存 Q_1、Q_0 的上次数据；Q_1、Q_0 寄存当前数据，即 u_A、u_B 电平。从表3-1有，Q_3、Q_0 相同，Q_2、Q_1 不同时，指示光栅右移；Q_3、Q_0 不同，Q_2、Q_1 相同时，指示光栅左移。

为了实现上面的两点结论，在图3-14中采用了 Y_1、Y_2、G_1、G_2、G_3 组成的逻辑电路。当 u_A、u_B 不变时，Y_1、Y_2 不产生任何计数信号。这时，由于 u_A、u_B 不变，则有 Q_2、Q_1 不等，Q_3、Q_0 也不等；或者 Q_2、Q_1 相同，Q_3、Q_0 相同。当 Q_2、Q_1 不等时，G_2 就输出 **1**；同时 Q_3、Q_0 也不等，G_3 也输出 **1**，这样，G_1 就会输出 **0**，所以 Y_1 和 Y_2 也就输出 **0**，它们都不会产生计数信号。当 Q_2、Q_1 相同，Q_3、Q_0 也相同时，G_3 输出 **0**，G_2 输出 **0**，故 G_1 也输出 **0**，使 Y_1、Y_2 必定输出 **0**，也不会产生计数信号。

当 u_A、u_B 变化时，当指示光栅是左移时，则必定有 Q_2、Q_1 相同，Q_3、Q_0 不同。这时，G_2 输出 **0**，G_3 输出 **1**，使 G_1 输出 **1**。因此，Y_1 输出 **0**，Y_2 输出 **1**，Y_2 输出的上升沿使74193进行加法计数。

当指示光栅右移，u_A、u_B 变化时，必定有 Q_2、Q_1 不同，Q_3、Q_0 相同。这时，G_2 输出 **1**，G_3 输出

0,G_1 输出 **1**。因而,使 Y_1 输出 **1**,Y_2 输出 **0**,Y_2 输出的上升沿使 74193 进行减法计数。

(3) 位置计数电路 位置计数电路由两块 74193 组成。集成电路 74193 是 4 位可逆计数电路。加法计数时,脉冲信号由 CU(COUNT UP)端即 5 脚输入。减法计数时,计数信号由 CD(COUNT DOWN)端即 4 脚输入。加法计数时产生的进位信号从 CY(CARRY)端即 12 脚输出。减法计数时产生的借位信号从 BW(BORROW)端即 13 脚输出。74193 可以预置数据,预置的数据从 $D_3 \sim D_0$ 端输入。接收预置数据的工作脉冲信号从 LD 输入:LD 为 **0**,则 74193 接收从 $D_3 \sim D_0$ 端输入的数据。CLR 是清零端,在 CLR 为 **1** 时,74193 清零,而在预置数据和计数时,要求清零端CLR 为**0**。

在图 3-14 中,两块 74193 的 LD 端连在一起,通过电阻 R_1 接 +5 V,并经电容 C_0 接地。所以,在接通电源瞬间有 CLR 端为 **0**,LD 端为 **0**,使 74193 接收 $D_3 \sim D_0$ 端的输入数据,即使 74193 清零。其后,74193 的内容则由 CU 和 CD 端的计数脉冲信号确定。在两块 74193 中,U_1 的输出接单片机 PB 口的 $PB_4 \sim PB_7$,U_2 的输出接 PB 口的 $PB_0 \sim PB_3$。单片机取 PB 口的输入数据,也就是取光栅的现行位置。

图 3-14 所示的光栅和单片机接口电路是把光电晶体管从光栅检测出的信号转换成脉冲信号,并且对脉冲信号进行计数的。在光栅中,指示光栅每移动一个栅距,则会使莫尔条纹移动一个纹距,而一个移动纹距会在光电晶体管中产生一个周期的正弦波。光电晶体管的一个电流(正弦波)周期在图 3-14 所示的接口中电路可产生 4 个计数脉冲信号并由 74193 计数。因此,该接口电路检测光栅所产生的一个计数脉冲即指示光栅移动四分之一栅距。很明显,这个接口电路的精度达四分之一栅距。由于一个电流周期可产生 4 个脉冲,所以这种方法也称为四倍频方法。从图 3-13 所示的波形和图 3-14 所示的电路结构可知,四倍频时,计数脉冲分别在电流波形的 0°、90°、180°和 270°处产生。

显然,单片机和光栅的接口电路把光栅的位移变化成二进制数据,并且,其量化单位为四分之一栅距。单片机对接口电路变换的数据进行处理,从而可得出光栅的位移情况及光栅的现行位置。

3.1.4 脉冲编码器

编码器是一种旋转式的检测角位移的传感器,并将角位移用数字(脉冲)形式表示,故又称为脉冲编码器。也常用它作为速度检测装置。

脉冲编码器按码盘的读取方式分为光电式、接触式和电磁式。就精度与可靠性来讲,光电脉冲编码器优于其他两种。数控机床上使用光电脉冲编码器。

光电脉冲编码器按它每转发出脉冲数的多少来分,又有多种型号。数控机床上最常使用的有:2 000 P/r,2 500 P/r 和 3 000 P/r 等;在高速、高精度数字伺服系统中,应用高分辨率的脉冲编码器,如 20 000 P/r、25 000 P/r 和 30 000 P/r 等。现在有每转能产生几十万个脉冲的脉冲编码器,其内部使用了微处理器。在实际工作中,要根据机床的速度、精度和滚珠丝杠螺距来选用相应的脉冲编码器。

光电式脉冲编码器按测量的坐标系可分为增量式和绝对式。

1. 增量式

(1) 结构及工作原理 增量式光电脉冲编码器最初的结构就是一种光电盘。它由光源、聚光镜、光电盘、光栏板、光电元件、整形放大电路和数字显示装置等组成。在光电盘的圆周上等分地制成透光狭缝，其数量从几百到上千条不等。光栏板上有两条相距为 1/4 节距的辨向狭缝，两条辨向狭缝后各安装一个光电元件。当光电盘与工作轴一起旋转时，光电元件把通过光电盘和光栏板射来的忽明忽暗的光信号（近似于正弦信号）转化为电信号，经放大、整形电路的变换后变成脉冲信号。通过计量脉冲的数目和频率即可测出工作轴的转角和转速，如图 3－15 所示，也可由传动关系换算为直线位移。例如传动丝杠的螺距为 4 mm，圆盘每圈可发出 400 个脉冲，则与每个脉冲相当的直线位移（即脉冲当量）为 4 mm/400 = 0.01 mm。在圆盘的里圈不透光圆环上还刻有一条透光条纹，用来产生圈数脉冲信号。

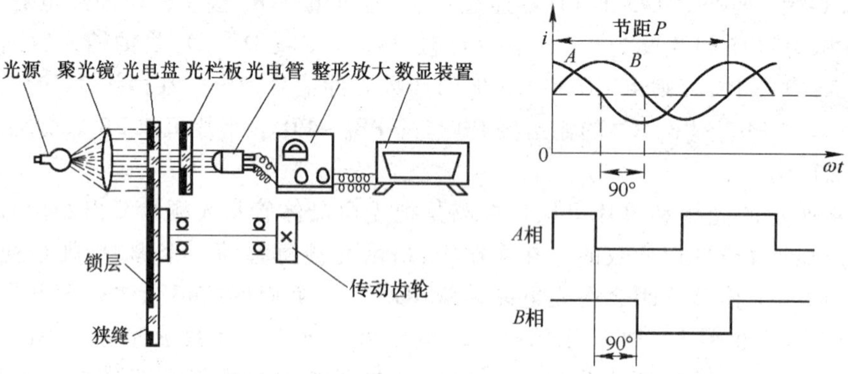

图 3－15　增量式光电脉冲编码器的原理图及输出波形

由于光线透过圆光栅（光电盘）和指示光栅（光栏板）的线纹在光电元件上形成明暗交替变化的线纹，产生两组近似于正弦波的电流信号 A 与 B，两者的相位相差 90°，经放大、整形电路变成方波，如图 3－15 所示。若 A 相超前于 B 相，对应电动机作正向旋转；若 B 相超前于 A 相，对应电动机作反向旋转。若以该方波的前沿或后沿产生计数脉冲，可以形成代表正向位移和反向位移的脉冲序列。此外，还有圈数脉冲信号，可用作加工螺纹时的同步信号。

（2）增量式光电脉冲编码器的应用　光电脉冲编码器在数控机床中，主要用于数字比较伺服系统中的检测装置，将检测信号反馈给数控装置。这种反馈方式有两种：一是适应带加减计数要求的可逆计数器，形成加计数脉冲和减计数脉冲；二是适应有计数控制和计数要求的计数器，形成方向控制信号和计数脉冲。

图 3－16 所示为第一种反馈方式的电路图和波形图。脉冲编码器的输出脉冲信号 A、$\overline{A}$、B、$\overline{B}$ 经过差分驱动和差分接收进入 CNC 装置，再经过整形放大电路变为 A_1、B_1 二路脉冲。将 A_1 脉冲和它的反相信号 $\overline{A_1}$ 脉冲进行微分（图中为上升沿微分）作为加、减计数脉冲。B_1 路脉冲信号被用作加、减计数脉冲的控制信号，正走时（A 脉冲超前 B 脉冲），由 Y_2 门输出加计数脉冲，此时 Y_1 门输出为低电平；反走时（B 脉冲超前 A 脉冲），由 Y_1 门输出减计数脉冲，此时 Y_2 门输出为低电平。

图 3－17 为第二种反馈方式的电路图和波形图。脉冲编码器的输出信号 A、$\overline{A}$、B、$\overline{B}$ 经差分、微分、**与非**门 C 和 D，由 RS 触发器（由 1、2 **与非**门组成）输出方向信号，正走时为 **0**，反走时为 **1**。计数脉冲由**与非**门 3 输出。

正走时，A 脉冲超前 B 脉冲。D 门在 A 信号控制下，将 B 脉冲上升沿微分作为计数脉冲反相

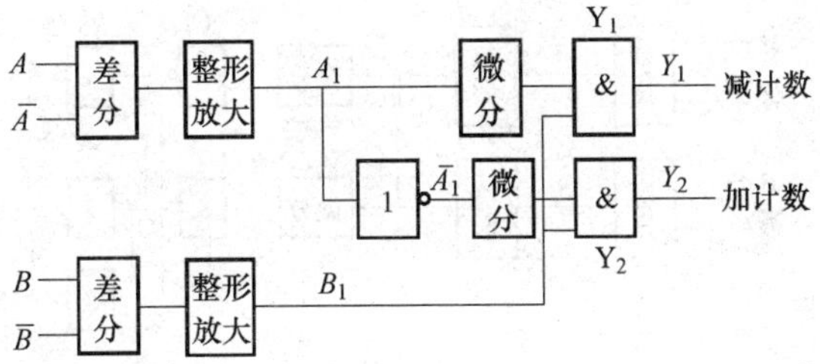

(a)

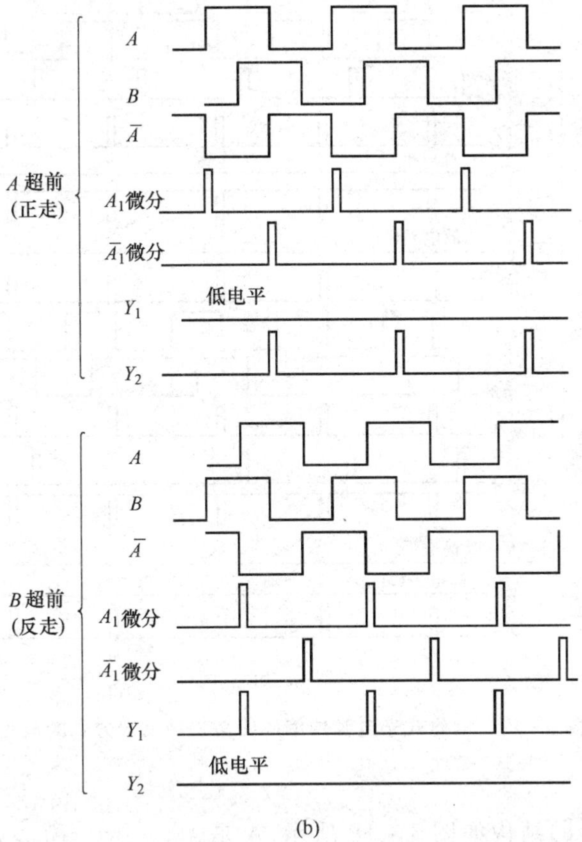

(b)

图 3-16　增量式光电脉冲编码器第一种反馈方式的应用

输出，为负脉冲。该脉冲经**与非**门 3 变为正向计数脉冲输出。D 门输出的负脉冲同时又将触发器置为 **0** 状态，Q 端输出 **0**，作为正走方向控制信号。

反走时，B 脉冲超前 A 脉冲。这时，由 C 门输出反走时的负计数脉冲，该负脉冲也由 3 门反相输出作为反走时计数脉冲。不论正走、反走，**与非**门 3 都为计数脉冲输出门。反走时，C 门输出的负脉冲使触发器置 **1**，作为反走时方向控制信号。

在具体应用时，从脉冲编码器输出的 A 和 $\overline{A}$，B 和 $\overline{B}$ 四路信号被引入位置控制回路，经辨向和乘以倍率后，变成代表位移的测量脉冲；经频率－电压变换器变成正比于频率的电压，作为速度反馈信号，供给速度控制单元，进行速度调节。

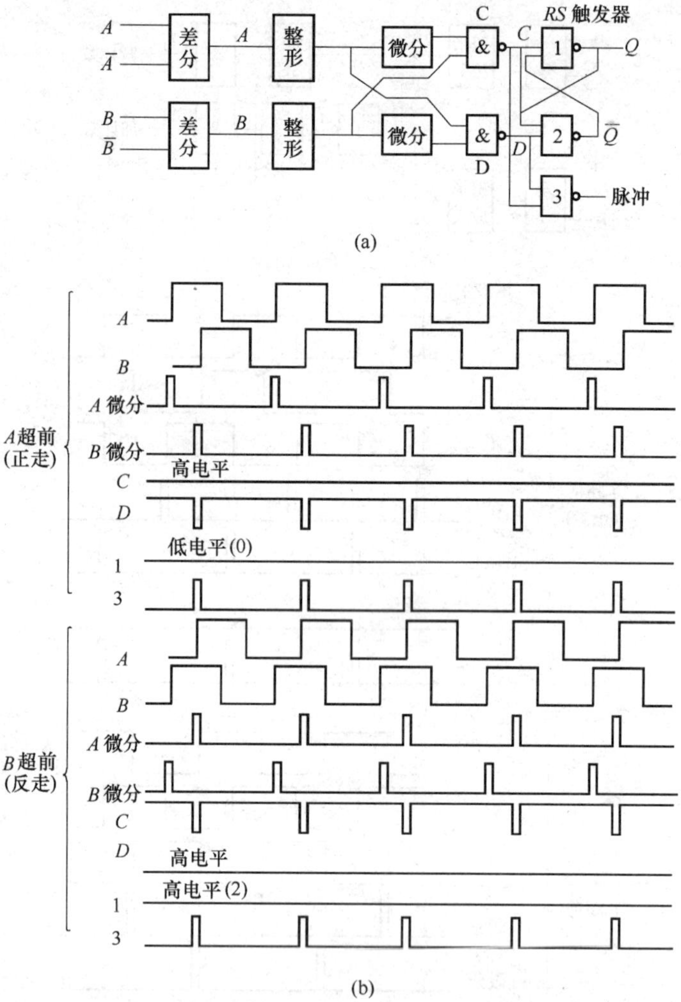

图 3-17　增量式光电脉冲编码器第二种反馈方式的应用

2. 绝对式

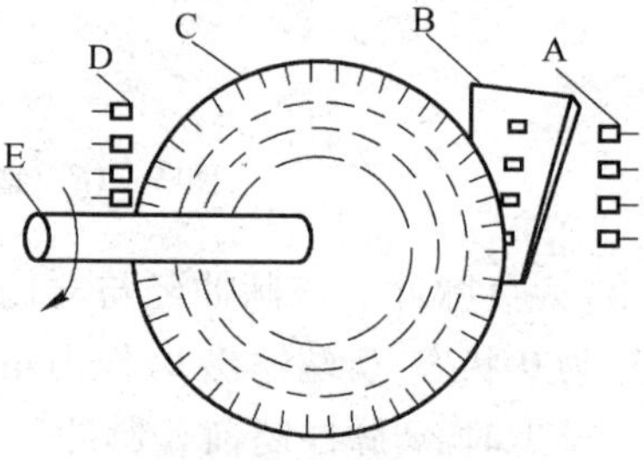

图 3-18　绝对式光电编码器的结构

绝对式光电编码器的结构如图 3-18 所示，A 是光电元件，B 是刻有窄缝的光栅，C 是绝对式码盘，D 是光源（发光二极管），E 是旋转的轴。它使用具有多通道二进制码盘，码盘的绝对角位移是由各通道的透光与不透光部分组成的二进制数表示，通道越多分辨率就越高。码盘的代码化方式有多种，但一定要防止出现误读，而且要容易进行代码转换。最常用的是二进制编码盘及格雷编码盘，如图 3-19 所示。其特点是从一个计数状态到下一个计数状态的过程中，只有一位码改变，因此在格雷码的译码器中，不会产生竞争冒险现象，即不易误读，与纯二进制码相比，误读误差最小。每个码道设置一个光源，如发光二极管，同时对应码道配置感光器件。编码盘的转轴直接接触被测物的转轴。工作时，光线经过码盘透光与不透光区，在码盘另一侧形成光脉冲，光脉冲照射到光电元件上产生相应的电脉冲，再经信号处理电路放大整形后输出与编码盘位置对应的格雷码位置信号，所以码盘转到任一位置，传感器均可输出对应的数字码，待确定的角位移就可用二进制数表示。

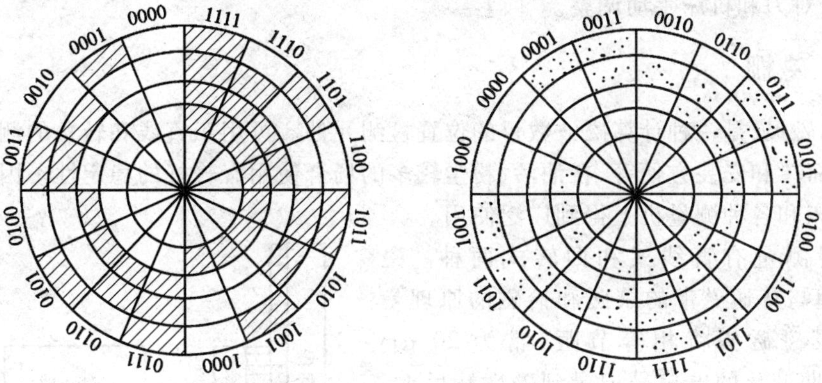

(a)　　　　　　　　　　(b)

图 3－19　绝对式编码器盘

对于一个 N 位的绝对值编码器，其分辨率为 $360°/2^N$；分辨精度为 $1/2^N$。

绝对值编码器的特点是：① 可以直接读出角度坐标的绝对值；② 没有累积误差；③ 电源切除后位置信息不会丢失；④ 允许的最高旋转速度比增量式编码器高。但是，为了提高读数精度和分辨率，必须提高通道数（即二进制的位数），使构造变得复杂，价格较贵。

目前接触式码盘一般可以做到 9 位二进制（码盘上有 9 圈数字码道，在 360°范围内可编数码为 $2^9=512$ 个），而光电式码盘可做到 18 位二进制。如果要求更多位数，则用单片码盘就有困难，可以采用组合码盘，即一个粗计码盘和一个精计码盘，精计码盘转一圈，粗计码盘转最低位的一格。如果这是用两个 9 位二进制码盘组合的，即可得到相当于 18 位的二进制位数。因而使读数精度大大提高。

3. 主轴位置编码器

主轴位置编码器的工作原理同光电脉冲编码器，其线纹是 1 024 条/周，经 4 倍频细分电路为 4 096 P/r，是二进制的倍数，输出信号幅值为 5 V。其作用是：

（1）加工中心换刀时作为主轴准停用　使主轴定向控制准停在某一固定位置上，以便在该处进行换刀等动作，只要数控系统发出 M19 指令，利用装在主轴上的位置编码器（通过 1∶1 的齿轮传动）输出的信号使主轴准停在规定的位置上，如图 3－20 所示。

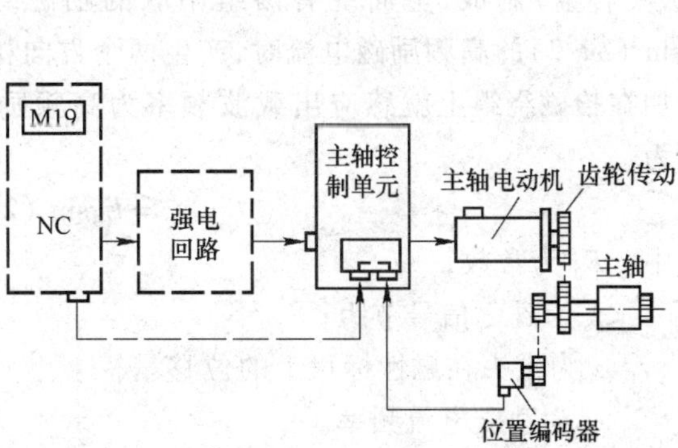

图 3－20　装在主轴上的主轴位置编码器

（2）在车床上，按主轴正反转两个方向使工件定位　在车削螺纹时，Z 相脉冲作为车削螺纹的进刀点和退刀点，可保证不乱扣（A、B 相差 90°，Z 相为一圈的基准信号，产生零点脉冲)。

4. 手摇脉冲发生器

手摇脉冲发生器的原理同光电脉冲编码器,常常是每转产生 1 000 个脉冲,其信号幅值为 5 V,一般用于对刀和机床手动调整。

3.1.5　磁栅

磁栅又称磁尺,是一种计算磁波数目的位置检测元件。可用于直线和转角的测量,其优点是精度高、复制简单和安装方便等,在油污、粉尘较多的场合使用有较好的稳定性。因此,它在数控机床、精密机床和各种测量机上得到广泛使用。

磁栅位置测量有直线式和回转式两种。磁栅的工作原理与普通磁带的录磁和拾磁的原理是相同的。用录磁磁头将相等节距(常为 20 μm 或 50 μm)周期变化的电信号记录到磁性标尺上,用它作为测量位移量的基准尺。在检测时,用拾磁磁头读取记录在磁性标尺上的磁信号,通过检测电路将位移量用数字显示出来或送至位置控制系统。图 3-21 所示为磁栅位置检测系统方框图。

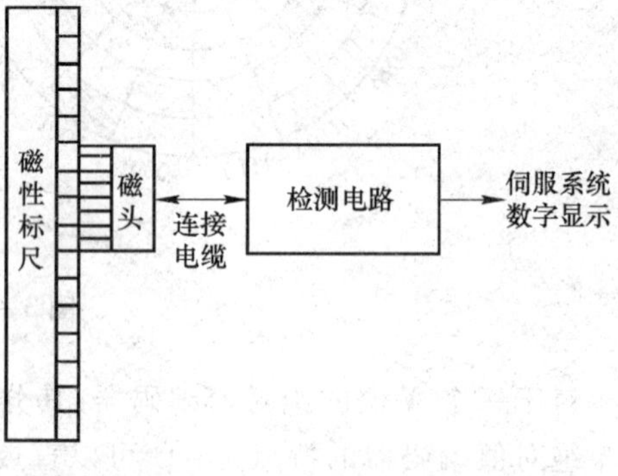

图 3-21　磁栅位置检测系统方框图

测量用的磁栅与普通磁带录音的区别在于:① 磁性标尺的等节距录磁的精度要求很高,因为它直接影响位移测量精度,为此需要在高精度录磁设备上对磁尺进行录磁;② 当磁尺与拾磁磁头之间的相对运动速度很低或处在静止状态时,也应能够进行位置测量。因此,不能采用一般的录音机拾磁磁头即速度响应型磁头,需要用特殊的磁通响应型磁头。

磁头是进行磁-电转换的变换器,它把反映空间位置变化的磁化信号检测出来,转换成电信号输送给检测装置中关键元件。

1. 磁通响应型磁头

磁通响应型磁头是一个带有可饱和铁心的磁性调制器。如图 3-22 所示,它用软磁性材料(坡莫合金)制成,上面绕有两组串联的励磁绕组和两组串联的拾磁绕组。当励磁绕组通以 $I_0\sin(\omega t/2)$ 的高频励磁电流时,产生两个方向相反的磁通 Φ_1,与磁性标尺作用于磁头的磁通 Φ_0 叠加在拾磁绕组上就感应出载波频率为高频励磁电流频率两倍的调制信号输出,其输出电动势为

$$e = E_0\sin(2\pi x/\lambda)\sin\omega t \tag{3-30}$$

式中　E_0 为常数;

λ 为磁化信号节距;

x 为磁头在磁性标尺上的位移量;

ω 为励磁电流频率。

由上式可见,输出信号与磁头和磁性标尺的相对速度无关,而由磁头在磁性标尺上的位置所决定。

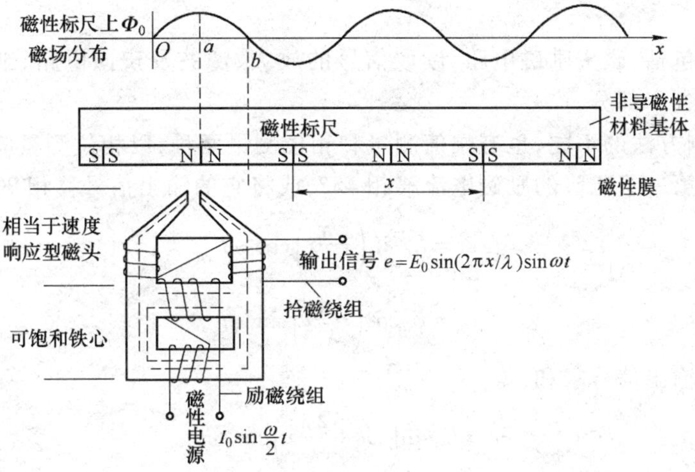

图 3-22 磁通响应型磁头结构及工作原理

2. 多间隙磁通响应型磁头

使用单个磁头读取磁化信号时，由于输出信号电压很小（几毫伏到几十毫伏），抗干扰能力低，所以实际使用时将几个到几十个磁头以一定方式串联起来，组成多间隙磁头，如图 3-23 所示。它具有精度高、分辨率高和输出电压大等特点。

多间隙磁头中的每一个磁头都以相同的间距 $\lambda m/2$ 配置，相邻两磁头的输出绕组反向串接，这时得到的总输出为每个磁头输出信号的叠加。

为了辨别磁头与磁尺相对移动的方向，通常采用磁头彼此相距 $(m \pm 1/4)\lambda$（m 为正整数）的配置，如图 3-24 所示。它们的输出电动势分别为

$$e_1 = E_0 \sin\left(\frac{2\pi}{\lambda}x\right)\sin \omega t \tag{3-31}$$

$$e_2 = E_0 \cos\left(\frac{2\pi}{\lambda}x\right)\sin \omega t \tag{3-32}$$

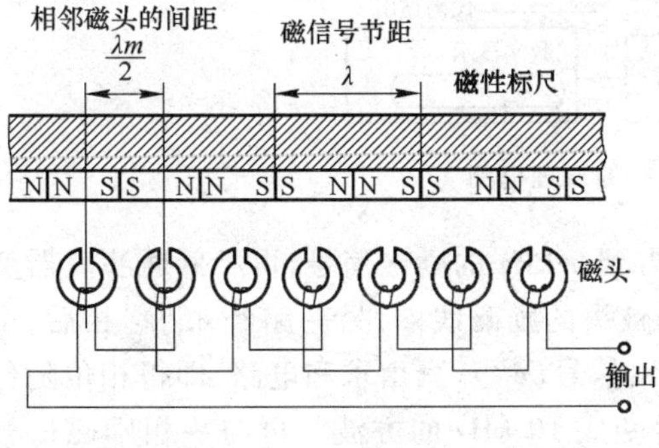

图 3-23 多间隙磁头

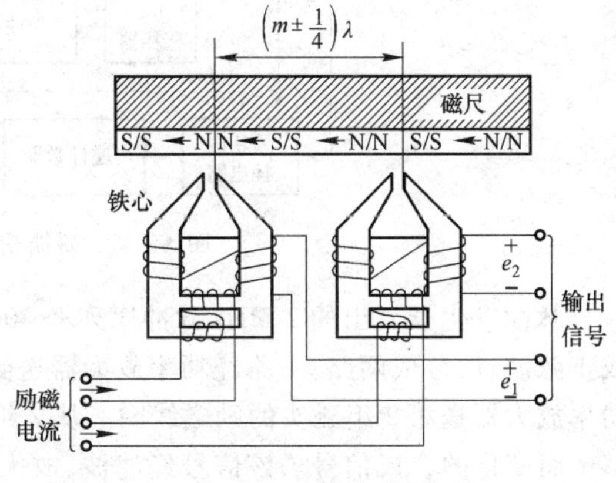

图 3-24 辨向原理

从上式可见，磁尺的辨向原理与光栅、感应同步器是一致的。

3. 检测电路

磁栅检测电路包括:磁头励磁电路,读取信号的放大、滤波及辨向电路,细分还有内插电路,显示及控制电路等各个部分。

同样,根据检测方法的不同,也有幅值测量和相位测量两种,以相位测量应用较多。

相位检测是将第一组磁头的励磁电流移相 45°,或将它的输出信号移相 90°,得

$$e_1 = E_0 \sin\left(\frac{2\pi}{\lambda}x\right)\cos\omega t \tag{3-33}$$

$$e_2 = E_0 \cos\left(\frac{2\pi}{\lambda}x\right)\sin\omega t \tag{3-34}$$

将两组磁头的输出信号求和,得

$$e = E_0 \sin\left(\omega t + \frac{2\pi}{\lambda}x\right)\cos\omega t \tag{3-35}$$

由上式看出,磁栅相位检测系统的磁头输出信号与感应同步器在鉴相工作方式下的输出信号是相似的。所以其检测线路也基本相似。图 3-25 是磁栅相位检测系统的原理框图。

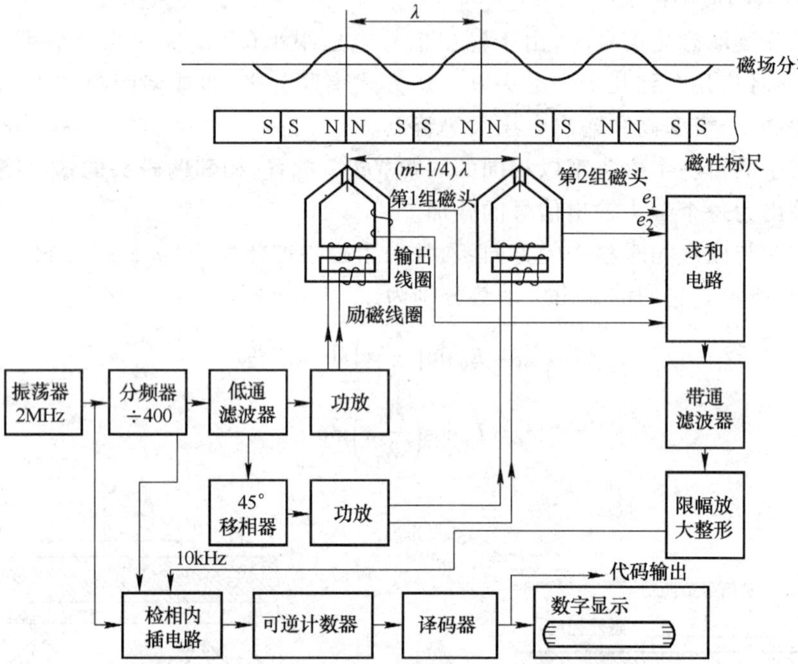

图 3-25　磁栅相位检测系统的原理框图

脉冲发生器发出的 2 MHz 脉冲序列经 400 分频,得到 5 kHz 的励磁信号,再经低通滤波器变成正弦波,后分成两路:一路经功率放大器送到第 1 组磁头的励磁线圈,另一路经 45°移相后,由功率放大器送第 2 组磁头的励磁线圈。从 2 组磁头读出信号(e_1、e_2),由求和电路,即得相位随位移 x 而变化的合成信号。该信号经滤波、放大、整形后变成 10 kHz 的方波。再与一相励磁信号(基准相位)鉴相以及内插的处理,即可得到分辨率为 1 μm(磁尺上的磁化信号节距为 200 μm)的位移测量脉冲。该脉冲可送至显示器或位置控制回路。

3.2　速度检测环节的构成和接口

在机电一体化系统中速度检测环节的作用是实现速度检测，以便实现速度的闭环控制。当用直流、交流伺服电机驱动机构时，多用测速发电机进行速度检测，也可以用位移传感器来进行速度检测。计数型传感器可通过检测其脉冲频率来得到运动速度。代码型传感器则可通过检测其代码变换周期来确定运动速度。如利用光电码盘作速度检测时，它在单位时间内的脉冲数即为其速度。利用频压转换器将脉冲频率转换成电压值，输入给伺服控制系统中的速度反馈回路。这里主要简述机电一体化设备上常用的转速传感器及应用。

3.2.1　测速发电机

测速发电机是一种旋转式速度检测元件，可将输入的机械转速变为电压信号输出，在机电一体化系统的速度控制单元和位置控制中都得到应用。它常作为伺服电机的检测传感器，将伺服电机的实际转速转换为电压或脉冲，与给定电压或参考频率进行比较后，发出速度控制信号，以调节伺服电机的转速。为了准确反映伺服电机的转速，要求测速发电机的输出电压与转速严格成正比。

测速发电机分为直流测速发电机和交流测速发电机。近年来还采用了新原理、新结构制成的霍尔效应测速发电机。下面介绍直流测速发电机。

直流测速发电机是一种微型直流发电机，其定子、转子结构均和直流伺服电机基本相同。按定子磁极的励磁来分，可以分为电磁式和永磁式两大类。直流测速发电机的工作原理与一般直流发电机相同，在图 3－26 所示的恒定磁场中，旋转的电枢组切割磁通，并产生感应电动势。由电刷两端引出的电枢感应电动势为

$$E_a = C_e \Phi n \tag{3-36}$$

式中　C_e 为电动势系数；

Φ 为磁通量；

n 为发电机转速。

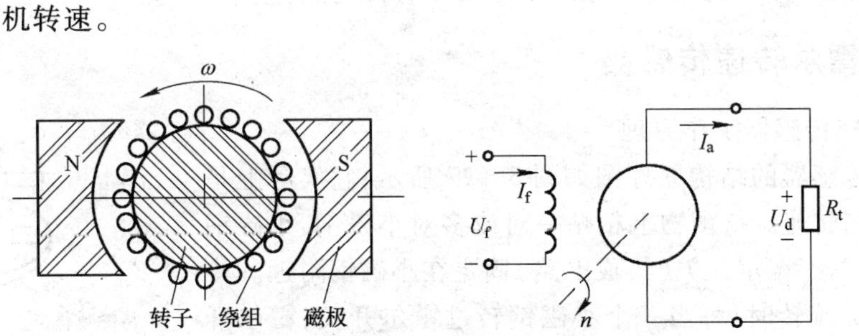

图 3－26　直流测速发电机的结构和工作原理

空载时，电枢电流 $I_a=0$ 时，直流测速发电机的输出电压与电枢感应电动势相等，即

$$U_d = E_a \tag{3-37}$$

因而输出电压与发电机转速成正比。

有负载时，电枢电流 $I_a \neq 0$，直流测速发电机的输出电压为

$$U_d = E_a - I_a R_a \tag{3-38}$$

式中 R_a 为测速发电机内阻。

显然，接有负载后，由于电阻 R_a 的电压降，测速发电机的输出电压比空载时低。

有负载时电枢电流为

$$I_a = \frac{U_d}{R_t} \tag{3-39}$$

式中 R_t 为测速发电机负载电阻。

将 I_a 代入上式可得

$$U_d = E_a - \frac{R_a U_d}{R_t} \tag{3-40}$$

$$U_d = C_e \Phi n - \frac{R_a U_d}{R_t} \tag{3-41}$$

整理后得到

$$U_d = \frac{C_e \Phi}{1 + R_a / R_t} n = Cn \tag{3-42}$$

其中

$$C = \frac{C_e \Phi}{1 + R_a / R_t} \tag{3-43}$$

在理想情况下 C_e、Φ、R_a、R_t 均为常数，所以系数 C 也为常数，因而从式中可以看出测速发电机的输出电压与其转速严格成正比。

测速发电机有线性度好、灵敏度高和输出信号强等优点，故在工业自动检测中广泛用于检测和自动调节电机转速。检测范围 20 ~ 400 r/min，精度 0.2% ~ 0.5%。

为了提高检测灵敏度，通常将测速发电机直接连接在驱动电机轴上，以尽可能使其在高转速下工作。另外有的 DC 和 AC 伺服电机本身就配置了测速发电机和回转编码器。由于测速发电机与电动机轴同轴安装，测速发电机转子随电动机一起转动，测速发电机输出的信号经过 A/D 转换器送入计算机，计算机可直接检测出电动机的转速值。

3.2.2 霍尔转速传感器

1. 霍尔转速传感器工作原理

霍尔转速传感器的结构原理图如图 3-27 所示，它实际上是利用霍尔开关测转速。待测物上粘贴一对或多对小磁钢，小磁钢愈多，分辨率愈高。霍尔开关（集成电路）固定在小磁钢附近。待测物以角速度 ω 旋转时，每当一个小磁钢转过霍尔开关，霍尔开关便产生一个相应的脉冲。检测出单位时间的脉冲数，即可确定待测物的转速。

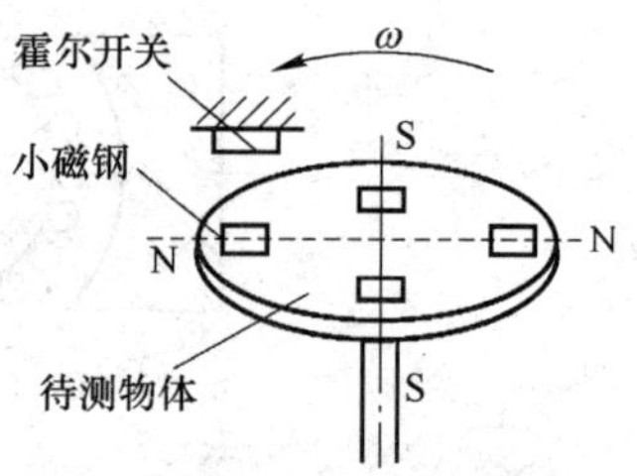

图 3-27 霍尔转速传感器的结构原理图

2. 霍尔转速传感器的应用

采用霍尔转速传感器的数字转速仪电路如图 3-28 所示。转速信号检测点采用霍尔转速传感器。在被测转速的主轴上安装一个非金属圆形薄片，将磁

钢嵌在圆片圆周上。主轴转动一圈，霍尔转速传感器发出一次检测信号。当磁钢与霍尔转速传感器重合时，霍尔转速传感器输出低电平，信号经**非**门整形后输出高电平，并送给信号控制**与**门；当磁钢离开霍尔转速传感器时，输出高电平，经反相后为低电平，则信号不能通过信号控制**与**门。

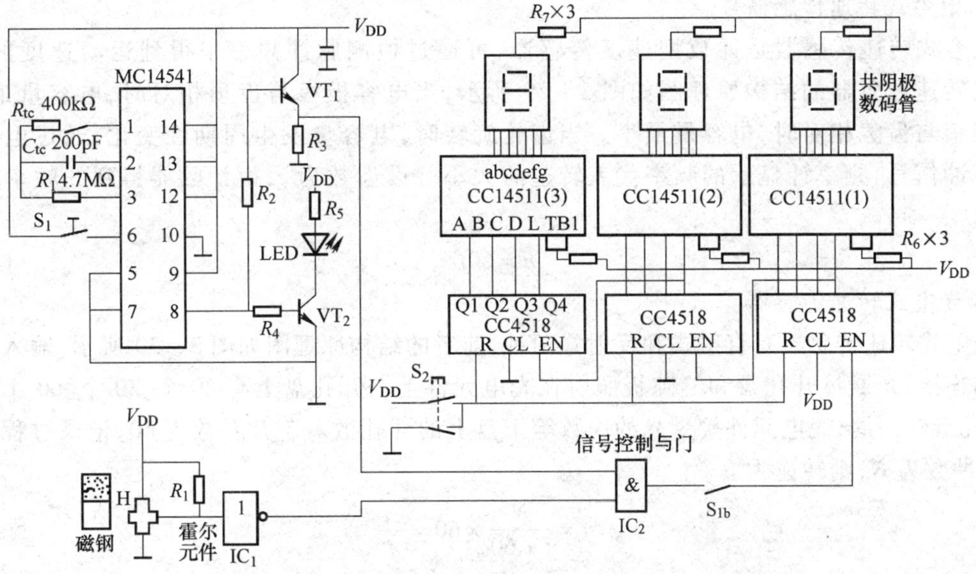

图 3-28 采用霍尔转速传感器的数字转速仪电路

定时部分采用 MC14541 可编程定时集成电路。该器件的特点为功能强、外围元件少。从图 3-28 可知，当 12 脚和 13 脚均取高电平时，电路总的延迟时间 $t=2^{16-1}\times2.3R_{tc}C_{tc}$。外接电容 C_{tc} 的值确定后，即确定了 MC14541 内部振荡器的振荡频率。本电路的 $t=62.29$ s。5 脚是自动复位端 AR，当 AR 端设定为低电平时，电路在通电后即自动复位，使 MC14541 内部各级计数器清零。6 脚是手动复位端，高电平有效。10 脚是单定时/循环输出方式选择端，这里选择单定时方式，即当延迟时间到，定时输出端 8 脚(Q)的电平跳变后始终保持不变，直到下一次复位信号的到来。9 脚是输出端($Q/\overline{Q}$)的选择端，这里选择输出端(Q)的初始状态为高电平。

信号控制部分用了**与**门 IC_2，合上电源开关后，主转速脉冲信号就输入给控制**与**门 IC_2。S_{1b} 是钮子开关。将 S_{1b} 闭合，定时器开始计时，此时 MC14541 的输出端(Q)为高电平，晶体管 VT_1 导通，打开了**与**门 IC_2，由检测来的转速计数脉冲通过**与**门 IC_2，送到计数器开始计数，并在数码管上显示。同时 VT_2 导通，发光二极管 LED 发光，作计数器定时指示之用。只要定时时间到，MC14541 的输出端(Q)就保持 **1**，信号控制**与**门 IC_2 也一直保持开门状态。当定时电路达到规定的 1 min 时，MC14541 输出端(Q)由高电平跳变到低电平，且一直保持不变，VT_1、VT_2 同时截止，信号控制**与**门被关闭。检测脉冲信号不能通过 IC_2，计数器停止计数，转速测定结束，LED 同时熄灭。

如果要再一次测定转速，开始前，先按手动复位按钮 S_1、S_2，使 MC14541 内部各级计数器和转速计数器复位，MC14541 的输出端恢复到高电平状态，此时可再次测定转速。

计数显示部分由 CC4518 BCD 加法计数器、CC14511 BCD 七段译码器/驱动器和共阴极数码管组成。

3.2.3　其他转速检测元件

1. 电容式转速传感器

电容式转速传感器是计数型速度传感器,可通过检测脉冲频率来得到运动速度的数据。电容式转速传感器的结构原理图如图 3-29 所示,当电容极板与齿顶相对时,电容量最大;而电容极板与齿隙相对时,电容量最小。当齿轮旋转时,电容量发生周期性变化,通过电路即可得到脉冲信号,频率计显示的频率代表转速的大小。设齿数为 z,由计数器得到的频率为 f,则转速

$$n = 60f/z \tag{3-44}$$

2. 光电式转速传感器

光电式转速传感器有直射式和反射式两种,前者的结构原理图如图 3-30 所示,输入轴与待测轴相连接,光通过开孔盘和缝隙板照射在光电元件上。开孔盘上有 20 个、30 个、60 个……小孔,开孔盘转一周,光电元件接受光的次数等于盘上的开孔数。若开孔数为 60,记录过程时间为 t,总脉冲数为 N,则转速为

$$n = \frac{N}{t \cdot 60} \times 60 = \frac{N}{t} \tag{3-45}$$

式中　n 的单位为 r/min。

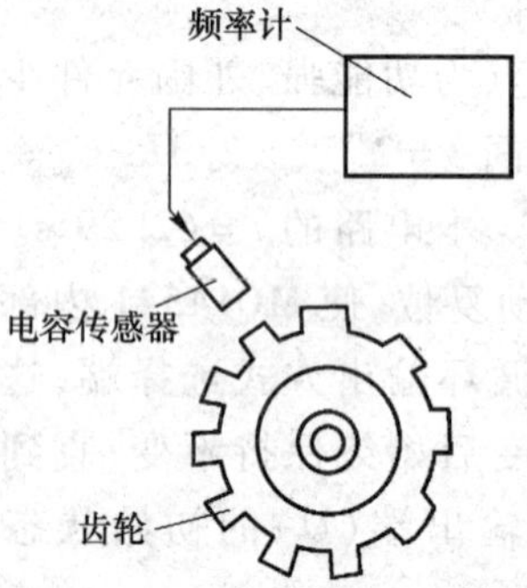

图 3-29　电容式转速传感器的结构原理图

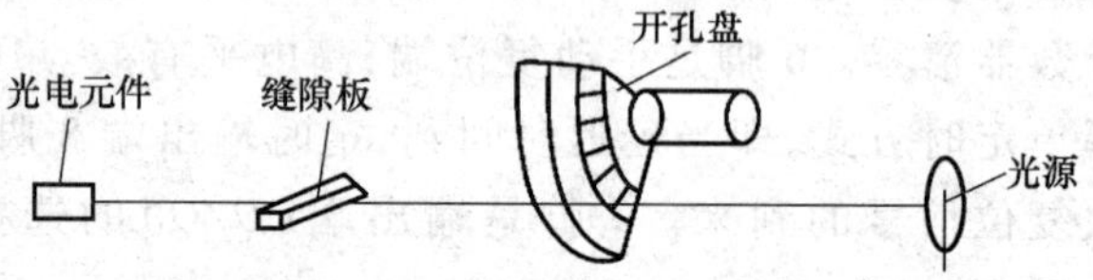

图 3-30　直射式光电式转速传感器的结构原理图

单头反射式光电式转速传感器的结构原理图如图 3-31 所示,其工作原理类似上述直射式光电转速传感器,差别仅是光电元件的受光形式的不同。测速盘粘贴上黑白分明的条带,为方便计数,条带一般选贴 60 条。黑、白带的宽度应大于投射光的宽度。

3. 磁电式转速传感器

磁电式转速传感器的结构原理图如图 3-32 所示。在永久磁铁组成的磁路中,若改变磁阻(如空气隙)的大小,则磁通量随之改变。磁路通过的感应线圈,当磁通量发生突变时,就感应出一定幅值的脉冲电动势,该脉冲电动势的频率等于磁阻变化的频率。为了使气隙变化,在待测轴上装一个由软磁材料做成的齿盘。当待测轴转动时,齿盘也跟随转动,齿盘中的齿和间隙交替通

过永久磁铁的磁场，从而不断改变磁路的磁阻，使铁心中的磁通量发生突变，在线圈内产生一个脉冲电动势，其频率与待测转轴的转速成正比。

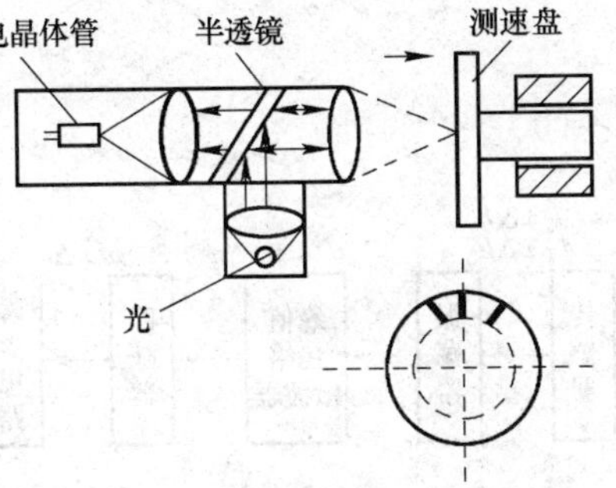

图 3-31 单头反射式光电式转速传感器的结构原理图

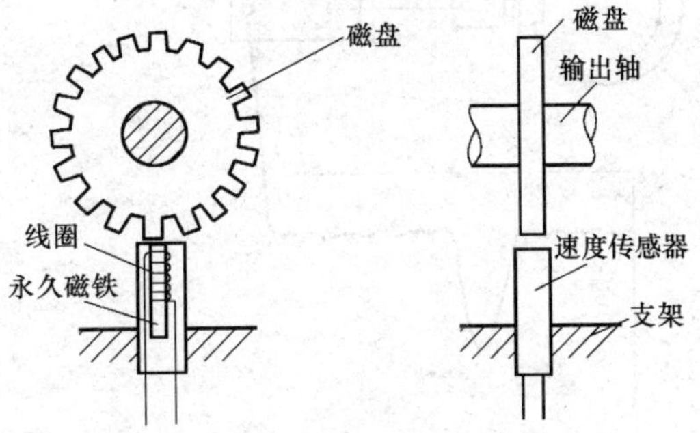

图 3-32 磁电式转速传感器的结构原理图

磁电式转速传感器由一个安装在转轴上的导磁性齿盘和两个安装在机座上的磁脉冲探头以及信号处理电路所组成。导磁性齿盘旋转引起磁脉冲探头线圈内磁通变化而产生感应电动势，因感应电动势 E 为毫伏级信号，较难用其幅值的变量来确定转速，所以改用取决于磁通变化率的与转速和齿盘的齿数直接有关的频率来测速。其频率 f 为

$$f = zn/60 \tag{3-46}$$

每当齿盘转过一个齿，E 发生一次周期变化。由于齿盘的齿数 z 为常数，因此频率与转速有对应的确定关系，根据频率变量可准确地表达转速变量。安装时使两个探头分别对准齿端和齿槽的中心，则可获得两个相位差为 90°的感应电动势。探头 1 和探头 2 产生相位差 90°的感应电动势，经整形放大后获得两组相差 1/4 周期的等幅方波信号。借助于该方波信号可实现转动方向的判别。

磁电式转速传感器检测范围达 0 ~4 000 r/min。这种传感器可检测导磁材料的齿轮、叶轮、带孔圆盘等的转速。它采用频率－电压变换的原理，具有抗干扰能力强、可靠性高、设计安装方便等优点，可作为交流拖动系统和直流拖动系统等旋转式机电设备的转速、转向监测，也可作为上述机电设备调速装置的反馈环节。

4. 电涡流式转速传感器

电涡流式转速传感器的工作原理如图 3-33 所示，在轴上开一键槽，靠近轴表面安装电涡流传感器，轴转动时便能检测出传感器与轴表面的间隙变化，从而得到与转速成正比的脉冲频率信号。

电涡流式转速传感器的电路框图如图 3-34 所示，来自传感器的脉冲信号经检波和整形后，即由频率计指示频率值。若轴转到图中所示位置，间隙变化 Δd 引起传感器线圈的电感改变 ΔL，振荡器的电压幅值和振荡频率同时改变。峰值包络检波器检测电压幅值的改变量 Δu，然后通过跟随器和整形电路输出脉冲信号 f。f 接至频率计即可指示出频率值，接至转速表即可指示转速。

这种转速传感器对油污等介质不敏感，能进行非接触检测，可安装在轴旁长期监视转速。检测范围可达 6×10^6 r/min。

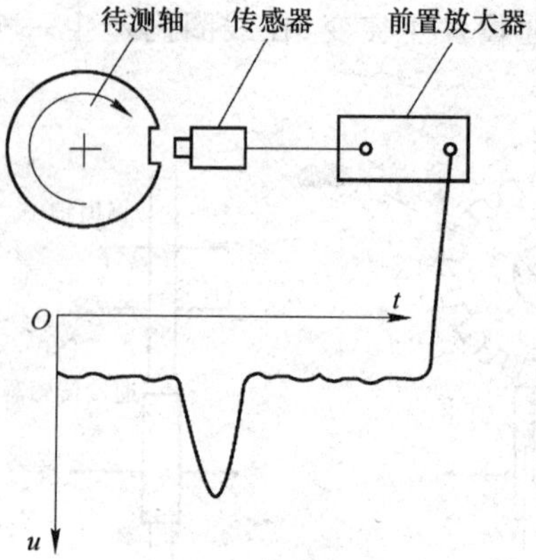

图 3-33　电涡流式转速传感器的工作原理

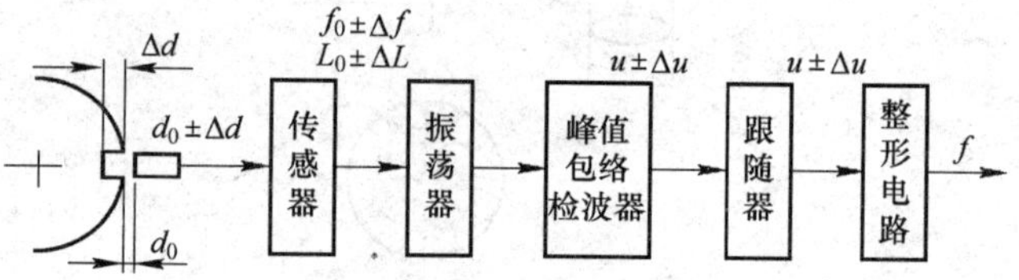

图 3-34　电涡流式转速传感器的电路框图

3.3　温度检测环节的构成和接口

温度传感器是一种能将温度转换成电信号的传感器。在温度传感器中有双金属传感器、热敏电阻、热电偶、金属测温电阻、IC 温度传感器、红外线温度传感器等多种类型。

3.3.1　检测元件

1. 热敏电阻

热敏电阻是一种当温度变化时电阻的阻值能呈现敏感变化的元件，一般是由锰、镍、钴、铁、铜等金属氧化物烧结而成。

根据温度特性的不同，可将热敏电阻分为随温度升高其阻值下降的 NTC 型热敏电阻、当温度超过某一温度后其阻值急剧增加的 PTC 型热敏电阻和当温度超过某一温度后其阻值急剧减小的 CTR 型热敏电阻三种类型。在温度测量方面，多数采用 NTC 型热敏电阻。这三种热敏电阻的温度特性曲线如图 3-35 所示。

热敏电阻的连接方法如图 3-36 所示，其使用温度为 -50 ~ +350℃。在由阻值求解被测物体的温度时，需要根据热敏电阻的温度特性曲线进行对数运算。若将表示阻值变化的电压变化信号进行 A/D 转换后，由微型计算机完成这种数据处理，就会使温度的计算变得非常简单。其计算公式为

$$T=\frac{1}{\dfrac{\ln\dfrac{R}{R_0}}{B}+\dfrac{1}{T_0}} \tag{3-47}$$

式中　T 为被测温度；

R 为被测温度下的阻值；

T_0 为基准温度；

R_0 为基准温度下的阻值；

B 为热敏常数；

ln 为自然对数。

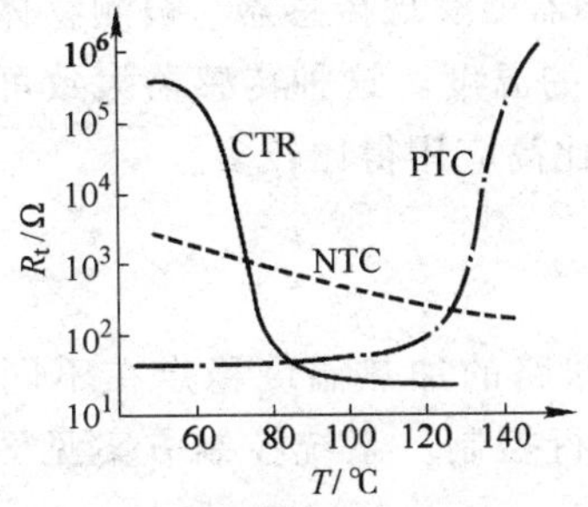

图 3-35 热敏电阻的温度特性曲线

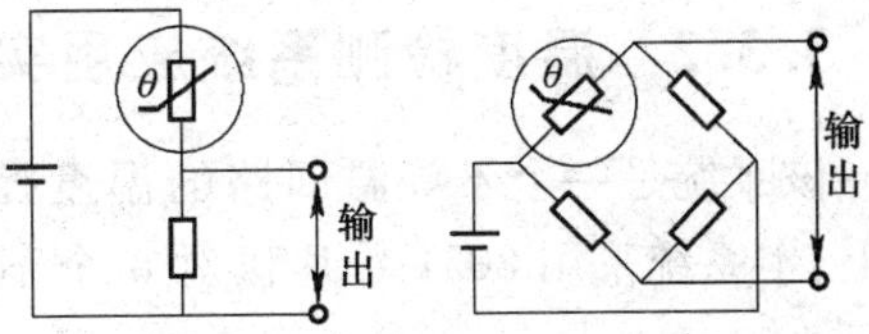

图 3-36 热敏电阻的连接方法

2. 金属测温电阻

一般的金属,随温度升高其阻值将成正比地增加。利用这种特性,可以制成金属测温电阻。因为白金测温电阻的特性十分稳定,因此广泛应用于工业中的高精度测温。按使用温度范围的不同,铂测温电阻可以分为低温型(-200~100℃)、中温型(0~+350℃)、高温型(0~650℃)三种。

3. 热电偶

如图 3-37 所示,将两种不同金属的两端相接构成闭合回路,当这两个连接点的温度不同(有一个温差)时,会在回路中产生一个电动势而流过一个电流。这种现象称为塞贝克效应,所产生的电动势称为热电动势,流过的电流称为热电流。热电偶就是一种利用塞贝克效应制成的温度传感器。

若按图 3-38 所示用电压表测量热电偶的热电动势,就能求出连接点的温差,由此可以计算出被测物体的温度,然而当冷接点为非 0℃ 的常温时,如果不对热电偶进行温度补偿,就不能得到正确的测量结果。热电偶的测温范围为 -200~+2400℃ 左右,因能测量高温,所以广泛用于工业测温。此外,由于热电偶的热电动势很小,因此在将热电偶产生的信号输入给微型计算机处理前还需要对该信号进行放大处理。

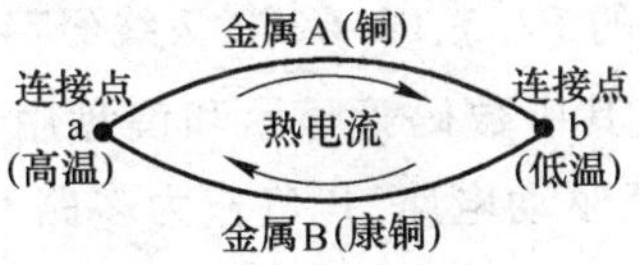

图 3-37 热电偶的原理

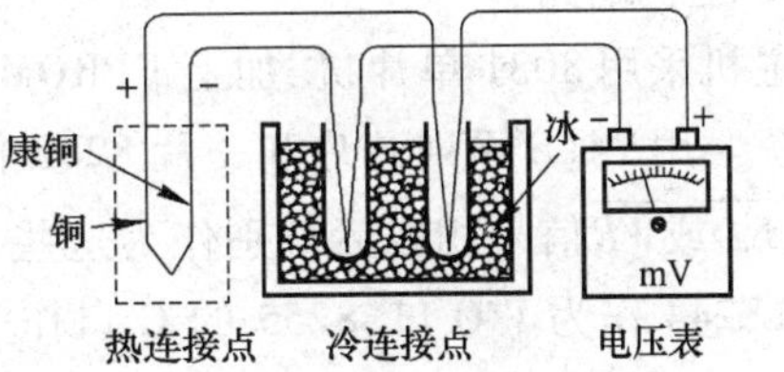

图 3-38 热电偶的热电动势测量

4. IC 温度传感器

二极管的正向偏压阈值及晶体管基极与发射极间的正向偏压阈值都具有温度敏感特性。利用这种特性,可以将二极管或晶体管以及能对其输出电压进行线性补偿的电路集成在一个芯片上制成 IC 温度传感器。因其具有体积小、线性好等特点,因此,它是一种使用方便的温度传感器。

5. 红外线温度传感器

只要不处于绝对零度,任何物体都会向外部发射以红外线为主的热辐射。捕捉这种能量实现测温的传感器称为红外线温度传感器。由于采用这种传感器能实现传感器与被测物体的非接触测量,因此这种传感器多用于测量高温或者测量运动物体的温度。这种传感器大致可以分为热能型与量子型两类,热能型中的热电型传感器因性能价格比高应用得比较多。

3.3.2　温度检测系统应用实例

该系统是一个不等温回路的温度控制系统,要求各段回路的加热温度稳定在不同的设定值上,本系统采用 8031 单片机对 8 个不同区段的电加热进行控制。系统控制方案见图 3 - 39 所示。

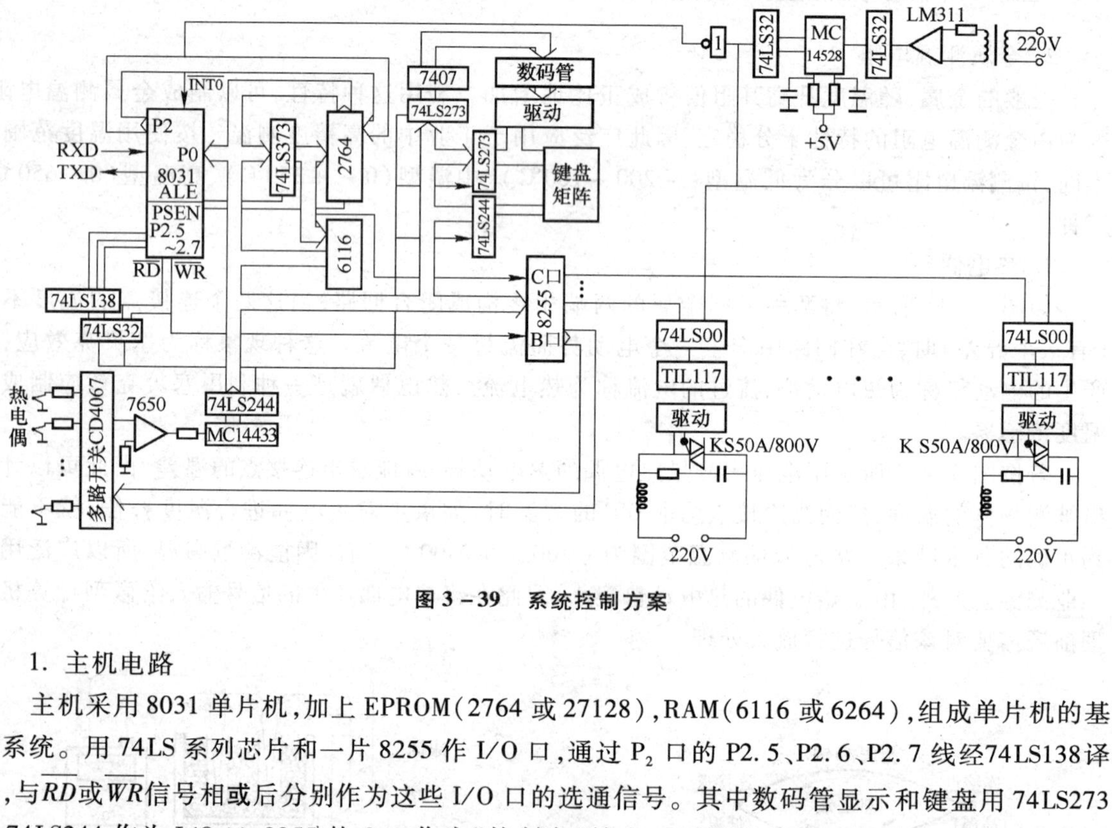

图 3 - 39　系统控制方案

1. 主机电路

主机采用 8031 单片机,加上 EPROM(2764 或 27128),RAM(6116 或 6264),组成单片机的基本系统。用 74LS 系列芯片和一片 8255 作 I/O 口,通过 P_2 口的 P2. 5、P2. 6、P2. 7 线经74LS138译码,与$\overline{RD}$或$\overline{WR}$信号相或后分别作为这些 I/O 口的选通信号。其中数码管显示和键盘用 74LS273 和 74LS244 作为 I/O 口,8255 的 C 口作为"控制字"输出口至驱动电路,B 口作为多路开关的选通口,采用 74LS244 作为 A/D 转换器(MC14433)的缓冲输入。

整个主机系统还留有充分的余量便于扩充,8031 的 P1 口、P3 口以及 8255 的 A 口还有部分引脚没有使用,可以用这些接口挂打印机、加接 D/A 转换器、开关量输入输出等。

2. 多路传感器信号输入电路

采用热电偶作为温度检测传感器,热电偶的冷端补偿通过测量室温用软件加以补偿,CD4067 是多路开关。

3. 双向晶闸管同步触发线路

为了达到过零触发的目的,应有交流电全波过零检测电路,由此电路给出交流电每一周期的正、负半周起始零点脉冲。此零点脉冲既作为半波个数的计数脉冲，又作为触发双向晶闸管导通的同步脉冲，同时用其向 8031 发出中断申请。如图 3－40 所示。

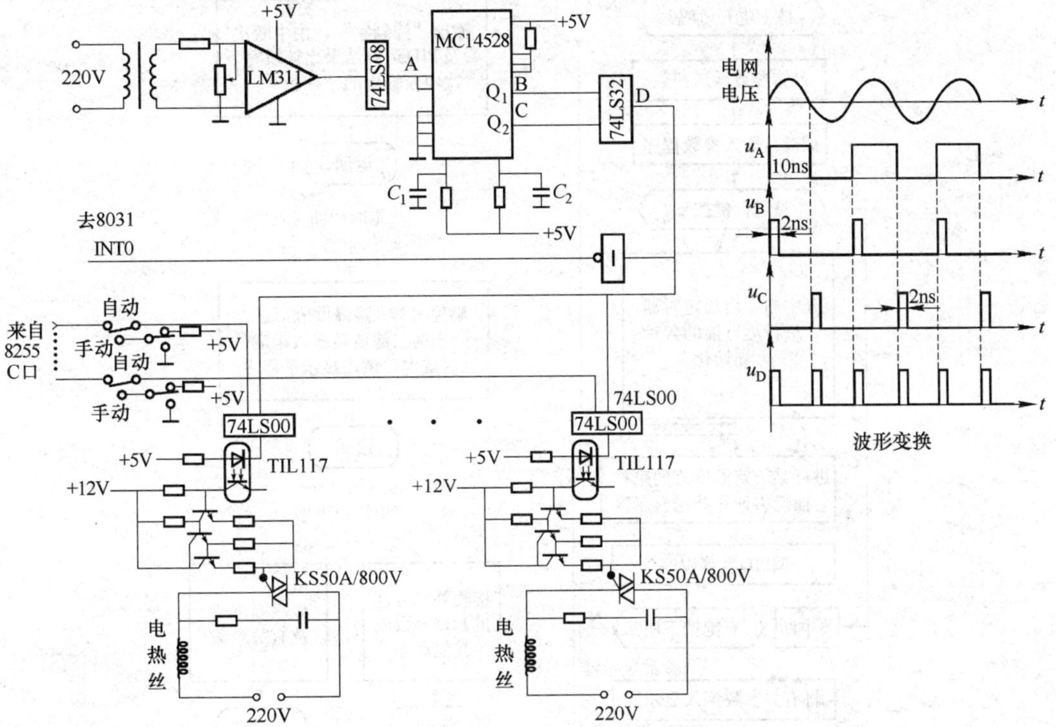

图 3－40　双向晶闸管同步触发线路

电压比较器 LM311 和同步变压器组成正弦交流电的正半波过零检测电路，经过 74LS08 整形后，波形 u_A 如图 3－40 所示，它在交流电每一正半周的起始零点处产生上升沿，并在正半周回零处产生一个下降沿，从而构成一串矩形脉冲序列，A 点的矩形脉冲分别送至双单稳触发器芯片 MC14528 的两个信号输入端，其中矩形脉冲的上升沿在 Q_1 端经脉冲延迟、整形后输出正脉冲 u_B。矩形脉冲的下降沿在 Q_2 端经脉冲延迟、整形后输出一个正脉冲 u_C，B 点和 C 点的脉冲宽度由电容 C_1、C_2 加以调整。u_B 和 u_C 经 74LS32 相或后得到 u_D，它相对于正弦交流电每一周期的正、负半周起始零点处给出一个约 2 ms 的脉冲。这 2 ms 的脉冲将和 8255C 口的每一位相与后触发 8 路双向晶闸管，另一方面也作为向 8031 INT0 的中断请求信号。在触发线路的触发信号和驱动线路之间用光电耦合器隔开，提高了系统的抗干扰性能。双向晶闸管（KS50A/800V）工作在一、三象限，负向触发。对于 8 路加热线路，用了 8 个光电耦合器 TIL117 和 8 个双向晶闸管驱动线路。

4. 系统软件

温度控制系统是在系统软件的控制下执行的，系统软件主要由主程序和中断程序组成。总框图如图 3－41 所示。

交流电的每一次过零点都向 8031 请求中断，此中断程序较短，被定为高优先级中断，主要是为保证正弦波形的完好性。定时采样中断程序顺序地采集 8 路测温点的温度值。由于 A/D 转

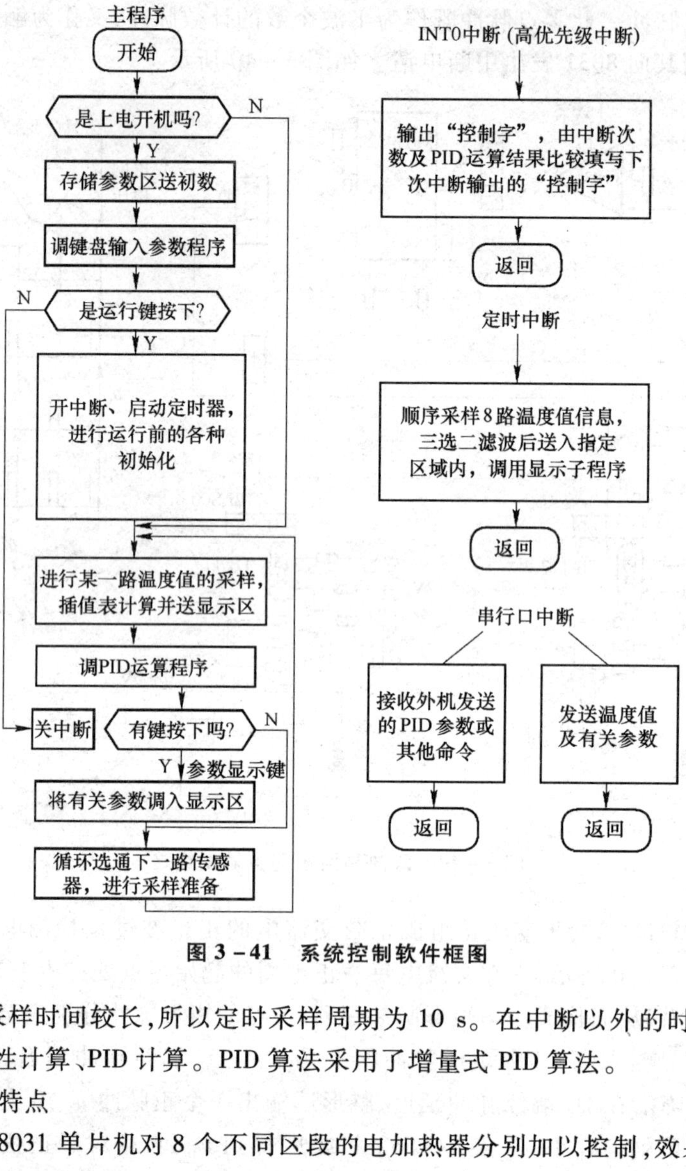

图 3－41　系统控制软件框图

换采用 MC14433,采样时间较长,所以定时采样周期为 10 s。在中断以外的时间,主程序完成每一路温度值的非线性计算、PID 计算。PID 算法采用了增量式 PID 算法。

5. 控制系统的特点

该系统采用了 8031 单片机对 8 个不同区段的电加热器分别加以控制,效果很好。控制系统有如下一些特点:

(1) 分别对 8 个加热回路作 PID 算法的调节,控制、调整方便,性能价格比高。

(2) 采用过零触发方式,干扰小,使器件运行可靠,同时省去了传统的 D/A 转换器件,简化了触发线路。

(3) 单片机具有串行口及多机通信的工作方式,可以很方便地组成由一台主机(系统机或单片机)与多台从机(单片机)的分级分布系统。

习　题

3－1　试说明检测环节的作用。

3-2　说明感应同步器的工作原理。

3-3　说明旋转变压器的工作原理。

3-4　说明光栅的工作原理。

3-5　速度检测常用哪些装置?

3-6　温度检测常用哪些装置?

第4章 控制系统

4.1 控制系统的组成及其作用

机电一体化的控制系统一般由数控装置、输入和输出装置、接口、功率放大电路等几部分组成。

数控装置的作用是对各种状态信号进行处理和对数控指令进行译码并向输出装置发出相应的状态信号和控制信号。

输入装置的作用是接收各种状态信号和控制命令。

输出装置的作用是输出各种状态和计算结果。

接口是连接数控装置和输出装置的桥梁。

功率放大电路的作用是将接口电路输出的信号进行放大以驱动外设。

4.2 控制系统的设计要求

机电一体化控制系统设计方案的可行性，设计水平的高低和系统的优劣，可从以下方面作分析评价。

(1) 功能实用性　一般用系统总体的技术指标的形式提出，如功能、技术指标、精度等。

(2) 系统可靠性　指系统在预定时间内，在给定工作条件下，能够满意工作的概率。一般强调系统的无故障运行时间和故障排除时间。

产品的可靠性主要取决于产品在研制和设计阶段形成的产品固有可靠性。在产品设计阶段有计划地进行可靠性分析是减少产品使用故障，提高产品工作有效性和维修性的重要设计环节。

可靠度函数是产品在规定的条件下和规定的时间 t 内，完成规定功能的概率，以 $R(t)$ 表示；反之，不能完成规定功能的概率称为失效概率，以 $F(t)$ 表示。

$$R(t)=N(t)/N(0)$$

$$F(t)=n(t)/N(0)$$

式中　$N(t)$ 为工作到时间 t 时，尚存的有效产品数量；

$N(0)$ 为时刻为 0 时，产品的总数量；

$n(t)$为 t 时已失效的产品数。

(3) 运行稳定性　当系统的输入量变化或受干扰作用时,输出量被迫离开原先的稳定值,过渡到另一个新的稳定状态的时间过程中,输出量是否发生超过规定限度的现象,或发生非收敛性的状态,是系统稳定或不稳定的标志。系统稳定性的设计指标有过渡过程时间、超调量及振荡次数、上升时间、滞后时间及静态误差等。

(4) 操作宜人性　操作简单方便,符合人机工程学的要求。先进的机电一体化产品系统设计方案应注意建立完善的人-机界面,自动显示系统工作状态和过程,通过文字和图形提示操作顺序和内容,简化起动、关机、读数、记录、数据处理、调节、控制、紧急处理等各种操作,并增加自检和故障诊断功能,从而降低操作的复杂性和劳动强度,提高使用方便性,减少人为因素的干扰,提高系统工作质量、效率及可靠性。

(5) 人机安全性　安全性是机电一体化系统必须认真解决的问题。机电一体化系统本身的工作要安全,自动设置安全工作区限,设计互锁安全操作,工作环境条件的监测监控,非正常工作状态的自动停机,对操作失误的自动安全处理等。对操作人员要安全,采取各种保障人身安全的措施,如漏电保护、报警指示、急停操作和快速制动等,同时对危险工作区要设置自动光电栅栏和工作区自动防护及有害物和危险物的自动封闭等。

(6) 环境无害性　不能对环境造成污染。

(7) 技术经济性　具有两个作用,一是评价比较一次投资变为系统或设备时,不同设计方案的经济性;另一是评价比较保持系统或设备正常运行时,资源利用的合理性和运行费用的经济性。

(8) 结构工艺性　系统的结构设计应当满足便于制造、施工、加工、装配、安装、运输和维修等工艺要求。

(9) 造型艺术性　系统的外形和色彩美观、大方。

(10) 成果规范性　设计结果遵从国家政治经济法规,符合国家规定的技术规范和法令,贯彻实行国家和国际标准。

4.3 控制系统中的输入装置

输入装置的作用是将控制信息和状态输入到控制系统的计算机中。常用的输入装置是键盘、各种开关和接口电路等。

4.3.1 通用键盘的使用

有些数控系统采用通用的键盘作为输入装置。通过软件设计定义键盘上的各个键的功能。主要是利用微型计算机的现有资源,减少程序设计工作量。

微型计算机的键盘已经进行了定义,在程序设计时利用微型计算机操作系统和系统软件提供的读键盘功能扫描键盘,对读入的按键进行识别。常用的微型计算机键盘的布局如附录Ⅰ中图 F1-1 所示,微型计算机键盘的正常编码如图 F1-2 所示。

在键盘处理中同时给出 ASCII 码和扩展码,因为并非所有的按键都有对应的 ASCII 码字符,有些键的 ASCII 码为 00H,但它们的扩展码不同,这样就可以很方便地确定所按的键。

各按键与[Alt]、[Ctrl]、[Shift]键的组合编码也不同,其编码如图 F2 - 1、图 F2 - 2 和图 F3 - 1 所示。

BIOS INT 16H 的功能调用用来检查是否有键按下并接收键入的字符。这个调用中有三个功能调用:

1. 功能调用 00H

该功能是读下一个键盘字符。该功能调用的过程是先将 CPU 寄存器 AH 置 **0**,然后再使用功能调用 16H,当有字符输入时中断返回,否则一直等待输入字符。返回后 AL 中为输入字符的 ASCII 码,当输入的字符为不可显示字符时,AL 中为 **0**。AH 中为输入字符的扩展码。

例如:设定[F2]键为存盘功能,由图 F1 - 1 可知,扫描键盘后 AH = 0、AL = 3C,此时说明按下的按键为[F2],则程序就转到处理存盘功能。

用汇编语言读取键盘的程序举例如下:

```
MOV AH,  0              ;调用前将 AH 置 0
INT  16H                ;中断调用,等待键盘输入
CMP  AL, 3CH            ;有键按下后,检查是否为[F2]键按下
JZ  F2FUN               ;是转[F2]功能处理
…
```

2. 功能调用 01H

该功能检测字符是否准备好,即 BIOS 键盘缓冲区中是否已有字符。为了避免使用功能调用 00 时等待输入字符,在使用 00 功能调用之前先用该调用检测一下键盘缓冲区是否已有字符,若已有字符再用功能调用 00 读取字符,就不必等待输入字符了。

该功能调用前先将 CPU 寄存器 AH 置成 01H,然后使用功能调用 INT 16H,接着检查 ZF,ZF 为 **0** 时表示已有一个字符可接收,ZF 为 **1** 时表示键盘缓冲区中无字符(无键按下)。

如在数控加工中的暂停功能就可以在插补循环中使用这两个调用。在加工过程中的任何时刻都可按下暂停键,而实现暂停功能。

3. 功能调用 02H

该功能是取当前键转换状态,即报告打入最后一个键时转换键(Shift、Alt、Ctrl 和 Scroll Lock 键)的状态。因为返回的键盘扫描码以及许多字符并不由于按下这些键而改变。程序只有通过这个功能调用所报告的转换键状态才能确切得知所打入键的组合情况。

使用该功能调用前先将 AH 置成 02H,然后使用功能调用 INT 16H,接着检查 AL 中的内容。AL 中各位的含义如下:

BIT7 插入状态,[Insert]键触发该位的设置。为 **1** 时表示插入状态。

BIT6 [Caps Lock],按[Caps Lock]键触发该位的设置,为 **1** 时表示为大写字母状态。

BIT5 [Num Lock],按[Num Lock]键触发该位的设置,为 **1** 时表示小键盘为数字锁住状态。

BIT4 [Scroll Lock],按[Scroll Lock]键触发该位的设置,为 **1** 时表示屏幕停止滚动。

BIT3 [Alt]键,如果在上一个字符输入时按这个键此位置 **1**。

BIT2 [Ctrl]键,如果在上一个字符输入时按下这个键此位置 **1**。

BIT1 左边[Shift]键,如果在上一个字符输入时,键盘左边的[Shitf]键按下时,此位置 **1**。

BIT0 右边[Shift]键,如果在上一个字符输入时,键盘右边的[Shitf]键按下时,此位置 **1**。

4. 应用举例

例 4－1 用汇编语言制作一个简单菜单，通过数字键进行选择，选择后提示已选择了哪一个选项。显示后继续等待输入，直到选择数字键 4 后结束程序。

解方案 1：

```
DATA   SEGMENT
DA1  DB 'main menu',0ah,0dh                    ;  显示主菜单提示，并回车换行
     DB '1 EDIT',0ah,0dh                       ;  第 1 个选项为程序编辑
     DB '2 PARAMETER SET',0ah,0dh              ;  第 2 个选项为参数设置
     DB '3 MACHINE',0ah,0dh                    ;  第 3 个选项为加工处理
     DB '4 QUIT $'                             ;  第 4 个选项为退出
DA2  DB 'selected edit'0ah,0dh,'$'                        ;  第 1 个选项的提示
DA3  DB 'selected parameters set',0ah,0dh,'$'             ;  第 2 个选项的提示
DA4  DB 'selected machine',0ah,0dh,'$'                    ;  第 3 个选项的提示
DA5  DB 'selected not number 1,2,3',0ah,0dh,'$'           ;  第 4 个选项的提示
DATA   ENDS
CODE   SEGMENT
ASSUME  CS:CODE,DS:DATA
START:  MOV   AX, DATA                  ;  置数据段
        MOV   DS, AX                    ;
START1: MOV   DX, OFFSET DA1            ;  以下三条显示主菜单内容
        MOV   AH, 9                     ;
        INT   21H                       ;
        MOV   AH, 00H                   ;  等待键盘输入
        INT   16H
        CMP   AH, 31H                   ;  是数字键 1?
        JNZ   NEXT                      ;  不是下转
        MOV   DX,OFFSET DA2             ;  置显示地址
        JMP   DONE                      ;  转显示处理
NEXT:   CMP   AH, 32H                   ;  是数字键 2?
        JNZ   NEXT1                     ;  不是下转
        MOV   DX, OFFSET DA3            ;  置显示地址
        JMP   DONE                      ;  转显示处理
NEXT1:  CMP   AH, 33H                   ;  是数字键 3?
        JNZ   NEXT2                     ;  不是下转
        MOV   DX, OFFSET DA4            ;  置显示地址
        JMP   DONE
NEXT2:  CMP   AH, 34H                   ;  是数字键 4?
        JZ    NEXT3                     ;  是下转
```

```
        MOV   DX, OFFSET DA5         ;  都不是置显示不正确提示
        JMP   DONE
NEXT3:  MOV   AH, 4CH                ;  是数字键 4 结束程序
        INT   21H
DONE:   MOV   AH, 9                  ;  是数字 1,2,3 的显示提示
        INT   21H
        JMP   START1                 ;  继续选择
```

说明：输入本方案的程序后，等待键盘输入数字键，若输入数字键 1、2、3 中的某一个时显示一下相应的提示继续等待输入，输入数字键 4 时结束该程序，输入其他键时，提示输入的不是数字键 1、2、3。为了节省篇幅省略了清屏显示。

方案 2：

```
DATA   SEGMENT
DA1   DB 'main menu',0ah,0dh                          ;  显示主菜单提示，并回车换行
      DB '1 EDIT',0ah,0dh                             ;  第 1 个选项为程序编辑
      DB '2 PARAMETER SET',0ah,0dh                    ;  第 2 个选项为参数设置
      DB '3 MACHINE',0ah,0dh                          ;  第 3 个选项为加工处理
      DB '4 QUIT $'                                   ;  第 4 个选项为退出
DA2   DB 'selected edit'0ah,0dh,'$'                   ;  第 1 个选项的提示
DA3   DB 'selected parameters set',0ah,0dh,'$'        ;  第 2 个选项的提示
DA4   DB 'selected machine',0ah,0dh,'$'               ;  第 3 个选项的提示
DA5   DB 'selected not number 1,2,3',0ah,0dh,'$';     第 4 个选项的提示
DATA   ENDS
CODE   SEGMENT
ASSUME   CS:CODE,DS:DATA
START:   MOV   AX, DATA              ;  置数据段
         MOV   DS, AX                ;
START1:  MOV   DX, OFFSET DA1        ;  以下三条显示主菜单内容
         MOV   AH, 9
         INT   21H                   ;  显示中断调用
         MOV   AH, 01H               ;  检查是否输入过按键
         INT   16H                   ;
         JNZ   START1                ;  未曾按键继续显示
         MOV   AH,00H                ;  有键按下，读一个字符
         INT   16H                   ;
         以下同方案 1
```

说明：本方案首先检查是否有键按下，若无键按下循环检查，若有键按下检查是否为数字键 4，若是数字键 4 结束程序；若是数字键 1、2、3，分别显示 1、2、3 键的提示；若不是上述 4 个键，则显示按下的不是 1、2、3 键的提示。

4.3.2 矩阵键盘的使用

各种控制系统和各种测量仪器还使用着各种矩阵键盘。矩阵键盘是由仪器生产厂自己设计制造的，一般是与计算机的并行口连接，通过并行口将用户对键盘的操作读入计算机，然后经过译码识别出所按下的按键。矩阵键盘的电路原理图如图 4－1 所示，由 4 行 8 列按键组成（其键盘定义见图 4－4）。

设行线与计算机并行接口 8155 的 C 口相连，其端口地址为 P8155AA，列线与 8155 的 A 口相连，其端口地址为 P8255AB。

1. 键盘扫描处理

键盘扫描程序中，首先使所有的行线为 **0**，读入列线数据取反，取反后的数据不为 **0** 时，有键按下，否则无键按下。当有键按下时，再从第 0 行开始，逐行为 **0** 读入列值并取反，一直到非零时止，此时从所对应的行和列值计算出是哪一个键按下。键盘扫描处理程序框图如图 4－2 所示。

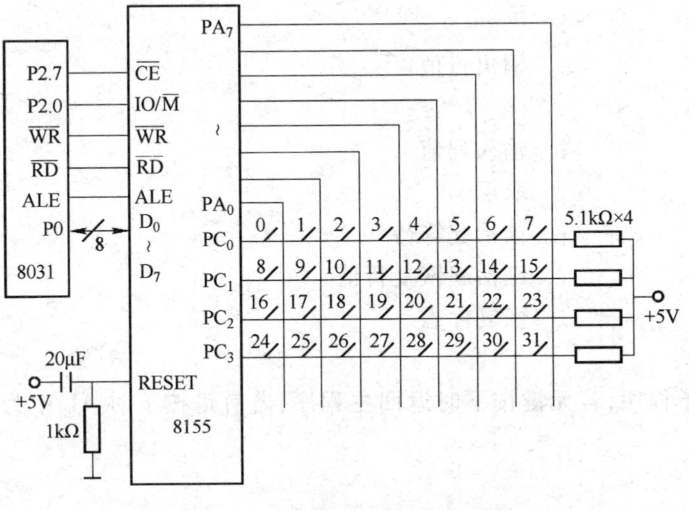

图 4－1 矩阵键盘的电路原理图

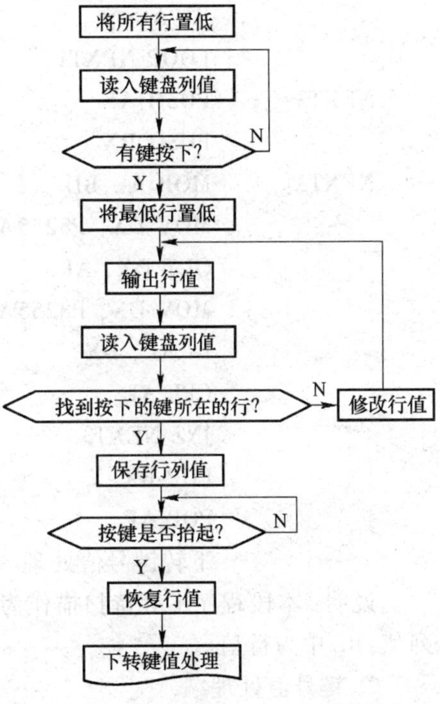

图 4－2 键盘扫描处理程序框图

以 8088/8086 汇编语言为例的程序如下：

```
MOV AL, 00H          ;  所有行置 0
MOV DX, P8255AA      ;
OUT DX, AL           ;  输出行值
MOV DX, P8255AB      ;
IN AL, DX            ;  输入列值
CPL AL               ;  取反
CMP AL,00H           ;  有键按下
```

```
            JNZ NEXT            ; 是
            RET                 ; 无键按下返回
NEXT:       MOV AL,0FEH         ; 最低行置0
            MOV CX, 6
NEXT1:      MOV BL, AL          ; 保存行值
            MOV DX, P8255AA     ;
            OUT DX, AL          ; 输出行值
            MOV DX, P8255AB     ;
            IN AL, DX           ; 输入列值
            CPL AL              ; 取反
            JNZ NEXT2           ; 有键按下
            MOV AL, BL          ; 无键按下
            RL AL               ; 指向下一行
            LOOP NEXT1          ; 继续检查
NEXT2:      PUSH AF             ; 保护标志
            PUSH BX             ; 保护 BL 值
NEXT3:      MOB AL,BL           ; 将行值送 AL
            MOV DX, P8255AA     ;
            OUT DX, AL          ; 输出行值
            MOV DX, P8255AB     ;
            IN AL, DX           ; 输入列值
            CPL AL              ; 取反
            JNZ NEXT3           ; 未抬起等待
            POP BX              ; 已抬起恢复行值
            POP AF              ; 恢复标志
            下转键号值处理
```

说明：本段程序不等待扫描作为子程序，若无键按下时返回主程序，若有键按下时 AL 中为列值，BL 中为行值。

2. 键号值处理

键盘上有键按下时，将该键处理成键号值，键盘上按键的键号从上面第 1 行开始，该行的值分别为 0、1、2、3、4、5、6、7，第二行的值分别为 8、9、10、11、12、13、14、15，第三行的值分别为 16、17、18、19、20、21、22、23，第四行的值分别为 24、25、26、27、28、29、30、31。

有键按下时求键号值分两步进行，第一步先处理列位值，设一个计数器初值为 0，将读入列值并取反后循环右移，判断移出的位是否为 **1**，若为 **0** 时计数器加 1，若为 **1** 时停止移位，此时的计数器值为按键的列位值，其值可能是 0、1、2、3、4、5、6、7。第二步加入行值，将列值取反右移，若为 **0** 时使列位值加 8，若为 **1** 时停止移位。此时计数器中的值为键号值。如是字母键 M 按下，列值取反为 4，经右移处理得列位值为 2，又由于是第 3 行键，在列位值中加 16，最终得键号值为 18。键号值处理程序框图如图 4－3 所示。

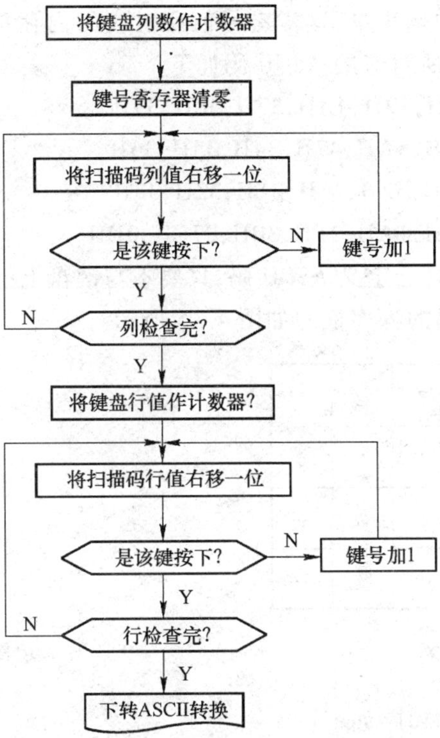

图 4-3 键号值处理程序框图

处理程序如下：

```
        MOV   CX, 8        ; 以下是计算按下的键的列位
        MOV   BH, 0        ; BL 作键号计数器
NEXT4:  RR   AL            ; 将扫描码右移一位
        JC   NEXT6         ; 是按下的键下转
        INC   BH           ; 不是按下的键,键号计数器加 1
        LOOP   NEXT4       ; 继续处理
NEXT5:  MOV   CX, 5        ; 以下是计算按下的键的行位
NEXT6:  RR   BL            ; 行位右移 1
        JC   NEXT7         ; 是按下的键下转
        ADD   BH, 8        ; 不是按下的键加上行值
        LOOP   NEXT6       ; 继续处理
NEXT7:  MOV   AL, BH       ; 将键号值送 AL
        MOV   AH, 0
        下转转换 ASCII 码
```

说明：本段程序将矩阵键盘中的键按照行(从上面第 1 行开始)和列(从左边第 1 列开始)排序号。

3. 键号值与 ASCII 的转换

为了将键号值转换成 ASCII 码，在内存中开辟一个表，表的首地址确定为 TBKEY 键号值作为相对于 ASCII 码表首地址的偏移量，这样键号值所对应的内存单元中的数值就是其 ASCII 码值。图 4－4 所示的键盘布局所对应的 ASCII 码如下：

```
TBKEY DB 41H,42H,43H,49H,4AH,37H,38H,39H
      DB 4BH,58H,59H,5AH,47H,34H,35H,36H
      DB 4DH,50H,51H,52H,46H,31H,32H,33H
      DB 53H,54H,1BH,1AH,2FH,30H,07CH,0DH
```

说明：对于控制键，可以自己定义 ASCII 码，只要不与键盘上已用的 ASCII 码冲突即可。

键号值与转换成 ASCII 码的程序框图如图 4－5 所示。

A	B	C	I	J	7	8	9
K	X	Y	Z	G	4	5	6
M	P	Q	R	F	1	2	3
S	T	←	→	/	0	%	回车

图 4－4　按盘定义

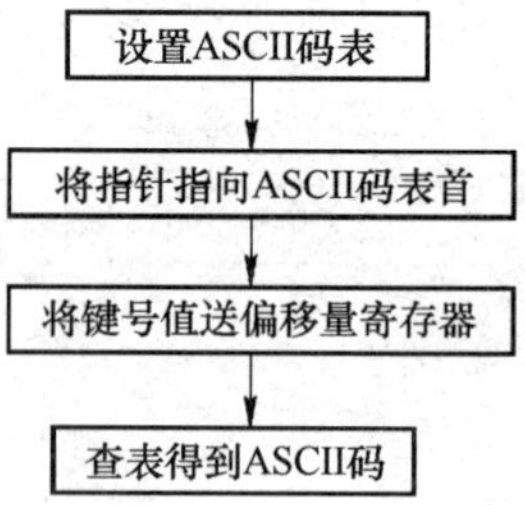

图 4－5　ASCII 码转换框图

读取某一个键 ASCII 码的程序如下：

```
MOV   BX, OFFSET TBKEY          ;  BX 指向 ASCII 码表首地址
XLAT                            ;  取 ASCII 码到 AL 中
```

本例中的键值用 ASCII 码表示，如果是利用 CRT 显示，输出到屏幕上的字符是 ASCII 码，如果使用 LED(数码管)作为显示装置，键值应该用字形值来代替 ASCII 码。

4.4　控制系统中的信息显示

控制系统中的各种信息都要显示出来，以便操作者观察当前控制系统的运行状态和运行结果。一种方法是用 CRT 显示信息，利用计算机操作系统和有关语言工具提供的显示功能调用或命令语句实现信息的显示。另一种方法是使用数码管显示，这要用专用显示电路和专用的显示程序。

4.4.1　用 CRT 显示信息

计算机操作系统中都带有显示的有关调用，如 DOS 方式下的 INT 21 功能调用，BIOS 下的 INT 10H 功能调用都是处理显示的。

1. INT 21H(DOS)功能调用

1) 单个字符显示

入口参数：调用前设置寄存器

　　AH＝02H

　　DL＝要显示字符的 ASCII 码

下面的例子用汇编语言显示“this program display information with DOS function 02h.”

```
CODE SEGMENT PUBLIC
ASSUME CS:CODE,DS:CODE
        ORG 100H
START: JMP BEGIN
INFO   DB 'THIS PROGRAM DISPLAY INFORMATION WITH DOS FUNCTION 02H.'
INFOLEN EQU $ -INFO1
BEGIN:  MOV   AX,CS
        MOV   DS,AX                   ; 置DS
        MOV   CX,INFOLEN              ; 将字符个数送CX
        MOV   SI,0                    ; SI初值为0
        MOV   AH,02H                  ; 中断调用号为2
NEXT:   MOV   DL,INFO[SI]             ; 将被显示字符的ASCII码送DL
        INT   21H                     ; 执行DOS中断调用
        INC   SI                      ; 指向下一个字符
        LOOP  NEXT                    ; 循环显示
        MOV   AH,0                    ;
        INT   21H                     ; 结束程序
CODE    ENDS
        END   START
```

2）字符串显示

入口参数：AH =09H

DS:DX = 字符串首

此功能调用要求字符串以 $ 符作为结束符，但 $ 符并不显示。

汇编语言如下：

```
CODE SEGMENT PUBLIC
ASSUME CS:CODE,DS:CODE
        ORG 100H
START: JMP BEGIN
INFO    DB'THIS PROGRAM DISPLAY INFORMATION WITH DOS FUNCTION 02H.','$'
BEGIN:  MOV   AX,CS
        MOV   DS,AX                   ; 置DS
        MOV   DX,OFFSET INFOLEN       ; 将字符个数送CX
        MOV AH,09H                    ; 中断调用号为9
        INT  21H                      ; 执行DOS中断调用
        MOV   AH,0                    ;
        INT  21H                      ; 结束程序
CODE    ENDS
        END START
```

2. INT 10H(BIOS)功能调用

BIOS 的功能调用 09H 是写字符和属性。

入口参数:调用之前设置

AH = 09H

BH 在文本方式时指明正在写的显示页,在 40 列方式中可以写 0 ~ 7,在 80 列方式中可以用 0 ~ 3。在图形方式中,此寄存器总是 0。

AL 寄存器存放要写字符的 ASCII 码。

BL 在文本方式中,此寄存器为写字符的属性,属性位格式如下:

7	6	5	4	3	2	1	0

位

7　该位置 **1**,用于字符闪烁,置 **0** 字符不闪烁。

654　背景色

000　黑

001　蓝

010　绿

011　青

100　红

101　绛

110　褐

111　浅灰

3　前景色　该位置 **1** 对应高亮度前景字符,置 **0** 对应正常亮度的前景色。

210　前景色　可使用的彩色与背景色相同。

在图形方式中,该寄存器中的内容规定字符的前景色,对于中分辨率图形方式(方式 4 和 5),用 1 ~ 3 中的数值在当前板中选择三个前景色之一。第 7 位也置成 **1**,对这里规定的彩色位和在显示页上的当前景色位执行按位加(XOR)操作,使字符与原来的色彩不同。在高分辨率中(方式 6),把此寄存器置成 **1**,写白色字符;置成 **0**,写黑色字符。

CX 寄存器指明将字符和属性写到屏幕上的次数。在图形方式中,字符只能写在当前行内,在文本方式中,字符可以换行连续写。因此,可写的字符数目限制在一个显示页的字符数目之内(文本方式时),或者限制在一行字符数目之内(图形方式时)。即使把多个字符写到屏幕上,光标还是停留在它原来的位置,如果把寄存器置成 **0**,该功能调用连续写字符,其程序如下:

```
CODE    SEGMENT
ASSUME CS:CODE,DS:CODE
ORG 100H
START:   JMP BEGIN
INFO   DB 'THIS PROGRAM DISPLAY INFO','$'
BEGIN:   MOV   AX,CS
         MOV   DS,AX
```

```
        MOV   AH,00H                ;  置显示方式
        MOV   AL,02H                ;  彩色文本显示方式80列25行
        INT   10H
        MOV   SI,OFFSET INFO
        MOV   AH,09H
        MOV   BH,0
        MOV   BL,28H                ;  背景黑色,前景为绿色,高亮度显示
NEXT0:  MOV   AL,[SI]
        CMP   AL,'$'                ;  是否已显示完
        JZ    NEXT1                 ;  是转结束
        MOV   CX,1                  ;  否置显示次数
        INT   10H                   ;  调用中断
        INC   SI                    ;  指向下一个字符
        JMP   NEXT0                 ;  继续显示
NEXT1:  MOV   AH,0                  ;  程序结束
        INT   21H
CODE    ENDS
        END START
```

4.4.2 数码管显示

一些小型设备或小型检测系统一般由单片机组成控制系统。为了降低成本,这些小型系统中的显示一般采用数码管(LED)组成。常见的数码管有7段、8段和16段。如图4-6所示是8段数码管。7个发光二极管构成7笔字形"8",一个发光二极管构成小数点。8段数码管与单片机接口非常容易。只要将一个8位并行输出口与显示块的发光二极管引脚相连即可。8位并行输出口输出不同的字节数据即可获得不同的数字或字符。通常将控制发光二极管的8位字节数据称为段选码。图4-6(a)是共阴极连接,图4-6(b)是共阳极连接,图4-6(c)是8段数码管外形图。图4-6(a)所示引脚所对应的二进制段码和其所对应的显示字符如表4-1所示。

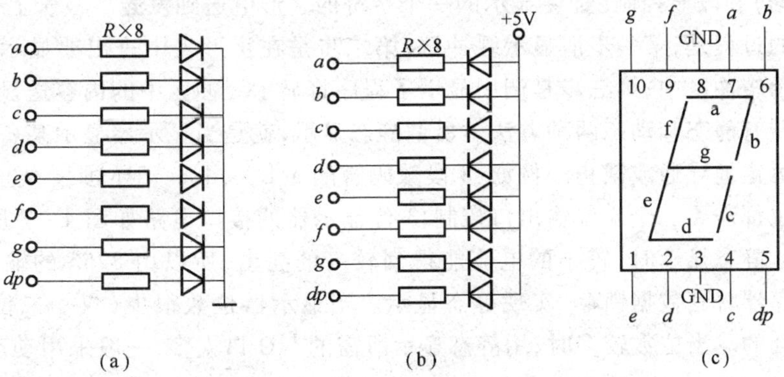

图4-6 8段数码管

表 4-1　图 4-6(a) 对应的 LED 字形值

序号	显示字符	引脚所对应的二进制段码 *abcdefg*	十六进制码
1	0	**1111110**	7E
2	1	**0110000**	30
3	2	**1101101**	6D
4	3	**1111001**	79
5	4	**0110011**	63
6	5	**1011011**	5B
7	6	**1011111**	5F
8	7	**1110000**	70
9	8	**1111111**	7F
10	9	**1111011**	7B
11	A	**1110111**	77
12	b	**0011111**	1F
13	C	**1001110**	4E
14	d	**0111101**	3D
15	E	**1001111**	4F
16	F	**1000111**	47
17	g	**1111011**	7B
18	o	**0111101**	3D

在设计显示程序时是在内存中开辟一个显示缓冲区、一个字形表和一个显示子程序。显示子程序把显示缓冲区中的数据送到显示器上对应的数码管上去。包括位显控制(控制是哪一个数码管接收数据)和段显控制(把要显示的一个字符的字形值送到发光二极管上去)。

显示数据的过程是,第一步清显示缓冲区;第二步是在字形表中查出要显示字符的字形值,将该值送到显示缓冲区中;第三步是调用显示子程序将显示缓冲区中的内容送显一次。

点亮显示器有静态和动态两种方法。所谓静态显示,就是当显示器显示某一个字符时,相应的发光二极管恒定地导通或截止。例如:8 段数码管的 a、b、c、d、e、f 导通,g 截止,显示 0。这种显示方式每一位都需要一个 8 位输出口控制,3 位显示器的接口电路如图 4-7 所示。图中采用共阴极显示器。静态显示时,较小的电流能得到较高的亮度,所以由 8255 的输出口直接驱动。也可以经过锁存器将其数据锁存,实现静态显示。当显示器位数很少(仅一二位)时,采用静态显示方法是适合的。当位数较多时,用静态显示所需的 I/O 口太多,一般采用动态显示方法。所谓动态显示就是一位一位地轮流点亮各位显示器(扫描)。对于每一位显示器来说,每隔一段时间点亮一次。显示器的亮度既与导通电流有关,也和点亮时间与间隔时间的比例有关。调整电流和时间参数,可实现亮度较高较稳定的显示。若显示器的位数不大于8位,则控制显示器公共极电位只需一个8位并行口(称为扫描口)。控制各位显示器所显示的字形也需一个共用的8位口(称为段数据口)。8位共阴极数码管和8155接口连接的动态显示接口电路如图4-8所示。

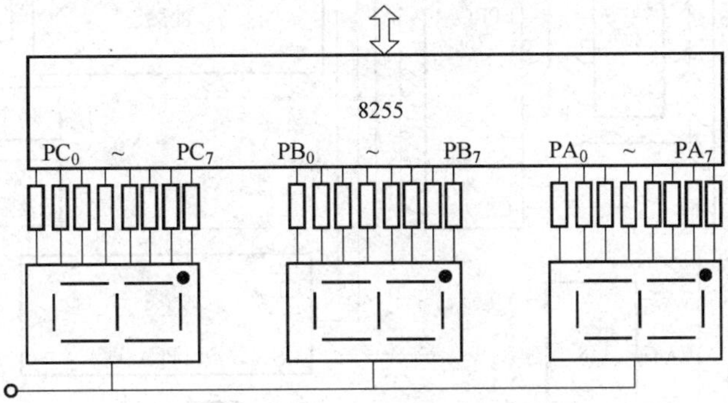

图4-7 3位静态显示器接口电路

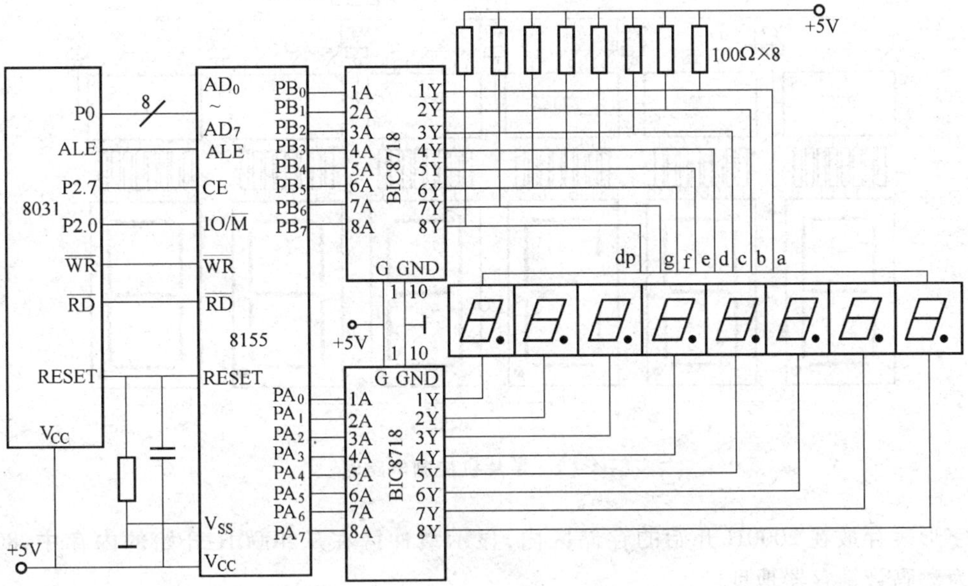

图4-8 动态显示接口电路

8155的PA口作为扫描口,经BIC芯片8718驱动器接数码管公共极,PB口作为段数据口,经驱动后接数码管的a、b、c、d、e、f、g、dp各引脚。如PB_0输出经驱动后接各显示器的脚a,PB_1输出经驱动后接各显示器的脚b,依次类推。

下面以8098单片机汇编语言为例说明如图4-9所示电路的显示程序和显示过程。图中的每个数码管用一个273芯片来控制显示,273芯片的控制端由译码器进行控制。位显控制对地址线中的A2、A3、A4端进行译码,译码器的输出端Y2、Y3、Y4、Y5、Y6、Y7分别控制6个数码管,位显地址为8000H~8007H。段显数据则是由数据总线经273芯片直接送到数码管上。本例中要显示good四个字符。

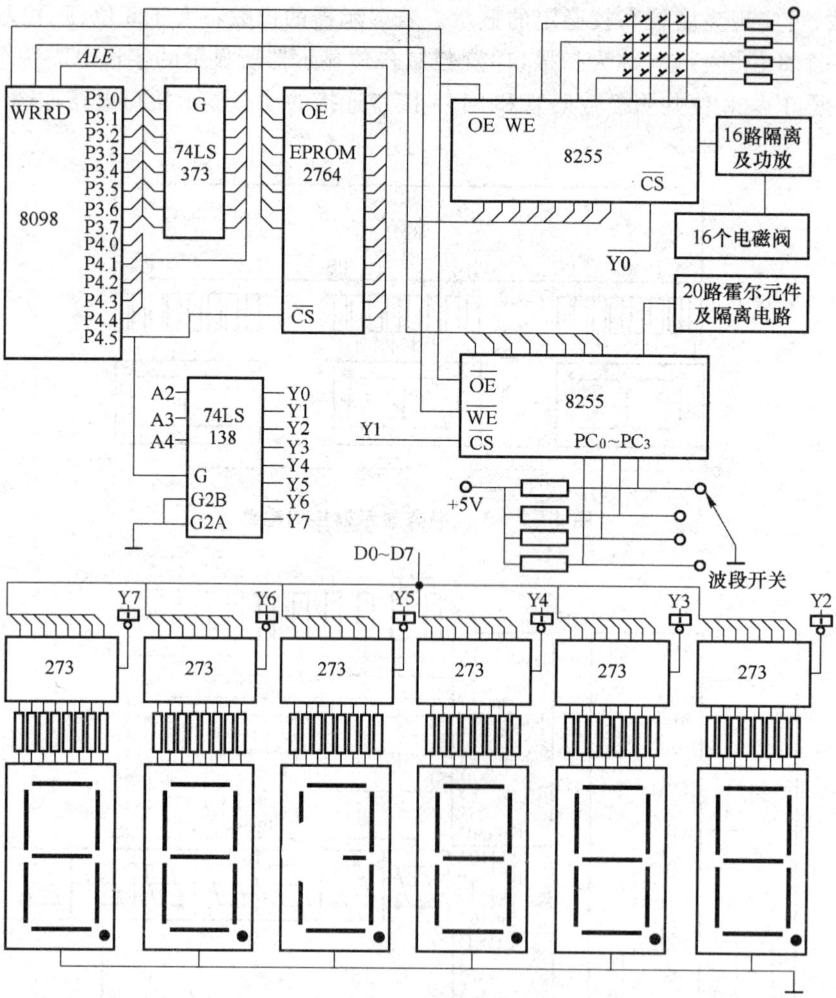

图4-9　单片机控制电路图

设字形表存放在2000H开始的存储区内，显示缓冲区在从4000H开始的内存中，8000H～8005H为数码管锁存器地址。

```
        ORG 2000H
TABLE DB 7E,30,6D,79,63,5B,5F,70,7F,70,7F,7B,77,1F,4E,3D,4F,47
        ORG 1500H
        LDB 30H,#17              ;  将g在字形表中的序号送寄存器30H
        LDB 31H,2000H[30H]       ;  取字形值(段码)
        STB 31H,4000H[0]         ;  送显示缓冲区
        LDB 30H,#18              ;  将o在字形表中的序号送30H
        LDB 31H,2000H[30H]       ;  取字形值(段码)
        STB 31H,4001H[0]         ;  字形值送显示缓冲区
        LDB 30H,#18              ;  将o在字形表中的序号送30H
```

```
        LDB 31H,2000H[30H]      ;  取字形值(段码)
        STB 31H,4002H[0]        ;  字形值送显示缓冲区
        LDB 30H,#14             ;  将 d 在字形表中的序号送 30H
        LDB 31H,2000H[30H]      ;  取字形值(段码)
        STB 31H,4003H[0]        ;  字形值送显示缓冲区
        LCALL DISPLAY
```

以下是显示子程序。

```
DISPLAY: LD 30H,#0              ;  空字符的字形
        STB 30H,8000H[0]        ;  清显示
        STB 30H,8001H[0]
        STB 30H,8002H[0]
        STB 30H,8003H[0]
        STB 30H,8004H[0]
        STB 30H,8005H[0]
        LDB 30H,4000H[0]        ;  将显示缓冲区的内容送显示器
        STB 30H,8000H[0]        ;  显示 6 个字符(其中有两个数码管显示为空)
        LDB 30H,4001H[0]
        STB 30H,8001H[0]
        LDB 30H,4002H[0]
        STB 30H,8002H[0]
        LDB 30H,4003H[0]
        STB 30H,8003H[0]
        LDB 30H,4004H[0]
        STB 30H,8004H[0]
        LDB 30H,4005H[0]
        STB 30H,8005H[0]
```

4.5 控制系统中的信息输入、输出

控制系统中的信息最终要通过接口电路输出给外部设备。常用的输出方式有并行输入、输出和串行输入、输出。

4.5.1 并行输入、输出

并行输入、输出的传输速度快,但所用的传输线路多。适用于近距离传输。一般采用并行接口芯片 8155 或 8255,一次可以输入或输出多个信号。

对于输入来说,常用来接收开关或键盘信号。如图 4-9 中的波段开关,常用来选择工作方式。如数控机床中的程序编辑、对刀、参数设置、手动及自动加工等功能选择都可以用这种方法实现。图 4-9 中的霍尔元件和隔离电路一般是用来检测运动部件的位置。如数控机床中的工

作台的机械原点位置或行程限制等，都需要进行位置检测。图 4－9 中的矩阵式键盘的按键状态也采用并行口进行输入进行控制。

以波段开关为例说明其输入方法。系统运行过程中，读入 8255 芯片的 C 口 $PC_0 \sim PC_3$ 的状态信息，当 4 位中的某一位为 **0**（电位为低）时，说明波段开关就处于该位置，程序就转到相应的处理程序处执行相应的程序。

对于输出来说一般是控制电磁阀、继电器和各类电动机的控制信号等。图 4－9 中的 16 路隔离和功放可控制 16 个电磁阀。由于计算机的输出信号弱，不能直接驱动电磁铁，所以增加功率放大电路。为了防止外设发生故障对计算机造成不良的影响，可以在功率放大电路与接口电路之间增加光电隔离电路。这样计算机接口电路的输出引脚与外部设备功放电路的输入引脚经光电隔离元件隔离。外部电路一旦发生短路不会损坏计算机电路。图 4－10 是光电隔离电路原理图。图 4－10(a)为同相输出电路，当隔离电路的输入为高电平时，发光二极管导通发光，光电晶体管导通，输出为高电平，反之当隔离电路的输入为低电平时，发光二极管截止不发光，光电晶体管截止，输出为低电平。图 4－10(b)为反相输出电路，当隔离电路的输入为高电平时，发光二极管导通发光，光电晶体管导通，输出端为低电平，反之输出为高电平。图 4－10(c)是光隔离输入电路，当开关断开时，发光二极管不导通，不发光，光电晶体管截止，隔离电路输出高电平，反之当开关闭合时，发光二极管导通发光，光电晶体管导通，输出低电平。

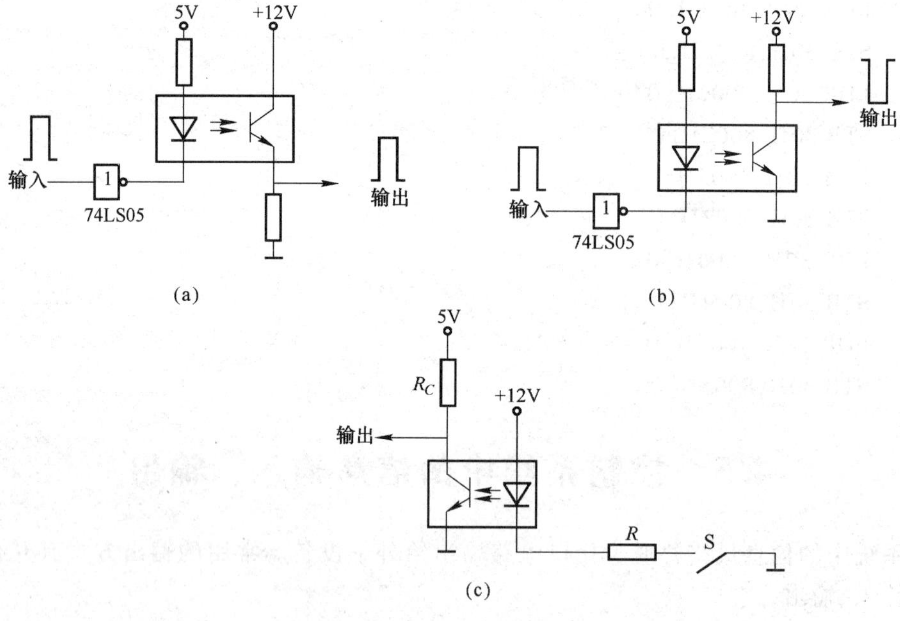

图 4－10　光电隔离电路原理图

要使四相步进电动机连续运转，需要按照一定的通电方式，给步进电动机绕组通电。四相步进电动机的通电方式有四相四拍方式和四相八拍方式。四相八拍通电方式的通电顺序如图 4－11 所示。

实现上述通电方式分配的功能部件称为环形脉冲分配器。有硬件环形分配器和软件环形分配器两种。硬件环形分配器需要的 I/O 接口接线数少，且执行速度较快，但需要专用的芯片。软

AB→ABC→BC→BCD→CD→CDA→DA→DAB

正转

DAB←DA←CDA←CD←BCD←BC←ABC←AB

反转

图 4-11　四相步进电动机的四相八拍通电方式

件环形分配是用程序实现的。图 4-12 是用硬件(集成电路)组成的环形脉冲分配器电路图。

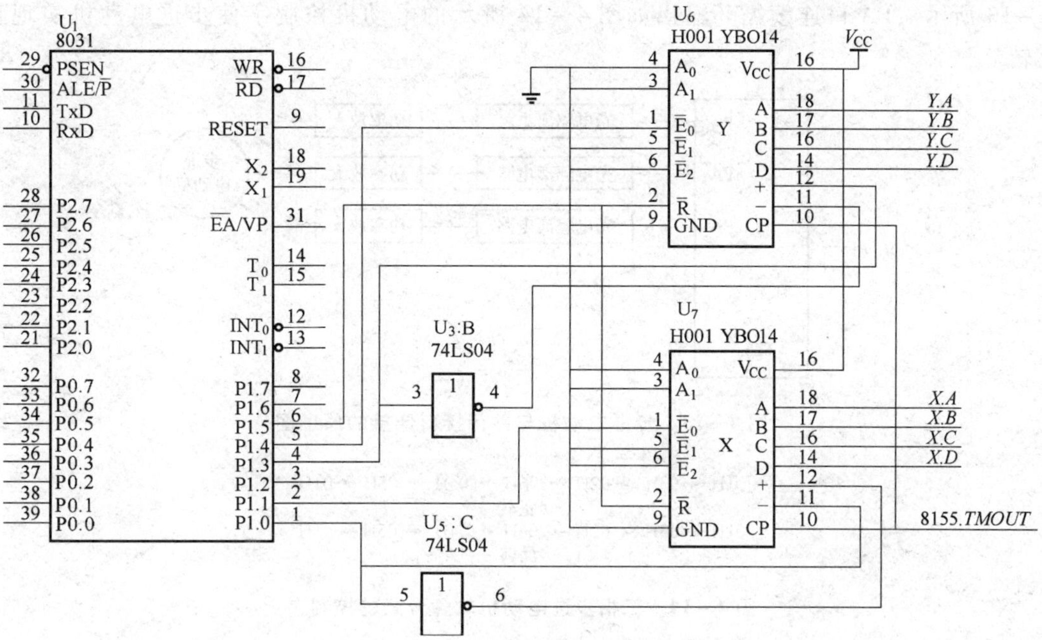

图 4-12　硬件环形脉冲分配器电路图

(1) 硬件环形脉冲分配器　由门电路及其逻辑电路组成,目前已经大量采用可靠性高,外形尺寸小,使用方便的集成脉冲分配器。接其电路结构不同分为 TTL 集成电路和 CMOS 集成电路。目前市场上提供的国产 TTL 集成脉冲分配器有三相、四相、五相和六相,其型号分别为 YBOB、YBO14、YBO15 及 YBO16,均为 18 个引脚的直插式封装。

各引脚的功能如下:

$\overline{E}_0$ 为选通输出控制。控制脉冲分配器是否输出一定顺序脉冲。

$\overline{R}$ 为清零。在输出一定顺序脉冲之前,对脉冲分配器清零,以便使其正常工作。

A_0、A_1 为励磁方式控制。如 A_0 为高电平、A_1 为低电平时是四相八拍式。

$\overline{E}_1$、$\overline{E}_2$ 为选通输入控制端,决定控制命令起作用的时刻。

CP 为时钟输入端,决定脉冲分配器输出脉冲的频率。

+(或 -)为正转(或反转)控制端,决定步进电动机的转向。

图 4-12 是采用 YBO14 硬件环形分配器的步进电动机接口电路举例。从图中可以看出,每个步进电动机分别由一个硬件环形分配器 YBO14 控制,工作方式设定在四相四拍,故 A_0、A_1 直接接地。两个控制端 $\overline{E}_1$、$\overline{E}_2$ 均接地。旋转方向和输出控制端 $\overline{E}_0$ 分别接 8031 芯片的 P1.0、P1.1,

时钟脉冲由8155芯片的定时器提供。清零端 $\overline{R}$ 接8031芯片的P1.5,以防乱相。这种连接方法中,由8031芯片的P1.1控制电动机转动,由P1.0控制转动方向,由CP控制旋转速度。

(2) 软件环形脉冲分配器　步进电动机的脉冲分配还可以用软件实现,用并行接口电路的某一个数据口作为输出方式,每个数据口的一个位控制电动机的一相,数据位为1时该相通电,为低时该相不通电。如用8255芯片A口 PA_0 接电动机的U相绕组的功率放大电路,PA_1 接电动机的V相绕组的功率放大电路,PA_2 接电动机的W相绕组的功率放大电路。其原理如图4-13所示。PA口连续循环输出如图4-14所示的电动机控制字使步进电动机实现正转和反转。

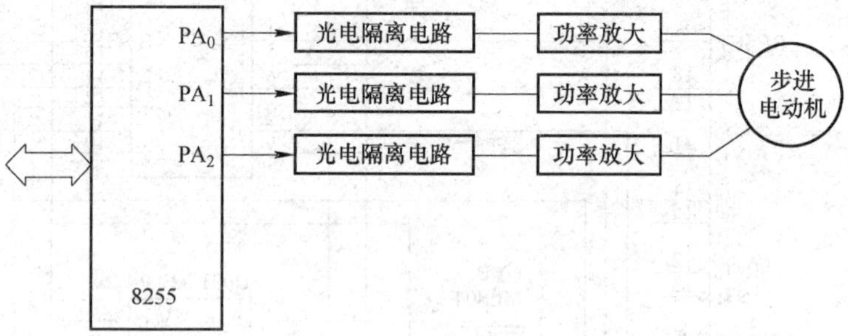

图4-13　步进电动机与并行接口连接的原理图

01H → 03H → 02H → 06H → 04H → 05H → 01H

正转

01H ← 03H ← 02H ← 06H ← 04H ← 05H ← 01H

反转

图4-14　三相步进电动机软件分频的控制字

4.5.2　串行输入、输出

串行输入、输出比并行慢,但传输线路少,适合于远距离传输。串行传输一般用计算机的串行接口。如数控系统与微型计算机之间的通信就是用串行口,可以将微型计算机上的程序传入数控系统,也可以将数控系统中的程序传入微型计算机。这样做有两方面的好处,一是用CAM生成加工程序或是利用微型计算机后台编程,然后将加工程序传入数控系统,减少了编程占用数控系统的时间,提高生产效率;二是将数控系统中暂时不再使用的加工程序传入到微型计算机中,把数控系统的内存释放,以便输入新的程序,同时把该程序长期保存在微型计算机中,以便日后继续使用。

这里以两台微型计算机为例说明两台微型计算机之间用串行口传输的方法。两台微型计算机的串行口之间的连线如图4-15所示。

实现文件传输可用BIOS的INT 14H功能调用。INT 14H功能调用的功能有四个。

1. 传输速率设置

设置传输速率时,入口参数AH = **0**,AL中各位的含义如图4-16所示。用来决定传送的速率,是否有校验并全是奇校验还是偶校验,终止位是1个或2个。DX用来指示是哪一个串行口,当DX = **0** 时指明是3F8H口,DX = **1** 时指明是2F8H口。

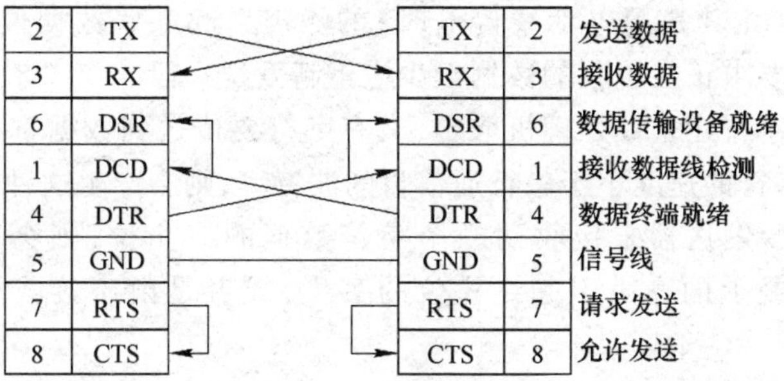

图 4-15 两台微型计算机串行口之间的连线图

2. 传出字符

传出字符时,入口参数 AH =**1**,AL 中是要传送的字符的 ASCII 码,DX 用来指示是哪一个串行口,当 DX =**0** 时指明是 3F8H 口,DX =**1** 时指明是 2F8H 口。出口参数 AH 中是传送状态的描述,如图 4-17 所示,传出字符后可通过检查该字符中的有关位的状态确定传输是否成功。

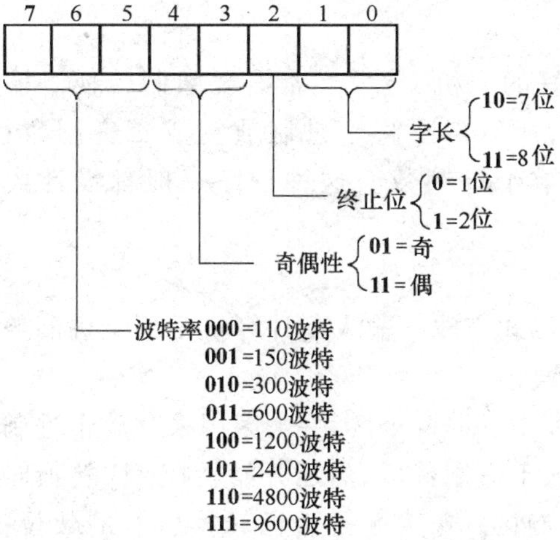

图 4-16 串行通信口初始化参数

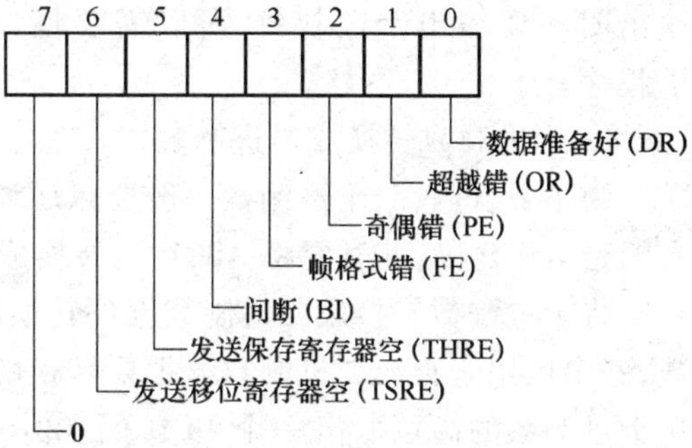

图 4-17 串行口通信状态字节

3. 传入字符

传入字符时,入口参数 AH = 2。DX 用来指示是哪一个串行口,当 DX =**0** 时指明是 3F8H 口,DX =**1** 时指明是 2F8 口。出口参数 AH 和 AL 中是传送状态的描述,如图 4-17 所示,传入字符后可通过 AH 和 AL 中的有关位的状态确定传输是否成功。

4. 状态检测

状态检测入口参数 AH = 3,DX 用来指示是哪一个串行口,当 DX =**0** 时指明是 3F8H 口,DX =**1** 时指明是 2F8 口。出口参数 AH 和 AL 指明了传送前后的状态。通过检查相关的位的状态确定是否可以传送或传送是否成功。返回参数中通信口状态字节各位置 **1** 的含义如图 4-17 所示。

在接收和发送过程,错误状态位(1,2,3,4 位)一旦被置为 **1**,则读入的接收数据已不是有效数据,所以在串行通信应用程序中,应检测数据传输是否出错。

奇偶错:通信线上(尤其是用电话线传输时)的噪声引起某些数据位的改变,产生奇偶错。通常检测出奇偶错时,要求正在接收的数据至少应重新发送一段。

超越错:在上一个字符还未被处理机取走,又有字符要传送到数据寄存器里,则会引起超越错。如果处理机处理字符的速度小于串行通信目的波特率,则会产生这种错误。

帧格式错:当接收/发送器未接收到一个字符数据的终止位,则会引起帧格式错。这种错误可能是由于通信线上的噪声引起终止位的丢失,或者是由于接收方和发送方初始化不匹配。

间断:间断有时候并不能算是一个错误,而是为某些特殊的通信环境设置的"空格"状态。当间断位为**1**时,说明接收的"空格"状态超过了一个完整的数据字传输时间。

4.6 控制系统中的数据处理

数控系统中还要对所使用的数据进行处理,常见的数据处理有数据的转换处理,数据滤波。

4.6.1 数制的转换处理

在应用低级语言对数据进行处理时,为了实现较好的人机交流,经常需要数制转换。输入时用户输入十进制数,而计算机内部使用二进制数,所以需要将十进制数转成二进制数;输出时又要输出十进制数,所以需要将二进制数转换成十进制数。这种程序一般都设计成子程序。

1. 十进制数转换成二进制数

为了节省内存,十进制数一般要以压缩的BCD码的形式存放。输入到计算机中的十进制数有的是ASCII码,此时要将ASCII码转换成压缩的BCD码。

将十进制数转换成二进制数据的转换原理是,在内存中开辟两个区,一个区用来存放十进制数,一个区用来存放二进制数。把要转换的十进制数放入十进制数区,然后开始转换:① 转换时从十进制数的高位取出一个BCD码;② 将其放入二进制区;③ 判断是否已转换所有的数位;④ 若已全部转换结束,则转换完毕;⑤ 若未全部转换,将二进制数乘10;⑥ 重复①~⑤,直到全部转换完毕。

2. 二进制数转换成十进制数

计算机中都有一个十进制调整指令可以将二进制数调整成BCD码,将二进制数转换成十进制数要用十进制调整指令。

将二进制数转换成十进制数的转换原理是,在内存中开辟两个区,一个区用来存放十进制数,一个区用来存放二进制数。把要转换的二进制数放入二进制数区,然后开始转换① 从二进制的高位开始,将其高位移入进位标志中;② 将进位标志加入十进制数的低位;③ 判断是否转换完毕;④ 若转换完毕,结束转换;⑤ 若未完将十进制数区的数进行十进制调整;⑥ 重复①~⑤,直到转换完毕。

4.6.2 数字滤波

工业控制对象的工作环境一般比较恶劣,干扰源较多。干扰会通过各种路径对被测信号产生干扰。消除和抑制干扰有多种方法,例如在 A/D 转换前接入模拟预滤波器,抑制某一频率以上的干扰信号。但对于与有用信号频率相当的干扰,上述方法就无能为力了。这时可以采用数字滤波,它是通过一定的计算程序减少干扰在有用信号中的比重,所以是一种程序滤波或软件滤波。

与模拟滤波相比,数字滤波有以下优点:

(1) 由于数字滤波是用软件实现的,故不需要增加硬设备,而且可以多个输入通道共用一个滤波器(即调用同一滤波程序,最多只是赋以不同的滤波系数)。

(2) 不用硬设备,故可靠性高,且无阻抗匹配问题。

(3) 可以对很低频率的信号滤波(而模拟滤波时,则因 R 或 C 选得太大而无法实现)。要改变滤波方法只要求改变程序,因而灵活、方便。

由于上述优点,数字滤波被广泛应用,下面介绍几种常用的数字滤波方法。

1. 程序判断滤波

程序判断滤波的方法是根据现场经验或生产工艺机理的分析确定出两次采样输入信号之间可能出现的最大偏差 ΔX,若超过 ΔX,则表明该次输入信号受到严重干扰,应该去掉;反之,该次采样信号有效。根据处理方法,可分为限幅滤波和限速滤波。

1) 限幅滤波

程序算法:

$$Y_n = \begin{cases} X_n & |X_n - X_{n-1}| \leqslant \Delta X \\ X_{n-1} & |X_n - X_{n-1}| > \Delta X \end{cases} \tag{4-1}$$

用本次采样值减去上次采样值,其增量的绝对值与设定的最大允许偏差比较,如小于或等于 ΔX,则取本次采样值为滤波器的输出,否则把上次采样值作为本次的滤波器输出。

2) 限速滤波

程序算法:

$$Y_n = \begin{cases} X_n & |X_n - X_{n-1}| \leqslant \Delta X \\ \text{再采样 } X_{n+1} \begin{cases} X_{n+1} & |X_{n+1} - X_n| \leqslant \Delta X \\ \dfrac{X_{n+1} + X_n}{2} & |X_{n+1} - X_n| > \Delta X \end{cases} & |X_n - X_{n-1}| > \Delta X \end{cases} \tag{4-2}$$

与限幅滤波不同的是当 $|X_n - X_{n-1}| > \Delta X$ 时,再采样一次,当 $|X_{n+1} - X_n| \leqslant \Delta X$ 时取 X_{n+1},当 $|X_{n+1} - X_n| > \Delta X$ 时,取 $\dfrac{X_n + X_{n+1}}{2}$。限速滤波方法比较折中,既照顾了采样的实时性,也照顾了采样值变化的连续性。限速滤波的 ΔX 可在线计算,方法是

$$\Delta X = \frac{|X_n - X_{n-1}| + |X_{n+1} - X_n|}{2}$$

3) 程序判断滤波的适用范围

程序判断滤波适用于变化比较缓慢的参数,例如温度、液位等,关键在于最大允许误差 ΔX 的选取,其值太大干扰会“乘虚而入”,而太小,会使某些有用信号被“拒之门外”,使采样效率变低。ΔX 通常根据经验数据获得,必要时可由实验得出。

2. 算术平均滤波

(1) 程序算法　取 N 次采样值的算术平均值作为本次采样值,即

$$Y_n = \frac{1}{N}\sum_{i=1}^{N} X_i \tag{4-3}$$

(2) 适用范围　算术平均滤波主要适用于压力、流量等周期性脉动信号的平滑加工,这类信号的特点是信号往往在某一数值范围附近作上、下波动,即干扰是周期性的。平均次数 N 取决于平滑度和灵敏度,N 增大,平滑度提高而灵敏度下降,反之平滑度变差,灵敏度提高。一般,流量取 N 为 12,压力取 $N=4$(这里指采样周期按一般经验选取时),温度如无噪声可不平均。

3. 加权平均滤波

(1) 算法　在算术平均滤波中,N 次采样值在结果中所占的比重是均等的,即每次采样值具有相同的加权因子 $1/N$。但有时为了提高滤波效果,往往对不同时刻的采样值赋以不同的加权因子。这种方法称为加权平均法,也称为滑动平均或加权递推平均。其算法为

$$Y_n = \sum_{i=0}^{n-1} a_i X_{n-1} \tag{4-4}$$

其中 $0 \leqslant a_i \leqslant 1$,且 $\sum_{i=0}^{n-1} a_i = 1$。

加权因子选取可视具体情况决定,一般采样值愈靠后,比重越大,这样可增加新的采样值在平均值中的比例,系统对正常值变化的灵敏性也可提高,当然对干扰的灵敏性也要大些。

(2) 适用范围　加权平均滤波适用于系统纯滞后时间较大,而采样周期较短的过程。

4. 中值滤波

(1) 算法

$$Y = X_2 \qquad (X_1 < X_2 < X_3) \tag{4-5}$$

即对某一被测参数连续采样 n 次(n 次为奇数,且一般取 5 ~ 9),从中选取一个大小居中的数值作为滤波输出。

(2) 适用范围　中值滤波能有效地滤去由于偶然因素引起的波动或采样开关和 A/D 转换等工作不稳定造成的误码所引起的脉冲干扰,对变化缓慢的被测参数有良好的滤波效果,但不适宜于快速变化的过程参数(如流量)。

一般讲,n 值取大滤波效果好,但总的采样控制时间会增长,所以 n 值也不能太大,一般取 5 ~ 9 即可。

5. 惯性滤波

前面的几种滤波基本上属于静态滤波。主要适用于变化比较快的参数,如压力和流量等。但对于慢速随机变量在短时间内连续采样求平均的办法,其滤波效果并不理想。为了提高滤波效果,可以采用动态滤波方法,即惯性滤波。这里介绍的一阶惯性滤波,也称一阶滞后滤波。它是由一阶惯性模拟滤波转换而来,但模拟 RC 滤波器中 R 和 C 的值不可能取得很大,而数字滤波不存在这个问题。

(1) 算法　将模拟一阶低通滤波器的传递函数离散化即可得惯性滤波的算法,将

$$G(s) = \frac{Y(s)}{X(s)} = \frac{1}{T_f s + 1}$$

离散化可得

$$Y_n = (1-\alpha)Y_{n-1} + \alpha X_n \tag{4-6}$$

其中 $\alpha = 1 - e^{-T/T_f}$。因采样周期 T 远小于滤波时常数 T_f,因此 α 可取

$$\alpha \approx \frac{T}{T_f}$$

在实用中,α 是通过实验确定的,只要不使滤波器输出产生明显的波纹即可。

式(4-6)对应的离散传递函数为

$$G_F(z) = \frac{\alpha}{1-(1-\alpha)z^{-1}}$$

将 $z = e^{j\omega T}$ 代入得

$$G_F(j\omega) = \frac{\alpha}{1+(\alpha-1)\cos\omega T - j(\alpha-1)\sin\omega T}$$

其幅频特性曲线如图 4-18 所示。

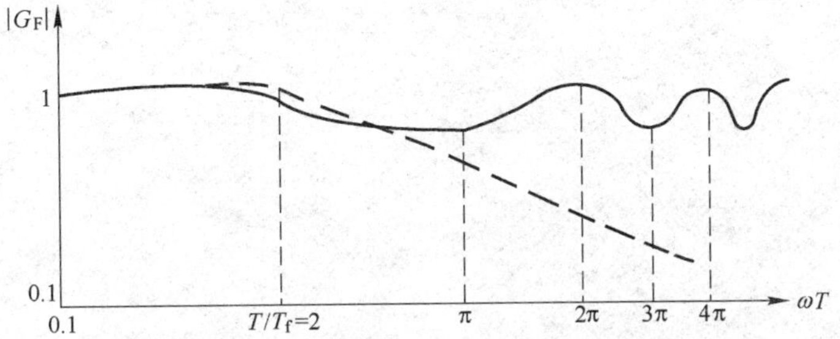

图 4-18 一阶低通模拟滤波器(虚线)和离散滤波器(实线)的幅频特性

由图可知,离散低通滤波器在低频没能够很好地继承模拟低通滤波器的特性。它在 $\pi, 3\pi, 5\pi, \cdots$ 奇数 π 处达极小值$\left(|G_F| = \dfrac{\alpha}{2-\alpha}\right)$,在 $2\pi, 4\pi, \cdots$ 偶数 π 处达极大值($|G_F| = 1$)。由此可见,这种离散滤波器不能有效地对频率高于香农频率的信号滤波,在香农频率范围之外应当采用模拟预滤波。

(2) 适用范围 主要用于参数变化比较缓慢的信号的滤波。惯性滤波有相位滞后,滞后角大小与 α 的选择有关。实用中,常将惯性滤波纳入 PID 算式中。

6. 复合滤波

有时为了进一步改善滤波效果,往往把两种以上的滤波方法结合起来,构成所谓的复合滤波。比如算术平均滤波与中值滤波的结合,两者各有优缺点,前者不易消除脉冲干扰引起的偏差,而后者由于采样点的限制应用范围不宽。将这两者结合起来取长补短,亦即先利用中值滤波滤掉脉冲性随机干扰,然后再把剩下的采样值加以算术平均,即得抗干扰平均值滤波方法。其算法为:把采样值首先按大、小排队,然后去掉最大值和最小值,再把剩下的值加起来,最后取平均值。

也可采用双重滤波,即把采样值经过一次滤波(如低通滤波)后,再经过一次同样方式的滤波,例如两级一阶低通滤波,这相当多级 RC 滤波。

习 题

4-1 机电一体化产品对控制系统的要求有哪些？

4-2 微型计算机中关于键盘调用的功能有哪些？

4-3 说明矩阵键盘的处理过程。

4-4 说明数码管显示原理。

4-5 计算机的输入、输出有哪些方式？

4-6 控制系统中常用的数据处理有哪些？

第5章

常用控制方式

5.1 顺序控制与时间控制

5.1.1 顺序控制与时间控制系统的基本概念

图5-1是一个带式运输机的示意图，由于运输的距离较远，所以要将带分成若干段。此处分三段，运输的料从来料处落下，经三段带传送到落料处被运走。这种带式运输机在矿石开采、码头运输、水泥制造等部门应用很广。

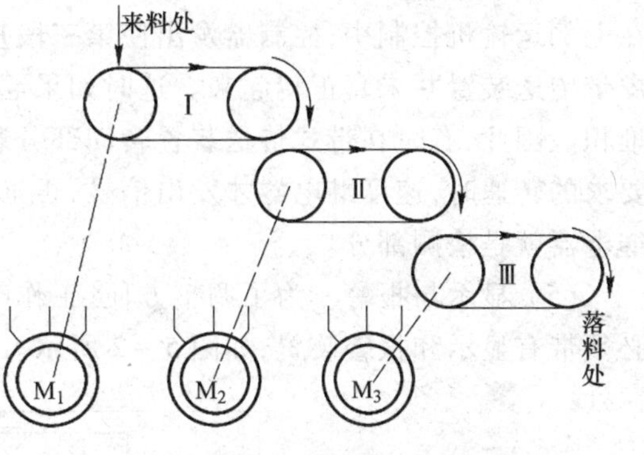

图5-1 带式运输机的示意图

为了防止料在带上堆积，三段带在起动时必须保证Ⅲ先起动，然后Ⅱ再起动，最后，Ⅰ再起动。并且互相之间要有一定时间间隔，以保证先起动者有充分时间起动完毕。相反，在停车时，要保证按Ⅰ→Ⅱ→Ⅲ次序停车，否则，同样会造成料的堆积，一旦造成料的堆积，清理起来是很麻烦的。例如Ⅱ尚未起动，Ⅰ已起动，则料源源不断从Ⅰ运到Ⅱ。而Ⅱ不动，则料便堆在Ⅱ上，这时如果再停止Ⅰ、起动Ⅱ也不行了。因为堆积太多，致使Ⅱ起动不了，必须人工去清除堆积料。

要正确控制运输机正常工作，必须要注意两点。① 依次顺序动作，即动作的次序是有一定要求的，例如起动Ⅲ→Ⅱ→Ⅰ，停车时Ⅰ→Ⅱ→Ⅲ，并且有一定的时间间隔；② 要有记忆功能，即要记住上一步已经做了什么，下一步该做什么，这样，才能正确做到按要求动作。例如在本例中的起动过程，Ⅲ已经起动，接着应该Ⅱ起动。这时，运输机的情况是Ⅲ在动，Ⅰ、Ⅱ停止。停车时Ⅰ、Ⅱ先停，接着Ⅲ再停。现在若Ⅰ、Ⅱ已停，而Ⅲ未停，那么这时运输机的情况也是Ⅲ在动，Ⅰ、Ⅱ停止。如果控制中没有记忆功能（因为起动信号和停车信号往往是短暂的信号），没记住上一步是在起动状态下工作，还是停车状态下工作，则现在Ⅰ、Ⅱ停止，Ⅲ动作的情况下，如何继续干下去，是继续停止Ⅲ，还是继续起动Ⅱ就无法决策了。

上述两点是顺序控制与时间控制的特点。具有这两个特点的控制就是顺序控制与时间控制。在顺序控制与时间控制系统中，处理和控制的信号都是离散信号。即使有个别模拟信号，也必须经 A/D 转换，化为离散信号，而且它只是对信号进行定性处理和控制。因而可以这样认为：顺序控制与时间控制是借助于记忆元件对以离散信号为主的信号进行定性的顺序处理和控制。

在顺序控制与时间控制中，关键的问题有两条，一是状态设计问题，用不同状态去决策同一工作情况下的不同动作；另一是时间概念问题，必须严格保证动作顺序及其相互间定时关系。

5.1.2 顺序控制与时间控制系统的组成

上例带式运输机控制线路是一个典型的顺序控制与时间控制系统。它由五部分构成：

(1) 控制器　这是系统的核心部件，它接受输入控制信号并进行处理，产生完成各种控制作用的输出控制信号。它们完成状态的记忆和动作顺序控制。顺序控制与时间控制的两个特点就都体现在控制器上。

(2) 输入接口　输入接口的作用是接收来自现场的开关信号，并将信号进行电平转换后传送给控制器。

(3) 输出接口　输出接口的作用是将控制器的输出信号传递给外部设备，还要承担控制器电平信号与外部设备电平信号的转换任务。

(4) 检测部分　在实际控制线路中，为使系统工作可靠，控制器常常要及时了解输出接口、执行机构和控制对象的实际工作情况，这就需要对这些部分进行检查和测量，送回控制器。例如在上例运输机控制中，控制器发出使第三段皮带传送装置起动的命令，但由于电路故障，第三段皮带传送装置并未真正转起来。这时如果起动第二段和第一段皮带传送装置，就会造成物料的堆积。因此，有时在带式传送装置转动部分装上速度继电器，只有当带式传送装置的电动机转到要求的转速时，速度继电器才发出信号，再通过输入接口送到控制器，这样工作比较可靠。速度继电器就是检测部分。

(5) 显示与报警　为了调整方便、工作时监视和故障时报警，一般顺序控制与时间控制系统必须带有显示和报警装置，如图 5-2 所示。

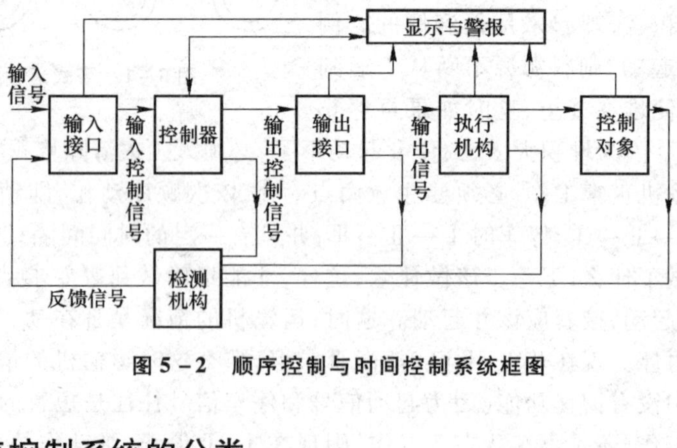

图 5-2　顺序控制与时间控制系统框图

5.1.3 顺序控制系统的分类

由于控制器是顺序控制与时间控制系统的核心，因此，就控制器来分，可分为下列六类，即继电器控制系统、无触点逻辑元件控制系统、数字集成电路控制系统、矩阵式逻辑控制系统、可编程控制器控制系统和计算机控制系统。由于可编程控制器控制系统和计算机控制系统具有控制灵活、可靠性高、价格便宜、易于实现机电一体化等优点，现已得到了广泛的应用。

5.1.4 顺序控制与时间控制系统的实例

1. 可编程控制器在多工步机床上的顺序控制与时间控制应用

在机床行业中，多工步机床由于工步及动作多、控制较复杂。过去采用传统的继电器控制系统控制时，需要很多继电器，且接线复杂，因此故障多、维修困难、费工费时，不仅加大维修成本，而且影响设备的工效。采用可编程控制器控制，不仅接线大为简化，安装方便，而且保证了可靠性，减少了维修量，提高了工效。

(1) 控制要求　加工棉纺锭子锭脚的机床是一种多工步机床，其锭脚加工工艺比较复杂，零件毛坯是实心棒料，整个加工过程由七把刀分别按照七个工步要求依次进行切削，其加工工步如图 5-3 所示，图中的尺寸单位为 mm。

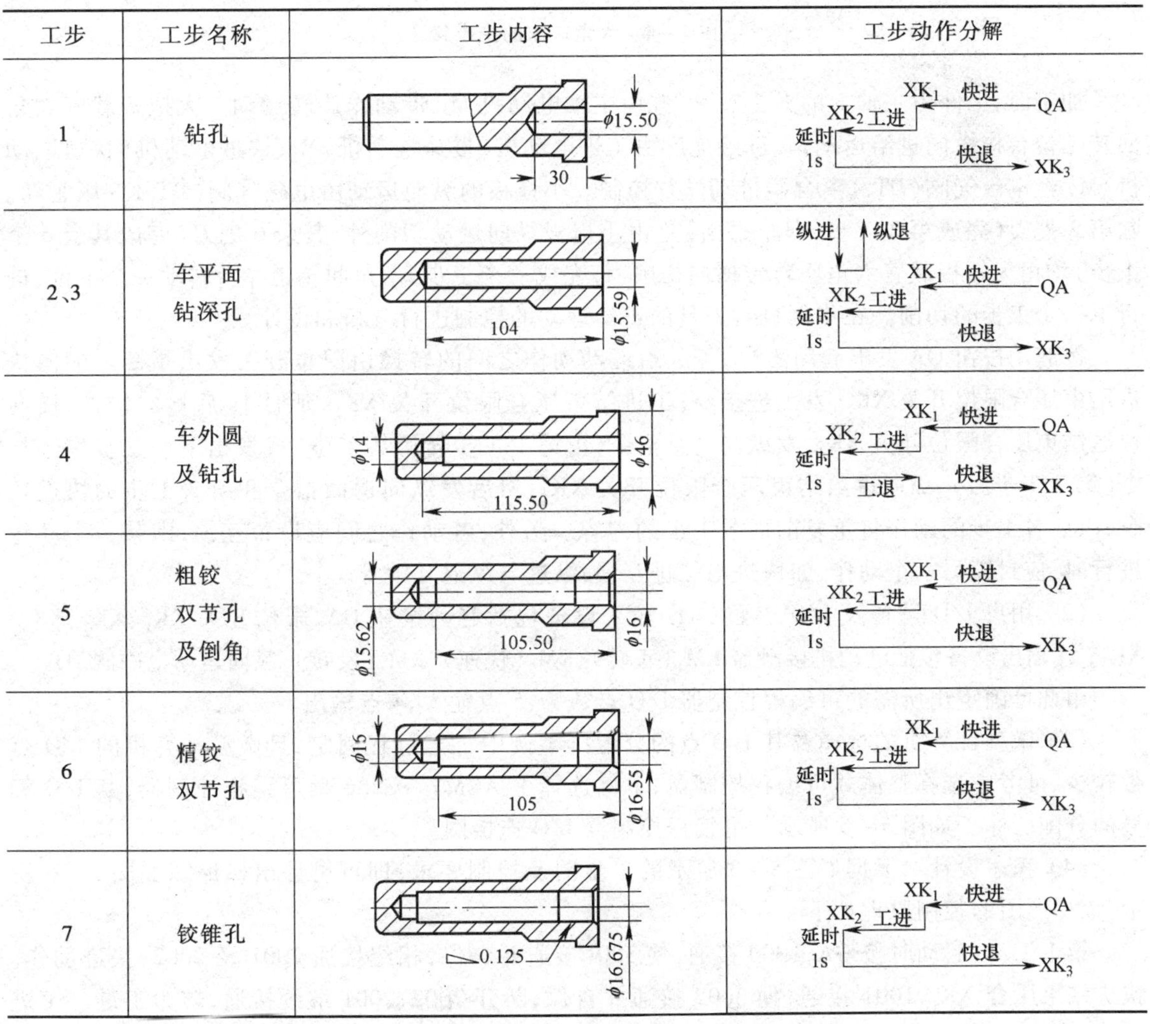

图 5-3　棉纺锭子锭脚的加工工步

该机床由旧六角车床改造而成,六角车床的主电路如图 5－4 所示。

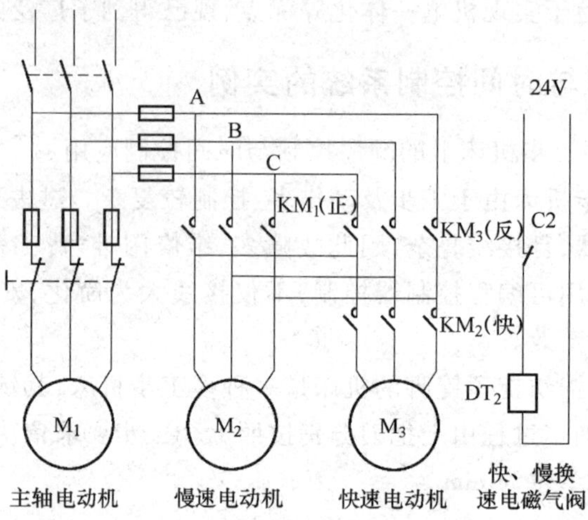

图 5－4　六角车床的主电路

加工时,工件由主轴上的夹头夹紧,并由主轴电动机 M_1 带动作旋转运动。大拖板载着六角回转工位台作横向进给运动,其进给速度由工进电动机(慢速电动机)M_2、快进电动机(快速电动机)M_3 经电磁气阀(DT_2)离合器带动丝杠控制。小拖板的纵向运动由电磁气阀(DT_1)气压驱动。除第 2 把刀(完成第 2 工步,即车平面)是由小拖板纵向运动切削外,其余 6 把刀(完成其余 6 个工步)均由大托板载着六角回转台横向切削,每完成一个工步,六角回转工作台转动一个工位,进行下一个工步的切削。在本例只对刀具的进给运动的控制进行分析和设计。

按起动按钮 QA 发出起动命令,各进给运动动作之间的转换由限位开关发出指令。横向快进结束压合限位开关 XK_1,发工进指令;工进结束压合限位开关 XK_2,延时 1s 后横向快退;横向快退结束压合限位开关 XK_3,发纵向进给指令(由第 1 工步转第 2 工步)或发出下一工步快进指令(第 3 工步后),纵向进给结束压合限位开关 XK_4,然后发纵向退回指令和第 3 工步的快进指令,以后各工步的动作将重复前面各工步的内容。另外,各动作之间应设置互锁,即某一个动作进行时,应封锁另一个动作,如快进与工进互锁,纵进与纵退互锁等。

(2) 用户 I/O 设备及 I/O 点数　① 输入设备包括起动按钮 QA,限位开关 XK_1、XK_2、XK_3、XK_4;② 输出设备包括电动机接触器 KM_1(正转)、KM_2(快速)、KM_3(反转),纵向运动电磁阀 DT_1。

由此可确定出所需的可编程控制器 I/O 点数为:5 点输入,4 点输出。

(3) 微型计算机的选择及其 I/O 点的分配　本例中工艺过程固定,且微型计算机的 I/O 点数较少,可考虑选择整体式可编程控制器,本例选择了 ACMY－S256 型可编程控制器,其 I/O 编号的分配已标于如图 5－5 所示的可编程控制器 I/O 连接图。

(4) 程序设计　根据如图 5－3 所示的工步图及控制要求,即可设计出梯形图如图 5－6 所示,该梯形图的控制原理如下:

第 1 工步:起动时按 QA,1000 接通,使 3001 接通并自保,相继接通 2001 及 2002,快进动作。快进结束压合 XK_1,1001 接通,使 3002 接通并自保,断开 2002,2001 继续接通,转为工进。工进结束压合 XK_2,1002 接通,接通 3003 和 5000,断开 2001,工进停止。经过 1 s 延时,使 3004 接通

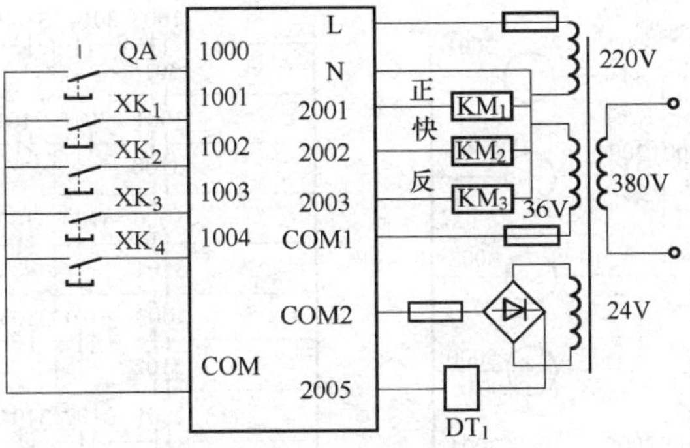

图 5-5 可编程控制器 I/O 连接图

并自保，断开 3002，从而使 2001 断开，2003、2002 相继接通，转入快退。

第 2 工步：当第 1 工步快退结束时，压合 XK_3，1003 接通，使 3005 接通并自保，断开 3004，从而相继断开 2003 及 2002，快退停止，同时接通 2005，纵进动作，转入第 2 工步。当纵进结束时，压合 XK_4，1004 接通，使 3006 接通并自保，断开 3005，从而使 2005 断开，纵进停止，开始纵退；同时又相继接通 2001、2002，快进动作，转入第 3 工步。

以后每一工步动作过程的分析方法与第 1 工步相同。当进行到第 7 工步最后一个动作（即快退）结束时，压合 XK_3，1003 接通，使 3105 接通，3104 断开，从而相继断开 2003、2002，快退停止，完成了一个周期的动作。

根据图 5-6 的梯形图，用 ACMY-S256 的编程指令将程序键入可编程控制器内存，便可进行调试和运行。

2. 计算机在顺序控制与时间控制中的应用

下面介绍用微型计算机如何来实现对皮带机的控制。控制系统的外部接口、执行机构和控制对象的示意图如图 5-7 所示。系统控制对象是皮带机和下料口，皮带机由异步电动机带动，下料口阀门由液压系统控制。因此，执行机构是电动机和液压系统。输出部分是输出信号继电器 KM_1 ~ KM_4，经过接触器 KM_1 ~ KM_3 和电磁阀 KM_4 放大。输入信号是起动按钮 S_Q 和停止按钮 S_T。

控制要求可以归纳为按一下起动按钮，起动顺序是 $KM_3 \xrightarrow{t} KM_2 \xrightarrow{t} KM_1 \xrightarrow{t} KM_4$，按一下停止按钮，停止顺序是 $KM_4 \xrightarrow{t} KM_1 \xrightarrow{t} KM_2 \xrightarrow{t} KM_3$。箭头上字母 t 表示从左到右的延时时间，实现该控制功能的硬件系统原理图如图 5-8 所示。

在图中采用了 Z80CPU，PIO 是并行接口芯片，CTC 是定时计数器。图中 PIO 的 B 口作为输出口，经过功率放大带动继电器 KM_1 ~ KM_6。KM_1 ~ KM_3 控制三段皮带机，KM_4 控制下料口，KM_5 是起动过程的事故报警，KM_6 是停止过程的事故报警。PIO 的 A 口作为输入口，输入/输出继电器 KM_1 ~ KM_4 触点信号 KM_1 ~ KM_6 的信号反馈，检查给出输出信号后 KM_1 ~ KM_4 是否真正动作。

图中 CTC 起定时作用。为了得到较长的延迟时间，将通道 0 和 1 合在一起用，通道 0 延时时间一到，便起动通道 1，所以通道 0 的 ZC/TO(0) 端接到通道 1 的 CLK/TRG(1) 端。通道 0 和 1 作为起动时的延时，从 KM_3 动作为 **1** 到 KM_2 动作为 **1** 的延时和从 KM_2 动作为 **1** 到 KM_1 动作为 **1** 的延时是相等的。CTC 定时通道一旦起动后，可以自动循环延时，延时一到，自动再次装入时间常数又开始第二次延时，直到关闭该通道。本例中起动过程完毕，就关闭通道 0 和 1。同理，将

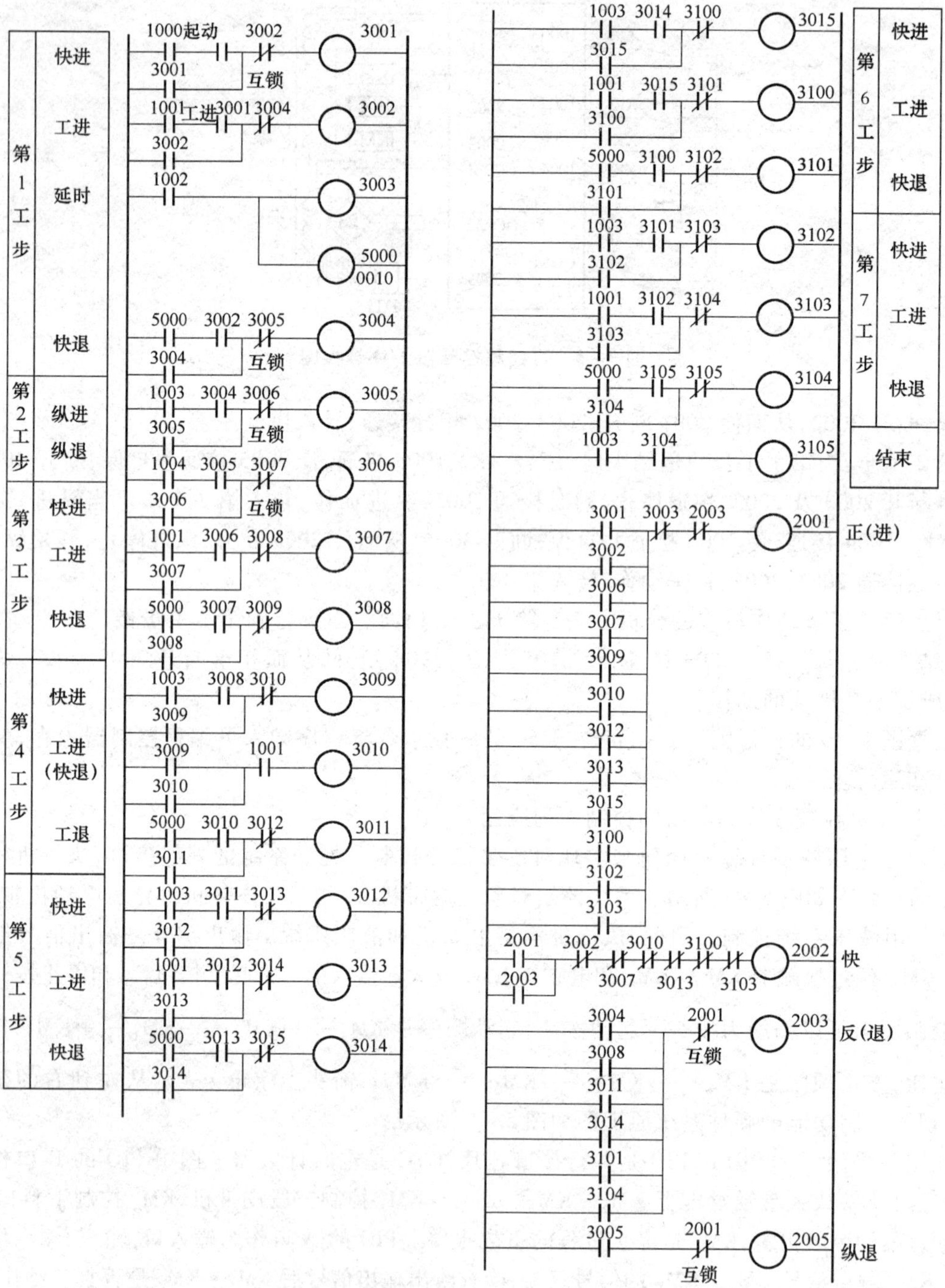

图 5－6　可编程控制器控制六角车床加工棉纺锭子锭脚的梯形图

CTC 通道 2 和通道 3 串在一起作停止过程的延时，所以，通道 2 的 ZC/TO(2)端接到通道 3 的 CLK/TRG(3)端。图中 $x_1 \sim x_3$ 触点表示 CTC 通道可用外界脉冲来起动。触点的开、闭给各通道送入起动脉冲。本例采用装入时间常数自动起动，以及由一个通道送出脉冲去起动另一通道。

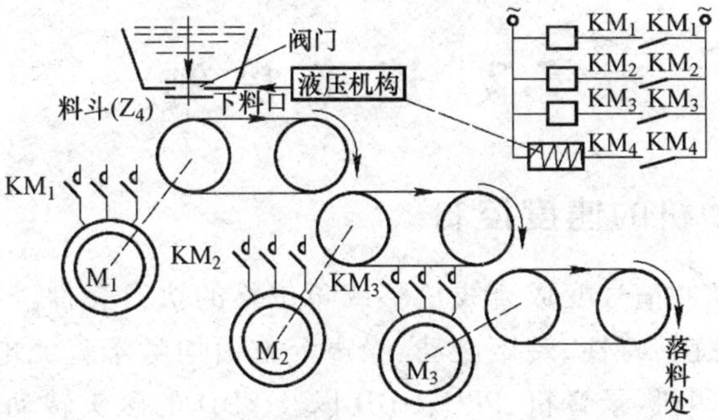

图 5-7　皮带机与下料口的控制

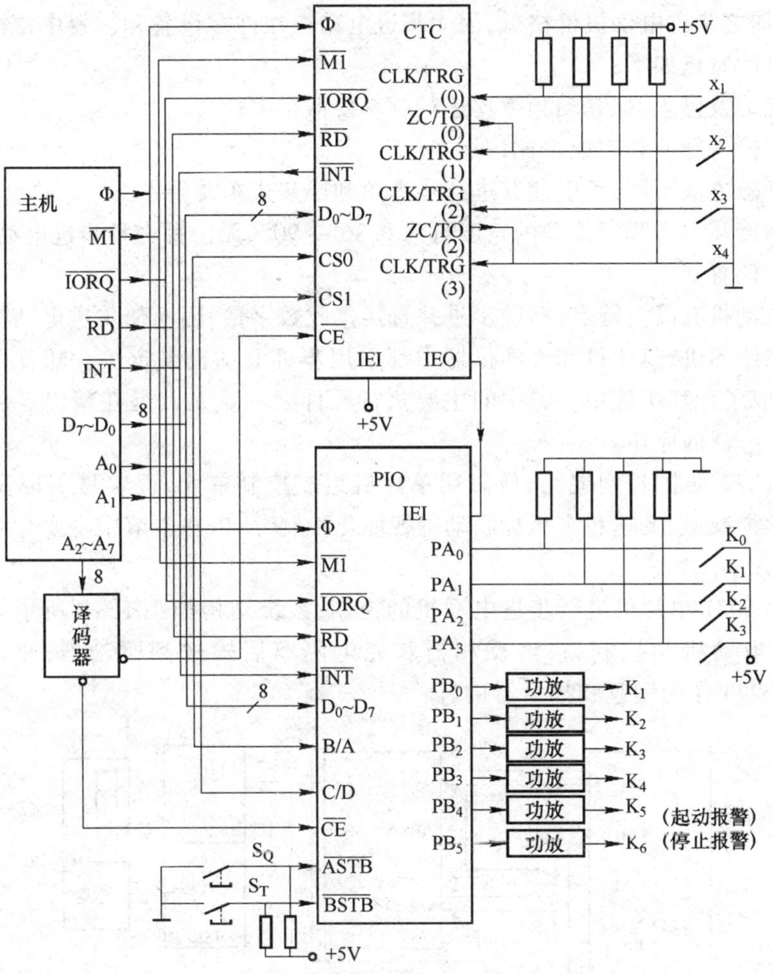

图 5-8　皮带机单片机控制硬件原理图

系统的起动和停止过程是由中断服务子程序完成的，所以起动按钮和停止按钮分别接到 PIO 的 $\overline{ASTB}$ 端和 $\overline{BSTB}$ 端。在按下起动按钮或停止按钮后，通过 PIO 向主机提出中断申请，主机接受中断后，转向中断服务子程序，由中断服务子程序完成系统的起动和停止。

5.2　速度控制

5.2.1　步进电动机的速度控制

步进电动机是将电脉冲信号变成直线位移或角位移的执行元件。在工业控制系统中，步进电动机在驱动功率、高速旋转特性、转矩波动、噪声等方面均劣于直流电动机和交流电动机。因此，步进电动机仅用于打印机、录音机、PPC、HDD 以及 FDD 的磁头转动装置。然而，步进电动机是一种可以开环使用的数字传动装置，它可以接受计算机发出的数字信号。在数控机床等自动控制系统中，它可以由速度设定和转向设定信号来控制电动机的回转，并且在保持静止转矩的基础上实现定位，加之步进电动机价格低，因而步进电动机在许多设备和装置中常被采用。

步进电动机的特点如下：

(1) 快速起动及停止，但起动频率比运行频率要低得多；

(2) 转速与输入脉冲频率成正比；

(3) 由于励磁方法不同，可以使其进行步进角和半步进角旋转；

(4) 控制精度高　每步所传动的角度可为 0.36°~90°，无论哪一种步进电动机，它们都能精确地返回到原来位置。

因为步进电动机有以上特点，精确步进并直接接收数字量，因而使步进电动机的应用领域愈来愈广泛。如在绘图机、打印机和光学仪器中都采用步进电动机来定位。随着微型计算机的推广，步进电动机成了计算机应用项目中的主要执行元件之一。尤其是在精确定位场合和速度控制系统中得到了广泛的应用。

由于单片机有较强的控制能力，所以用单片机组成控制单元，很容易实现步进电动机的起停、正反转，自动加减速、变速和多坐标联动等智能化控制，所以在本节中主要介绍步进电动机的单片机控制。

本系统采用 8031 单片机进行步进电动机的控制，系统结构如图 5-9 所示。P1 口(P1.0~P1.3)作为步进电动机相控制口，经反相器和光电隔离后输送到驱动器，驱动步进电动机；74LS273 和 74LS244 作为键盘和显示器接口。

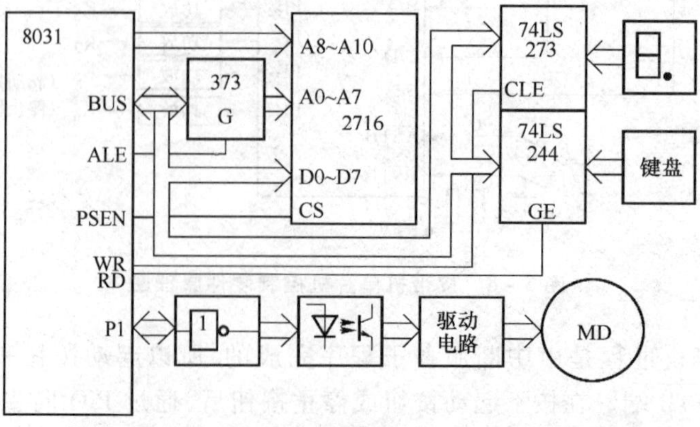

图 5-9　单片机步进电动机控制原理图

1. 环形分配状态转换及程序设计

步进电动机具有各种不同的工作模式，本例中步进电动机选用 110BF001，采用三相六拍工作模式，其状态字如表 5－1 所示。

表 5－1 步进电动机状态字

序号	A 相	B 相	C 相
1	1	0	0
2	1	1	0
3	0	1	0
4	0	1	1
5	0	0	1
6	1	0	1

环形分配的实现采用查表法，其查表法的核心是在程序存储区域中存放一个一维的环形分配表格，其内容是按所对应的步进电动机正向运行顺序即工作模式填写各绕组通电状态字。程序设计中，使状态表的表首和表底同为初始状态，同时设一状态指针寄存器，开始通电时指向表首（或表底）。步进电动机正向（或反向）运行时，每走一步指针加 1（或减 1），指向下一个运行状态字，当指针指向状态表底（或表首）时，自动修改指针，重新指向表首（或表底）。利用单片机的查表指令编程，可根据旋转方向和状态指针的当前位置，很方便地通过查表输出状态字来控制其相应的运转。循环状态转换程序流程图如图 5－10 所示。

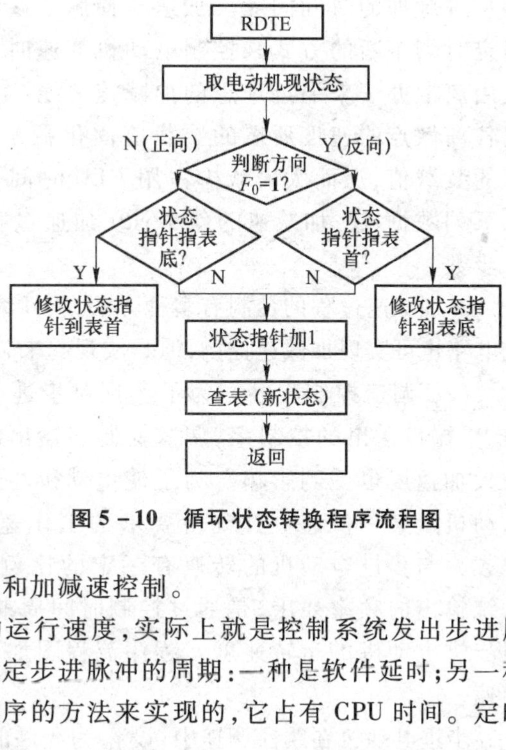

图 5－10 循环状态转换程序流程图

2. 调速控制及程序设计

步进电动机的调速包括步进电动机的速度控制和加减速控制。

（1）步进电动机速度控制　控制步进电动机的运行速度，实际上就是控制系统发出步进脉冲的频率或者换相的周期。系统可用两种办法来确定步进脉冲的周期：一种是软件延时；另一种是用定时器。软件延时的方法是通过调用延时子程序的方法来实现的，它占有 CPU 时间。定时器方法是通过设置定时时间常数的方法来实现的。

（2）步进电动机的加减速控制　对于一个运动位置控制系统，从起点至终点的运行速度都有一定要求。如果运行频率（速度）小于系统的极限起动频率，则系统可以按要求的频率（速度）直接起动，运行至终点后可立即停发脉冲串而令其停止。系统在这样的运行方式下其速度可认为是恒定的。但在一般情况下，系统的极限起动频率是比较低的，而要求的运行速度往往较高。如果系统以要求的速度直接起动，因为该频率已超过极限起动频率而不能正常起动，可能发生丢步或根本不能起动的情况。系统运行起来之后，如果到达终点时突然停发脉冲串，令其立即停止，则因为系统的惯性原因，会发生冲过终点的现象，使运动位置控制精度发生偏差。因此在运动位置控制过程中，速度都需要有一个加速—恒速—减速—（低恒速）—停止的过程，如图 5－11 所示。系统在工作过程中要求加减速过程时间尽量短，而恒速时间尽量长。特别是在要求快速响应的工作中，从起点至终点运行的时间要求最短，这就必须要求加速、减速的过程最短，而恒速时的速度最高。

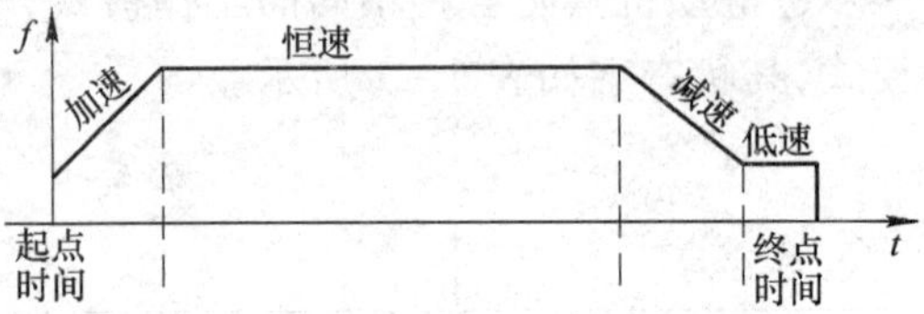

图 5－11　步进电动机的加减速控制

升速规律一般可有两种选择：一是按照直线规律升速，二是按指数规律升速。按直线规律升速时加速度为恒值，因此要求步进电动机产生的转矩为恒值。从电动机本身的矩—频特性来看，在转速不是很高的范围内，输出的转矩可基本认为恒定。但实际上电动机转速升高时，输出转矩将有所下降，如按指数规律加速，加速度是逐渐下降的，接近电动机输出转矩随转速变化的规律。用微型计算机对步进电动机进行加减速控制，实际上就是改变输出步进脉冲的时间间隔。加速时使脉冲逐渐加密，减速时使脉冲串逐渐稀疏。微型计算机用定时器中断的方式来控制电动机变速时，实际上就是不断改变定时器装载值的大小。一般用离散办法来逼近理想的加减速曲线。为了减少每步计算装载值的时间，系统设计时就把各离散点的速度所需的装载值固化在系统的 EPROM 中，系统运行中用查表方法查出所需的装载值，从而大大减少占用 CPU 时间，提高系统响应速度。系统对加减速的控制需准备下列数据：① 加减速的斜率；② 加速过程的总步数；③ 恒速运行总步数；④ 减速运行的总步数。

对加减速过程的控制有多种方法，软件编程也十分灵活，技巧很多。此外，利用模拟/数字集成电路也可实现加减速控制，但是实现起来较复杂且不灵活。

（3）调速控制程序　为了实现对步进电动机的各种速度控制，就必须调整单片机 8031 向 P_1 端口送出的控制字，调节控制字输出的频率。由于步进电动机受工作条件的影响，其最大加速度也受到影响。为了使电动机在规定的工作速度下不失步地运行，必须约定步进电动机从某一低速上升到所要求的工作速度的加速过程。单片机输送到步进电动机的脉冲频率与步进电动机的转速有一定的比例关系，所以改变脉冲频率是调速的关键，其控制系统输出的频率要求，是通过控制时间周期来实现的。因此控制时间周期就可以方便地控制步进电动机的运转速度。程序流程图如图 5－12 所示，在本系统中步进电动机采用线性调速。

步进电动机在线性调速中，设 f_0 为允许的起停突跳频率，也就是最低频率对应的最低速度。f_w 为所要求的工作频率，即调速目标速度，K_w 为达到工作频率时相应的定时常数，n_0 为要求的步长数，则加减速程序控制过程为：在开始起动时，定时寄存器存入对应于 f_0 的定时常数 K_0（数值最大，频率最低），速度寄存器存入均衡常数，每运行一步，速度寄存器减 1，均衡控制定时值减 1，频率线性升高，直到 $K=K_w$ 时（达到工作频率 f_w 时），加速结束。同理降速时，每运行一步，速度寄存器控制定时寄存器均衡加 1，运行频率降低，直到走完相应走的步数，调速控制过程中步距计数值随时填入显示数据缓冲器单元，供显示用。

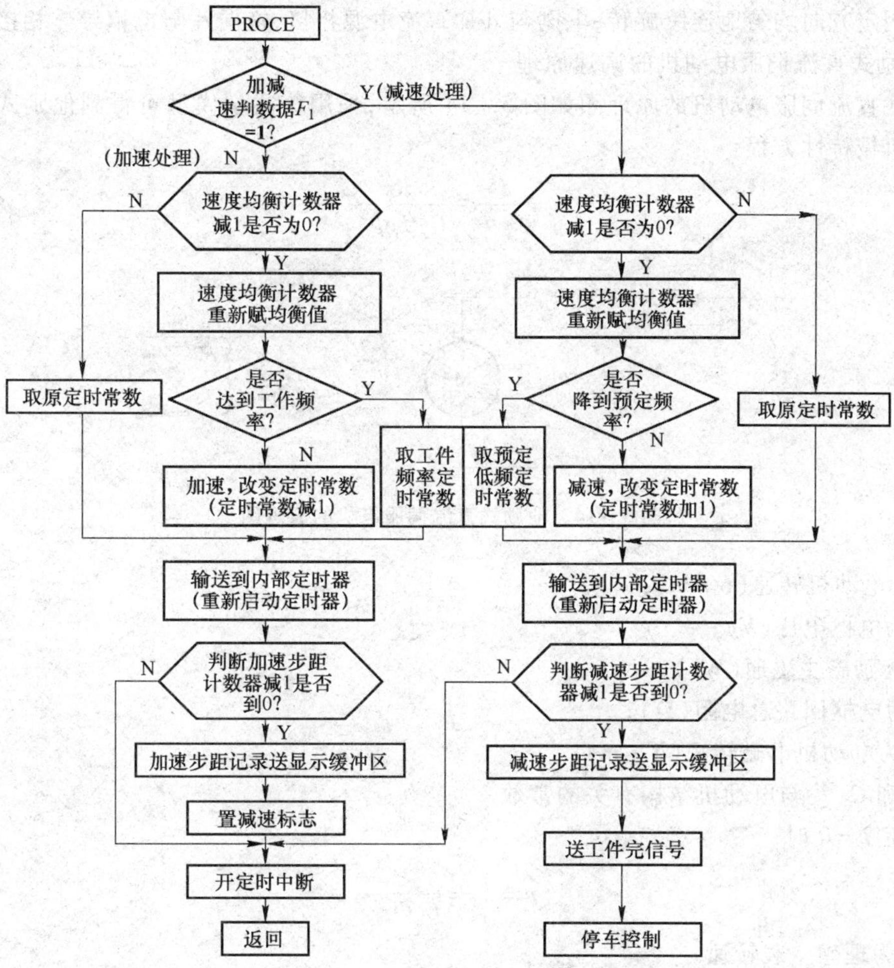

图 5-12 步进电动机的加减速控制程序流程图

5.2.2 直流伺服电动机的速度控制

1. 直流伺服电动机的基本结构

直流伺服电动机具有良好的起动、制动和调速特性，可很方便地在宽范围内实现平滑无级调速，故多采用在对伺服电动机的调速性能要求较高的生产设备中。

直流伺服电动机的结构如图 5-13 所示，主要包括三大部分：

(1) 定子　定子磁极磁场由定子的磁极产生。根据产生磁场的方式，直流伺服电动机可分为永磁式和他励式。永磁式磁极由永磁材料制成，他励式磁极由冲压硅钢片叠压而成，外绕线圈，通以直流电流使产生恒定磁场。

(2) 转子　又叫电枢，由硅钢片叠压而成，表面嵌有线圈，通以直流电时，在定子磁场作用下产生带动负载旋转的电磁转矩。

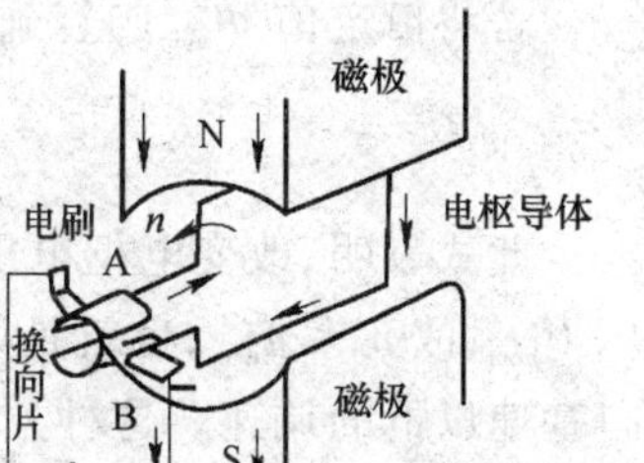

图 5-13 直流伺服电动机的结构

(3) 电刷与换向片　为使所产生的电磁转矩保持恒定方向，

转子能沿固定方向均匀地连续旋转，电刷与外加直流电源相接，换向片与电枢导体相接。

2. 他励式直流伺服电动机的调速原理

他励式直流伺服电动机的原理图如图5－14所示，采用该数学模型可得到他励式直流伺服电动机的机械特性方程

$$n=\frac{U}{C_e\Phi}-\frac{R}{C_eC_T\Phi^2}T_e \tag{5-1}$$

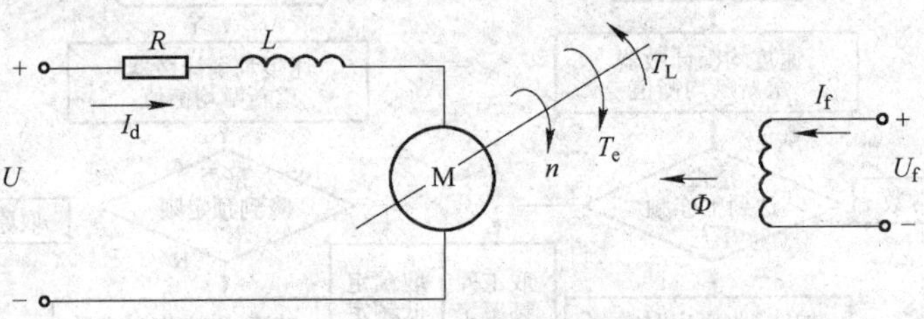

图5－14　他励式直流伺服电机的原理图

式中　n 为电动机转速(r/min)；

U 为电枢电压(V)；

Φ 为励磁主磁通(Wb)；

R 为电枢回路总电阻(Ω)；

T_e 为电动机电磁转矩(N·m)；

C_e 和 C_T 为与电动机结构有关的常数。

当转矩 $T=0$ 时

$$n=n_0=\frac{U}{C_e\Phi_{nom}}$$

称 n_0 为理想空载转速。

由上式可以看出，改变电枢电压、励磁磁通或电枢回路电阻均可以改变电动机的转速，通常采用前两种方式实现电动机的调速。现分析如下：

(1) 改变电枢电压 U　当改变电枢电压 U 调速时，励磁电流保持在额定值，即 $\Phi=\Phi_{nom}$。电动机转速为

$$n=\frac{U}{C_e\Phi_{nom}}-\frac{R}{C_e\Phi_{nom}}I_d \tag{5-2}$$

若将恒定值 Φ_{nom} 归算到 C_e 中去，上式还可表示成为

$$n=\frac{U}{C_e}-\frac{R}{C_e}I_d=n_0-\Delta n \tag{5-3}$$

此式表明，改变电枢电压 U 时，理想空载转速 n_0 将改变。由于 U 始终只能小于电枢额定电压 U_{nom}，故 $n_0\leqslant n_{nom}$，也就是说，此时电动机转速一定小于额定值 n_{nom}。这就表明改变 U 只能实现向基速以下的调速。这种方法简称调压调速。

又电磁转矩 T_e 与电流 I_d 的关系可表示如下：

$$T_e=C_T\Phi I_d \tag{5-4}$$

在调速过程中，若保持电枢电流 I_d 不变，而 Φ 亦不变，则转矩 T_e 为恒定值，可见改变电枢电压 U

的调速方法属于恒转矩调速。

(2) 改变励磁磁通 Φ　当改变励磁电流即改变磁通 Φ 调速时,通常保持电枢电压 $U=U_{nom}$ 不变。而励磁电流总是向减小一方调整,即 $\Phi \leqslant \Phi_{nom}$。

根据机械特性可知,此时的 n_0 将随 Φ 的下降而上升,机械特性将变“软”。调速的结果是减弱磁通将使电动机转速升高。

由转矩公式(5-4)可见,在调磁调速中,即使保证了电枢电流 I_d 不变,由于 Φ 的下降,电动机输出转矩将下降,故不再是恒定转矩调速。由于调速过程中,电压 U 不变,若电枢电流也不变,则调速前后电功率是不变的,故调磁调速属于恒定功率调速。

调磁调速因其调速范围较小常常作为调速的辅助方法,而主要的调速方法是调压调速。若采用调压与调磁两种方法互相配合,既可获得很宽的调速范围,又可充分利用电动机的容量。

(3) 改变电枢回路电阻　一般是在电枢回路中串接附加电阻,只能进行有级调速,并且附加电阻上的损耗较大,电动机的机械特性较软,一般用于少数小功率场合。工程上主要用前两种调速方法。

3. 晶体管直流脉冲宽度调制(PWM)系统

(1) 晶体管直流 PWM 驱动装置的工作原理　晶体管直流 PWM 驱动装置是利用大功率晶体管的开关特性来调制固定电压的直流电源,按一定的频率来接通和断开,并根据需要改变一个周期内“接通”与“断开”时间的长短,改变直流伺服电动机电枢上电压的“占空比”来改变平均电压的大小,从而控制电动机的转速。因此,这种装置又称为“开关驱动装置”。

PWM 控制的示意图如图 5-15 所示,可控开关 S 以一定的时间间隔重复地接通和断开,当 S 接通时,供电电源 u_S 通过开关 S 施加到电动机两端,电源向电动机提供能量;当开关 S 断开时,中断了供电电源 u_S 向电动机提供能量,开关 S 接通期间电枢电感所储存的能量通过续流二极管 VD 使电动机电流继续流通。在电动机两端得到的电压波形如图 5-15 所示,电压平均值 U_{av}。可用下式表示

$$U_{av}=\frac{t_{on}}{T}u_s=\alpha u_s \tag{5-5}$$

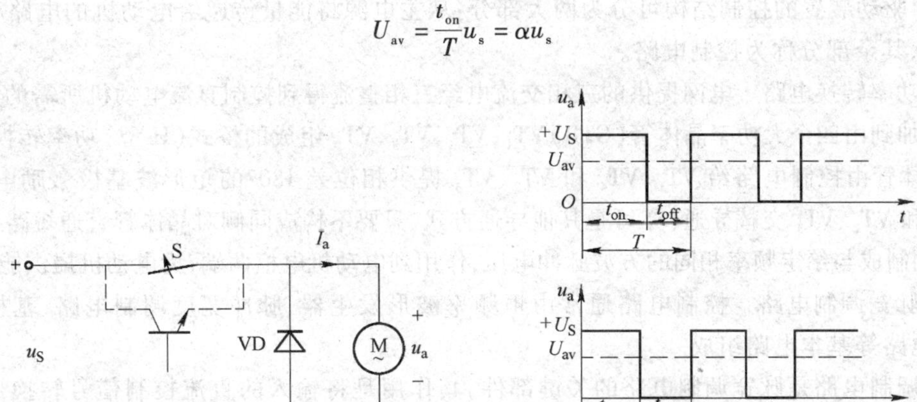

图 5-15　PWM 控制示意图

式中　t_{on}为开关每次接通的时间；

T为开关通断的工作周期；

α为占空比。

由式(5-5)可见，改变开关接通时间t_{on}和开关周期T的比例亦即改变脉冲的占空比，电动机两端电压的平均值也随之改变，因而电动机转速得到了控制。按照式(5-5)改变占空比可获得两种调制方法，即开关周期T恒定，通过改变导通脉冲宽度来改变占空比的方式，这就是脉冲宽度调制(Pulse Width Modulation，PWM)；另一种方式为导通脉冲宽度恒定，通过改变开关频率($f=1/T$)来改变占空比，亦即脉冲频率调制(Pulse Frequency Modulation，PFM)。由于PFM控制是依靠脉冲频率的变化来改变占空比的，当遇到某个特殊频率下的机械谐振时，常导致系统振荡和出现音频啸叫声，这一严重缺点导致PFM控制在伺服系统中不适用。目前直流电动机的控制中，以应用PWM控制方式为主。

我们已经知道，改变脉冲占空比即可调节电动机转速，但必须有将控制转速的指令转换为脉冲宽度或开关周期的电路或装置来实现。图5-16所示为桥式PWM驱动装置的控制原理框图。

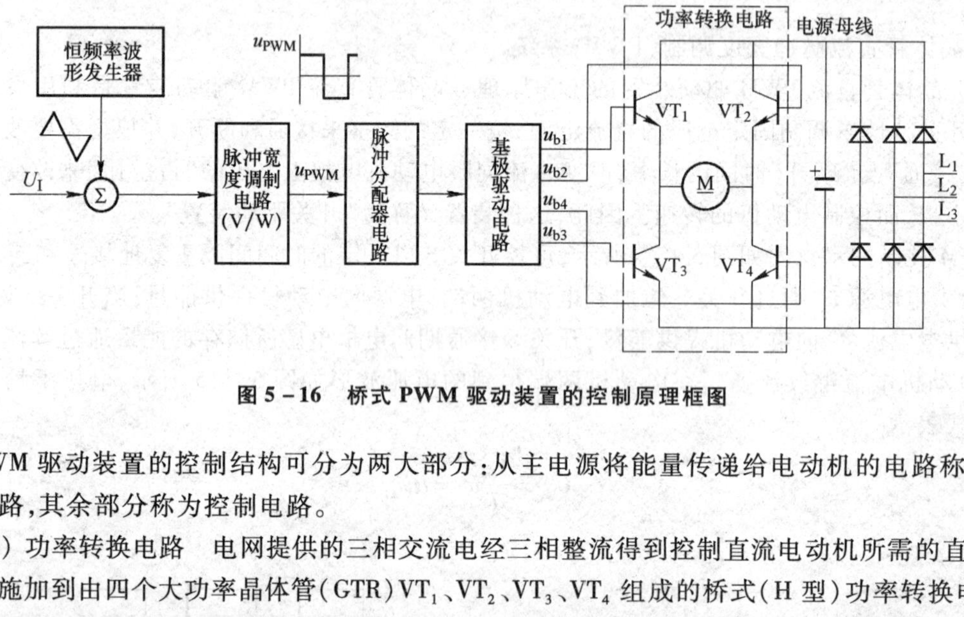

图5-16　桥式PWM驱动装置的控制原理框图

PWM驱动装置的控制结构可分为两大部分：从主电源将能量传递给电动机的电路称为功率转换电路，其余部分称为控制电路。

(2) 功率转换电路　电网提供的三相交流电经三相整流得到控制直流电动机所需的直流电压U_S。被施加到由四个大功率晶体管(GTR)VT_1、VT_2、VT_3、VT_4组成的桥式(H型)功率转换电路上，大功率晶体管由控制电路给VT_1、VT_4和VT_2、VT_3提供相位差180°的矩形波基极激励电压，而使VT_1、VT_4和VT_2、VT_3交替导通(亦可是其他导通方式，只要不构成同侧对晶体管直通短路)，将直流电压U_I调制成与给定频率相同的方波脉冲电压，作用到电动机电枢两端，为电动机提供能量。

(3) 脉宽调制电路　控制电路通常由恒频率波形发生器、脉冲宽度调制电路、基极驱动电路、保护电路等基本电路组成。

脉宽调制电路是脉宽调制电路的关键部件，其作用是将输入的直流控制信号转换成与之成比例的方波信号，以便对大功率晶体管进行控制，从而得到序列方波电压信号。典型的脉宽调制电路有锯齿波脉宽调制器、三角波脉宽调制器、SG3524脉宽调制组件、数字式脉宽调制器。下面将介绍其中的SG3524脉宽调制组件和数字式脉宽调制器。

① SG3524脉宽调制芯片　随着晶体管集成化程度的日益提高，可以十分方便地用集成电

路构成直流调速系统中的脉宽调制器。控制电路集成化的优点是简化了电路接线，易于维修，成本降低，同时也降低了运行的故障率，提高了系统的可靠性。下面介绍脉宽调制集成电路芯片SG3524的功能及外部接线。

SG3524芯片是一种性能优良的脉宽调制器，其内部功能电路图及各点波形如图5-17所示。它由内部的5V基准电压源、锯齿波振荡器、误差运算放大器、电压比较器、控制放大器、触发器、或非门及功率管 VT_1、VT_2 组成，VT_1、VT_2 的最大输出电流约为100 mA。

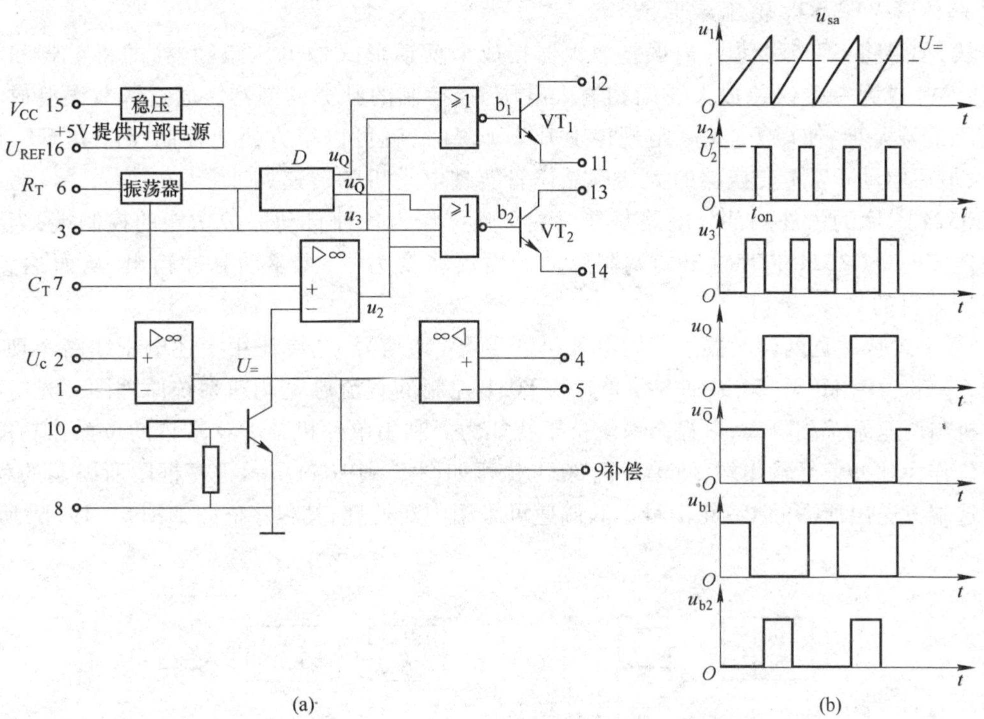

图5-17 SG3524脉宽调制芯片内部功能电路图及各点波形图

6脚和7脚分别接电阻 R_T 和电容 C_T，与组件内部的振荡控制电路共同组成锯齿波振荡器。锯齿波振荡器在7脚输出一组频率固定的锯齿波电压。

其振荡频率为

$$f=\frac{1.44}{R_T C_T} \tag{5-6}$$

当把这个锯齿波电压 u_{sa} 送到电压比较器的同相端与同时送到比较器反相端的来自误差放大器或控制放大器的输出电平 $U_=$ 进行比较时，在比较器的输出端得到一列具有一定宽度的脉冲电压 u_2，波形如图5-17(b)所示。在误差放大器的输出电平 $U_= > u_{sa}$ 的 $0\sim t_{on}$ 期间，比较器的输出电压 u_2 为零；反之当 $U_= < u_{sa}$ 时，在比较器的输出端将得到幅值为 U_2 的矩形脉冲。依次类推，在比较器输出就可得到如图5-17(b)所示的矩形脉冲电压 u_2。由图可知，当误差放大器的输出 $U_=$ 一定时，比较器输出的脉冲宽度一定；$U_=$ 随本身输入信号变化时，比较器的输出脉冲宽度也变化，这就是说，比较器输出的脉冲宽度随误差放大器输出电压 $U_=$ 的升高而减小。

同时振荡器产生的斜坡电压经过施密特触发器整形成方波脉冲电压 u_3，如图5-17(b)所示，并从芯片第 3 脚引出；同时脉冲电压 u_3 还控制触发器 D 的工作状态，使其 Q 和 $\overline{Q}$ 端分别输出相位相差 180° 的 u_Q 和 $u_{\overline{Q}}$ 矩形脉冲电压，如图 5－17(b)所示。另外，脉冲电压 u_3 还直接送入两个**或非**门电路起互锁作用，以保证输出晶体管 VT_1、VT_2 不会同时导通。需说明的是，互锁脉冲 u_3 是很窄的，且只要求它在触发器翻转期间起作用。

比较器的输出电压 u_2、锯齿波振荡器的输出脉冲电压 u_3、触发器分频后的脉冲电压 u_Q 和 $u_{\overline{Q}}$ 同时送入两个**或非**门电路，使得两个**或非**门电路轮流输出高电平 u_{b1} 和 u_{b2}，见图 5－17(b)。u_{b1}、u_{b2} 驱动晶体管 VT_1、VT_2 轮流导通。

显然，如果将 SG3524 芯片内误差放大器接成全反馈形式的电压跟随器，即将 1 脚和 9 脚短接，则该芯片成为一受误差放大器同相输入电压 U_c 控制的脉宽调制器。通过调节误差放大器的输入电压信号大小，使得 $U_{=}$ 按一定规律上升或下降时，就可以很方便地控制 VT_1 和 VT_2 的导通或截止，最后驱动 PWM 变换器的大功率晶体管实现电动机的转速调节。

SG3524 芯片的另外一部分电路是补偿端 9 脚可作为各种自动保护功能的控制端，当 9 端的电平被置零时，SG3524 芯片输出的调制脉冲的宽度将变为零，无驱动脉冲输出，从而达到过流、过压保护等目的。

② 数字式脉冲宽度调制器　若用单片机产生 PWM 信号，则要比用上述电子线路实现简便得多。图 5－18 为由 MCS－51 系列 8 位单片机 8031 控制的直流脉宽调速系统原理图。光电耦合器将单片机与调速系统相隔离，以提高系统抗干扰能力。利用单片机某 I/O 端口的位操作功能，选择其中一位作为脉冲信号输出端，使单片机 8031 执行如图 5－19(a)所示程序框图所编制的程序，便能在所选端口送出所需的 PWM 信号。其调速可采用中断处理，其程序框图如图 5－19(b)所示。

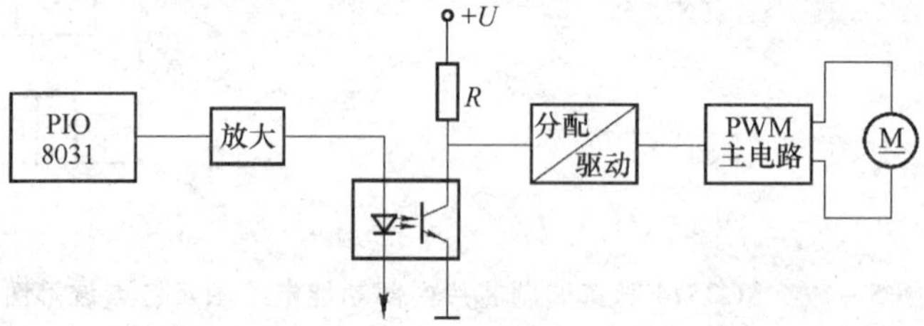

图 5－18　8031 控制的直流脉宽调速系统原理图

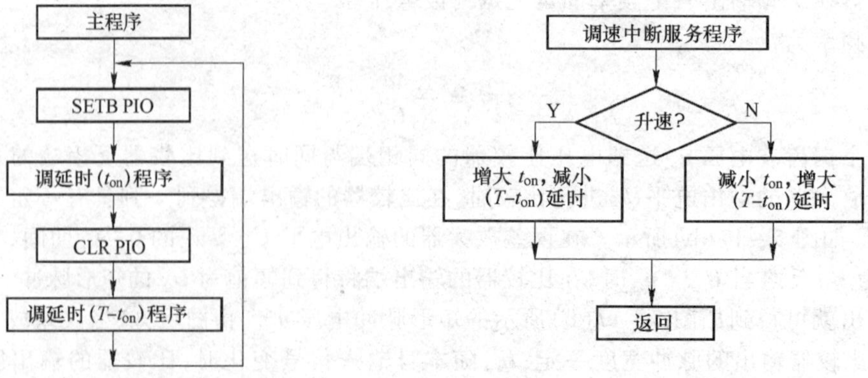

(a)　　(b)

图 5－19　8031 控制的直流脉宽调速系统程序框图

若采用 MCS－96 系列 16 位单片机 8098，由于该机含有脉冲宽度调制输出端口即 PWM 端口，只需对 PWM 控制寄存器写入不同的值，便可获得宽度不同的 PWM 输出信号。

5.2.3 交流电动机的速度控制

前面介绍了采用直流电动机的速度控制系统。过去，由于直流系统的性能指标优于交流系统，因此在要求平滑起、制动，可逆运行，可调速以及高精度的位置和速度控制的情况下，几乎都采用直流传动系统。直流电动机具有机械整流子和电刷，存在维护保养工作重大、电动机安装环境受限制（如不能在有易爆气体及尘埃多的场合使用）、体积和重量比同等容量的交流电动机大以及难以向高速、高电压、大容量方向发展等缺点。

20 世纪 80 年代以来，随着微电子技术，电力电子技术，电机电子技术特别是机电一体化技术的发展，原来阻碍交流传动发展的困难被一一克服，又由于交流电动机具有结构简单，坚固耐用，运行可靠和惯性小等优点，此外，在节能方面，交流传动具有明显的效果，因此，交流传动技术发展迅速，应用日益广泛。

交流传动包括采用交流异步或同步电动机的位置和速度控制。对于交流速度控制系统（通常称为交流调速系统），根据交流电动机的转速公式

$$n = \frac{60f}{p}(1 - s) \tag{5-7}$$

可知要改变转速有三种方法：第一是改变定子供电电压的频率 f，这就是变频调速；第二是改变极对数 p，这只能实现有级调速；第三是改变转差率 s。目前变频调速是主流，本节主要讨论变频调速。

1. 变频器的工作原理

变频调速系统中的变频器通常分为交－交变频器和交－直－交变频器两种，交－交变频器直接将电网的交流电变换为电压和频率都可调的交流电，输出电压的频率不能高于电网的供电频率，这种变频器适用于低频大容量的调速系统。

交－直－交变频器首先将电网的交流电整流为可控的直流电，然后再由逆变器将直流电逆变为交流电。因此交－直－交变频器由整流器和逆变器两部分构成，讨论这种变频器实际上是讨论逆变器，逆变器的工作原理如图 5－20 所示。

三相逆变器由 $S_1 \sim S_6$ 六个开关组成，这六个开关按照图 5－20（b）所示的开关动作时序表闭合、断开，就能在输出端 A、B 和 C 上得到矩形波的三相交流电，矩形波的幅值等于直流电压 U_{DC}，改变直流电压的 U_{DC} 的大小即可调节交流矩形波的幅值。

以上介绍了变频器中逆变器的工作原理，在实际应用中图 5－20 中的直流电压 U_{DC} 应是可调节的，这可以由可控整流器来实现；实际的逆变器采用半导体功率（电力）器件作为开关元件，如晶闸管、可关断晶闸管（GTO）、大功率晶体管亦称双极型功率晶体管（GTR）、功率金属氧化物半导体场效应晶体管（MOS－FET）以及绝缘栅双极型功率晶体管（GBT）等。

2. PWM 型交流变频器

交－直－交变频器的控制方式主要有电流型、电压型和 PWM 型，下面介绍 PWM 型变频器。PWM 型变频器的特点是调频和调压任务都由逆变器担当，二极管整流器提供恒定的直流电压，因此讨论 PWM 型变频器就是讨论 PWM 型逆变器，PWM 型逆变器的主回路图如图5－21所示。

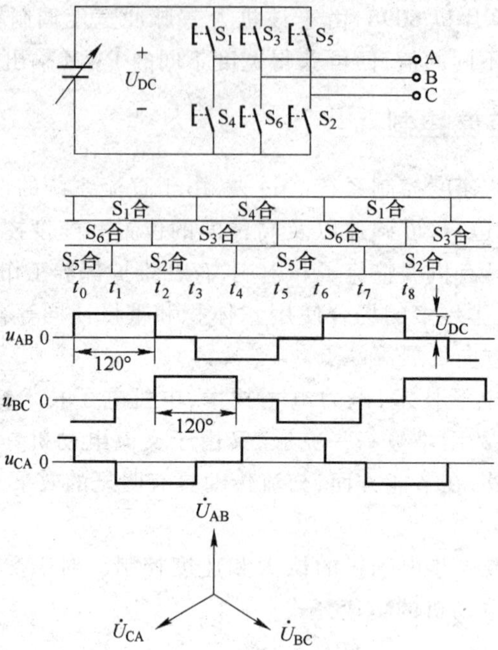

(a) 原理电路

(b) 输出波形

(c) 输出电压矢量

图 5－20　逆变器的工作原理图

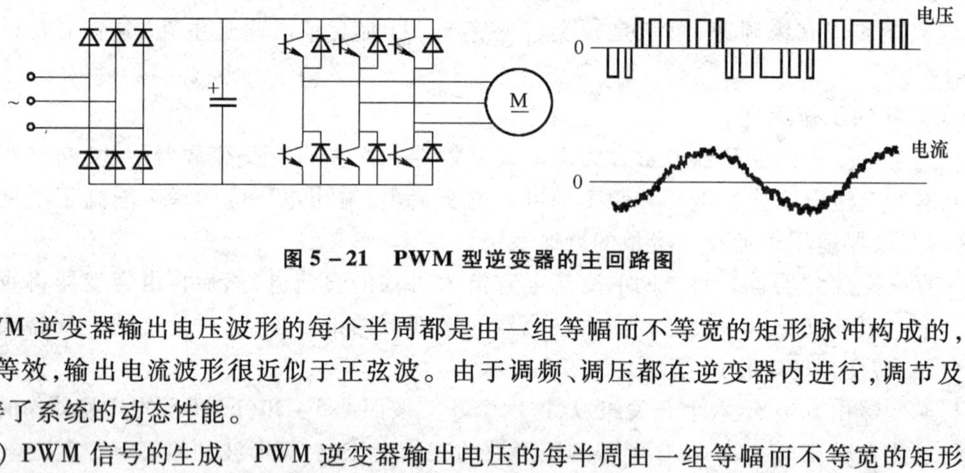

图 5－21　PWM 型逆变器的主回路图

PWM 逆变器输出电压波形的每个半周都是由一组等幅而不等宽的矩形脉冲构成的，与半周正弦波等效，输出电流波形很近似于正弦波。由于调频、调压都在逆变器内进行，调节及时且迅速，改善了系统的动态性能。

（1）PWM 信号的生成　PWM 逆变器输出电压的每半周由一组等幅而不等宽的矩形脉冲电压构成，近似等效于正弦波。这种脉宽调制波是由控制电路按一定的规律控制半导体开关元件的通断而产生的，这一定的规律就是 PWM 信号，逆变器的输出电压是 PWM 信号的放大。PWM 信号——矩形脉冲电压序列的生成是根据图 5－22 所示的等效原则来实现的。

将正弦波正半周划分为 m 等分（设 $m=12$），每一等分的正弦曲线与横轴所包围的面积都用一个与此面积相等的等高矩形脉冲来代替。于是，由 m 个等幅而不等宽的矩形脉冲所组成的波形就与正弦波的正半周等效。同理，正弦波的负半周也用矩形脉冲序列波来等效。由于矩形波的幅值恒定，要使它的面积与相应的正弦波的那一等分面积相等，只能调整矩形脉冲的宽度，这就是脉冲宽度调制（PWM）。

PWM 信号生成的方法有许多种，最基本的方法是用正弦波与三角波相交来产生 PWM 信号，

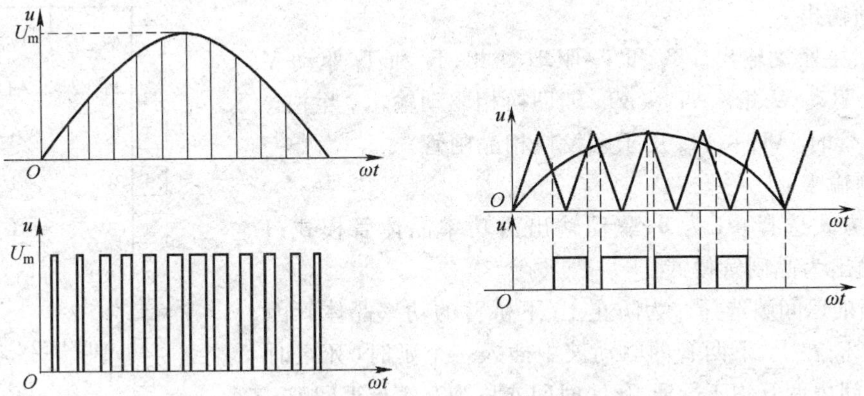

图 5-22 PWM 信号的生成

三角波称为载波(亦称调制波),其幅值恒定,而正弦波称为正弦控制波。

图中,PWM 波脉冲的宽度对应于正弦波幅值大于三角波幅值的那一部分,该宽度按正弦规律变化。改变正弦控制波的幅值,即可改变脉冲宽度,从而改变了逆变器输出电压。

关于频率的调节,有同步调制和非同步调制两种方式。同步调制方式的载波和正弦控制波的频率成比例地变化,每周输出脉冲数不变。非同步调制方式的载波频率固定,只改变正弦控制波的频率。

以上介绍了用正弦控制波与三角波相交来生成 PWM 信号的方法,这是最基本的一种方法。采用这种方法改变正弦控制波的频率,即改变逆变器输出频率,改变正弦控制波的幅值,即改变逆变器输出电压(等效正弦波)的幅值,同时改变正弦控制波的频率和幅值,即可达到调频又调压的目的。

目前常用的 PWM 信号产生方法有以下几种:

① 专用集成电路(ASIC) 生成 PWM 信号的专用集成电路种类较多,如脉宽调制集成芯片 HEF4752V。供交流伺服电动机用的 PLL · PWM 专用集成芯片 TA8444F 以及交流伺服电动机用 PWM 专用集成芯片 SL20 等。

② 专用单片机 国外一些公司在通用型单片机的基础上,根据变频调速的需要生产出专用单片机,如 80C196MC,它是 16 位专用单片机,片内有 16KB 的 OTP/ROM,波形生成器以及 EAP 等。

③ 微型计算机生成 PWM 信号 生成 PWM 信号的微型计算机最小系统通常由微处理器(MPU)、可编程只读存储器(PROM)、读写存储器(RAM)、非易失性存储器、门阵列和频率指令输入回路等构成。这种微型计算机是专门为变频调速设计的专用机。其中的非易失性存储器存放 U/f 的常数,加减速时间以及其他常数,PWM 信号在门阵列中形成并送往逆变桥 GTR 的基极驱动电路。

(2) 8051 单片机与 HEF4752V 芯片构成的 PWM 型交流调速系统

① HEF4752V 芯片简介 HEF4752V 芯片的引脚排列示于图 5-23。

HEF4752V 芯片为双列直插 28 脚芯片。V_{DD} 接正电源,本系统中,V_{DD} 接 +5 V,V_{SS} 接地。下面分别介绍其他各引脚的功能。

a. 驱动输出

$T_1 \sim T_6$:主驱动输出。T_1 和 T_2 驱动 U 相,T_3 和 T_4 驱动 V 相,T_5 和 T_6 驱动 W 相。$AT_1 \sim AT_6$ 辅助换相驱动输出,当主电路采用晶闸管时,$AT_1 \sim AT_6$ 用于触发换相晶闸管。

b. 控制输入

I:工作方式选择。I 为 **0**,驱动输出为功率晶体管模式;I 为 **1**,驱动输出为晶闸管模式。

K:互锁推迟间隙选择。为防止上、下桥臂的功率晶体管因短路事故损坏,在上、下两管的驱动波中插入一个延时(死区时间),在此时间内两管均不导通,死区时间亦称为互锁推迟间隙。

$$\text{K 为 }\mathbf{0},\ t_b = 8/f_{oct}(\text{s}) \tag{5-8}$$

$$\text{K 为 }\mathbf{1},\ t_b = 16/f_{oct}(\text{s}) \tag{5-9}$$

L:允许/禁止控制端。L 为 **0**,封锁驱动输出信号;L 为 **1**,允许 $T_1 \sim T_6$ 输出 PWM 信号。

CW:相序选择。CW 为 **0**,PWM 信号的相序为 $T_1 \to T_3 \to T_2$;CW 为 **1** 相序为 $T_1 \to T_2 \to T_3$。

c. 时钟输入信号

FCT:控制逆变器输出频率 f 的时钟端。加于此端子上的时钟频率 f_{FCT} 与 f 的关系为

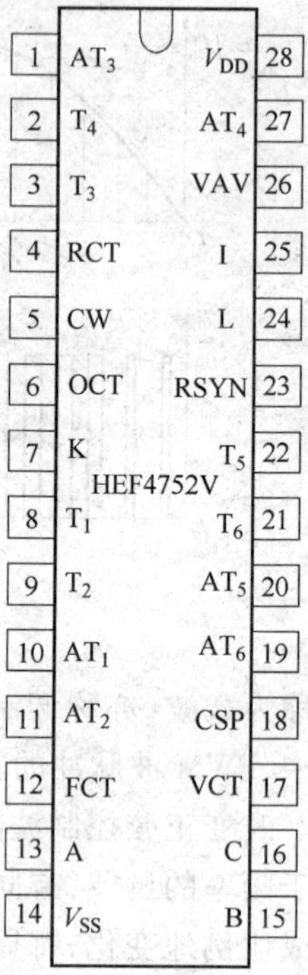

图 5-23　HEF4752V 芯片的引脚

$$f = f_{FCT}/3360$$

VCT:控制逆变器输出频压比的时钟端。在输出频率确定后,输出电压的平均值与加于 VCT 端的时钟脉冲的频率 f_{VCT} 成反比,即

$$\eta = \frac{f_{FCT}}{f_{VCT}} \tag{5-10}$$

当 $\eta \leqslant 0.5$ 时,逆变器输出电压与 η 成比例。输出线电压为正弦波。当 $\eta \cong 2.5$ 时,输出电压近似于方波。

RCT:控制最高开关频率的时钟端。时钟脉冲的频率 f_{RCT} 与最高开关频率 $f_c(\text{M})$ 的关系为

$$f_{RCT} = 280 \times f_c(\text{M}) \tag{5-11}$$

OCT:确定推迟间隙端。它与 K 端共同控制推迟(死区时间)间隙。f_{oct} 与推迟间隙 t_b 的关系见式(5-8)和式(5-9)。

d. 控制输出

RSYN:A 相同步信号、触发示波器扫描端。

VAV:模拟平均电压输出端。

CSP:逆变器开关输出端。

② 系统组成　系统由 MCS-51 最小系统、8253 芯片、HEF4752V 芯片以及其他支持芯片组成。系统框图如图 5-24 所示。

在本系统中,HEF4752V 芯片所需要的频率控制时钟 f_{FCT} 由 8253 芯片的通道 2 提供,该通道的分频系数取固定值。通道 2 的时钟信号 f_{CLZ} 由比例乘法器提供。比例乘法器由两只 MC14527

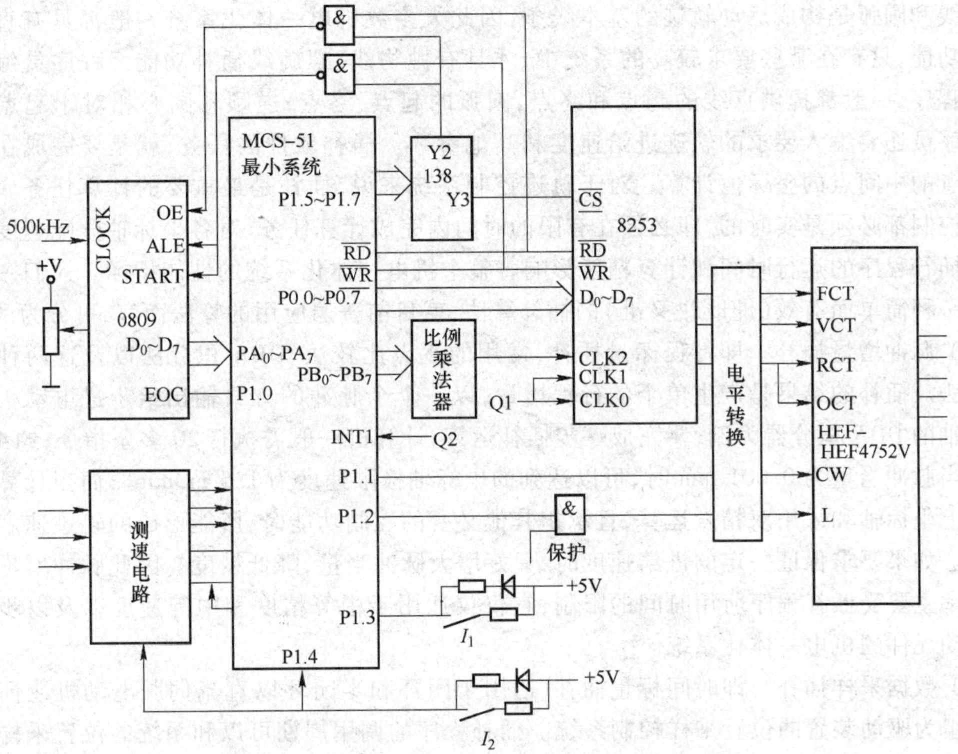

图 5-24 单片机控制 HEF4752V 芯片的系统框图

芯片串联构成，它的数据输入 $D_0 \sim D_7$ 由 MCS-51 的 $PB_0 \sim PB_7$ 提供。当 PB 口送出的比率系数在 1 ~ 99 范围内变化时，比例乘法器输出脉冲个数就在输入的系统时钟的脉冲个数的 1% ~ 99% 范围内变化。

可变比率系数的比例乘法器与固定分频系数的 8253 芯片的通道 2 相串联，达到了均匀输出 *FCT* 频率控制信号的目的。

本系统由 8253 芯片的通道 1 提供 *VCT* 时钟信号，1 通道的输入时钟直接使用系统时钟。分频系数由 MCS-51 的 P0 口写入 8253 芯片。

RCT 和 *OCT* 时钟脉冲直接使用系统时钟经 8253 芯片的 0 通道分频产生，分频系数由 P0 口写入 8253 芯片。

5.3 轨迹控制

一个机电一体化运动控制系统，除了要控制运动坐标点的轨迹和准确定位之外，还必须控制运动的速度。前面介绍了运动速度的控制，下面介绍运动坐标点的轨迹和定位控制。

在机电一体化系统中，计算机根据输入的或来自存储器中存储的程序数据段的信息，以数字方式进行计算，不断向系统提供坐标轴的位置命令，这种计算叫做插补，实现插补运算的装置称为插补器。插补器可以是一个专门的硬接线的数字电路装置，而在计算机控制系统中，插补器的硬件功能全部或部分由计算机的程序软件来实现。

直线和圆弧是构成运动轨迹的基本线条,因此大多数机电一体化系统一般都具有直线和圆弧插补功能,只有在某些要求较高的系统中,才具有抛物线、螺旋线插补功能。程序员编制的运动控制程序,一般都提供直线的起点和终点,圆弧的起点、终点,逆顺和圆心相对于起点的偏移量。程序员还要编入要求的轨迹进给速度和其他参数。插补软件的任务,就是要完成在轨迹起点到终点的中间点的坐标值计算。对于轨迹控制系统来说,插补是最重要的计算任务。插补和对速度控制都必须是实时的,即必须在有限的时间内完成计算任务、对各坐标轴分配速度或位置信息。插补程序的运行时间和计算精度影响着整个机电一体化系统的性能指标。人们一直在努力探求一种简单而有效(即既快又准)的插补算法,就目前普遍应用的算法而言,可分为两大类。

(1) 脉冲增量插补　即行程标量插补,常用的逐点比较法、DDA 积分法以及这两种算法的改型算法。插补的结果是产生单个的行程增量,以一个个脉冲的方式输出给步进电动机。以一个坐标轴的 DDA 积分器为例,要完成一步插补运算,计算机一般需执行 20 多条指令,约 40 μs 的时间。当脉冲当量为 0.001 mm 时,可以达到的坐标轴极限速度为 1.5 m/min。而当计算机控制两个以上坐标轴和采用双精度运算,且承担其他必要的控制功能时,所能形成的轨迹速度将进一步降低。如果要求保证一定的进给速度时,只好增大脉冲当量,降低精度。因此脉冲增量插补输出的速率主要受插补程序所用时间的限制,它仅仅适用于中等精度和中等速度以及以步进电动机为驱动元件的机电一体化系统。

(2) 数据采样插补　即时间标量插补,适用于闭环和半闭环以直流伺服电动机或伺服阀 - 液动机组为驱动装置的位置采样控制系统。插补程序的调用周期可以和系统的位置采样周期相同,也可以是采样周期的整数倍。在前一种情况下,插补程序在每一个采样周期中被调用一次,算出坐标轴在一个周期中的增长段(不是脉冲),算出坐标轴相应的指令位置,与通过位置采样所获得的坐标轴现时的实际位置(数字量)相比较,求得跟随误差。位置伺服软件将根据当前的跟随误差算出适当的坐标轴进给速度指令,输出给驱动装置。在数据采样插补方式中,由于采用较低的插补频率(约 60 ~ 125 Hz),计算机是易于管理和实现的。在这种系统中,插补程序的运行时间不多于计算机时间负荷的 30% ~ 40%,在其余时间内,计算机可以实现包括程序编辑、存储、收集运行状态数据、系统监视和机床控制等功能。系统所能实现的轨迹速度(就插补输出而言),一般可以达到 10 m/min 以上,插补程序的时间负荷已不再是限制轨迹速度的主要原因,轨迹速度的上限将取决于圆弧弦线误差以及伺服系统的特性。

在本节中将介绍逐点比较法和数据采样法。

5.3.1　逐点比较法

逐点比较法的基本思想是被控对象在按要求的轨迹运动时,每走一步都要和规定的轨迹比较一下,由比较结果决定下一步移动的方向。逐点比较法既可以作直线插补又可以作圆弧插补。这种算法的特点是运算直观,插补误差小于一个脉冲当量,输出脉冲均匀,而且输出脉冲的速度变化小,调节方便,因此在两坐标数控机床中应用较为普遍。

1. 直线插补

直线插补时,以直线起点为原点,给出终点坐标(X_e,Y_e),直线方程为

$$\frac{X}{Y}=\frac{X_e}{Y_e}$$

改写为
$$YX_e - XY_e = 0 \tag{5-12}$$

如果运动轨迹不在直线上，则轨迹点的 X,Y 坐标不满足上述直线方程。在第一象限中，对位于直线上方的点 A，如图 5－25 所示。

$$YX_e - XY_e > 0$$

对位于直线下方的点 B，有

$$YX_e - XY_e < 0$$

因此可以取判别函数 F 为

$$F = YX_e - XY_e \tag{5-13}$$

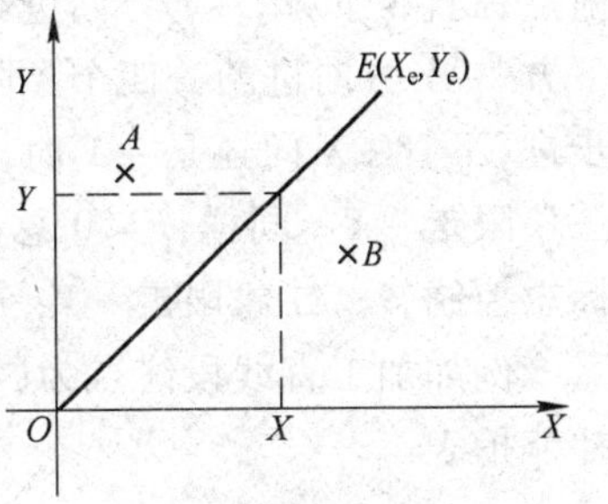

图 5－25 逐点比较法直线插补

用来判别点和直线的相对位置。如图 5－25 所示，当点在直线上方时，$F>0$，应进给 $+X$ 才能接近直线。当点在直线下方时，$F<0$，应进给 $+Y$ 才能趋向直线。点在直线上时，$F=0$，为了连续运动可按 $F>0$ 或 $F<0$ 时的规律运动。为了方便，将 $F=0$ 归入 $F>0$ 的情况。从原点开始，走一步，算一步，判别 F，再向趋向直线方向进给。

为了便于计算，下面将 F 的计算予以简化。

现在当前点 (X_i, Y_i) 在第一象限中，F 值为 $F_{i,j}$

$$F_{i,j} = YX_e - XY_e \tag{5-14}$$

若沿 $+X$ 方向走一步，即

$$X_{i+1} = X_i + 1$$
$$F_{i+1,j} = Y_i X_e - (X_i + 1)Y_e = F_{i,j} - Y_e \tag{5-15}$$

若沿 $+Y$ 方向走一步，即

$$Y_{i+1} = Y_i + 1$$
$$F_{i,j+1} = (Y_i + 1)X_e - X_i Y_e = F_{i,j} + X_e \tag{5-16}$$

直线插补的终点判断，可采用两种办法，一是每走一步判断 $X_i - X_e \geqslant 0$ 且 $Y_i - Y_e \geqslant 0$ 成立与否，如果成立，插补结束，否则继续；二是把每个程序段中的总步数求出来，即 $n = X_e + Y_e$，每走一步 $n-1$，直到 $n=0$ 时为止。因而直线插补方法可归纳为：

当 $F \geqslant 0$ 时，沿 $+X$ 方向走一步，计算结果

$$F \leftarrow F + Y_e$$
$$n \leftarrow n - 1$$

当 $F<0$ 时，沿 $+Y$ 方向走一步，计算结果

$$F \leftarrow F + X_e$$
$$n \leftarrow n - 1$$

其软件流程图如图 5－26 所示。

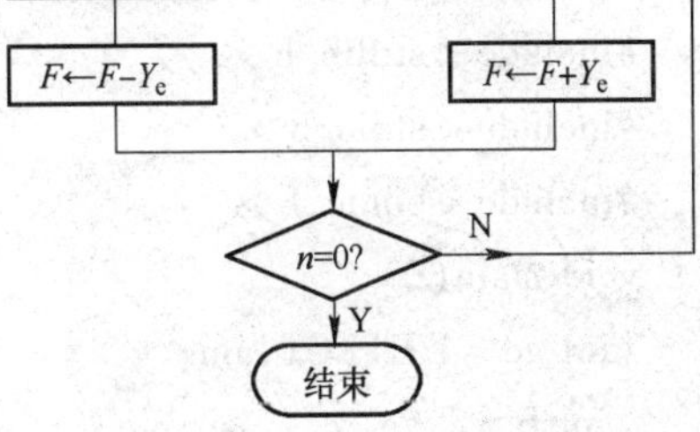

图 5－26 第一象限直线插补流程图

对第二象限，只要取 $|X|$ 代替 X 即可，至于输出应使 X 轴向步进电动机反向旋转，而 Y 轴步进电动机仍为正向旋转。

同理第三、四象限的直线也可以变换到第一象限。插

补运算时，取|X|和|Y|代替 X、Y。输出则是：在第三象限，当前点在直线上方，$-X$ 方向进给，当前点在直线下方，$-Y$ 方向进给；在第四象限，当前点在直线上方，$+X$ 方向进给，当前点在直线下方，$-Y$ 方向进给。四个象限的步进方向如图 5－27 所示。由图中看出，$F \geqslant 0$ 都是沿 X 方向步进，不管 $+X$ 向还是 $-X$ 向，|X|增大。走 $+X$ 或 $-X$ 可由象限标志控制，一、四象限走 $+X$，二、三象限走 $-X$。同样，$F<0$ 总是走 Y 方向，不论 $-Y$ 向或 $+Y$ 向，|Y|增大。走 $+Y$ 或 $-Y$ 由象限标志控制，一、二象限走 $+Y$，三，四象限走 $-Y$。

例如加工直线段终点为(4,2)，计算流程见图 5－26，进给过程见图 5－28，表 5－2 是直线插补节拍表。

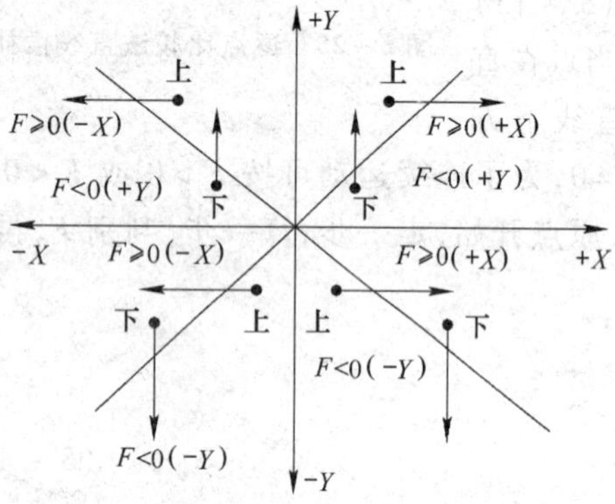

图 5－27 直线插补四个象限的步进方向

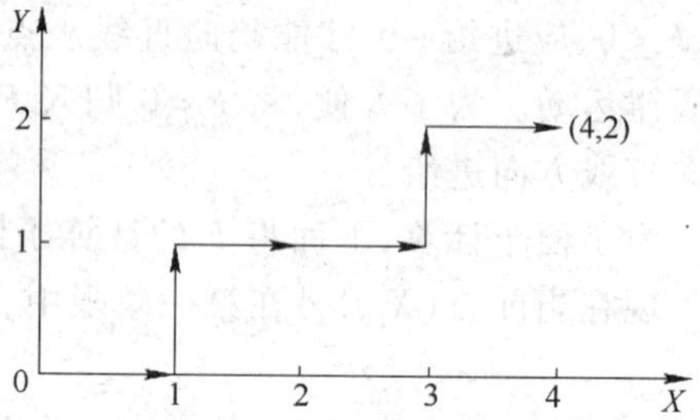

图 5－28 直线插补进给过程

表 5－2 直线插补节拍表

节拍	偏差	进给	偏差计算	终点判别
0	$F_0=0$			$n=X_e+Y_e=4+2=6$
1	$F_0=0$	$+X$	$F_1=F_0-Y_e=0-2=-2$	$n=6-1=5$
2	$F_1=-2<0$	$+Y$	$F_2=F_1+X_e=-2+4=2$	$n=5-1=4$
3	$F_2=2>0$	$+X$	$F_3=F_2-Y_e=2-2=0$	$n=4-1=3$
4	$F_3=0$	$+X$	$F_4=F_3-Y_e=0-2=-2$	$n=3-1=2$
5	$F_4=-2<0$	$+Y$	$F_5=F_4+X_e=-2+4=2$	$n=2-1=1$
6	$F_2=2>0$	$+X$	$F_6=F_5-Y_e=2-2=0$	$n=1-1=0$ 到达终点

按照图 5－26 原理编制的第一象限直线 C 语言插补程序如下：

```
#include < graphics. h >
#include < stdlib. h >
#include < stdio. h >
#include < conio. h >
void main( )                          //主函数
{int gd = DETECT,gm;                  //定义图形显示模式
 int fi,xe,ye,x,y,jsh;                //fi 为偏差，xe、ye 为终点坐标，jsh 为计数长
                                        度，x、y 用于显示
```

```
int delay1,delay2;                          //delay1、delay2 用于延时控制运动速度
char sig;                                   //用于插补中扫描键盘
again:clrscr();                             //清屏
printf("L1 Please input xe,ye:");           //提示输入终点坐标
scanf("%d,%d",&xe,&ye);                     //输入终点坐标
if(xe>320||ye>240){printf("\nxe>320 or ye>240 enter any continue.");
                                            //xe>320 或 ye>240 显示
  getch();goto again;}                      //xe>320 或 ye>240 重新输入
if(xe<0||ye<0){printf("input error,enter any continue.");//判断是否为第一象限
  getch();goto again;}                      //不是第一象限重新输入
x=320;y=240;jsh=xe+ye;                      //计算计数长度,坐标原点在屏幕中间
initgraph(&gd,&gm,"..\BGI");                //置图形显示方式
fi=0;                                       //初始偏差置 0
while(jsh!=0)                               //终点判别
  {if(fi>=0)
      {x++;fi-=ye;}                         //fi>=0 正 X 方向进给一步,计算新的偏差
    else{y--;fi+=xe;}                       //fi<0 负 Y 方向进给一步,计算新的偏差
    putpixel(x,y,4);                        //用红色显示插补得到的坐标点
    jsh--;                                  //计数长度减 1
    delay1=0x0200;                          //延时,用来控制插补的速度
    while(delay1!=0){delay2=65535;while(delay2!=0)delay2--;delay1--;}
    if(kbhit())                             //以下是在插补过程中扫描键盘
      {sig=getch();                         //如果有键按下,取键值
        if(sig=='s'||sig=='S')              //是,按 S 键显示,按 q(或 Q)键退出
          {gotoxy(10,23);                   //按其他键继续
            printf("enter q key exit;other key continue");
            sig=getch();                    //按下 s(或 S)键后再扫描键盘
            gotoxy(10,23);                  //清显示
            printf("                                    ");
            if(sig=='q'||sig=='Q')          //如果是,按 Q 键退出
              jsh=0;                        //计数长度为 0
          }
      }
  }                                         //延时,不同的计算机用不同的常数
gotoxy(10,24);printf("xe=%d,ye=%d",xe,ye);  //在 24 行 10 列处显示终点坐标
gotoxy(10,25);
printf("press any key:");                   //在 25 行 10 列处显示"按任意键"
getch();                                    //等待按键
```

```
  restorecrtmode( );                         //恢复文本方式,程序结束
}
```

上述程序可以在通用微型计算机上运行,运行时输入直线的终点坐标值(起点在屏幕中间),为了简化程序,该程序 xe 值不超过 320,ye 值不超过 240。该程序可通过 Borlandc3.1 编译后运行。用图形显示插补的直线。该程序在运行过程中随时扫描键盘,如果按 s(或 S)键则暂停执行程序,等待按键,此时如果按 q(或 Q)键退出插补,按下其他键继续插补。

实际控制运动时,只要将控制显示的指令段变为控制电动机转动的指令段就可以了。该程序用延时法控制速度,而实际控制系统多数用中断法控制速度。

按照图 5-27 所示原理编制的四个象限直线 C 语言插补程序如下:

```
#include <graphics.h>
#include <stdlib.h>
#include <stdio.h>
#include <conio.h>
#include <math.h>
void main( )                                 //主函数
{int gd = DETECT,gm,lxy;                     //定义图形显示模式,lxy 为象限号
 int fi,xe,ye,x,y,js;                        //fi 为偏差,xe、ye 为终点坐标,js 为计数长度,
                                               x、y 用于显示
 int delay1,delay2;                          //delay1、delay2 用于延时控制运动速度
 char sig;                                   //用于插补中扫描键盘
 again:clrscr( );                            //清屏
 printf("L1_L4 Please input xe,ye:");        //提示输入终点坐标
 scanf("%d,%d",&xe,&ye);                     //输入终点坐标
 if(xe>320||ye>240){printf("\nxe>320 or ye>240! enter any key cintinue.");//显示
 getch( );goto again;}                       //xe>320 或 ye>240 重新输入
 if(xe<0||ye<0)
   {xe+=320;ye+=240;
    if(xe<0||ye<0){printf("\nxe< -320 or ye< -240! enter any key cintinue.");显示
    getch( );goto again;}                    //xe< -320 或 ye< -240 重新输入
    xe-=320;ye-=240;
   }
 x=320;y=240;js=abs(xe)+abs(ye);             //计算计数长度,坐标原点在屏幕中间
 initgraph(&gd,&gm,"");                      //置图形显示方式
 if(xe==0&&ye>0)lxy=2;                       //终点为第二象限
 if(xe==0&&ye<0)lxy=4;                       //终点为第四象限
 if(ye==0&&xe>0)lxy=1;                       //终点为第一象限
 if(ye==0&&xe<0)lxy=3;                       //终点为第三象限
 if(xe>0&&ye>0)lxy=1;                        //终点为第一象限
```

```
if(xe>0&&ye<0)lxy=4;                 //终点为第四象限
if(xe<0&&ye>0)lxy=2;                 //终点为第二象限
if(xe<0&&ye<0)lxy=3;                 //终点为第三象限
fi=0;                                //初始偏差置0
while(js!=0)                         //终点判别
  {if(fi>=0)
     {fi-=abs(ye);                   //fi>=0,X方向进给,计算新偏差
      switch(lxy)
        {case 1:x++;break;           //第一象限,正X方向
         case 2:x--;break;           //第二象限,负X方向
         case 3:x--;break;           //第三象限,负X方向
         case 4:x++;break;           //第四象限,正X方向
        }
     }
   else{fi+=abs(xe);                 //fi<0,Y方向进给
        switch(lxy)
        {case 1:y--;break;           //第一象限,正Y方向
         case 2:y--;break;           //第二象限,负Y方向
         case 3:y++;break;           //第三象限,负Y方向
         case 4:y++;break;           //第四象限,正Y方向
        }
       }
   putpixel(x,y,4);                  //用红色显示插补得到的坐标点
   js--;                             //计数长度减1
   delay1=0x0100;
   while(delay1!=0){delay2=65535;while(delay2!=0)delay2--;delay1--;}
   if(kbhit())                       //以下是在插补过程中扫描键盘
     {sig=getch();                   //如果有键按下,取键值
      if(sig=='s'||sig=='S')         //是,按S键显示,按q(或Q)键退出
        {gotoxy(10,23);              //按其他键继续
         printf("enter q key exit;other key continue");
         sig=getch();                //按下s(或S)键后再扫描键盘
         gotoxy(10,23);              //清显示
         printf("                                    ");
         if(sig=='q'||sig=='Q')      //如果是,按Q键退出
           js=0;                     //计数长度为0
        }
     }
```

```
    }                                          //延时,不同的计算机用不同的常数
  gotoxy(10,24);printf("xe = %d,ye = %d",xe,ye);  //在 24 行 10 列处显示终点坐标
  gotoxy(10,25);
  printf("press any key:");                    //在 25 行 10 列处显示按任意键
  getch();                                     //等待按键
  restorecrtmode();                            //恢复文本方式,程序结束
}
```

上述程序可以在通用微型计算机上运行,运行时输入直线的终点坐标值(起点在屏幕中间)。为了简化程序,xe 绝对值不超过 320,ye 绝对值不超过 240。可以根据输入数据的符号自动确定是第几象限的直线。直线插补时根据确定的象限号控制进给的方向,从而得到正确的直线。该程序也是用图形显示插补的直线。

2. 圆弧插补

逐点比较法中,一般以圆心为原点,给出圆弧起点坐标(X_0,Y_0)和终点坐标(X_e,Y_e),如图 5－29 所示,加工路径为第一象限顺圆。

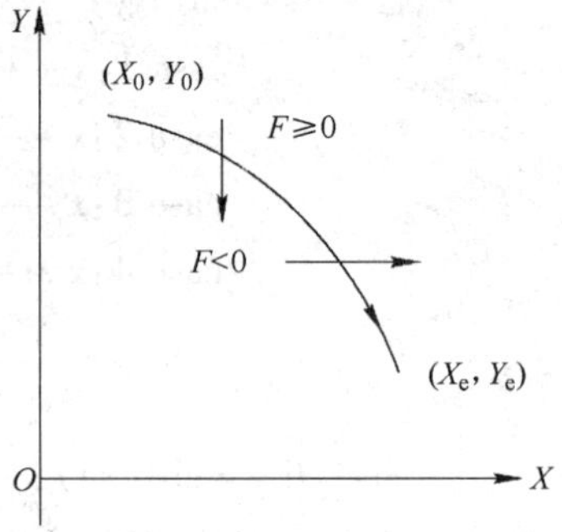

图 5－29　逐点比较法圆弧插补

设圆弧上任一点坐标(X,Y),则下式成立

$$(X^2 + Y^2) - (X_0^2 + Y_0^2) = 0$$

选择判别函数 F 为

$$F = (X^2 + Y^2) - (X_0^2 + Y_0^2) \tag{5－17}$$

根据动点所在区域不同,有下列三种情况:

$F>0$　　动点在圆弧外

$F=0$　　动点在圆弧上

$F<0$　　动点在圆弧内

把 $F=0$ 和 $F>0$ 合并在一起考虑,按下述规则进行第一象限顺圆插补:

$F \geqslant 0$ 时,进给 $-Y$

$F<0$ 时,进给 $+X$

每进给一步进行一次偏差计算,新偏差可用于下次偏差判别,同时还要进行重点判别。设现加工点坐标为(X_i,Y_j),则该点的 F 值 $F_{i,j}$ 为

$$F_{i,j} = (X_i^2 + Y_j^2) - (X_0^2 + Y_0^2) \tag{5－18}$$

进给一步 $+X$ 后

$$F_{i+1,j} = ((X_i + 1)^2 + Y_j^2) - (X_0^2 + Y_0^2) = - F_{i,j} + 2X_i + 1 \tag{5－19}$$

进给一步 $-Y$ 后

$$F_{i,j+1} = (X_i^2 + (Y_j - 1)^2) - (X_0^2 + Y_0^2) = F_{i,j} - 2Y_j + 1 \tag{5－20}$$

终点判断可采用终点坐标与动点坐标比较的方法。$X_i - X_e = 0$,X 向到终点;$Y_i - Y_e = 0$,Y 向到终点,当两个坐标轴同时到终点,插补结束。

第一象限逆圆插补的流程图如图 5－30 所示。

例如加工起点为(4,1),终点为(1,4)的逆圆,计算流程见图 5-30,进给过程见图 5-31,表 5-3 是圆弧插补节拍表。

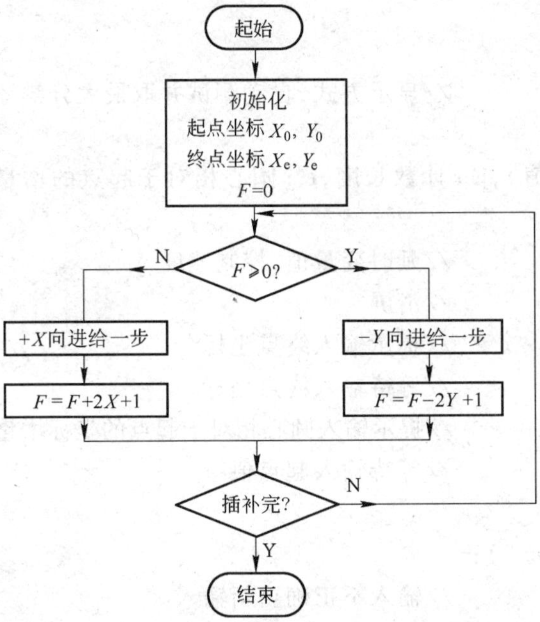

图 5-30 第一象限逆圆插补的流程图

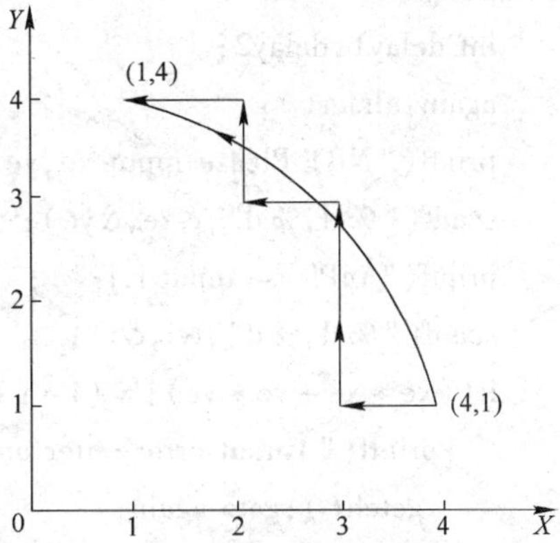

图 5-31 第一象限逆圆插补的计算流程

表 5-3 圆弧插补节拍表

节拍	偏差	进给	偏差计算	终点判别
0	$F_0=0$		$F_0=0$ $X=4,Y=1$	$n=\|1-4\|+\|4-1\|=6$
1	$F_0=0$	$-X$	$F_1=F_0-2X+1=-7$ $X=3,Y=1$	$n=6-1=5$
2	$F_1=-7<0$	$+Y$	$F_2=F_1+2Y+1=-4$ $X=3,Y=2$	$n=5-1=4$
3	$F_2=-4<0$	$+Y$	$F_3=F_2+2Y+1=1$ $X=3,Y=3$	$n=4-1=3$
4	$F_3=1>0$	$-X$	$F_4=F_3-2X+1=-4$ $X=2,Y=3$	$n=3-1=2$
5	$F_4=-4<0$	$+Y$	$F_5=F_4+2Y+1=3$ $X=2,Y=4$	$n=2-1=1$
6	$F_5=3>0$	$-X$	$F_6=F_5-2X+1=0$ $X=1,Y=4$	$n=1-1=0$

按照图 5-30 所示流程图编制的逆圆第一象限 C 语言插补程序如下:

```
#include <graphics. h>
```

```
#include < stdlib. h >
#include < stdio. h >
#include < conio. h >
void main( )
{int gd = DETECT,gm;                                  //显示方式,自动测试并取最大分辨率
 int xe,ye,x,y,jsh,i,j,fi;
/* xe、ye 终点坐标,x、y 显示坐标(屏幕坐标值),jsh 计数长度,i、j 圆心相对于起点的增量
值,fi 偏差值 */
 int delay1,delay2;                                   //延时变量值,控制速度
 again:clrscr( );                                     //清屏
 printf(" NR1 Please input xe,ye:");                  //提示输入终点坐标
 scanf("%d,%d",&xe,&ye);                              //等待输入终点坐标
 printf(" \nPlease input i,j:");                      //提示输入圆心相对于起点的坐标增量
 scanf("%d,%d",&i,&j);                                //等待输入起点值
 if((xe * xe + ye * ye)! = (i * i + j * j))
   {printf(" \input error enter any key continue. ");
     getch( );goto again;}                            //输入不正确重新输入
 i =0 - i;j =0 - j;                                   //i、j 取反
 x =320;y =240;jsh = abs(i - xe) + abs(ye - j);       //将原点置在屏幕中间,计算计数长度
 x + =i;y - =j;                                       //计算显示坐标值 X、显示坐标值 Y
 initgraph(&gd,&gm,"");                               //图形显示方式
 fi =0;                                               //初始偏差置 0
 while(jsh! =0)                                       //计数长度不为 0 循环插补
   {if(fi > =0)                                       //fi > =0
     {x --;fi = fi - 2 * i + 1;i --;}                 //负 X 方向进给,计算 fi、i --
   else{y --;fi = fi + 2 * j + 1;j ++;}               //fi <0,正 Y 方向进给,计算 fi、j ++
   putpixel(x,y,4);                                   //显示坐标点
   jsh --;                                            //计数长度减 1
   delay1 =0x0100;
   while(delay1! =0){delay2 =65535;while(delay2! =0)delay2 --;delay1 --;}
   }                                                  //延时控制速度
 gotoxy(10,24);printf("xe =%d,ye =%d",xe,ye);        //在 24 行 10 列处显示终点坐标
 gotoxy(10,25);printf("press any key:");             //在 25 行 10 列处显示“按任意键”
 getch( );                                            //等待按键
 restorecrtmode( );                                   //恢复文本方式
}
```

上述程序可以在通用微型计算机上运行,该程序是用图形显示插补的第一象限逆圆圆弧。执行程序时先输入圆弧的终点坐标值 xe 和 ye(本程序以屏幕中心为圆心,为坐标原点),接着输

入圆心相对于起点的坐标增量值 i 和 j。本程序输入的圆弧半径最大值不超过 240。为了使程序简单，对半径超过 240 未做处理。

本程序要求输入的 xe、ye 在圆上，程序中对 xe、ye、i 和 j 值进行检查，如果不在圆上给出提示。

上面介绍了第一象限顺圆插补和逆圆插补，根据圆弧所在象限、走向的不同，插补公式、运动点的走向也不同，可分为 8 种情况，见图 5－32。

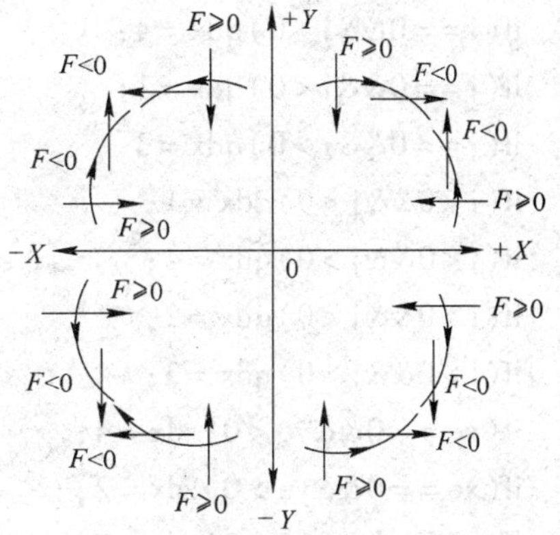

图 5－32 圆弧插补四个象限的步进方向

按照图 5－32 所示的原理编制的逐点比较法逆圆四个象限的圆弧插补程序如下：

```
#include <graphics.h>
#include <stdlib.h>
#include <stdio.h>
#include <conio.h>
#include <math.h>
int xe,ye,x,y,i,j,xd,yd,qdx,zdx,fi,jsh,zheng;
/* xe、ye 为圆弧终点坐标，x、y 为显示坐标值(屏幕坐标)，i、j 为圆心相对于起点的增量值，
  xd、yd 动点坐标(终点判别用)，qdx、zdx 为起点和终点所在象限，fi 为偏差，jsh 为计数长度，
  zheng 为整圆标志(整圆时标志为 1) */
int delay1,delay2;                          //延时用变量
void nr1();                                 //声明逆圆第一象限插补函数
void nr2();                                 //声明逆圆第二象限插补函数
void nr3();                                 //声明逆圆第三象限插补函数
void nr4();                                 //声明逆圆第四象限插补函数
void main()                                 //主函数
{int gd=DETECT,gm;                          //显示方式，自动测试并取最大分辨率
 again:clrscr();                            //清屏
 printf("NR1_NR4 Please input xe,ye:");     //提示输入终点坐标
 scanf("%d,%d",&xe,&ye);                    //等待输入终点坐标
 printf("\nPlease input i,j:");             //提示输入圆心相对于起点的增量值
 scanf("%d,%d",&i,&j);                      //等待输入增量值
 if((xe*xe+ye*ye)!=(i*i+j*j))
   {printf("\input error enter any key continue.");
    getch();goto again;}                    //输入数据不合法重新输入
 if((xe==0&&ye==0)||(i==0&&j==0))
   {printf("\input error enter any key continue.");
    getch();goto again;}                    //输入数据不合法重新输入
 if(i==0&&j<0)qdx=2;                        //起点为第二象限
```

```
    if(i==0&&j>0)qdx=4;                           //起点为第四象限
    if(j==0&&i<0)qdx=1;                           //起点为第一象限
    if(j==0&&i>0)qdx=3;                           //起点为第三象限
    if(i<0&&j<0)qdx=1;                            //起点为第一象限
    if(i<0&&j>0)qdx=4;                            //起点为第四象限
    if(i>0&&j<0)qdx=2;                            //起点为第二象限
    if(i>0&&j>0)qdx=3;                            //起点为第三象限
    if(xe==0&&ye<0)zdx=4;                         //终点为第四象限
    if(xe==0&&ye>0)zdx=2;                         //终点为第二象限
    if(ye==0&&xe<0)zdx=3;                         //终点为第三象限
    if(ye==0&&xe>0)zdx=1;                         //终点为第一象限
    if(xe>0&&ye>0)zdx=1;                          //终点为第一象限
    if(xe>0&&ye<0)zdx=4;                          //终点为第四象限
    if(xe<0&&ye>0)zdx=2;                          //终点为第二象限
    if(xe<0&&ye<0)zdx=3;                          //终点为第三象限
    if(qdx==zdx)                                  //判断是否为整圆
      if(xe+i==0&&ye+j==0)zheng=1;                //起点与终点相同为整圆
      else zheng=0;                               //否则不是整圆
    else zheng=0;                                 //否则不是整圆
    initgraph(&gd,&gm,"");                        //置图形显示方式
    x=320;y=240;jsh=1;                            //设置屏幕坐标原点,设置计数值不为0
    while(jsh!=0)
      {switch(qdx)
        {case 1:nr1();break;                      //起点为第一象限调用逆圆1插补函数
         case 2:nr2();break;                      //起点为第二象限调用逆圆2插补函数
         case 3:nr3();break;                      //起点为第三象限调用逆圆3插补函数
         case 4:nr4();break;                      //起点为第四象限调用逆圆4插补函数
        }
      }
   gotoxy(10,24);printf("xe=%d,ye=%d",xe,ye);     //在24行10列处显示终点坐标
   gotoxy(10,25);printf("press any key:");        //在25行10列处显示"按任意键"
   getch();                                       //等待按键
   restorecrtmode();                              //恢复文本方式
}
void nr1()                                        //逆圆1插补函数
{x=320;y=240;                                     //原点在屏幕中间
  x-=i;y+=j;xd=-i;yd=-j;fi=0;                     //圆弧起点显示坐标,动点坐标,偏差预置0
  while(jsh!=0)                                   //计数长度不为0继续插补
```

```
  {if(fi>=0)                                   //fi>=0
     {fi=fi-2*abs(i)+1;                        //fi=fi-2*i+1
      x--;i++;xd--;}                           //修改显示坐标,修改i值,修改动点
   else{fi=fi+2*abs(j)+1;                      //fi=fi+2*j+1
        y--;j--;yd++;}                         //修改显示坐标,修改j值,修改动点
    putpixel(x,y,10);                          //显示坐标点
    if(zheng==1||qdx!=zdx)                     //是整圆且起终点不在一个象限
       if(i==0){qdx=2;zheng=0;break;}          //如果动点在Y轴上,换第二象限,退出
                                                 本函数
    if(zheng==0&&qdx==zdx)                     //如果整圆标志为0并且起、终点在一个
                                                 象限
       if(xd<=xe&&yd>=ye){jsh=0;break;}//起点和终点生命置计数值为0,退出本
                                                 函数
   delay1=0x0050;
   while(delay1!=0){delay2=65535;while(delay2!=0)delay2--;delay1--;}
  }                                            //延时控制速度
}
void nr2()                                     //逆圆2插补函数
{x=320;y=240;                                  //原点在屏幕中间
 x-=i;y+=j;xd=-i;yd=-j;fi=0;                   //圆弧起点显示坐标,动点坐标偏差预置0
 while(jsh!=0)                                 //计数长度不为0继续插补
   {if(fi>=0)                                  //fi>=0
      {fi=fi-2*abs(j)+1;                       //fi=fi-2*j+1
       y++;j++;yd--;}                          //修改显示坐标,修改j值,修改动点
    else{fi=fi+2*abs(i)+1;                     //fi=fi+2*i+1
         x--;i++;xd--;}                        //修改显示坐标,修改i值,修改动点
    putpixel(x,y,10);                          //显示坐标点
    if(zheng==1||qdx!=zdx)                     //是整圆且起终点不在一个象限
       if(j==0){qdx=3;zheng=0;break;}          //如果动点在X轴上,换第三象限,退出
                                                 本函数
    if(zheng==0&&qdx==zdx)                     //如果整圆标志为0并且起终点在一个
                                                 象限
       if(xd<=xe&&yd<=ye){jsh=0;break;}        //起点和终点生命置计数值为0,退出本
                                                 函数
   delay1=0x0050;
   while(delay1!=0){delay2=65535;while(delay2!=0)delay2--;delay1--;}
  }                                            //延时控制速度
}
```

```
void nr3( )                                    //逆圆 3 插补函数
{x = 320;y = 240;                              //原点在屏幕中间
 x - = i;y + = j;xd = - i;yd = - j;fi = 0;     //圆弧起点显示坐标,动点坐标,偏差预置 0
 while(jsh! = 0)                               //计数长度不为 0 继续插补
   {if(fi > = 0)                               //fi > = 0
     {fi = fi - 2 * abs(i) + 1;                //fi = fi - 2 * i + 1
      x + + ;i - - ;xd + + ;}                  //修改显示坐标,修改 i 值,修改动点
    else{fi = fi + 2 * abs(j) + 1;             //fi = fi + 2 * j + 1
         y + + ;j + + ;yd - - ;}               //修改显示坐标,修改 j 值,修改动点
    putpixel(x,y,10);                          //显示坐标点
    if(zheng = = 1||qdx! = zdx)                //是整圆且起、终点不在一个象限
      if(i = = 0){qdx = 4;zheng = 0;break;}    //如果动点在 X 轴上,换第四象限,退出
                                                 本函数
    if(zheng = = 0&&qdx = = zdx)               //如果整圆标志为 0 并且起、终点在一个
                                                 象限
      if(xd > = xe&&yd < = ye){jsh = 0;break;} //起点和终点生命置计数值为 0,退出本
                                                 函数
    delay1 = 0x0050;
    while(delay1! = 0){delay2 = 65535;while(delay2! = 0)delay2 - - ;delay1 - - ;}
   }                                           //延时控制速度
}
void nr4( )                                    //逆圆 4 插补函数
{x = 320;y = 240;                              //原点在屏幕中间
 x + = i;y + = j;xd = - i;yd = - j;fi = 0;     //圆弧起点显示坐标,动点坐标,偏差预
                                                 置 0
 while(jsh! = 0)                               //计数长度不为 0 继续插补
   {if(fi > = 0)                               //fi > = 0
     {fi = fi - 2 * abs(j) + 1;                //fi = fi - 2 * j + 1
      y - - ;j - - ;yd + + ;}                  //修改显示坐标,修改 j 值,修改动点
    else{fi = fi + 2 * abs(i) + 1;             //fi = fi + 2 * i + 1
         x + + ;i - - ;xd + + ;}               //修改显示坐标,修改 i 值,修改动点
    putpixel(x,y,10);                          //显示坐标点
    if(zheng = = 1||qdx! = zdx)                //是整圆且起终点不在一个象限
      if(j = = 0){qdx = 1;zheng = 0;break;}    //如果动点在 X 轴上,换第一象限,退出
                                                 本函数
    if(zheng = = 0&&qdx = = zdx)               //如果整圆标志为 0 并且起终点在一个
                                                 象限
      if(xd > = xe&&yd > = ye){jsh = 0;break;} //起点和终点生命置计数值为 0,退出本
```

```
                                              函数
    delay1 = 0x0050;
    while(delay1 ! = 0){delay2 = 65535;while(delay2 ! = 0)delay2 - - ;delay1 - - ;}
  }                                              //延时控制速度
}
```

该程序是用图形显示插补的第一象限逆圆圆弧。执行程序时先输入圆弧的终点坐标值 xe 和 ye(本程序以圆心为坐标原点),接着输入圆心相对于起点的坐标增量值 i 和 j。本程序输入的圆弧半径最大值不超过 240。为了使程序简单,对半径超过 240 未做处理。

要求输入 xe、ye 在圆上,程序中对 xe、ye、i 和 j 值进行检查,如果不在圆上给出提示。

5.3.2 数据采样法

数据采样法使用一系列首尾相连的微小直线段来逼近给定曲线。这些线段是按加工时间来进行分割的,因此也称之为"时间分割法"。一般来讲,分割后得到的这些小线段相对于系统精度来讲仍是比较大的。为此,必须进一步进行数据点的密化工作。所以,也称微小直线段的分割过程是粗插补,而后续进一步的密化过程是精插补。通过两者的紧密配合即可实现高性能轮廓插补。一般情况下粗插补由软件实现,精插补由前面介绍的脉冲增量法实现,它既可由软件实现也可由硬件实现。

在数据采样法中通常用到插补周期与位置控制周期,插补周期是相邻两个微小直线段之间的插补时间间隔。位置控制周期是数控系统中伺服位置环的采样控制周期。对于给定的某个数控系统而言,插补周期和位置控制周期是两个固定不变的时间参数。一般情况下,插补周期越长,插补计算误差也将越大,因此,单从减小插补计算误差角度考虑,插补周期应尽量选得小一些。但另一方面,插补周期也不能太短,由于 CNC 系统在进行轮廓插补控制时,其 CNC 装置中 CPU 不仅要完成插补运算,还必须处理一些其他任务,例如位置误差计算、显示、监控、I/O 处理等,因此,插补周期不单是指 CPU 完成插补运算所需的时间,而且还必须留出一部分时间用于执行其他相关的 CNC 任务。因此要求插补周期必须大于插补运算时间和完成其他相关任务所需时间之和。位置控制周期的选择有两种形式:一种是位置控制周期等于插补周期,另一种是位置控制周期等于插补周期的整数倍。

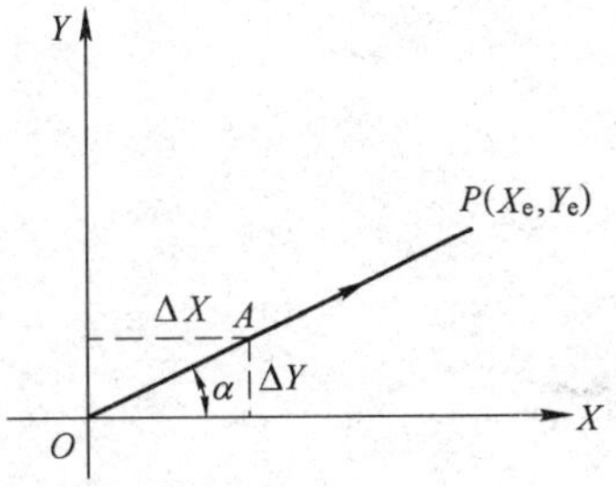

图 5-33 数据采样法直线插补

1. 直线插补

设要求刀具在 XY 平面中如图 5-33 所示作直线运动,移动增量分别为 X_e 和 Y_e。插补时取增量大的作长轴,小的为短轴,要求 X 和 Y 轴的速度保持一定的比例,且同时到达终点。

设刀具移动方向与长轴夹角为 α,OA 为一次插补的进给步长 f,则

$$f = FT$$

其中 F 为插补速度,T 为插补周期。

$$\Delta X = f\cos\alpha \tag{5-21}$$

$$\Delta Y = \frac{X_e}{Y_e}\Delta X \tag{5-22}$$

$$\tan\alpha = \frac{1}{\sqrt{1+\tan^2\alpha}} \tag{5-23}$$

$$\cos\alpha = \frac{Y_e}{X_e} \tag{5-24}$$

2. 圆弧插补

如图 5-34 所示，顺圆上 B 点是继 A 点之后的瞬时插补点，其坐标分别为 $A(X_i, Y_i)$，$B(X_{i+1}, Y_{i+1})$，插补就是指由 $A(X_i, Y_i)$ 点求出下一点 $B(X_{i+1}, Y_{i+1})$，也就是求在一个插补周期的时间内，X 轴和 Y 轴的进给量 ΔX 和 ΔY。图中弦 AB 正是圆弧插补时每周期的进给步长 $f=FT$。AP 是 A 点切线，M 是弦的中点，$OM\perp AB$，$ME\perp AF$，E 为 AF 的中点。圆心角具有下列关系

$$\phi_{i+1} = \phi_i + \delta \tag{5-25}$$

其中 δ 为进给步长 f 所对应的角增量，称为角步距。

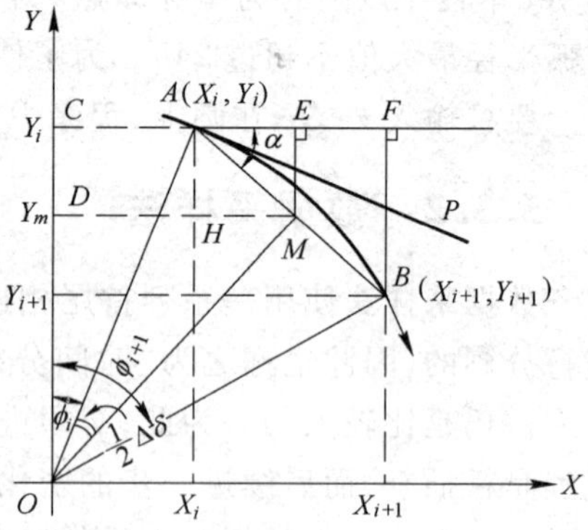

图 5-34 数据采样法圆弧插补

因为 $OA\perp AP$ 且 $OM\perp AB$，$\angle AOC=\angle PAF=\phi_i$，所以

$$\angle BAP = \frac{1}{2}\angle AOB = \frac{1}{2}\delta$$

$$\alpha = \angle BAP + \angle PAF = \phi_i + \frac{1}{2}\delta$$

在 $\triangle MOD$ 中

$$\tan\left(\phi_i + \frac{1}{2}\delta\right) = \frac{DH+HM}{OC-CD}$$

由于

$$DH = X_i$$

$$OC = Y_i$$

$$HM = \frac{1}{2}f\cos\alpha = \frac{1}{2}\Delta X$$

$$CD = \frac{1}{2}f\sin\alpha = \frac{1}{2}\Delta Y$$

所以

$$\tan\alpha = \tan\left(\phi_i + \frac{1}{2}\delta\right) = \frac{X_i + \frac{1}{2}\Delta X}{Y_i - \frac{1}{2}\Delta Y} = \frac{X_i + \frac{1}{2}f\cos\alpha}{Y_i - \frac{1}{2}f\sin\alpha} \tag{5-26}$$

上式反映了 A 点和 B 点的位置关系，只要坐标满足上式，则 A 点和 B 点必在同一圆弧上，但由于 $\cos\alpha$ 和 $\sin\alpha$ 都是未知数，难以求解，这里用 $\cos 45°$ 和 $\sin 45°$ 来取代，有

$$\tan\alpha \approx \frac{X_i + \frac{1}{2}f\cos 45°}{Y_i - \frac{1}{2}f\sin 45°} \tag{5-27}$$

由于 f 值很小，上式近似是可行的，可得

$$\Delta X = f\cos\alpha \tag{5-28}$$

进而计算出

$$\Delta Y=\frac{\left(X_i+\frac{1}{2}\Delta X\right)\Delta X}{Y_i-\frac{1}{2}\Delta Y} \tag{5-29}$$

根据上面关于 ΔY 的二次方程，采用近似计算即可求出 ΔY 的值。

3. 数据采样法与脉冲增量插补法的区别

(1) 脉冲增量插补算法每次插补结果是一个脉冲，适用于步进电动机驱动的开环数控系统；数据采样插补算法每次插补结果是一个小直线段，适于直流电动机或交流电动机驱动的闭环和半闭环数控系统中。

(2) 在实际数控系统中，插补程序均放在中断服务程序中，因此采用脉冲增量插补算法时，进给速度的控制是靠不断改变中断周期来实现的。而采用数据采样插补算法时，中断周期是不变的，进给速度的高低仅与每次插补出小线段的长短有关。

(3) 只要插补计算的执行时间（当然还包括位置控制、监控等）小于中断周期，一般来说采用数据采样插补算法的最高进给速度几乎不受计算机运算速度的限制，而脉冲增量插补算法是靠调节中断周期来改变进给速度的，而插补计算的执行时间必须小于中断周期，因此最高进给速度受计算机运算速度的限制。

习　题

5-1　说明顺序控制与时间控制的特点。

5-2　顺序控制与时间控制系统由哪些部分组成？

5-3　顺序控制与时间控制系统有哪些类型？

5-4　说明三相六拍工作模式下步进电动机的通电顺序。

5-5　步进电动机的速度控制方法有几种？

5-6　步进电动机的加减速控制如何实现？

5-7　直流伺服电动机的速度控制需要调整哪些电参数？

5-8　何为 PWM 调速？

5-9　交流伺服电动机的速度控制需要调整哪些电参数？

5-10　插补算法分为哪两类？

5-11　设直线的终点坐标为(5,6)，试用逐点比较法写出插补过程，并绘出进给路线图。

5-12　逆圆圆弧，起点坐标为(5,0)，终点坐标为(0,5)，试用逐点比较法写出插补过程，并绘出进给路线图。

5-13　说明数据采样法与脉冲增量法的区别。

第6章 执行装置及其控制

随着机电一体化技术的不断发展，机电系统对执行装置的一些参数，如位移、速度、加速度、力和力矩等输出参数，要求越来越高，例如在数控机床中，伺服系统接收来自插补器的进给脉冲，经放大和变换后转化为机床工作台的位移。对伺服系统的要求是快速性、精确性和稳定性，即输出量迅速而精确地响应指令输入的变化。因此认识了解执行装置及其控制的有关知识是十分必要的。

在机电一体化系统中，常见的执行装置包括步进电动机、直流电动机、交流电动机、液压与气动装置。本章将从工作原理、特点及控制方式等几个方面阐述这几种执行装置及其应用。

6.1 步进电动机

6.1.1 步进电动机的工作原理

一般的电动机是连续运转的，而步进电动机则是一步一步运转的。步进电动机的转子做成多极的，定子上嵌有多相星形联结的控制绕组，由专用的电源输入电脉冲信号，每给一个脉冲信号就使步进电动机的转子转过一个角度，由于输入的是电脉冲信号而输出的角位移是断续的，因此也称步进电动机为脉冲电动机。步进电动机种类繁多，有旋转运动的，有直线运动的和平面运动的。从结构上看，分为反应式与励磁式。励磁式又分为供电励磁和永磁两种。按相数分可分为单相、二相、三相及多相步进电动机。

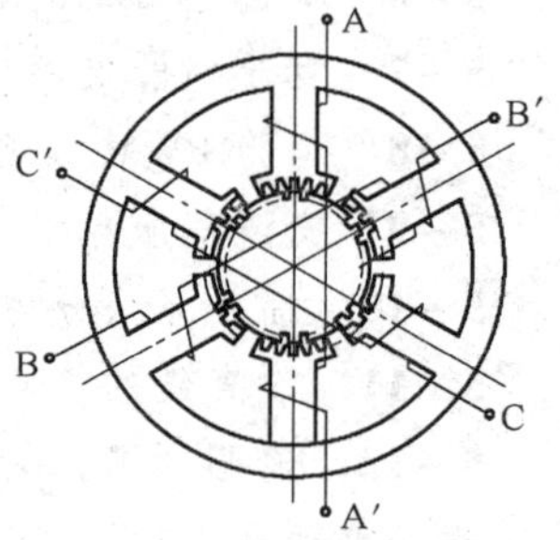

图6－1　步进电机的结构原理图

目前最常用的步进电动机是反应式步进电动机。主要是因为反应式步进电动机结构简单和经久耐用。这种电动机按变磁阻的工作原理工作，所以又称为变磁阻步进电动机。下面说明其工作原理。图6－1是三相反应式步进电动机的结构原理图。定子上嵌有星形联结的三相绕组，定子每对极上绕有一相绕组；转子上没有绕组，为硅钢片或软磁性钢片叠成的铁心。当仅是A相绕组通电时，气隙磁场与A相绕组轴相重合，如图6－2所示。转子将受磁场拉力旋转到与A相绕组轴线对齐，此时定子、转子之间取得最大磁导位置，转子上只受径向力而无切向力，故此位置使转子具有自锁能力。如果从 A 相换接到 B 相通电时，转子将转到使其轴线与 B 相绕组轴线相重合的位置。可见电流每换接一相，电动机转子旋转沿逆时针方向转过 30 度，或说在空间前进了一步，每一步所转过的角度称为步距角。

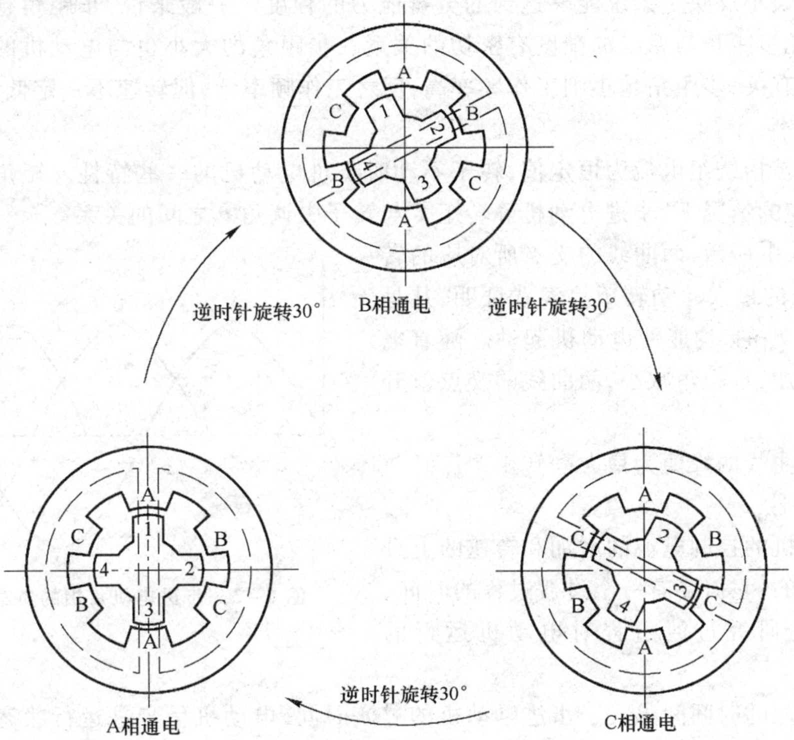

图 6－2　三相单三拍式运行工作过程

从一相通电换接到另一相通电，称为一拍，每一拍转子转过一个步距角。如果按 A—B—C—A顺序通电，转子就沿此顺序一步一步旋转；反之，若按 A—C—B—A 顺序通电，转子将反方向转动。此种三相依次单相通电方式称为三相单三拍式运行。所谓单就是指每次有一相绕组通电，三拍是指一个循环周期换接了三次，即 A、B、C 三相。

三相反应式步进电动机也可以是三相双三拍方式运行，即通电方式以 AB—BC—CA—AB 的顺序，每次有两相绕组同时通电。这种电动机动作原理与单三拍方式相同，双三拍式的转子每拍前进一步也转过 30°空间角度。改变通电顺序，即按 AC—CB—BA—AC 通电时，则转子旋转方向将相反。如果步进电动机按 A—AB—B—BC—C—CA—A 方式通电就称为三相六拍运行方式，即一个循环内共换接六次，则其步距角相应地为三拍方式的一半。

6.1.2　反应式步进电动机的主要机械特性

1. 步距角 φ

步距角是反映步进电动机的主要指标之一，单位为度。

$$\varphi = \frac{360^\circ}{KmZ} \tag{6-1}$$

式中　K 为通电方式；

Z 为步进电机转子的齿数；

m 为步进电机的相数。

步距角的大小反映了系统能够达到的分辨能力的程度。一般来说，步距角越小则系统的分辨率越高，因此步距角与系统的精度有密切的关系。步距角的大小也与电动机的起动频率和连续运行的频率有关，步距角越小则工作频率高，反之工作频率低，但转速不一定低。

2. 静态特性

静态特性是指绕组电流为恒定值，转子不动时步进电动机的一些特性。矩角特性是在单位脉冲、电流不变的情况下，步进电动机静转矩 T 与转子失调角 θ 之间的关系。

如图 6－3 中所示，两曲线的交点所对应的转矩 T_{st} 是电动机的最大起动转矩。实践证明，凡是外加转矩小于 T_{st} 的，均能使电动机起动。随着电动机相数的增加，步距角减小，两曲线的交点就升高，T_{st} 也增大。

矩角特性曲线的峰值为最大静转矩 T_{jmax}。

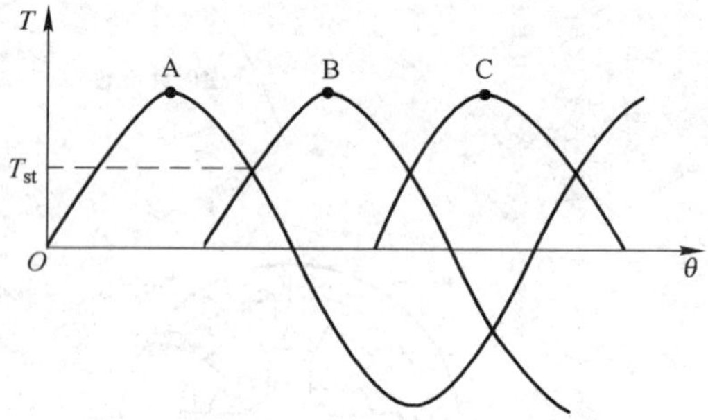

图 6－3　步进电机每相的负载力矩曲线

3. 动态特性

步进电动机的控制电流的增加和转速的上升不是瞬间完成的，它需要有一个过渡过程的时间，动态特性就是研究过渡过程对电动机运行的影响。

当控制脉冲的时间间隔大于步进电动机的过渡时间，电动机呈步进运行状态。如果控制脉冲的时间间隔适当小于过渡过程时间，在 B 相通电时，当转子还未减速到其稳定平衡点以前，B 相就断电而 C 相通电，则转子将继续顺时针方向转动，这种状态就称为步进电动机的连续运行状态。如果控制脉冲的时间间隔远远小于过渡过程时间，则出现丢步或堵转，步进电动机失去工作能力。

(1) 低频特性　步进电动机在低速时易出现低频振动现象。振动频率与负载情况和驱动器性能有关，一般认为振动频率为电动机空载起跳频率的一半。这种由步进电动机的工作原理所决定的低频振动现象对于机器的正常运转非常不利。当步进电动机工作在低速时，一般应采用阻尼技术来克服低频振动现象，比如在电动机上加阻尼器，或驱动器上采用细分技术等。

(2) 矩频特性　步进电动机的力矩会随转速的升高而下降。当步进电动机转动时，电动机各相绕组的电感将形成一个反向电动势；频率越高，反向电动势越大。在它的作用下，电动机随频率或速度的增大相电流减小，从而导致力矩下降。所以其最高工作转速一般在 300～600 r/min。

(3) 过载能力　步进电动机一般不具有过载能力。

(4) 运动性能　步进电动机的控制一般为开环控制，起动频率过高或负载过大易出现丢步或堵转的现象，停止时转速过高易出现过冲的现象，所以为保证其控制精度，应处理好升、降速问题。

(5) 速度响应性能　步进电动机从静止加速到工作转速一般为每分钟几百转，需要

50 ~ 200 ms。

6.1.3 步进电动机的控制

步进电动机的驱动控制是通过弱电驱动强电来实现的。

1. 步进电动机的弱电控制

弱电部分实现了频率、数量和方向的变化,主要包括脉冲混合电路、加减脉冲分配电路、加减速电路和环形分配器四个部分。下面简要介绍各部分的作用。

(1) 脉冲混合电路　无论是数控装置送来的插补进给信号、齿补信号,还是手动进给、手动回原点信号等等,这些信号的目的无非是要使工作台正向进给和反向进给,因此首先应将这些信号混合为使工作台正向运行的“正向进给”信号或使之反向运行的“反向进给”信号。这就是脉冲混合电路的作用。

(2) 加减脉冲分配电路　加减脉冲分配电路的作用,是将正、反向进给脉冲,根据步进电动机的原转向和可逆计数器的存数状态,决定脉冲进入可逆计数器时,应作加法计数还是减法计数。若步进电动机正转,输入正向进给脉冲;步进电动机反转,输入反向进给脉冲,此时不管可逆计数器是否全为零,均作加法计数。而当可逆计数器非全零时,步进电动机正转,输入反向进给脉冲;步进电动机反转,输入正向进给脉冲,均作减法计数。

(3) 加减速电路(自动升降速电路)　步进电动机的加减速特性要求是,进入步进电动机绕组的脉冲电流的频率变化要平滑。而且应有一定的时间常数,但各进给脉冲频率间的变化可能是跃变的。因此应该将此跃变频率经加减速电路缓冲后,再进入步进电动机绕组,使步进电动机工作正常可靠。这就是加减速电路的作用。

(4) 环行分配器　环行分配器的作用是将来自加减速电路的一系列脉冲按一定方式送入并驱动功率放大器工作。如图 6-4 是三相六拍环行分配器原理图,其三根输出引线分别接步进电动机三个线圈的 A 相、B 相、C 相功率放大器输入端,$+X$ 表示正转信号,$-X$ 表示反转信号,CP_0 是进给脉冲序列,其工作状态如表 6-1 所示。

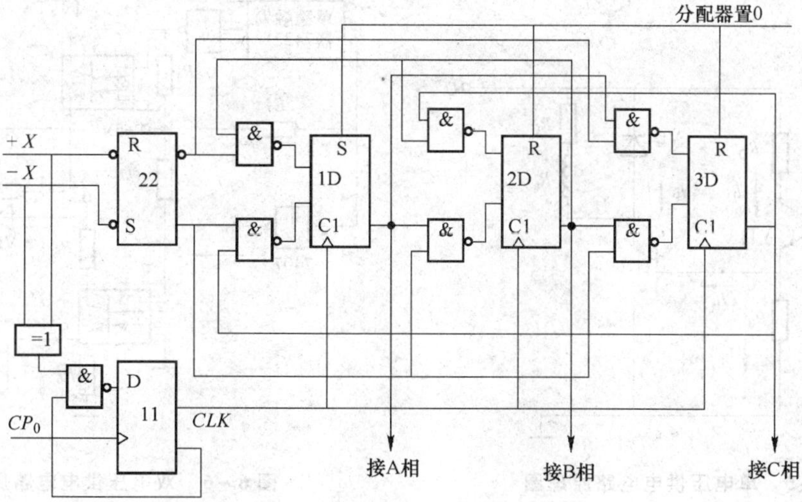

图 6-4　三相六拍环行分配器原理图

表 6－1 环形脉冲分配器输出状态

+X	CP_0	A 相	B 相	C 相	CP_0	−X
↓	0	1	0	0	0	↑
	1	1	1	0	5	
	2	0	1	0	4	
	3	0	1	1	3	
	4	0	0	1	2	
	5	1	0	1	1	
	0	1	0	0	0	

随着计算机技术的飞速发展，环行分配器已软件化了。关于软环行分配器在这里不再赘述。

2. 功率放大器

由于环行分配器输出的功率很小，一般只有几毫安，但步进电动机绕组所需的脉冲电流高达几安，甚至几十安，因此需要有一个功率放大装置，即功率放大器。功率放大器一般有单电压供电和双电压供电两种方式。

(1) 单电压供电方式 单电压供电电路比较简单，便于控制和维护，尤其适用于速度要求不高、输出功率小的步进电动机。其原理如图 6－5 所示。

(2) 双电压供电方式 由于步进电动机的励磁绕组中存在电感，电流上升速度受到抑制，影响步进电动机的输出转速和力矩进一步提高。为了克服这一缺点，人们常采用双电压供电方式，如图 6－6 所示。其工作过程如图 6－7 所示。

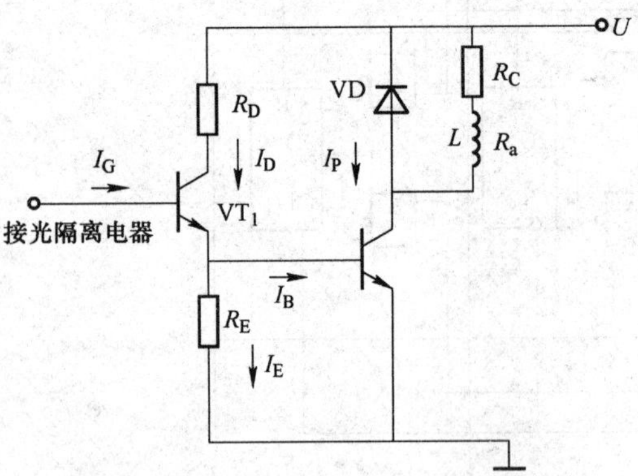

图 6－5 单电压供电电路原理图

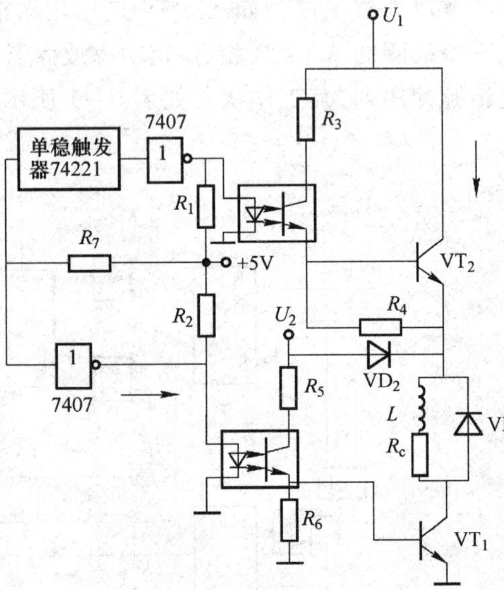

图 6－6 双电压供电电路原理图

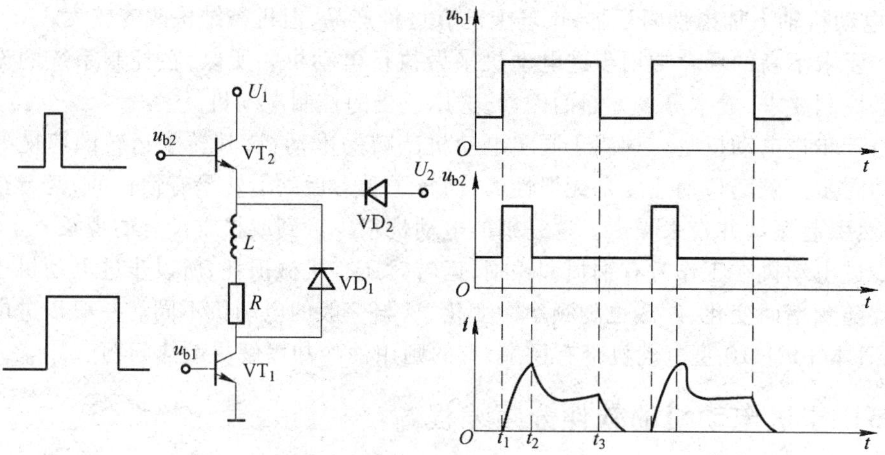

图 6-7 双电压供电工作过程图

步进电动机的工作电流是脉冲电流，周期性地接通和切断，接通的时间随控制脉冲的频率而变化，频率越高，则每次接通的时间越短，另外，步进电动机的工作电流就是起动电流。

步进电动机的电压并不是指加在电动机绕组两端的额定电压，而是施加在电动机的一相绕组、大功率管和外接电阻 R_c 上的电压总和，如图 6-6 所示。在实际工作中，电压和电流的确定如下：

（1）电压的确定　混合式步进电动机驱动器的供电电源电压一般有一个较宽的范围（比如 IM483 的供电电压为 12～48V DC），电源电压通常根据电动机的工作转速和响应要求来选择。如果电动机工作转速较高或响应要求较快，那么电压取值也高，但注意电源电压的纹波不能超过驱动器的最大输入电压，否则可能损坏驱动器。

（2）电流的确定　供电电源电流一般根据驱动器的输出相电流 i 来确定。如果采用线性电源，电源电流一般可取 i 的 1.1～1.3 倍；如果采用开关电源，电源电流一般可取 i 的 1.5～2.0 倍。

6.1.4 步进电动机的主要特点

（1）步进电动机低速时可以正常运转，但若高于一定速度就无法起动，并伴有啸叫声。步进电动机有一个技术参数：空载起动频率，即步进电动机在空载情况下能够正常起动的脉冲频率，如果脉冲频率高于该值，电动机不能正常起动，可能发生丢步或堵转。在有负载的情况下，起动频率应更低。如果要使电动机达到高速转动，脉冲频率应该有加速过程，即起动频率较低，然后按一定加速度升到所希望的高频（电动机转速从低速升到高速）。

（2）两相混合式步进电动机在低速运转时具有较大振动和噪声，步进电动机低速转动时振动和噪声大是其固有的缺点，在实际工作中，通常采用以下方式来减低振动和噪声。

① 如步进电动机正好工作在共振区，可通过改变减速比避开共振区。

② 采用带有细分功能的驱动器，这是最常用的、最简便的方法。

③ 换成步距角更小的步进电动机，如三相或五相步进电动机。

④ 换成交流伺服电动机，几乎可以完全克服振动和噪声，但成本较高。

⑤ 在电动机轴上加磁性阻尼器,市场上已有这种产品,但机械结构改变较大。

在一些要求不高的场合常用步进电动机来做执行电动机。所以,在控制系统的设计过程中要综合考虑控制要求、成本等多方面的因素,选用适当的控制电动机。

(3) 由于步进电动机是一种属于同步电动机范畴的电动机,其转子运转的速度要与定子磁场断续移动同步。磁场移动速度是无惯性的,而转子受力后的运转是有惯性的,两者速度很难一致,因此必然引起振动并带来噪声。这是别的电动机很少碰到或根本没有的现象。

(4) 步进电动机在工作时有铜损和铁损,运转时还有机械损耗,所以步进电动机也发热。但这些损耗都随频率而变化,发热也随频率而变化,这与一般的电动机不同。一般步进电动机不带散热装置,日本 EPM310 型电动机带有风扇,有的则用油冷却以解决散热问题。

6.1.5　步进电动机的软件分频编程

软件分频控制是在软件中设置一个电动机控制字表来控制步进电动机,表 6 - 2 是 X 步进电动机和 Y 步进电动机的控制字表,表中两个步进电动机为三相六拍方式通电。

表 6 - 2　步进电动机软件分频控制字表

序号	X 步进电动机(8 位数据低 4 位)					Y 步进电动机(8 位数据高 4 位)				
		C	B	A	十六进进制控制字		C	B	A	十六进进制控制字
1	**0**	**0**	**0**	**1**	01H	**0**	**0**	**0**	**1**	20H
2	**0**	**0**	**1**	**1**	03H	**0**	**0**	**1**	**1**	60H
3	**0**	**0**	**1**	**0**	02H	**0**	**0**	**1**	**0**	40H
4	**0**	**1**	**1**	**0**	06H	**0**	**1**	**1**	**0**	0C0H
5	**0**	**1**	**0**	**0**	04H	**0**	**1**	**0**	**0**	80H
6	**0**	**1**	**0**	**1**	05H	**0**	**1**	**0**	**1**	0A0H

表中自上至下使用控制字,步进电动机为正转;自下至上使用控制字,步进电动机为反转。用指针指向表的控制字表首,每取一个控制字后指针加 1 指向下一个控制字,如果指针指到表底,则指针重新指向表首。

因为是用一个 8 位数据接口同时控制两个步进电动机,所以需要步进电动机转动时,根据进给情况分别取两个步进电动机的控制字,然后将两个控制字合并成一个控制字,再发出去控制步进电动机转动。

将第 5 章中的四个象限直线的插补程序改为驱动步进电动机的程序,控制 X 步进电动机和 Y 步进电动机实现四个象限直线插补运动。该程序实现软件分频,为了降低程序运行的要求,本程序使用通用微型计算机的并行接口(3BC)作为输出接口,通过功率放大电路后直接驱动步进电动机。数据的低 4 位控制 X 步进电动机,数据的高 4 位控制 Y 步进电动机。

```
#include < stdlib. h >
#include < stdio. h >
#include < conio. h >
```

```
#include <math. h>
int mword,mwordx,mwordy,*motorpx,*motorpy,delay1,delay2,lxy;
/* mword 为两电动机控制字,mwordx 为 X 步进电动机控制字,mwordy 为 Y 步进电动机控制字,*motorpx 指向 X 步进电动机控制字指针,*motorpy 指向 Y 步进电动机控制字指针,delay1、delay2 为延时变量 */
int motorx[6] = {0x0001,0x0003,0x0002,0x0006,0x0004,0x0005};   //X 步进电动机控制字表
int motory[6] = {0x0020,0x0060,0x0040,0x00c0,0x0080,0x00a0};   //Y 步进电动机控制字表
void motorxp();                                 //声明 X 步进电动机正向进给函数
void motorxn();                                 //声明 X 步进电动机负向进给函数
void motoryp();                                 //声明 Y 步进电动机正向进给函数
void motoryn();                                 //声明 Y 步进电动机负向进给函数
void delay();                                   //声明延时函数,用于控制速度
int xe,ye,fi,jsh,num;
void main()                                     //主函数
{clrscr();
printf("L1_L4 Please input xe,ye:");            //提示输入终点坐标
scanf("%d,%d",&xe,&ye);                         //输入终点坐标
jsh = abs(xe) + abs(ye);fi = 0;                 //计算计数长度,偏差预置 0
if(xe == 0&&ye > 0)lxy = 2;                     //终点为第 2 象限
if(xe == 0&&ye < 0)lxy = 4;                     //终点为第 4 象限
if(ye == 0&&xe > 0)lxy = 1;                     //终点为第 1 象限
if(ye == 0&&xe < 0)lxy = 3;                     //终点为第 3 象限
if(xe > 0&&ye > 0)lxy = 1;                      //终点为第 1 象限
if(xe > 0&&ye < 0)lxy = 4;                      //终点为第 4 象限
if(xe < 0&&ye > 0)lxy = 2;                      //终点为第 2 象限
if(xe < 0&&ye < 0)lxy = 3;                      //终点为第 3 象限
xe = abs(xe);ye = abs(ye);                      //终点坐标取绝对值
motorpx = motorx;motorpy = motory;mword = *motorpx|*motorpy;   //电动机置初位字
num = 9;
while(num! = 0)
  {outportb(0x3bc,mword);num --;}               //电动机置初位
while(jsh! = 0)                                 //计数长度不为 0 循环插补
  {if(fi> = 0)                                  //fi 是否大于 0?
      {fi -= ye;                                //大于 0,计算新的偏差
        switch(lxy)                             //检查象限号
            {case 1:motorxp();break;            //第 1 象限正 X 方向进给
```

```
                case 2:motorxn();break;                 //第2象限负X方向进给
                case 3:motorxn();break;                 //第3象限负X方向进给
                case 4:motorxp();break;                 //第4象限正X方向进给
            }
        }
    else { fi += xe;                                    //fi<0,计算新的偏差
            switch(lxy)                                 //检查象限号
              {case 1: motoryp();break;                 //第1象限正Y方向进给
                case 2: motoryp();break;                //第2象限正Y方向进给
                case 3: motoryn();break;                //第3象限负Y方向进给
                case 4: motoryn();break;                //第4象限负Y方向进给
              }
        }
    jsh --;                                             //计数长度减1
    delay1 = 0x0060;
    while(delay1! =0){ delay2 = 65535;while(delay2! =0)delay2 --;delay1 --;}
  }
gotoxy(10,24);printf("%d,%d",xe,ye);                    //显示终点坐标
gotoxy(10,25);printf("press any key:");                 //提示按任意键
getch();                                                //等待按键
}
void motorxp()                                          //X向正向进给函数
{int numw;
if( * motorpx == 0x0005) motorpx - =5;                  //如果控制字到尾部重新指向首部
else motorpx + +;                                       //如果未到尾部指向下一个控制字
mwordx = * motorpx;                                     //取X步进电动机控制字
mword = mwordx|mwordy;                                  //与Y步进电动机控制字合并
numw = 9;
while(numw! =0)
  {outportb(0x3bc,mword);numw --;}                      //输出控制字
}
void motorxn()                                          //X负向进给函数
{ int numw;
if( * motorpx == 0x0001) motorpx + =5;                  //如果控制字到首部重新指向尾部
else motorpx --;                                        //如果未到尾部指向上一个控制字
mwordx = * motorpx;                                     //取X步进电动机控制字
mword = mwordx|mwordy;                                  //与Y步进电动机控制字合并
numw = 9;
```

```
while(numw!  =0)
   {outportb(0x3bc,mword);numw -- ;}                    //输出控制字
}
void motoryp()                                           //Y 正向进给函数
{ int numw;
if( * motorpy ==0x00a0)motorpy - =5;                     //如果控制字到尾部重新指向首部
else motorpy + + ;                                       //如果未到尾部指向下一个控制字
mwordy = * motorpy;                                      //取 X 步进电动机控制字
mword = mwordx|mwordy;                                   //与 Y 步进电动机控制字合并
numw =9;
while(numw!  =0)
   { outportb(0x3bc,mword);numw -- ;}                   //输出控制字
}
void motoryn()                                           //Y 负向进给函数
{ int numw;
if( * motorpy ==0x0020)motorpy + =5;                     //如果控制字到首部重新指向尾部
else motorpy -- ;                                        //如果未到尾部指向上一个控制字
mwordy = * motorpy;                                      //取 X 步进电动机控制字
mword = mwordx|mwordy;                                   //与 Y 步进电动机控制字合并
numw =9;
while(numw!  =0)
   {outportb(0x3bc,mword);numw -- ;}                            //输出控制字
}
```

6.2 直流伺服电动机及其控制

直流伺服电动机又称直流执行电动机,或称控制电动机。在自动控制系统中作为执行元件,它将输入的电信号转换成轴上的转角或转速,以带动控制对象。它能够通过输入的信号电压经有关电路控制电动机转矩、转速和转角的输出,实现不同应用的要求。

6.2.1 直流伺服电动机

1. 工作原理

传统式直流伺服电动机的基本结构和工作原理与普通直流电动机相同,是基于电磁感应定律和电磁力定律,将直流电能转化为机械能的旋转机械装置。

2. 技术指标

(1) 额定输出功率　指电动机在铭牌规定的额定状态下运行时,电动机的输出功率,以"W"为单位。

(2) 额定转矩　是指在连续时间工作情况下,电动机输出的转矩。

(3) 最大转矩　电动机在很短时间内所能够输出的峰值转矩。

(4) 最高转速　是指电动机所允许的最高转速。

(5) 转子惯量　电动机转子的转动惯量。

(6) 反电动势常数　K_v(V · s/rad)　表示永磁磁场强度。它是当电枢在磁场中按规定速度机械旋转时所产生的电压值。

(7) 转矩常数 K_t(N · m/A)　是转矩灵敏度。它表示每安培电流能产生的转矩。该值通常是在额定电流下测量所产生的转矩得到的。

(8) (机械)时间常数 t_m(ms)　是施加一个阶跃电压时电动机电枢达到相应速度所需的时间。

(9) 热时间常数 T_t(min)　是达到额定温度的 63.2% 时所需时间。

在机电系统的设计过程中或改装机电设备的时候,上述各项技术指标是选择电动机的依据,直流伺服电动机选择得是否合适,直接影响着整个机电系统的使用性能。

3. 主要特点

优点:调速范围宽广,即要求伺服电动机的转速随着控制电压改变,能在宽广范围内连续调节;转子的惯性好,响应快速,随控制电压改变,反映很灵敏,即能实现迅速起动、停转;控制功率小、过载能力强,可靠性好。

缺点:有换向器和电刷的滑动接触;接触电阻的变化使工作性能的稳定受到影响;电刷下的火花使换向器需要经常维护;不能在易爆炸的地方使用;又因控制电源为直流,使得放大元件变得复杂而贵重。

4. 分类

(1) 改进型直流伺服电动机。

(2) 小惯量直流伺服电动机。

(3) 永磁直流伺服电动机(大惯量直流伺服电动机)。

6.2.2　直流伺服电动机的机械特性和调节特性

伺服电动机把输入的信号电压变为转轴的角位移或者角速度,转轴的转向与转速随信号电压的方向和大小而改变,可在自动控制系统中作执行元件。伺服电动机又称为执行电动机。它具有独特的优点:线性的机械特性,对控制信号能作出快速反应。

直流伺服电动机就是典型的他励直流电动机,其结构与工作原理都与他励直流电动机相同。按磁极的种类,它可以分为两种:磁极是永久磁铁的,称为永磁式直流伺服电动机;磁极是电磁铁的,外面套着他励励磁绕组的,称为电磁式直流伺服电动机。

以他励直流电动机为例,当励磁电压 U_f 恒定,负载转矩也恒定时,升高电枢电压 U_a,电动机的转速随之增高,减小电枢电压 U_a,电动机的转速就降低;若电枢电压为零,电动机停转。当电枢电压的极性改变以后,电动机的旋转方向也随之改变。

因此把电枢电压 U_a 作为控制信号,就可以控制电动机的转速和转向,这种控制方式称为电枢控制式。电枢控制绕组称为控制绕组,电枢电压称为控制电压。

直流伺服电动机也可以采用磁场控制方式,磁极绕组用做控制绕组,所加电压为控制电压 U_k,而电枢绕组为励磁绕组,所加电压为恒定的励磁电压 U_f。由于磁场控制的特性不如电枢控制式的特性好,所以在自动控制系统中大多采用电枢控制式。

为了分析方便,先做如下假设:

(1) 电动机磁路不饱和,即不考虑电动机中磁化特性曲线的非线性影响,认为磁化曲线是直线;

(2) 略去电枢反应的影响。这样,直流电动机电枢回路的电压平衡方程式为

$$U_a = E_a + I_a \cdot R_a \tag{6-2}$$

式中 R_a 为电枢回路的总电阻(包括电刷的接触电阻);

E_a 为电枢反电动势。

当磁通 Φ 为恒定时,电枢绕组的反电动势 E_a 将与转速 n 成正比,即

$$E_a = C_e\Phi n = K_e n \tag{6-3}$$

式中 K_e 为电动势常数,表示单位转速所产生的电动势。

电动机的电磁转矩为

$$T = C_m\Phi I_a = K_t I_a \tag{6-4}$$

式中 K_t 为转矩常数,表示单位电枢电流所产生的转矩。

将式(6-2)、式(6-3)、式(6-4)联立求解,即可求出直流伺服电动机的转速公式

$$n = \frac{U_a}{K_e} - \frac{R_a M}{K_e}K_t = \alpha U_a - \beta M \tag{6-5}$$

$$\beta = \frac{R_a}{K_e}K_t$$

$$\alpha = \frac{1}{K_e}$$

1. 机械特性

如图 6-8 所示,机械特性是指控制电压恒定时,转速与电磁转矩的关系,即 U_k = 常数,$n = f(T)$,式(6-5)转速公式就是直流伺服电动机的机械特性。由直流电动机改变电压的人为机械特性知,不同大小的 U_k,机械特性为一组互相平行的直线。当 U_k 大小一定时,转矩 T 大,则转速 n 低,转矩的增加与转速的下降之间成比例,这是十分理想的特性曲线。

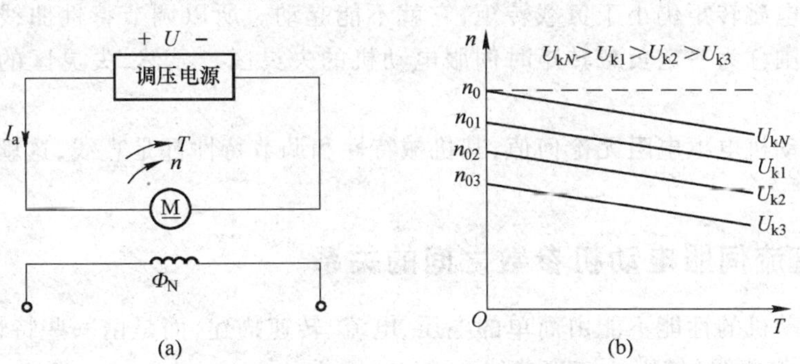

图 6-8 直流伺服电动机机械特性

特性曲线与纵轴的交点为 n_0,即 T 为零时的电动机转速,实际上电磁转矩并不为零,因为电动机本身有空载损耗,所以 n_0 称为理想空载转速。特性曲线与横轴的交点为 $n=0$ 时的电磁转

矩,即电动机的堵转转矩 T_k。

$$T_k = K_t \frac{U_k}{R_a} \tag{6-6}$$

β 为机械特性曲线的斜率,它表示电动机机械特性的硬度,即转速随转矩 T 的变化而变化的程度。

2. 调节特性

如图 6-9 所示,调节特性是指转矩恒定时,电动机的转速随控制电压变化的关系。把 R_a 作为常数,U_k 作为变量,可得调节特性表达式 $n=f(U_k)$,即

$$n = \frac{R_a T}{K_t} K_e + \frac{U_k}{K_e} \tag{6-7}$$

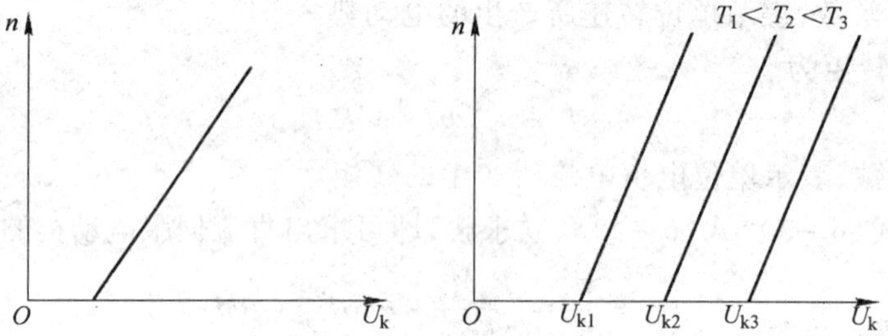

图 6-9　直流伺服电动机的调节特性

由调节特性公式可以画出直流伺服电动机的调节特性曲线。它们也是一组互相平行的曲线。此外,利用机械特性通过作图法也可以作出直流伺服电动机的调节特性曲线。

这些特性曲线与横轴的交点,就表示在一定负载转矩时电动机的始动电压。若负载转矩一定时,电动机的控制电压大于相对应的始动电压,它便能转动起来,并达到某一转速;反之,控制电压小于相对应的始动电压,即

$$U_k < U_s = R_a \frac{M}{K_t}$$

伺服电机的最大电磁转矩仍小于负载转矩,它就不能起动。所以调节特性曲线的横坐标从零到始动电压这一范围称为一定负载转矩时伺服电动机的失灵区。显然,失灵区的大小与负载成正比例。

直流伺服电动机电枢电阻无论何值,其机械特性和调节特性都是直线,这就提高了电动机的利用程度和效率。

6.2.3　直流伺服电动机参数之间的关系

直流伺服电动机的性能不能由简单的电压、电流、转速描述,而是由一些特性曲线来描述。

1. 电动机工作曲线(转矩-速度曲线)

如图 6-10 所示,a、b、c、d、e 五条曲线组成了电动机的三个区域,描述了电动机输出转矩和速度之间的关系。在规定的连续工作区内,速度和转矩的任何组合都可长时间连续工作,而在断续工作区,电动机只允许短时间工作或周期间歇工作,即工作一段时间停歇一段时间,间歇循环允许工作时间的长短因载荷大小而异。加/减速区的意思是指电动机在该区域中仅供加/减速期

间工作。

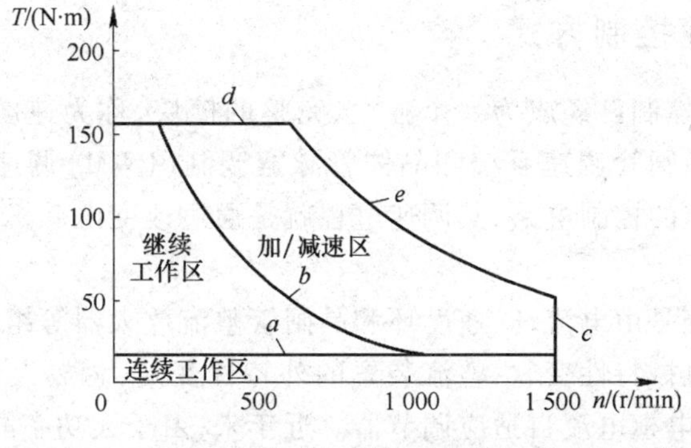

图 6-10 FB-15 型直流伺服电动机转矩速度特性曲线

曲线 a 为电动机温度限制，在此曲线上，电动机达到绝缘所允许的极限值，故可使电动机在此曲线内长时间连续运行。曲线 c 为电动机最高转速限制线，随着转速上升，电枢电压升高，整流子片间电压加大，超过一定值有发生环火的危险。最大转矩 d 主要受永磁材料的去磁特性所限制，当除磁超过某值后，铁氧体磁性发生变化。

2. 负载-工作周期曲线

该曲线如图 6-11 所示。负载-工作周期曲线反映了在确保电动机不过热的情况下机械所需转矩大于额定负载时，电动机允许工作时间。或者说，电动机在超负荷后，电动机至少断电停止工作多少时间，才能保证足够的散热时间，因此，这些曲线是由电动机温度极限所决定的。

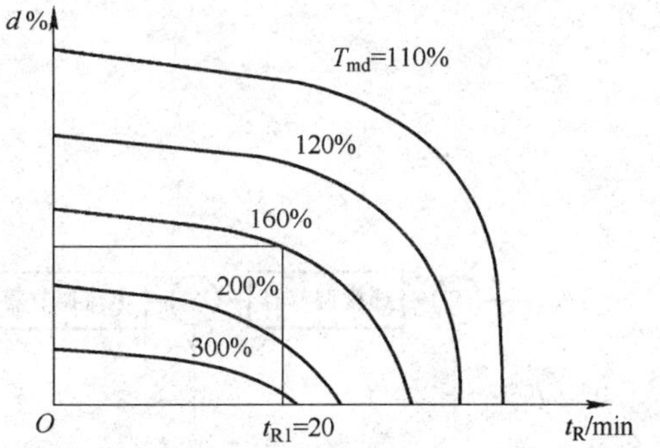

图 6-11 负载-周期工作曲线

图 6-11 中，d 表示负载工作周期比，它等于

$$d = \frac{t_R}{t_R + t_f} \qquad (6-8)$$

式中 t_R 为电动机的工作时间；

t_f 为电动机的断电时间。

T_{md}表示过载倍数　　　T_{md} = 负载转矩/连续额定转矩

负载工作周期比是在不同的过载倍数情况下得到的唯一曲线。

利用负载-工作周期曲线求最短停机时间的方法为：

假设一直流伺服电动机在某速度下，其输出连续额定转矩为 10 N · m，实际输出负载转矩为 16 N · m，且工作时间为 20 min，则电动机在该时的过载倍数 T_{md}为

$$T_{md} = \text{负载转矩} / \text{连续额定转矩} = 16/10 = 160\%$$

在负载-工作周期曲线的水平轴线上找到实际机械所需要的工作时间 t_{R1} = 20 min，从该点向上作垂线，与所求 T_{md}为 160% 的那条曲线相交。再从该点作水平线，与纵轴相交的点即为允许的负载工作周期比（d = 40%），根据式（6-8）可得

$$t_f = t_R(1/d - 1) = 20\ \text{min} \quad \left(\frac{1}{0.4} - 1\right)\text{min} = 30\ \text{min}$$

计算结果说明电动机在此条件下工作，至少停机断电 30 min 后才能继续工作。

6.2.4　直流调速控制方式

在伺服系统中，速度控制已经成为一个独立、完整的模块，称为速度控制单元。现在直流速度控制单元较多的采用晶闸管调速系统和晶体管脉宽调制（PWM）调速系统。这两种调速系统都是直流伺服电动机调速的控制电路，其调速过程就是通过改变电动机电枢电压，达到速度调节的目的。

晶闸管直流调速系统是由电流环、速度环和晶闸管整流放大器等组成的，该系统在低速轻载时，电枢电流出现断续，机械特性变软，整流装置的外特性变陡，总放大倍数下降，同时也使动态品质恶化。为此，可采取电枢电流自适应调节器。近年来，由于大功率晶体管工艺上的成熟和高压大电流的模块型功率晶体管的商品化，晶体管脉宽调制型（PWM）的直流调速系统得到了广泛的应用。与晶闸管相比，晶体管控制简单，开关特性好。克服了晶闸管调速系统的波形脉动，特别是轻载低速调速特性差的问题。

晶体管脉宽调制系统由控制部分、晶体管开关式放大器和功率整流三部分组成。PWM 调速系统组成原理如图 6－12 所示。该系统控制部分包括速度调节器、电流调节器、振荡器及三角波发生器、脉宽调制器等。其中脉宽调制是 PWM 调速系统的核心。

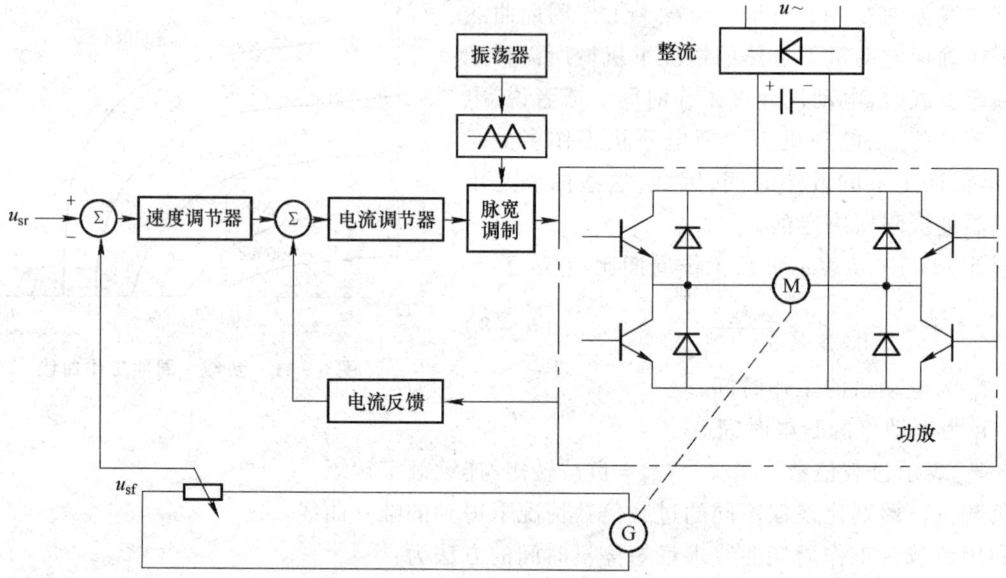

图 6－12　脉宽调制系统原理图

脉宽调制 PWM 是用调整开关周期内晶体管导通时间的方法来改变其输出，从而使电动机电枢两端获得宽度随时间变化的给定频率的电压脉冲。脉宽的连续变化，使电枢电压的平均值也连续变化，因而使电动机的转速可连续调整。

如图 6－13 所示，u_b 为控制电压，u_b 高电平的时间为 t，在此期间，晶体管导通，电动机两端加上了 U_d 电压，电动机旋转；u_b 低电平的时间为 $T-t$，这时晶体管截止，电动机两端停止加 U_d 电压，电动机依靠续流逐渐停转；如此反复使电动机旋转，晶体管导通时间 t 越长，电动机转速越高。通过控制晶体管导通时间 t,从而实现对电动机的转速控制。

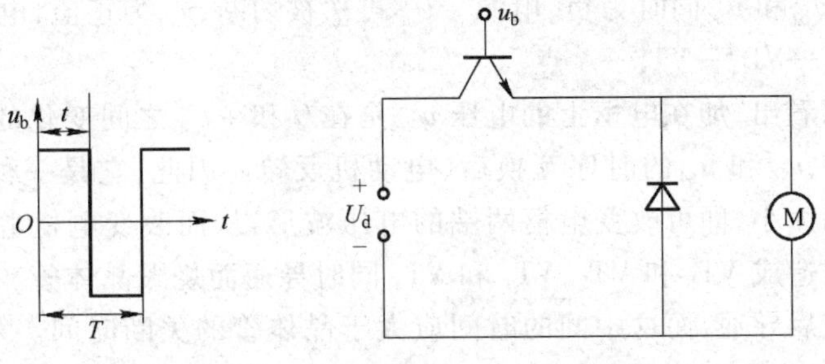

图 6-13　PWM 调速原理示意图

开关功率放大器是脉宽调制速度单元的主回路。有双极性工作方式和单极性工作方式两种。各种不同的开关工作方式又可组成可逆开关功率放大器和不可逆开关功率放大器。

单极性工作方式的开关功率放大器又可分为 T 型单极性开关功率放大器和 H 型单极性开关功率放大器。双极性工作方式的开关功率放大器又可分为 T 型双极性开关功率放大器和 H 型双极性开关功率放大器。下面介绍一种使用最为广泛的 H 型开关功率放大器,其电路图如图 6-14(a)所示。它的构成为:四个晶体管和四个续流二极管组成桥式回路,直流供电电源 $+U_d$,u_{b1}、u_{b2}、u_{b3}和 u_{b4}信号加到开关功率放大器四个晶体管的基极,它们的时序如图 6-14(b)所示。

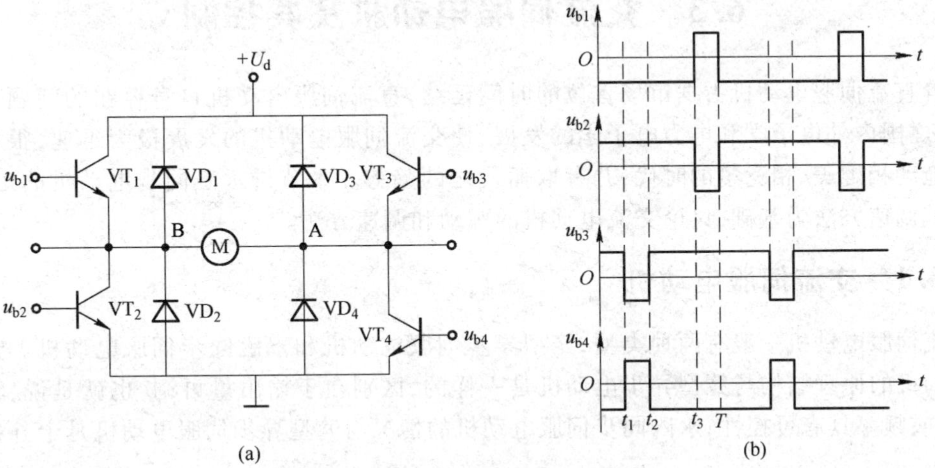

图 6-14　H 型开关功率放大器

假设电动机加电压 U_{AB}时,电动机正转,且电动机工作在电动机状态。

在 $0 \leqslant t < t1$ 内,u_{b2}、u_{b3}电压为正,VT_2 和 VT_3 导通,电流方向:从电源 $+U_d$—VT_3—A 点—电动机 M—B 点—VT_2—地。

在 $t1 \leqslant t < t2$ 时,u_{b1} 和 u_{b3} 均为负值,VT_1 和 VT_3 截止,电源 $+U_d$ 被切断。而此时 u_{b2} 为正,因此由电枢电感的作用续流,电流续流方向:续流二极管 VD_4—A 点—电动机 M—B 点—VT_2—续流二极管 VD_4—A 点。

在 $t2 \leqslant t < t3$ 时,u_{b2} 和 u_{b3} 又同时为正,VT_2 和 VT_3 导通,电流方向:从电源 $+U_d$—VT_3—A

点一电动机 M—B 点—VT_2—地。

在 $t3 \leqslant t < T$ 时，u_{b2} 和 u_{b4} 同时为负，电源 $+U_d$ 再次被切断，u_{b3} 为正值，电流续流方向：VT_3—A 点一电动机 M—B 点—VD_1—VT_3—A 点。

从上面分析可以看出，加在电枢上的电压 u_{AB} 是在 0 和 $+U_d$ 之间变化的脉冲电压，电动机仅仅正转。当 u_{b1} 和 u_{b2}、u_{b3} 和 u_{b4} 的时序互换后，电动机反转。因此，它是一种 H 型双极性开关电路。改变控制电压的大小，即可改变电枢两端的电压波形，从而改变电枢电压的平均值，达到调速的目的。为了不致造成 VT_1 和 VT_2，VT_3 和 VT_4 同时导通而烧毁晶体管，在电路设计时要保证上述两对管子先截止后导通，而这中间的时间应大于晶体管的关断时间。从上述分析中还可发现，开关功率放大器输出电压的频率比每个晶体管开关频率高一倍，从而弥补了大功率晶体管开关频率不能做得很高的缺陷，改善了电枢电流的连续性，这也是这种电路被广泛采用的原因之一。

与晶闸管调速系统相比，PWM 调速系统的频带宽，截止频率高于晶闸管，两者相差一个数量级。因为元件的截止频率高，可允许系统有较高的工作频率。PWM 系统的开关工作频率多数为 2 kHz，有的使用 5 kHz。这远大于晶闸管系统，远比转子能跟随的频率高得多，避开了机械共振。此外 PWM 调速系统的电流脉动小，电动机内部发热小，输出转矩平稳，对低速加工有利，具有优良的动态硬度。

6.3 交流伺服电动机及其控制

随着直流伺服电动机占据市场首位的时间延续，直流伺服电动机自身存在的问题也越来越明显，加之国内外电子学和电力电子学的发展，使交流伺服电动机的发展极为迅速，很快进入了与直流拖动相媲美、相竞争的时代，并有取而代之的趋势。本节讲永磁同步电动机的工作原理、特点及其调速方法为基础，讨论交流电动机的驱动和调速方法。

6.3.1 交流伺服电动机

交流伺服电动机一般有两种类型，笼型异步伺服电动机和永磁同步伺服电动机。笼型异步伺服电动机的原理结构与笼型异步电动机是一样的，区别在于输出量可调，也就是说，输入的电压、电流或频率具有可控性；永磁同步伺服电动机的情况与笼型异步伺服电动机是十分相似的。

6.3.2 晶闸管调压调速

通过改变感应电动机的定子电压对它进行调速，这是一种比较简单的调速方法，它具有线路简单、装置体积小、造价低廉、使用维修方便等优点。这种调速方法在一定范围内得到了较多的应用。但由于它有调速范围不宽、低速稳定性较差、深调速时效率下降、发热严重等缺点。它主要被应用在一些作短时或重复短时调速的设备上。

典型的晶闸管调压调速控制原理图如图 6－15 所示。该系统电路是采用 Y 形联结的三相调压电路，控制方式为转速负反馈的闭环控制。直流测速发电机发出与电动机轴转速成比例的电压反馈信号 u_G，这个电压与转速给定电压 u_g（基准电压）相比较，得到转速差信号电压 Δu_n，用这个转速差信号通过转速调节器去控制晶闸管的导通角。改变 u_g 的值，即可改变感应电动机的定子端电压和电动机轴的转速。当给定基准电压大于反馈电压时,调压器的控制角会因 $\Delta u_n = u_g - u_G$ 的增加而变小,输出电压提高,转速升高,直到 u_G 的大小与 u_g 相等时,电动机的转速才会稳定在给定基准电压所要求的转速上。相反,如果给定基准电压小于反馈电压时,上述过程将向相反方向进行。可见这种调速方法与直流电动机晶闸管调速系统的调速方法是相似的,都引入了转速负反馈。

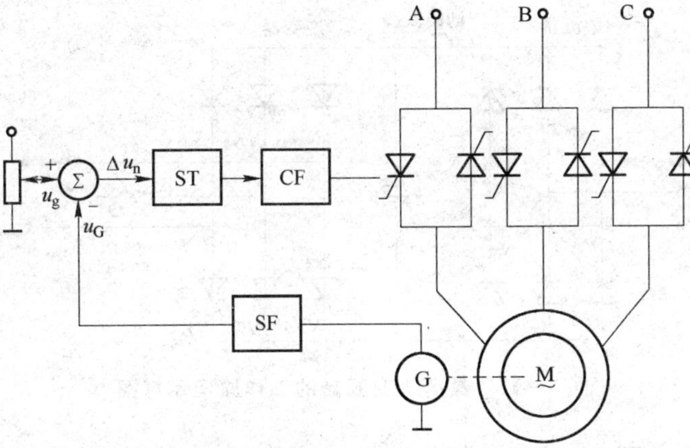

图 6-15 晶闸管调压调速原理图

ST—转速调节器; CF—触发器; SF—转速反馈环节; G—测速发电机; M—交流电动机

闭环调压调速系统可以得到比较硬的机械特性,见图 6-16。当电网电压或负载转矩出现波动时,转速不会因扰动而出现大幅度波动。例如,给定转速为图6-16 中的 a 点,对应的转差率 $s=s_1$。当负载转矩由原来的 T_1 变为 T_2 时,若开环控制,电动机的转速必然会下降到图中 b 点,其对应的转差率 $s=s_2$。闭环控制则会发生下列过程:由于转速 n 下降,转速反馈信号电压 u_G 下降,而转速给定信号 u_g 不变,转差信号 Δu_n 变大,调压器的控制角前移,输出电压由 u_1 上升到 u_2,而电动机的转速重新上升到$s=s_1$ 的c 点。可见闭环控制可得到比较硬的机械特性。这对减少低速运行时的静差度,增大调速范围是有利的。

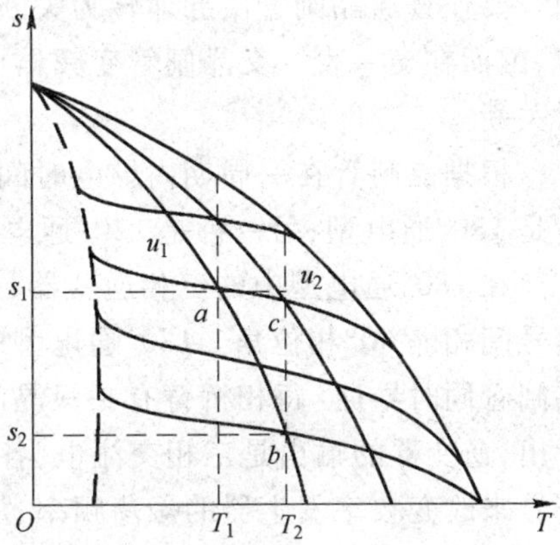

图 6-16 速度-转矩特性

晶闸管调压调速系统虽有线路简单、装置体积小、使用维修方便、价格低等优点,但是也存在比较严重的缺点:低速时感应电动机的转差功率损耗大,运行效率低;采用相位控制方式时,电压为非正弦,电动机电流中存在着较大的高次谐波,电动机将产生附加谐波损耗,电磁转矩也会因谐波的存在而发生脉动,对它的输出转矩有较大的影响。

6.3.3 PWM 型晶闸管变频调速系统

1. 晶闸管变频器的工作原理

如图 6 - 17 所示为交 - 直 - 交晶闸管变频器的工作原理图,它由整流器、中间滤波环节及逆变器三部分组成。整流器为晶闸管三相桥式电路,它的作用是将恒压恒频交流电变换为直流电,然后再作为逆变器的直流供电电源。逆变器也是晶闸管三相桥式电路,但它的作用与整流器相反,它是将直流电变换调制为可调频率的交流电,是变频器的主要组成部分。中间滤波环节由电容器、电抗器组成,它的作用是对整流后的电压或电流进行滤波。

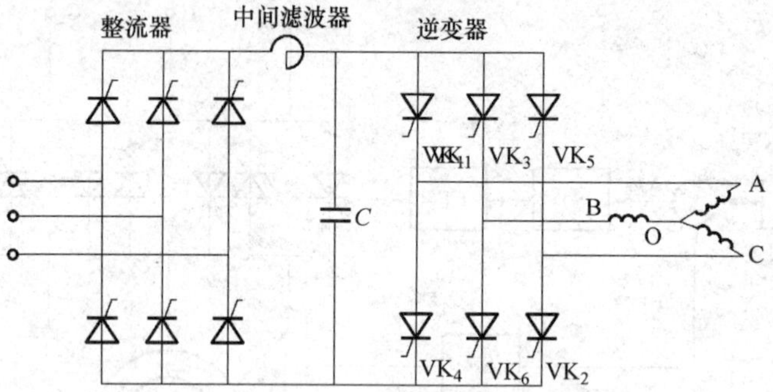

图 6 - 17　晶闸管变频器的工作原理示意图

在逆变器中,所用的晶闸管或晶体管都是作为开关元件使用的,因此要求它们有可靠的导通和关断能力,晶闸管的触发导通比较容易,只要对其控制端加入正的触发信号且正、负极间有正向电压即可。但其关断却不太容易,因为普通晶闸管一旦触发导通后,控制端就失去了控制作用。要使普通晶闸管由导通转为关断,必须在其正、负极间加反向电压或使正极电流小于维持电流,因而在交 - 直 - 交晶闸管变频器中,需增设专门的换流电路(图中未画出)以保证晶闸管按时关断。

根据晶闸管在一周期内导电时间的不同,三相桥式逆变电路有如下两种不同的工作方式:一种是 180°通电型;另一种是 120°通电型。

在 180°通电型中的三相逆变器,其电动机正转时,晶闸管的导通顺序是 $VK_1 \sim VK_6$,各触发信号间相隔 60°相位角。180°通电型的特点是每只晶闸管的导通角为 180°,在任意瞬间有三只晶闸管同时导通(每相桥臂有一只晶闸管导通),它们换流是在同一相桥臂内进行的。由此可以看出,逆变器的输出是三相交流电,各相之间相差 120°,三相是对称的。在实际工程中,是由给定信号来改变频率发生器的振荡频率,从而改变逆变器输出的交流频率。

2. 脉冲调制型晶闸管变频调速系统

脉冲调制型变频器的特点是:主回路简单,功率因数较高,由于高频调制,输出波形得到了改善,转矩脉动显著下降,调速范围增宽。但控制回路较复杂。

(1) PWM 变频器的控制方式　PWM 型变频器的控制方式分变幅脉宽调制和恒幅脉宽调制两种,变幅脉宽调制是将变频器输出电压和频率分别进行调节的一种控制方式。其原理图如图 6 - 18 所示,由晶闸管整流器与晶闸管逆变器调压。与一般晶闸管调压系统一样,采用相位控制,通过改变触发脉冲的相位角来获得与逆变器输出频率相对应的不同大小的直流电压,而逆变器只作频率控制,由 6 只开关元件组成,可按脉冲调制方式进行工作。

另一种控制方式为恒幅脉宽控制方式。如图 6 - 19 所示,由二极管整流器、中间滤波环节和逆变器组成。逆变器输入恒定不变的直流电压,通过调节逆变器输出电压的脉冲宽度和输出电压的频率,既实现调压又实现变频,变频和变压都由 PWM 逆变器承担。这是一种新型的变频系统,主回路简单,只要有相应的控制电路就可以了。由于输出电压直接由逆变器接在一个公共的直流母线上,便于实现多台电动机拖动。若逆变器采用快速开关元件,实现高频脉宽调制,可以提高系统的性能,缩小装置的体积,降低成本。

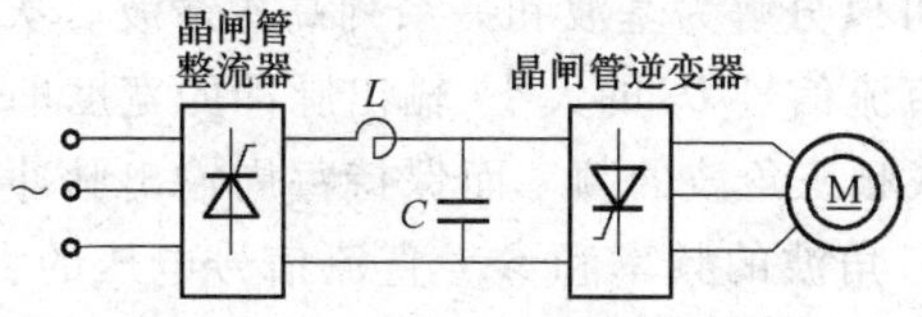

图 6-18 变幅脉宽调制原理图

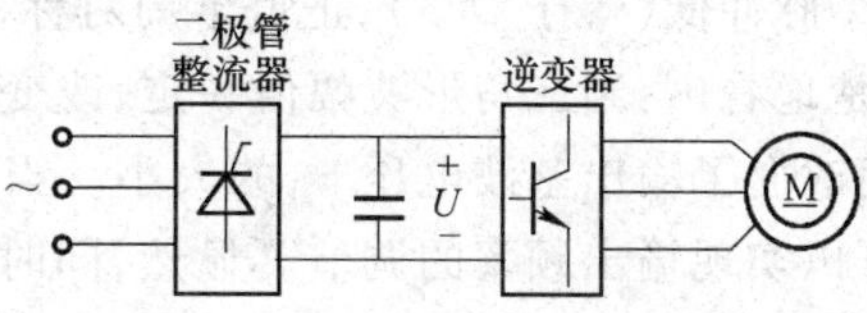

图 6-19 恒幅脉宽控制原理图

(2) 脉冲宽度调制方法 脉冲宽度调制方法分单极性调制和双极性调制两种,这里仅讨论单极性调制方法。图 6-20 为三相桥式逆变器的原理电路图,它采用电力晶体管 GTR 作开关元件(也可以用其他开关元件)。

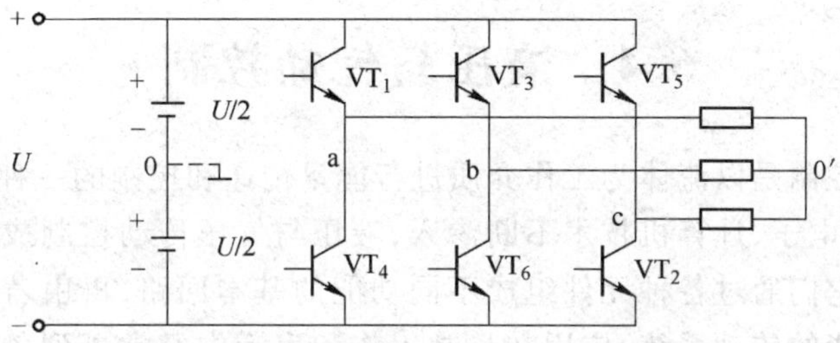

图 6-20 三相桥式逆变器的原理电路图

负载为三相对称电阻负载。由各开关管的基极驱动信号分别控制各开关管的通断。基极驱动信号在电路中一般常以载频信号 u_c 与参考信号 u_r 相比较产生。如图 6-21 所示,这里 u_c 采用单极性等腰三角形波形,而 U_r 采用直流电压。在 u_c 和 U_r 波形相交处发出调制信号,部分脉冲调制波形经过三相对称倒相后 a,b 两点的相位波形及 $u_{0,0}$ 和 $u_{a,0}$ 相电压的脉冲序列波形如图 6-21 所示。可以看出输出电压一个周期内有 12 个等腰三角形。

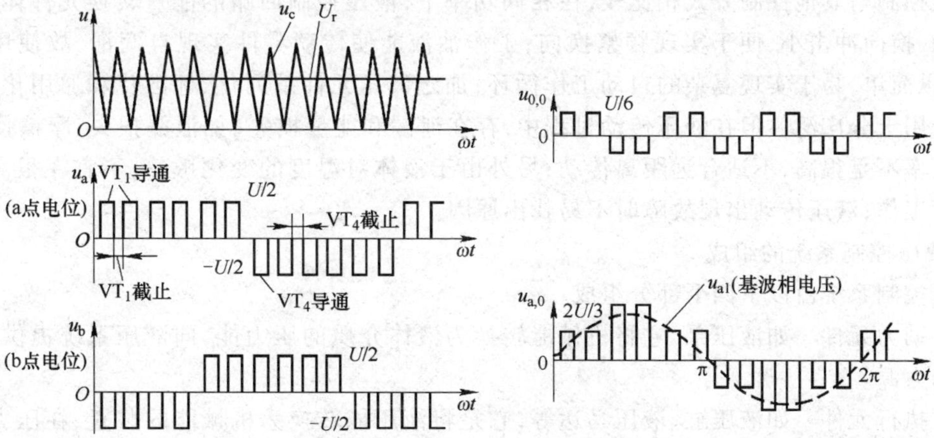

图 6-21 信号比较示意图

输出波形正负半周对称，主回路中的 6 个开关元件 $VT_1 \sim VT_6$ 都是半周工作，通断 6 次输出 6 个等幅、等宽、等距的脉冲序列，另外半周总处于截止状态。这 6 个开关元件以 $VT_1 \sim VT_6$ 的顺序轮流工作。

输出的相电压波形每半个周期出现 6 个等宽、等距的脉冲序列，中间 2 个脉冲高（等于 $2U/3$）、两边 4 个脉冲低（等于 $U/3$），正负半周对称，波形可以分解为基波和一系列高次谐波。从波形图可以清楚地看出：当三角形波幅值一定，改变参考直流信号 U_r 的大小，输出脉冲的宽度即随之改变，从而改变了输出基波电压 u_{a1} 的大小。当改变载频三角波的频率而保持每周输出脉冲数不变时，就可以实现输出频率的调节。显然，同时改变三角波的频率和参考直流信号电压的大小，就可以使逆变器在输出变频的同时相应地改变电压的大小。

上述调制方法是在改变输出频率的同时，改变三角波的频率，使每半周包含的三角波数和相位不变，正负半周波形始终保持完全对称。这种调制方式称为同步脉冲调制方式。同步脉冲调制方式由于输出波形正负半周完全对称。只有奇次谐波没有偶次谐波。但是每周的输出脉冲数不变，低频输出时谐波影响大。

6.4 液压与气动控制

液压与气压传动控制是以流体为工作介质进行能量传递和控制的一种传动形式。随着机电一体化技术的发展，微电子、计算机技术不断渗入，液压与气压传动控制成为机械设备中发展速度最快的技术之一。它们通过各种元件组成不同功能的基本回路，再由若干基本回路有机地组合成具有一定控制功能的传动系统，应用在日常工作和生活中经常见到各种机器中，如汽车、电梯、机床等机电设备都有不同程度的液压气动控制回路。

6.4.1 液压控制

液压传动装置本质上是一种能量转换装置，它先将机械能转换为便于输送的液压能，后又将液压能转换为机械能做功，以实现某种控制目的。

1. 液压系统的基本特点

液压控制与其他控制方式相比较，在相同功率下，液压控制回路的能量转换元件体积较小，工作平稳，换向冲击小，便于实现频繁换向；工作油液能使传动零件实现自润滑，故使用寿命较长；因操纵简单，易于实现复杂的自动工作循环；加之液压元件系列化、标准化和通用化，因此液压系统应用十分广泛。但在液压传动过程中，存在泄漏和能量损失（如泄漏损失、摩擦损失等），故传动效率不是很高，不适合远距离传动；另外由于液体对温度的变化敏感，不宜在很高和很低的温度下工作；液压传动出现故障时不易找出原因。

2. 液压控制系统的组成

液压控制系统由以下四个部分组成：

（1）动力元件　如液压泵，它将机械能转换为液体介质的压力能，向液压系统提供动力，是系统的动力源。

（2）执行元件　如液压缸、液压马达等，它是将液压能转换为机械能的装置，在压力油的推动下，它输出力和速度（或力矩和转速）以驱动其他工作部件。

(3) 控制元件 如溢流阀、节流阀、换向阀等。这些元件通过电气、手动等方式来实现对液压系统中油液压力、流量和流动方向的控制。

(4) 辅助元件 如油箱、油管、过滤器以及各种指示器和控制仪表等。它们的作用是提供必要的条件使系统得以正常工作和便于监测控制。

下面以机床工作台液压传动系统为例,说明动力元件、执行元件、控制元件、辅助元件之间在控制系统中的相互关系。

图 6-22 所示是液压系统示意图,在图示位置时,液压油路流经途径:

油箱 1→过滤器 2→液压泵 3→节流阀 4→换向阀 5→油管 9
↓
活塞连同工作台 8 向左移动←液压缸左腔

同时,液压缸右腔的油通过换向阀 4 排回油箱。

当所推动的阻力大于液压推动力时,液压油路流经途径改变为:

油箱 1→过滤器 2→液压泵 3→溢流阀 11→油管 12→油箱 1

如果将换向阀的手柄扳到左边时,则压力油经换向阀进入液压缸的右腔,推动活塞连同工作台向右移动。这时液压缸的左腔的油经换向阀和回油管排回油箱。

在这里节流阀用来调节工作台的移动速度。当节流阀开口较大时,进入液压缸的流量较大,工作台的移动速度也较快,反之,当节流阀开口较小时,工作台的移动速度则较慢。

另外,当工作台低速移动时节流阀开口较小,泵出口多余的压力油亦需排回油箱。

这些功能是由溢流阀 11 来实现的,调节溢流阀弹簧的预压力就能调整泵出口的油液压力,并让多余的油在相应压力下打开溢流阀,经回油管流回油箱。

组成液压系统示意图的各个元件是用半结构式图形画出来的,这种图形直观性强,较易理解,但难绘制,为此,工程技术人员对液压元件专门制定了标准化符号,即国家标准 GB786.1—93。对于图 6-22 所示的液压系统,若用规定的液压图形符号绘制,则其系统原理图如图 6-23 所示。图中的符号只表示元件的功能,不表示元件的结构和参数,使用这些图形符号,可使液压系统图简单明了、便于绘制。

6.4.2 气压传动与控制

在气压传动中,能源的介质通常是压缩空气。本节将主要介绍气动元件、基本气动系统及基本控制方法等气压传动基本技术。复杂的气动控制系统大多都由程序或其他逻辑控制装置来控制。

1. 气动控制的基本特点

空气是最方便的传动介质,方便适用,可在许多场合使用;根据需要容易地储存大量的压缩空气;使用气动元件属于简单设计,因而适合较简单自动控制系统,便于控制。易于实现无级调速的直线和回转运动,动作响应快;气动元件价格适中,维护费用较低,经济性好;气动元件有很长的工作寿命,使系统有很高的可靠性;压缩空气很大程度上不受高温、灰尘、腐蚀的影响,对环境无污染,可装入标准的清洁房内,这一点是其他系统所不能及的。但是,气动控制难于实现精确控制,输出力矩较小,因此,广泛应用于食品生产、医药生产等行业。

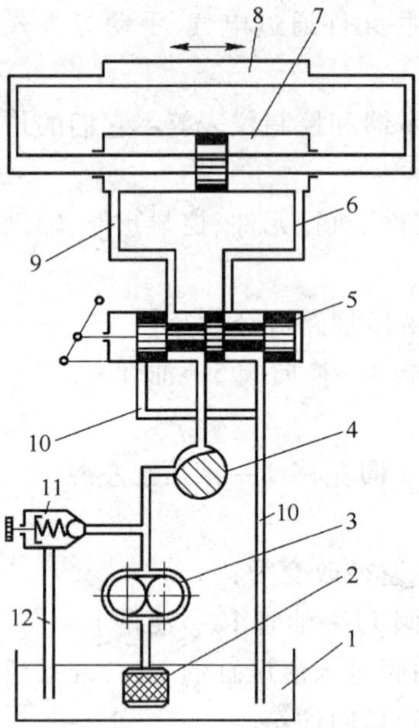

图 6-22　液压系统示意图

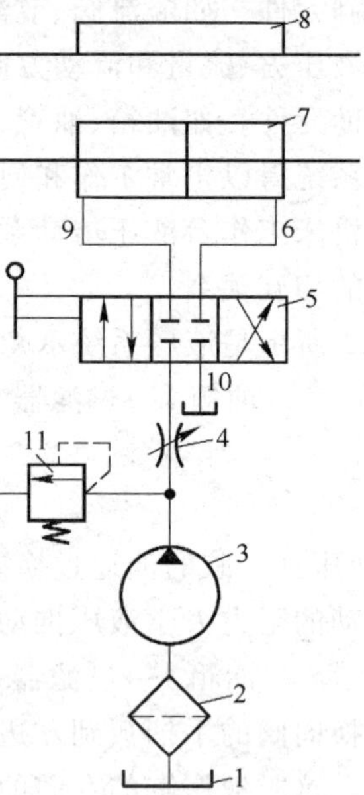

图 6-23　液压系统符号图

2. 各类控制阀

同液压元件一样，气动执行元件的执行，需要控制它的输出力、运动方向、运动速度，才能使气缸满足生产要求，因此，在气动系统中对执行元件的输出力、运动方向和运动速度的控制分别采用压力阀、方向阀和调速阀来完成。

(1) 压力控制元件　压力控制元件是用来控制气路中压缩空气的压力，使气缸的输出力保持在一定的范围，保证气缸的输出力大小。压力控制元件分普通调压阀、精密调压阀、电控调压阀(E/P 调压阀)和增压阀四种。有些教材将顺序阀和安全阀也列入压力控制元件。

图 6-24 是一个溢流式普通调压阀的结构原理图。左端是进气口、右端是出气口、中间有一个主阀板，主阀板上方有一个膜片及弹簧。弹簧力的大小靠旋钮来控制，以控制出口压力保持一定。

实际上普通的调压阀很难精确地调整到设定压力值。当进口的压力增大时，由于摩擦力、调压阀弹簧刚度等很多参数的影响，输出的压力降低。当膜片在变形时，弹簧的压力也在改变，同时弹簧作用在膜片上的力也是改变的。因此，没有这个弹簧，它就不能工作。而有了这个弹簧，就对它的特性有一定的影响。对于压力精度要求比较高的回路，可采用精密调压阀。

对于精密调压阀来说，作用在主膜片上腔的力并不是弹簧力，而是一个比较稳定的空气压力。而且这个空气压力受弹簧力的影响很小。这样的调压阀就有一定的调压精度。

在一些气动系统中或气动伺服系统中，需要用电信号直接控制调压阀输出压力的高低时，需要用电控调压阀。

采用复合阀是当今气动技术的一大趋势。图 6-25 是一种将过滤器和调压阀复合在一起的过滤减压阀结构。它不仅具有过滤的功能，而且还具有调压功能，节省了安装空间，习惯上称双联件。有的是将过滤器、减压阀、油雾器三者合为一件，习惯上称三联件。还有一种是叠装设计

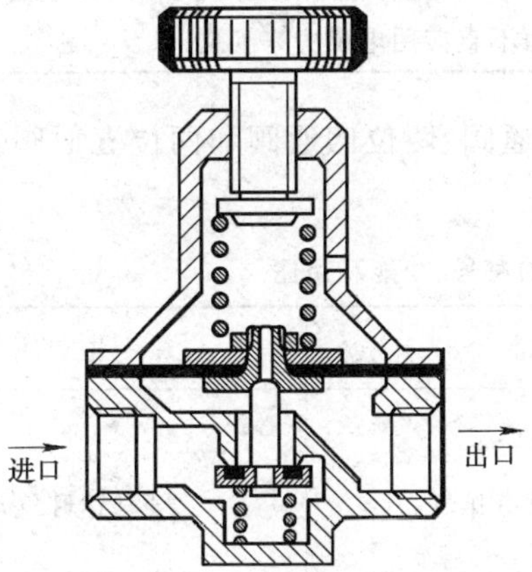

图 6-24 调压阀的结构原理图

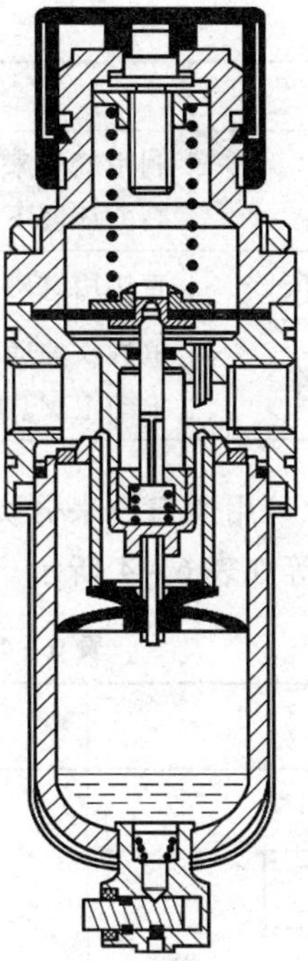

图 6-25 过滤减压阀结构

的方向阀和减压阀。它是在一个板式连接的换向阀中间插入一个减压阀,在调压阀和换向阀之间没有管路连接,而是直接由阀块连接。这样把两种阀和汇流板复合在一起,使系统既具有调压、换向功能,又便于安装。

综上所述,应根据不同的使用目的及技术要求来选用压力控制元件。

选用调压阀时,主要考虑三个方面:

① 压力精度要求 对精度要求不高的压力控制回路,用普通调压阀即可。

② 压力调节方式 手动调压还是电控调压。当回路需要电控调压阀时,考虑响应速度是否满足要求。例如电磁铁电磁阀,通常是用在高精度、响应速度快、大容量的气动控制系统中。

③ 最大流量校核 选择不同通径的调压阀,也就确定了回路流过这个阀的流通能力。如果所选择的调压阀太小,则回路的最大流量远远大于调压阀所能通过的流量,在最大流量通过的时候,它要产生一个很大的压力损失,使得执行机构不能得到所需最大压力(推力)。因此,选择调压阀一定要根据回路最大流量的大小来进行校核。

(2) 方向控制阀 方向控制阀按其操作方式可分为如表 6-3 所示的各种形式。

表 6-3 方向控制阀的操作方式

操作方式	工作原理及应用
机械操作	利用机械接触来直接驱动主阀芯换向
手动操作	直接用人工操作接驱动主阀芯换向,也称为人工操作换向阀,有手柄驱动方式、按钮方式和脚踏方式

续表

操作方式	工作原理及应用
气控操作	利用气压来直接驱动主阀芯换向，通常用在不允许使用电气信号、防爆要求较高的环境下
直动型电磁操作	直接用电磁铁产生的力去推动小口径的主阀芯
先导型电磁操作	电磁铁的通断电先来控制一小阀（先导阀），通过小阀作用在主阀两端的气压来推动主阀、驱动主阀换向，而不直接用电磁力来换向

方向控制阀也可用通道数来分类。如两位三通阀、两位四通阀和两位五通阀。这些阀的图形符号、开关功能等如表 6－4 所示。

表 6－4　方向控制阀的符号、功能和用途

图形符号	开关功能	主要用途
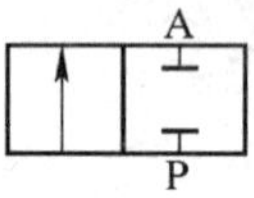	2/ON/OFF 没有排气	气马达和气动工具
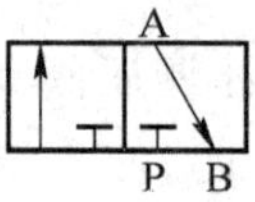	3/2 动断（NC）	单作用气缸（推出型），气动信号
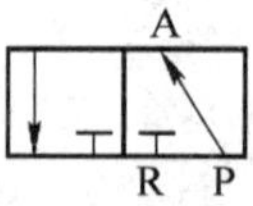	3/2 动合（NO）	单作用气缸（推进型）
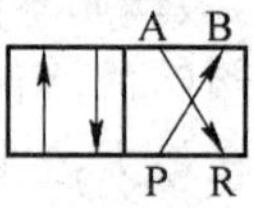	4/2 输出口 A、B 之间的换向带共同排气口	双作用气缸
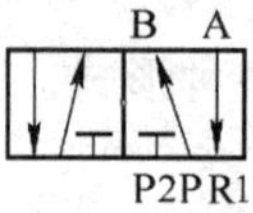	5/2 输出口 A、B 之间的换向带独立排气口	双作用气缸
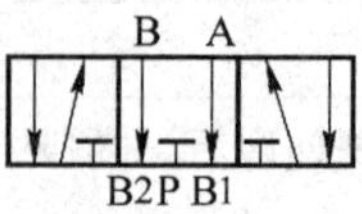	5/3 中间排气式，如 5/2 中位时，输出 A、B 均排气	双作用油缸、气缸可能均卸压

续表

图形符号	开关功能	主要用途
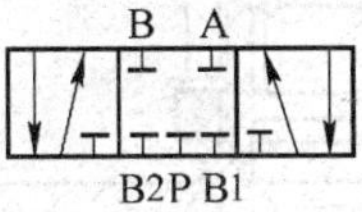	5/3 中间密封式，如 5/2 中位时，完全密封住气	双作用油缸、气缸可在任意位置停止
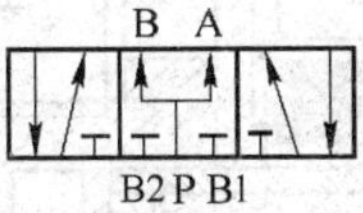	5/3 加压式	特殊用途

根据阀的控制数量，可以将阀分为单控阀和双控阀。单控阀能在控制力或信号撤销后，在弹簧的作用下复位，具有"单稳"作用。双控阀则在控制力或信号撤销后"保持"原位，具有"记忆"功能。而这种"记忆"功能单控阀是没有的。

单向阀和梭阀也属于方向控制阀。单向阀结构简单，多安装于气源终端以便与用气设备连接。梭阀的结构示意图如图 6 – 26 所示。它有一个出气口和两个进气口。无论从哪个进气口进气，都有输出气流。当气流来自左边，中间的阀芯被推向右侧，把右边的阀口卡死，气流从出口流出；当气流从右边进来，那么中间的阀芯就被推向左侧，把左边的阀口卡住，气流从流出口流出。梭阀具有逻辑或的功能。

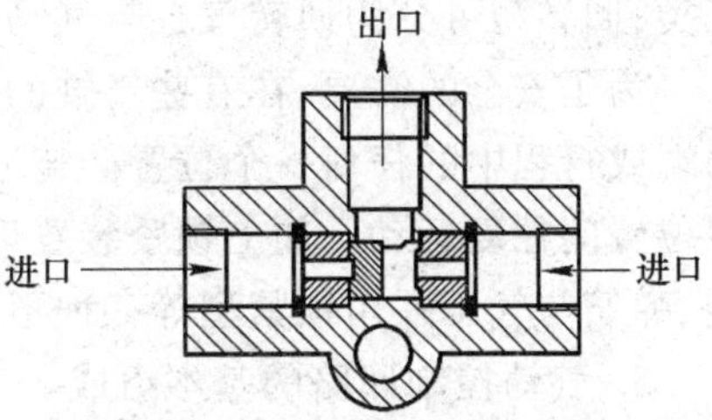

图 6 – 26　梭阀结构示意图

方向控制阀的选择主要考虑以下几个方面：

（1）控制方式的选择　在不同的条件下，对控制方式的选择不同，若在防爆条件要求苛刻的情况下，只能考虑选用气控式的。一般情况下最好选用电磁控制方式，它适于用可编程控制器进行控制，适应比较复杂的气动控制系统。

（2）根据气缸操作方式选择　气缸的操作方式有双动或单动之分，根据不同要求，可以选择二位二通或三通阀，也可以选用二位四通或二位五通阀。如果气动执行元件有特殊要求，如任意位置停止或保持，则应选用三位阀并确定其中间位置形式。中间位置有封闭式、加压式和排气式三种形式。如果阀是在空气净化程度比较好的气动回路中工作，而阀的工作频率比较高时，应选用金属间隙密封（硬配合）形式，使阀的寿命延长。如空气净化程度欠佳，应采用橡胶软密封形式。

（3）根据气缸的流量要求选择　方向控制阀的流通能力由回路中的最大流量所决定，气缸的直径、横断面积、气缸活塞的移动速度是方向控制阀选择的基本依据。

3. 调速阀

调速阀用来控制气缸的移动速度。它由一个节流阀和一个单向阀组成，其结构示意图如图 6 – 27所示。针阀和阀座之间的间隙决定调速阀的节流开口大小。针阀和阀座之间的间隙可通过旋钮来调节。调速阀分为排气节流型和进气节流型两种型式。当在这个方向连接一个气缸时,气缸排气腔的压缩空气不能够及时排到大气中去,而会使气缸的速度变低。

要得到一个稳定的调速特性,通常应采用排气节流调速。虽然调速阀可以调节气缸的移动速度,但在工程上经常需要气缸反向运动时能够快速移动。由于调速阀在气流反向时起节流的作用,再加上管道的气阻,使气缸排气腔的压缩空气不能及时排出,压力不能快速下降,气缸也不会马上反向运动。这时就应考虑使用快速排气阀。快速排气阀的工作原理与前述的梭阀相类似。

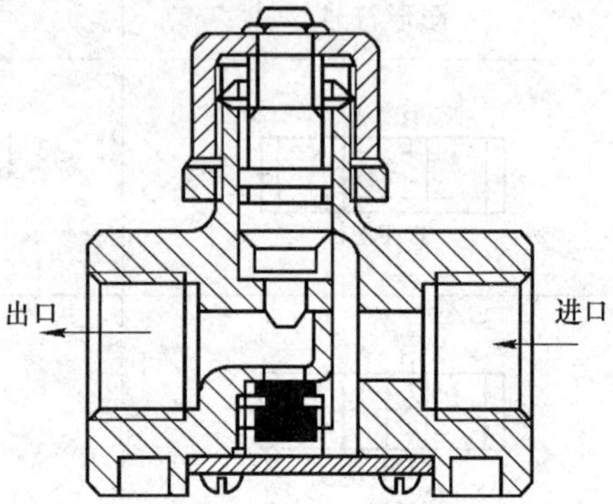

图 6－27　调速阀结构示意图

4. 气缸

气缸从最基本的形式派生出各种各样不同的气缸。其中有不同动作特性的复合气缸,也有各种各样特殊性能的特殊气缸。

目前在工业自动化领域用到的气动执行元件通常可分为直线型和回转型两大类,约有上万个品种型号。按其作用方式及用途细分,直线型可分为单作用气缸、双作用气缸和特殊用途气缸三类;回转型可分为回转气缸与气马达两类。

为了安全的需要,在有些气缸的前端加一个锁紧装置。通过这个装置,可让活塞停止在行程两端或行程中的任何一个位置。普通气缸不具备这个功能,只能在行程的末端和终端的两个极限位置间往复运动。加上锁紧装置以后,在需要停止的位置,锁紧装置有弹簧锁紧型、气压锁紧型、弹簧与气压并用锁紧型等三种不同的类型。

5. 气动控制回路的基本组成

气动控制回路与液压控制回路的基本组成一样,也是由以下四个部分组成:

(1) 动力元件　如气泵,它将机械能转换为气体介质的压力能,向气动系统提供动力,是系统的动力源。

(2) 执行元件　如气缸,气爪等,它是将气压能转换为机械能的装置,在压缩空气的推动下,它输出力和速度(或力矩和转速)以使其他驱动部件工作。

(3) 控制元件　如节流阀、换向阀等。这些元件通过电气、手动等方式来实现对气动回路中压缩空气的压力、流量和流动方向的控制。

(4) 辅助元件　如油雾气、过滤器以及各种指示器和控制仪表等。它们的作用是提供必要的条件使系统得以正常工作和便于监测控制。

气动回路的基本控制方式一般有三种:

(1) 电气－气动控制方式,常用磁性开关、各类继电器、可编程控制器等电器件。

(2) 全气动控制方式,常用各类气动逻辑元件、气控阀、气控传感器等元件。

(3) 机械操作方式,如手动、脚控机控阀,机械限位阀等。

由于自动化生产过程的不同要求,实际气动回路的组成千变万化,但是无论多么复杂的回路,它都是由一些典型的气动元件构成的。

图 6－28 所示是一个比较典型的气动控制回路。气源 1 的压缩空气经过过滤器 2、减压阀 3、油雾器 4 进入气动回路,二位三通阀 7 分别控制单作用气缸 10 的方向,两个调速阀 8、9 串联可在往返行程调速。消声器 6 和节流阀 5 可起到排气节流和消声的目的。二位五通阀 13 控制

双作用气缸 11 的方向,两个调速阀 12 分别控制双作用气缸 11 往返行程的速度。

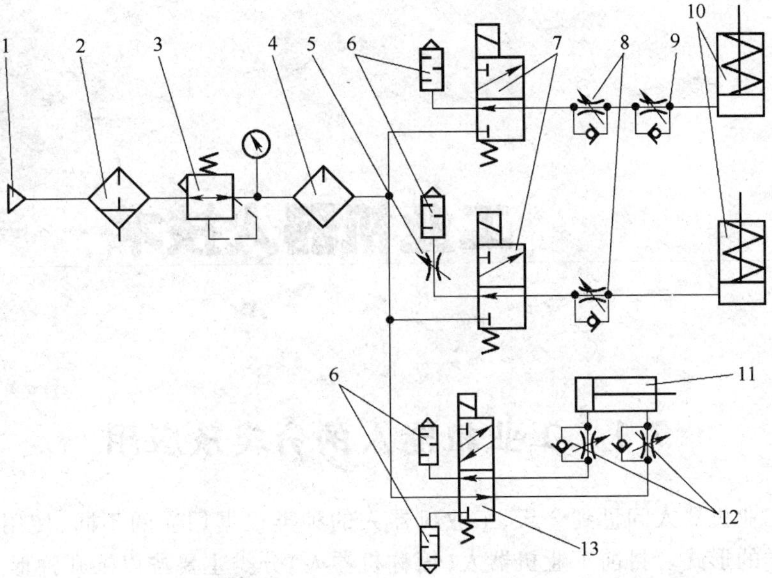

图 6-28　典型气动控制回路

习　题

6-1　试说明步进电动机的工作原理。

6-2　有一三相步进电动机,其转子齿数为 40,双三拍方式通电,试计算其步距角。

6-3　步进电动机硬件环形分配器由哪几部分组成?

6-4　步进电动机的主要特点有哪些?

6-5　步进电动机的软件分频编程主要解决哪些问题?

6-6　直流伺服电动机的主要特点有哪些?

6-7　试说明直流伺服电动机工作曲线的意义。

6-8　试说明直流伺服电动机 PWM 调速系统的组成及工作原理。

6-9　试说明晶闸管变频器的工作原理。

6-10　液压系统的基本特点有哪些?

6-11　液压控制系统由哪几部分组成?各部分的作用是什么?

6-12　气动控制的基本特点有哪些?

6-13　气动控制中的压力控制元件有哪些?

6-14　说明液压和气压传动中方向控制阀的符号、功能和用途。

工业机器人技术 第7章

7.1 工业机器人的分类及应用

自第一台工业机器人问世到今天，工业机器人的种类根据用途的不同，使用环境的不同，繁衍成了多种多样的形式。目前工业机器人（简称机器人）分类主要按以下几种形式分类。

7.1.1 按信息输入形式分类

1. 操纵机器人

这是一种远距离操纵的机器人。在这种场合，相当于人手操纵的部分称为主动机械手，进行相似动作的部分称为从动机械手，类似与我们的铣床仿形加工。两者在机构上多半是类似的。这种机器人主要应用在实验室处理放射性物质，或在其他危害人类的环境中使用。

2. 程序机器人

通过预先设定的程序进行作业，但它不能更换作业。现在一些程序机器人则可用某些方法更换作业。例如，在用压力机制作零件时，设置收到压制完成信号决定取出零件的场所，把新的零件送入压力机。并依据零件的种类改变夹持零件的位置及放置位置。

3. 示教再现机器人

示教再现机器人的工作模式分为两步。开始为示教作业，一种方式如图7－1(a)所示那样，人一面操纵机器人，一面在各重要位置按下示教盒的按钮，记忆其位置。而进行作业时把它再现，机器人按预定的顺序再现轨迹；另一种方式如图7－1(b)所示，是用示教盒在远距离操作示教机器人轨迹，然后再现轨迹。

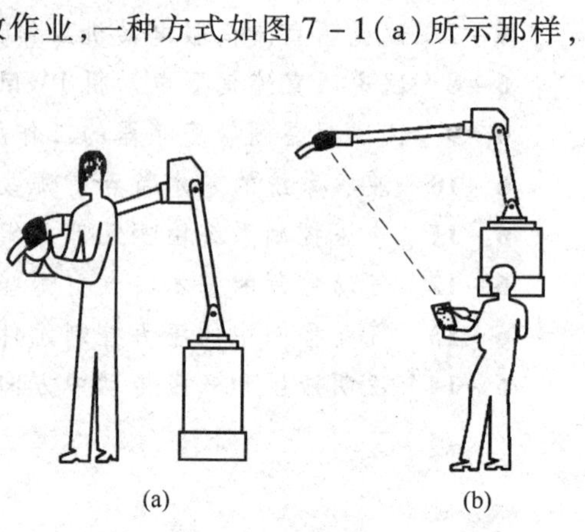

图7－1 示教方式

示教再现工业机器人能够按照人的意愿自由地示教其在空间上作业，能在可以达到的空间内实现各式各样的作业。由于它具有多个类似人手臂的关节，在形态和机能上与人的手臂相似，因此人们常常称它为机器臂。示教再现机器人的出现可以说是工业机器人的开始。在汽车制造厂进行点焊的机器人大多是这种类型的机器人。

4. 计算机控制工业机器人

计算机控制工业机器人是一种用计算机控制机器人动作，来代替人操纵机器人进行动作的工作方式。例如，使机器人手爪沿着圆周动作时，用计算机给出轨迹比人进行操作要方便得多，但必须编制计算机程序。目前的计算机控制机器人仍然具有示教再现功能，这样就使得机器人的可操作性大为增强。

5. 智能机器人

这种类型的机器人不仅能重复预先记忆的动作，还具有能按照环境变化随时修正或改变动作的自律功能。因此，智能机器人为了能感觉环境状态并做出正确的反应，需要有各种感觉器官（视觉、听觉、触觉等传感器）和处理复杂信息的计算机硬件与软件。目前人们正在研究各种智能机器人。例如，对传送带上多个物体的识别、回避障碍物的移动、作业次序的规划、有效的动态学习、多个机器人的协调作业等等。智能机器人具备智能方面的优点，而且其功能向下兼容，因而在工业领域应用必将越来越广泛。

7.1.2　按坐标分类

1. 直角坐标型

这类机器人的结构和控制方案与机床类似，其到达空间位置的三个运动（x、y、z）是由直线运动构成，运动方向互相垂直，其末端夹持器的姿态调节由附加的旋转机构实现，如图 7－2 所示。这种形式的机器人优点是运动学模型简单，各轴线位移分辨率在操作空间内任一点上均为恒定，控制精度高；缺点是机构较庞大，工作空间小，操作灵活性较差。简易和专用工业机器人常采用这种形式。

2. 圆柱坐标型

这类机器人在基座水平转台上装有立柱，水平臂可沿立柱作上下运动并可在水平方向伸缩，类似于摇臂钻床形式，如图 7－3 所示。这种结构方案的优点是末端夹持器可获得较快速度，缺点是末端操作器外伸离开立柱轴心愈远，其线位移分辨精度愈低。

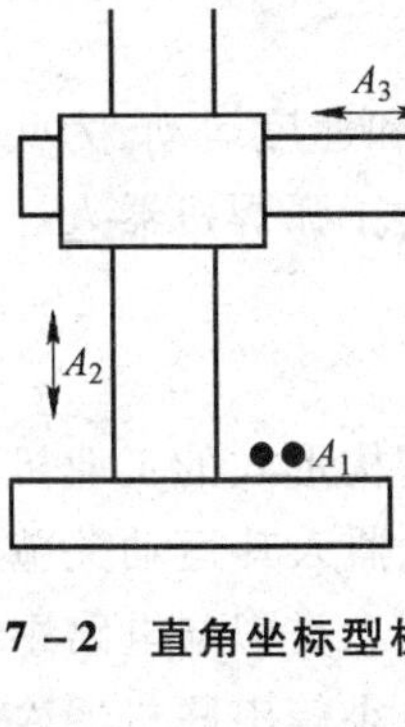

图 7－2　直角坐标型机器人

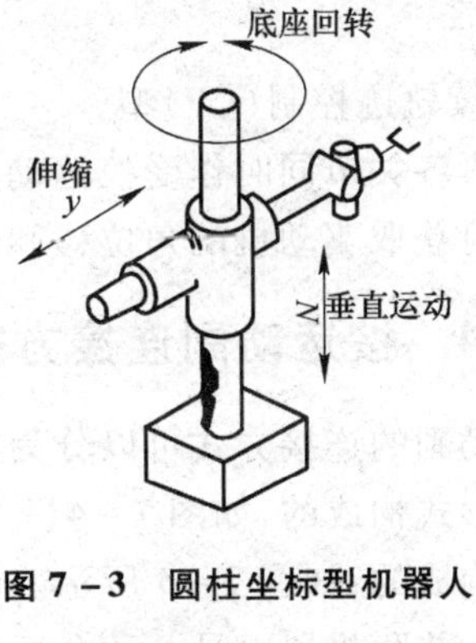

图 7－3　圆柱坐标型机器人

3. 球坐标型

与圆柱坐标结构相比较，这种结构形式更为灵活。但采用同一分辨率的码盘检测角位移时，伸缩关节的线位移分辨率恒定,但转动关节反映在末端操作器上的线位移分辨率则是个变量,增加了控制系统的复杂性,如图 7-4(a)所示。

4. 全关节型

全关节型机器人的结构类似人的腰部和手部,其位置和姿态全部由旋转运动实现,如图 7-4 所示,其优点是机构紧凑,灵活性好,占地面积小,工作空间大,可获得较高的末端操作器线速度;其缺点是运动学模型复杂,高精度控制难度大,空间线位移分辨率取决于机器人手臂的位姿。目前焊接机器人大多采用全关节型的结构形式。

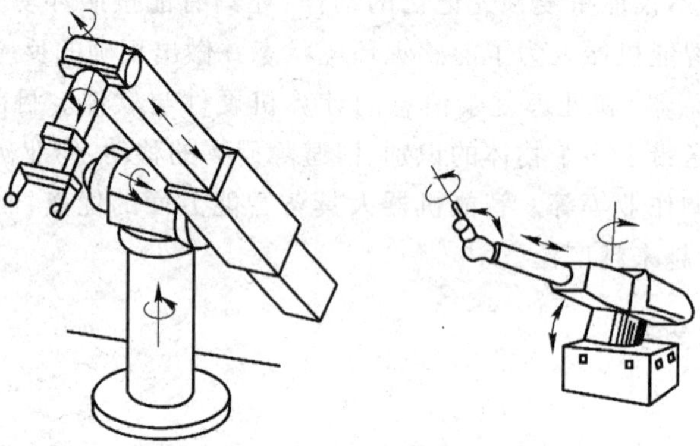

(a) (b)

图 7-4 关节机器人

7.1.3 按受控运动方式分类

1. 位控制(PTP)型

机器人受控运动方式为自一个点位目标移向另一个点位目标,只在目标点上完成操作。要求机器人在目标点上有足够的定位精度,相邻目标点间的运动方式之一是各关节驱动机以最快的速度趋近终点,各关节视其转角大小不同而到达终点有先有后;另一种运动方式是各关节同时趋近终点,由于各关节运动时间相同,所以角位移大的运动速度较高。点位控制型机器人主要用于点焊作业。

2. 连续轨迹控制(CP)型

机器人各关节同时作受控运动,使机器人终端按预期的轨迹和速度运动,为此各关节控制系统需要实时获取驱动机的角位移和角速度信号。连续控制主要用于弧焊机器人。

7.1.4 按运动副连接方式分类

按运动副的连接方式可以分为串联结构和并联结构。串联结构形式的工业机器人其各关节是以串联形式构成的,如图 7-4(b)所示,并联结构形式的工业机器人其运动关节的相互关系是并联形式构成的,如图 7-5 所示。串联运动副和并联运动副的概念类似与电路中的串联电阻和并联电阻。并联机器人是一种全新的机器人,它具有刚度大、误差小等串联机器人所不能比拟的优点,并联机器人主要用于飞船对接器、机床等领域。

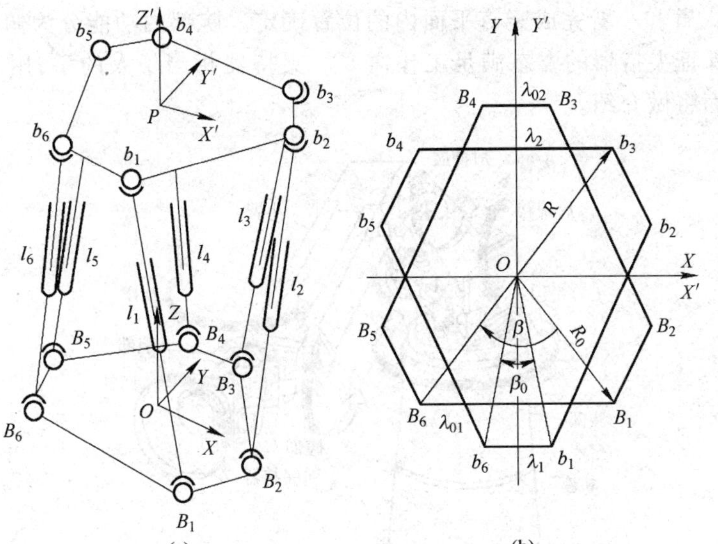

图 7-5 并联机器人结构示意图

7.2 工业机器人的专用名词及相关概念

7.2.1 机器人的定义

什么是机器人,到目前为止,国际上尚没有统一的定义。研究机器人的专家们从不同的角度和采用不同的方法来定义这个概念。

在英国简明牛津字典中,机器人的定义是这样描述:貌似人的自动机,具有智力的和顺从于人的但不具人格的机器。

美国国家标准局(NBS)对机器人的定义描述为:机器人是一种能够进行编程并在自动控制下执行某些操作和移动作业任务的机械装置。

日本工业机器人协会(JIRA)对机器人的定义描述为:

(1) 工业机器人 一种能够执行与人的上肢(手和臂)类似的多功能机器。

(2) 智能机器人 一种具有感觉和识别能力,并能够控制自身行为的机器人。

我国,蒋新松院士认为,机器人是一种拟人功能的机械电子装置。

实际上我们在工业生产中所说的机器人是工业机器人,是日本人定义的第一种类型。在一些书中,称工业机器人为机械手、操作机、工业操作机等。

7.2.2 机器人的相关概念

1. 机器人本体的相关名词

如图 7-6 所示,机器人的机械部分是由机座、腰部、大臂、小臂、腕部、夹持器构成。机座是固定机器人的基础构件,上面连接着机器人的腰部。腰部连接大臂,其旋转使手臂平转横扫,一般可回转 360°。大臂和小臂完成竖直平面内的位置确定。腕部的功能分为俯仰、回转和侧摆,通过三者的组合来保证夹持器的姿态满足工作需要。夹持器相当于人的手,用于抓取物体。关于其详细的作用后面将做介绍。

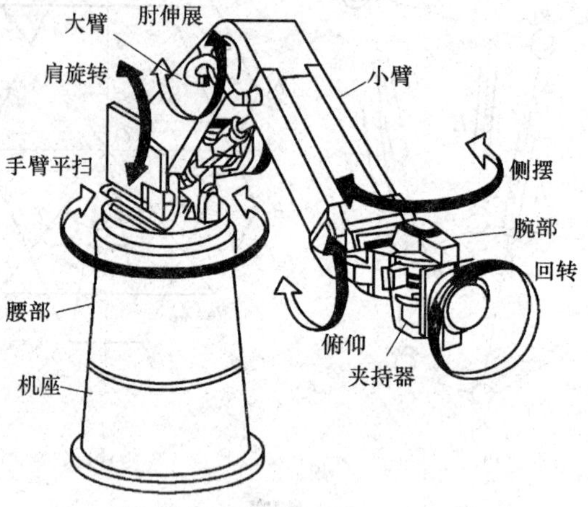

图 7-6　机器人本体结构图

2. 机器人的自由度

所谓自由度是指物体能够对坐标系进行独立运动的数目。一个刚体在空间有六个自由度。当一个物体相对另一个物体有某种约束时,一物体相对另一物体的自由度数目就会减少。这种约束的建立常常就是我们在机械基础中讲到的运动副。机器人的各个构件就是通过运动副连接起来的。我们常见的运动副主要是移动副和转动副,这些均是低副,也就是说,这种副只有一个自由度。工业机器人的运动关节基本是由低副构成的,构成机器人的关节越多,机器人的自由度数目越多(当然这些关节必须是线性无关),有几个自由度,我们就称之为几个自由度的机器人。目前大多数关节型的工业机器人是六自由度机器人。

3. 冗余自由度

当机器人的自由度数大于六个,且有任意六个关节线性无关时,我们称这样的机器人为冗余自由度机器人。

4. 机器人的工作坐标系

机器人的工作坐标系包括机器人的绝对坐标系和机器人的末端坐标系,通常是用直角坐标系来描述的。如图 7-7 所示。

机器人的绝对坐标系:是指这个机器人本体所被确定的参考空间(绝对坐标),这个坐标系描述了机器人本体的位置,是与其他设备或零件发生联系的基础。

机器人的末端坐标系:是指这个机器人所夹持的物体的参考空间(相对坐标)。通过机器人本体各个关节的坐标系可以转换到绝对坐标系。

7.2.3　位姿

在机器人工作空间中,相对坐标系的原点在绝对坐标系中的坐标(x,y,z),我们称之为相对坐标系的原点在绝对坐标系中的位置,简称位置。姿态是指相对坐标系的各坐标轴原点在绝对

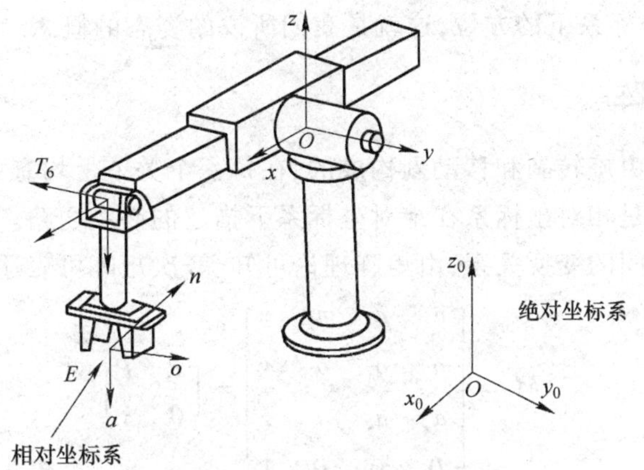

图 7-7　机器人工作坐标系示意图

坐标系中的坐标。

如图 7-8 所示，我们首先假设 A 坐标系是绝对坐标系，B 坐标系是相对坐标系，那么，C 坐标系是与绝对坐标系 A 对应坐标轴平行，与相对坐标系同原点的中间过渡坐标系，${}^{A}\boldsymbol{p}_{B}$ 是 B 坐标系原点在 A 坐标系中的位置，是一个矢量，即

$$
{}^{A}\boldsymbol{p}_{B} = \begin{bmatrix} x_A \\ y_A \\ z_A \end{bmatrix} \tag{7-1}
$$

它就是我们在这里讲的位置概念。

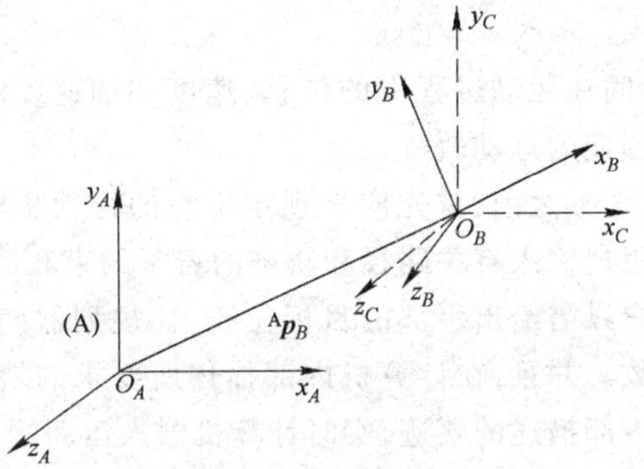

图 7-8　坐标空间

B 坐标系的三个坐标轴（x_B，y_B，z_B）分别与 A 坐标系的三个坐标轴（x_A，y_A，z_A）成一定角度，然而这个角度值在机器人学中常常是用投影的方式来描述。例如，B 坐标系的 x 轴与 A 坐标系的三个坐标轴（x_A，y_A，z_A）成一定角度，表示为

$$
\boldsymbol{i}_B = a\boldsymbol{i} + b\boldsymbol{j} + c\boldsymbol{k} \tag{7-2}
$$

$\boldsymbol{i}_B$ 表示 B 坐标系 x 轴的单位矢量，$\boldsymbol{i}$，$\boldsymbol{j}$，$\boldsymbol{k}$ 分别表示 A 坐标系的三个坐标轴（x_A，y_A，z_A）的单位矢量。

B 坐标系的 y、z 轴与 A 坐标系的三个坐标轴（x_A，y_A，z_A）成一定角度的表示方法同上，从而确定了 B 坐标系在 A 坐标系下的方位，这就是我们所说的姿态的概念。

7.2.4 齐次矩阵

机器人的各个关节由旋转副和移动副构成的，在每一个关节上均有一个中间过渡的坐标系，这些中间过渡的坐标系是相对坐标系在绝对坐标系下描述的必经之路。齐次矩阵描述了两个坐标空间描述与被描述之间的变换关系，由矩阵理论可知，齐次矩阵可表述如下

$$M = \begin{bmatrix} n_x & n_y & n_z & x \\ o_x & o_y & o_z & y \\ a_x & a_y & a_z & z \\ 0 & 0 & 0 & 1 \end{bmatrix} = \begin{bmatrix} R & P \\ 0 & 1 \end{bmatrix} \tag{7-3}$$

其中 R 说明的是被描述空间坐标系各坐标轴在描述空间各坐标轴上的投影值，也就是被描述坐标系在描述坐标系下的姿态；P 说明的是被描述空间坐标系的原点在描述空间中的坐标，也就是被描述坐标系在描述坐标系下的位置。

在机器人工作空间中，相对坐标系和绝对坐标系之间就是被描述和描述的关系，只不过是要经过中间过渡坐标系的转换，具体可用下述等式解释

$$\boldsymbol{M} = \boldsymbol{T}_1\boldsymbol{T}_2\boldsymbol{T}_3\boldsymbol{T}_4\boldsymbol{T}_5\boldsymbol{T}_6\boldsymbol{E} \tag{7-4}$$

$\boldsymbol{T}_i$ 为中间过渡空间的齐次变换矩阵；$\boldsymbol{E}$ 为被夹持物体在相对坐标系下的齐次矩阵描述，例如，焊接机器人的焊枪位姿的描述。

关于齐次矩阵的由来和相关证明，我们在这里就不再加以说明了。

7.2.5 轨迹规划

所谓轨迹是指夹持器空间在运动过程中的位移、速度和加速度的变化痕迹。轨迹规划是依据作业任务的要求，计算出预期的运动轨迹。

在机器人执行给定作业任务之前，首先应该规定出它的行动步骤和作业进程。轨迹规划器可使编程手续简化，只要求用户输入有关路径和轨迹的若干约束和简单描述，而复杂的细节问题则由规划器解决。例如，用户只需给出手部的目标位姿，让规划器确定到达该目标的路径点、持续时间、运动速度等轨迹参数。并且，在计算机内部描述所要求的轨迹，即选择习惯规定及合理的软件数据结构。最后，对内部描述的轨迹，实时计算机器人运动的位移、速度和加速度，生成运动轨迹。每一轨迹点的计算时间要与轨迹更新速率合拍，在现有的机器人控制系统中，这一速率在 20 ~ 200 Hz 之间。

7.2.6 承载能力

各类工业机器人抓取物体的能力相差极大，如瑞士 ABB 公司 IBR1400 型的工业焊接机器人的承载能力仅为 5 kg，而重型工业机器人的承载能力达 5 000 kg。承载能力的大小不仅取决于构件尺寸和驱动器的能力，而且还与机器人的运行速度有关，这是指在正常运行速度下所容许抓取的物体重量。一般低速运行时承载能力较大，为了安全起见，规定在高速运行时以所能抓取物体的重量作为承载能力的指标。

7.2.7 速度和循环时间

不同的工业机器人，在夹持末端件时的最大速度相差甚大，如 Adeptl 型 SCARA 机器人的速度可达 10 m/s。在工业生产过程中，为了提高生产率，人们对速度的要求愈来愈高。因此提出了要求缩短整个运动循环时间。运动循环时间包括起动加速、等速运动和减速制动三个阶段。当运动循环时间缩短的时候，尤其是加、减速阶段缩短时间，往往很难保证定位精度。因此，提高加、减速的能力非常重要。在设计过程中，过大的加、减速会使惯性力增加，影响工作的平稳性和定位精度，极大地提高了设计难度。同一台工业机器人在不同的运行速度之下，机器人的负载能力是不同的。

所以，在选择工业机器人时，应综合考虑负载能力和运行速度、循环时间等因素，有些情况要求负载能力较大，而另一些情况对速度要求较高。

7.2.8 定位精度和重复精度

机器人的定位精度和重复精度是两个十分重要的技术指标。机器人的定位精度是指机器人末端件被搬运到达的实际位置与理想位置之间的最大误差。机器人的重复精度是指在相同的位置指令之下，机器人连续重复运动若干次，其位置的分散值情况。引起定位误差的因素并不一定对重复精度有影响。如重力变形对定位误差影响较大，但对重复性没有影响，因为重力变形引起的误差是重复出现的。

7.3 典型工业机器人的结构

从结构上来看，工业机器人是由机器人机座、手臂、手腕、夹持器等几部分组成，这几部分构成了机器人的整个结构部分。在这里，我们主要介绍固定机器人的结构问题。

7.3.1 机器人机座

机器人机座是机器人的基础部分，起支承作用。在一般机器人中，立柱式、机座式和屈伸式机器人大多是固定式的；随着海洋科学、原子能工业及宇宙空间事业的发展，可以预见具有智能的、可移动机器人肯定是今后机器人的发展方向。

固定式机器人的机座直接固定在地面的基础上。图 7-9 所示为固定式机器人的典型结构，图中 1 为机座，直接固定在地基上；2 为立柱，立柱可在机座上绕机座的支承轴摆动；3 为大臂，大臂可在立柱上绕立柱的支承轴摆动；4 为小臂，小臂可在大臂上绕大臂的支承轴摆动；5 为手腕，手腕可在小臂上绕小臂的支承轴摆动。

7.3.2 机器人手臂

手臂是机器人执行机构中重要的部件，它的作用是将被抓取的工件运送到给定的位置，因而一般机器人的手臂有 3 个自由度，即手臂的伸缩，左右回转和升降（或俯仰）运动。手臂回转和升降运动是通过机座的立柱实现的。

手臂的各种运动一般是由驱动机构和各种传动机构来实现，因此，它不仅仅承受被抓取工件

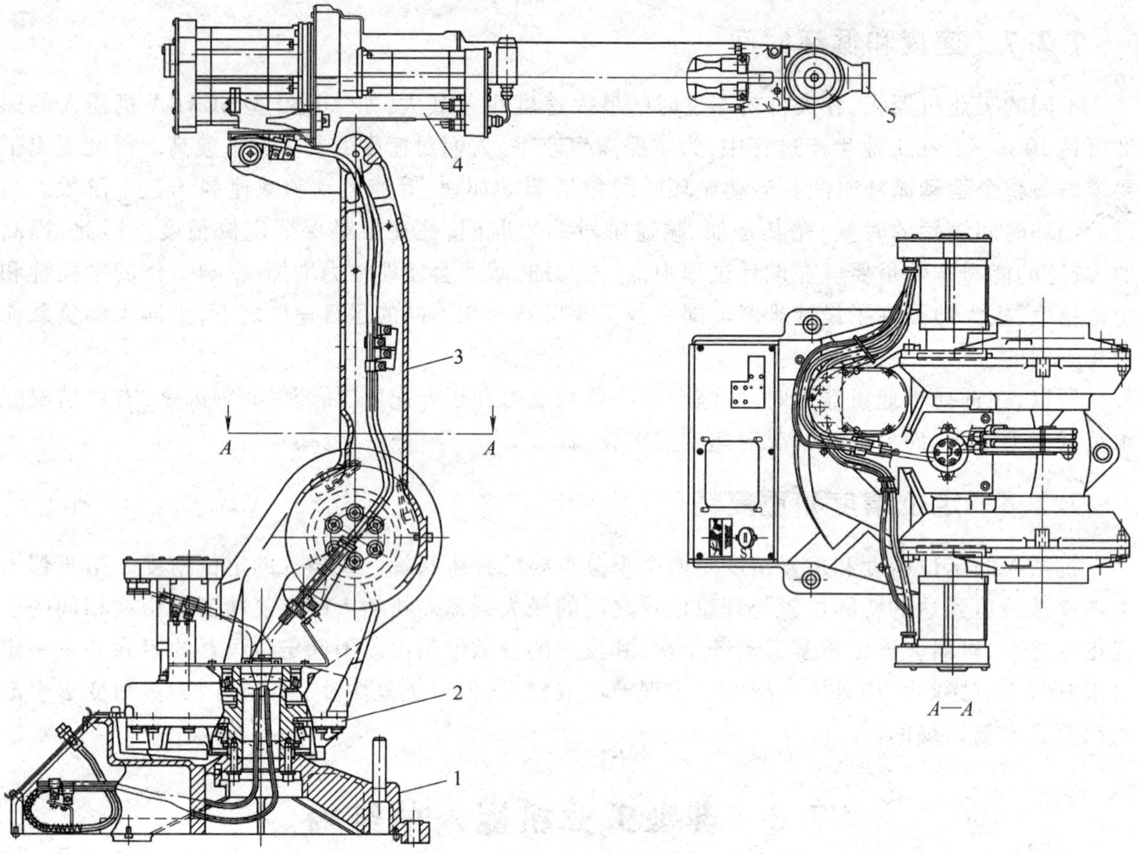

图 7-9　固定式机器人的典型结构

1—机座;2—立柱;3—大臂;4—小臂;5—手腕

的重量,而且承受末端执行器、手腕和手臂自身的重量。手臂的结构、工作范围、灵活性以及抓重大小(即臂力)和定位精度都直接影响机器人的工作性能,所以必须根据机器人的抓取重量、运动形式、自由度数、运动速度以及定位精度的要求来设计手臂的结构形式。

按手臂的运动形式区分,手臂有直线运动的,如手臂的伸缩、升降及横向(或纵向)移动;有回转运动的,如手臂的左右回转,上下摆动(即俯仰);有复合运动的,如直线运动和回转运动的组合,两直线运动的组合,两回转运动的组合。

实现机器人手臂回转运动的机构形式是多种多样的,其中最常用的是齿轮传动机构,链轮传动机构,连杆机构等。在齿轮传动机构中,为了保证传动精度,必须提高齿轮本身的制造精度,然而结果常常导致制造成本提高。为了降低对齿轮精度的要求,可以人为地提高轮系的柔性,实现这一目的的途径之一是采用双路传动。一路用来产生弹性,在传动系统内部预加载荷,PUMA 机器人腰部应用了这种装置,如图 7-10 所示。电机 1 的轴上装有齿轮 2,齿轮 2 以降速比驱动齿轮 3′和 3″,再通过支承轴 4′,和 4″带动输出齿轮 5′和 5″运动,这两个齿轮又依次驱动输出齿轮 6。其中一个支承轴的直径比另一个小,它相当于被预加了扭转。这种双路传动机构可以消除间隙,但由于预加载荷的作用,在无外载荷时各齿轮的负载增大,使传动机构的尺寸也相应地增加。因此这种间隙调整机构只适用于负载惯量大且必须消除间隙的关节中。

双片齿轮传动间隙调整机构在机器人中也得到了应用，如图 7－11 所示。两个薄片齿轮 3、4 具有相同的齿形数，在齿轮啮合情况下，松开紧固螺钉 1 后，双片齿轮在弹簧的拉力作用下分别与被啮合齿轮的不同齿面靠紧，从而调整了齿轮传动间隙。

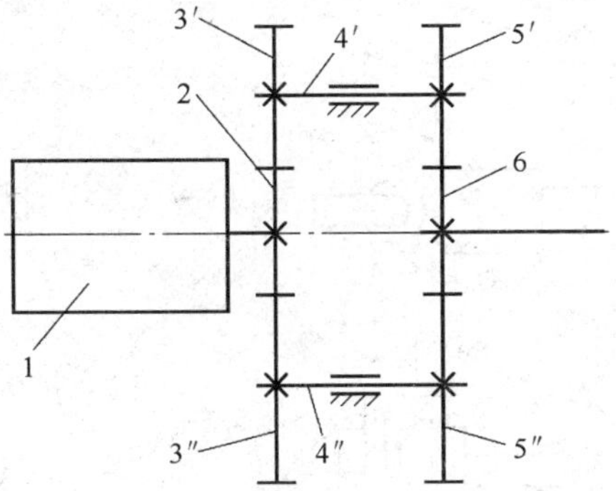

图 7－10 双路传动间隙调整机构

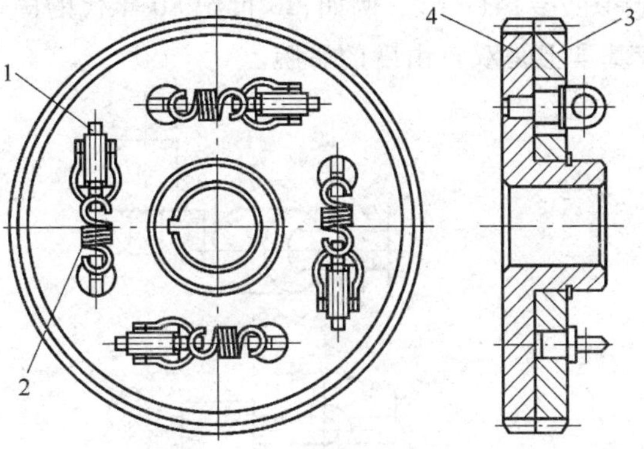

图 7－11 双片齿轮传动间隙调整机构

7.3.3 机器人手腕

手腕是连接末端夹持器和手臂的部件，它的作用是调整或改变工件的方位，因而它具有独立的自由度，以使机器人末端夹持器适应复杂的动作要求。

确定末端夹持器的作业方向，对于通用机器人来说，需要有相互独立的 3 个自由度，一般由 3 个回转关节组成。常用的如图 7－12 所示，腕回转关节的组合运动形式分别称谓如下：

俯仰：绕小臂轴线方向的旋转称俯仰。

偏摆：使末端执行器相对于手臂进行的摆动称偏摆。

横滚：使末端执行器（手部）绕自身轴线方向的旋转称横滚。

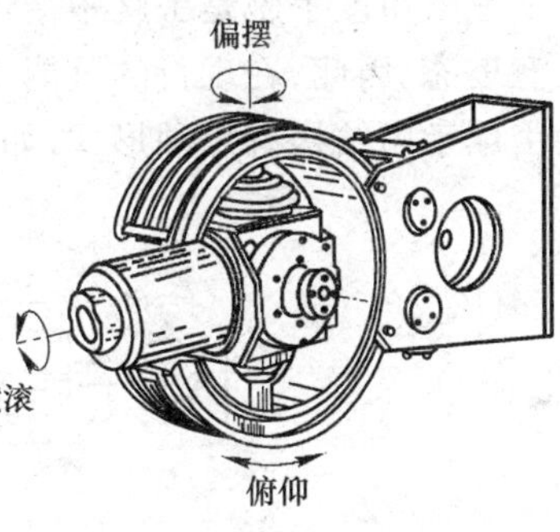

图 7－12 腕回转关节

根据使用要求，手腕的自由度不一定是 3 个，可以是 1 个、2 个或比 3 个多，手腕自由度的选用与机器人的应用环境以及加工工艺要求、工件放置方位和定位精度等许多因素有关。一般来说，在腕部设有一个横滚或再增加一个偏摆动作即可满足一般环境的工作要求。

单自由度手腕，在使用过程中，通常有两种形式，即俯仰型和偏摆型，其结构简图如图 7－13 所示。俯仰型手腕沿机器人小臂轴线方向上下俯仰，完成所需要的功能；偏摆型手腕沿机器人

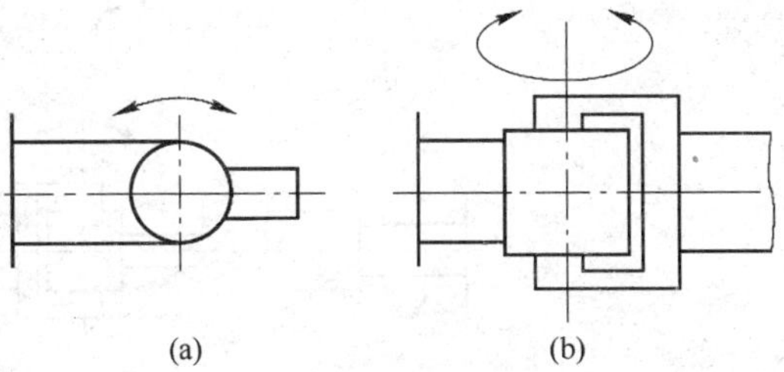

图 7－13 单自由度手腕结构简图

小臂轴线方向左右摆动,完成所需要的功能。这两种结构常见于简单、专用的工作环境。

双自由度手腕在结构上比较简单,可达空间基本满足大多数工业环境,双自由度手腕是在工业机器人中应用最多的结构形式。双自由度手腕的结构形式如图 7-14 所示,可分为四种形式:双横滚结构[图 7-14(a)];横滚偏摆结构[图 7-14(b)];偏摆横滚结构[图 7-14(c)];双偏摆结构[图 7-14(d)]。例如,20 世纪 80 年代的国产工业焊接机器人、喷漆工业机器人等,它们的手腕基本上是双自由度的手腕。

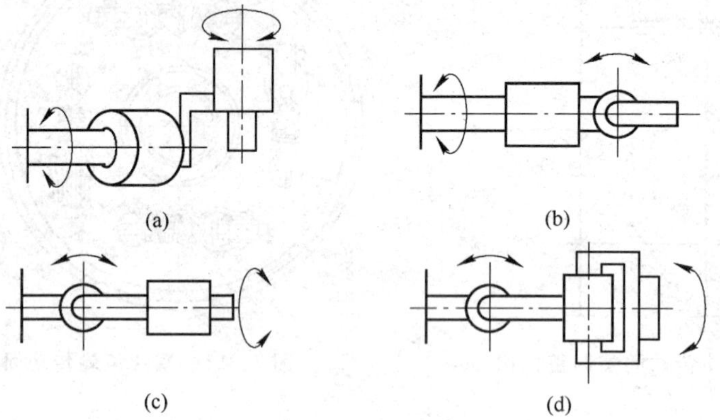

图 7-14　双自由度手腕结构简图

三自由度手腕是手腕中结构较为复杂的手腕,但可达空间度最高,能够实现直角坐标系中的任意姿态,因此,在现行的万能工业机器人中所使用的手腕基本上都是三个自由度的。常用的三自由度手腕结构有六种形式,如图 7-15 所示。

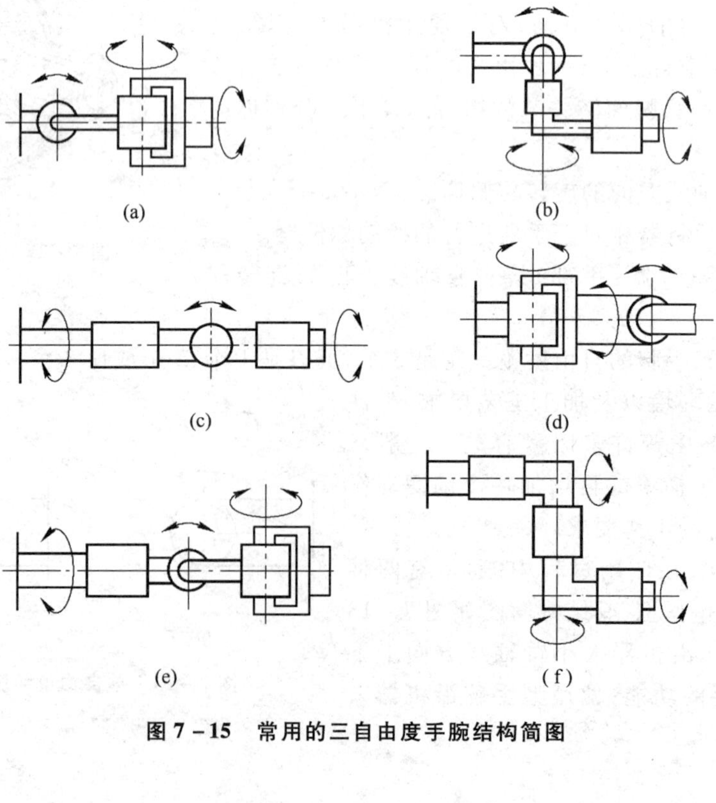

图 7-15　常用的三自由度手腕结构简图

三自由度手腕容易出现自由度退化现象,以图 7 - 15(c)为例,假设中间偏摆轴不转,这时第一轴和第三轴的轴线重合,三自由度的手腕变成了一个自由度的手腕,起不到三个自由度的作用,我们把这种现象称为自由度退化现象。

7.3.4 手腕的柔顺性

在用机器人进行的精密装配作业中,当被装配零件之间的配合精度相当高,由于被装配零件的不一致性,工件的定位夹具,机器人手爪的定位精度无法满足装配要求时,会导致装配困难. 因而就提出了装配动作的柔顺性要求。

柔顺性装配技术有两种,一种是从检测、控制的角度,采取各种不同的搜索方法,实现边校正边装配。有的夹持器还配有检测元件,如视觉传感器、力传感器等,这就是所谓主动柔顺装配。另一种是从结构的角度在手腕部配置一个柔顺环节,以满足柔顺装配的需要。这种柔顺装配技术称为"被动柔顺装配"。

图 7 - 16 所示是具有水平和摆动浮动机构的柔顺手腕结构示意图,水平浮动由平面、钢球和弹簧构成,在两个方向上实现浮动。在装配作业中如遇夹具定位不准或机器人夹持器定位不准时可自行校正。其动作过程如图 7 - 17 所示,在插入装配中工件局部被卡住时,会受到阻力,促使柔顺手腕起作用,使手爪有一个微小的修正量,工件便能顺利插入。

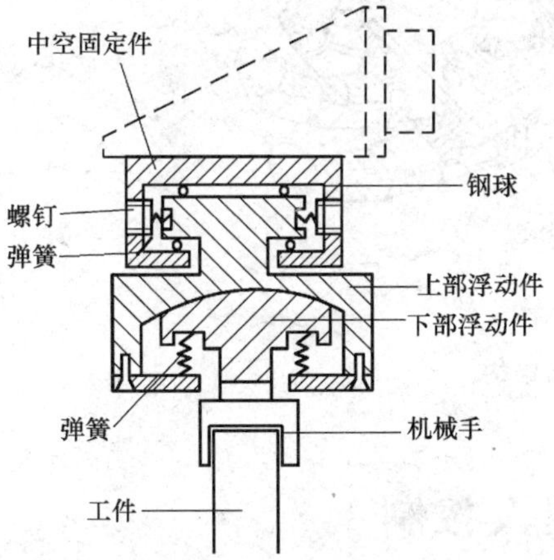

图 7 - 16 柔顺手腕结构示意图

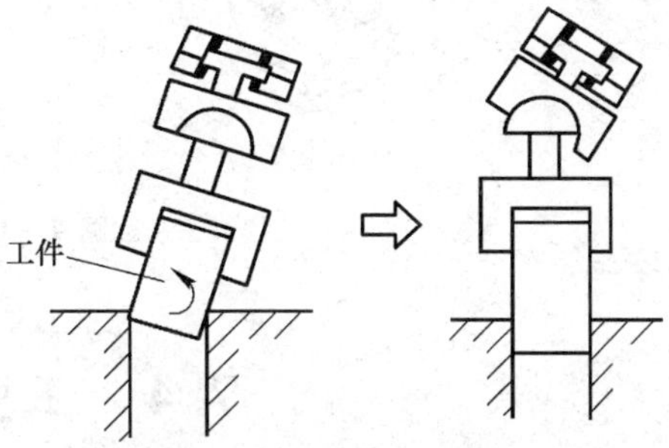

图 7 - 17 插入柔顺过程

7.3.5 机器人末端夹持器

末端夹持器是机器人直接用于抓取和握紧(或吸附)工件或夹持专用工具(如喷枪、扳手、焊接工具)进行操作的部件,它具有模仿人手动作的功能,并安装于机器人的前端。末端夹持器大致可分为以下几类:① 夹钳式取料手;② 吸附式取料手;③ 专用操作器及转换器;④ 仿生多指灵巧手。

夹钳式取料手通过手指的开、合动作实现对物体的夹持。手指是直接与工件接触的部件。手部松开和夹紧工件,就是通过手指的张开与闭合来实现的。机器人的手部一般有两个手指,也有三个或多个手指,其结构形式常取决于被夹持工件的形状和特性。

(1) 指端形状根据需要可以设计成 V 型指，它适用于圆柱形工件。特点是夹紧平稳可靠，夹持误差小；也可以设计成用两个滚柱代替 V 型指的两个工作面，它能快速夹持旋转中的圆柱体。也可以设计成 V 型指是可浮动的，有自定位能力，与工件接触好，但浮动件是机构中的不稳定因素。在夹持或运动中受到外力时，必须有固定支承来承受，或者设计成可自锁的浮动件。

(2) 指面形式可根据工件形状、大小，从其被夹持部位材质、软硬、表面性质等不同，设计成光滑指面、齿形指面或柔性指面。

机器人手爪和手腕最完美的形式是模仿人手的多指灵巧手。如图 7－18 所示，多指灵巧手有多个手指，每个手指有 3 个回转关节，每一个关节自由度都是独立控制的。因此，能模仿人手指能完成的各种复杂功能，诸如拧螺钉、弹钢琴、作礼仪手势等。在内部配置触觉、力觉、视觉、温度传感器，将会使多指灵巧手达到更完美的程度。多指灵巧手的应用前景十分广泛，可在各种极限环境下完成人无法实现的操作，如在核工业领域内，宇宙空间内作业，在高温、高压、高真空环境下作业。

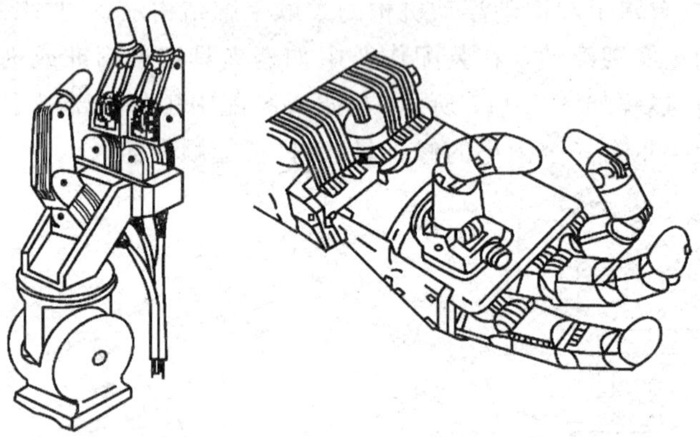

(a)　　(b)

图 7－18　多手指结构

7.4　工业机器人控制

控制系统是工业机器人的重要组成部分之一，它的机能类似人脑。工业机器人要与外部设备协同动作，共同完成某一项作业任务，就必须具备一个功能完善、灵敏可靠的控制系统。

工业机器人在工作时，其夹持器的坐标空间相对机器人的绝对空间运动，形成特定的空间轨迹，这一轨迹的实现是通过工业机器人的六个关节的连续运动实现的，为了保证这六个关节的运动结果满足工作需要，有些项目的控制是非常复杂的，必须有一个强大的控制系统对每一个关节运动进行控制，概括起来说：

(1) 工业机器人的控制与其机构运动学和动力学有密不可分的关系，因而要使工业机器人的臂、腕及末端夹持器等部位在轨迹形成过程中具有一定精度的位姿，满足作业要求，就必须在不同的坐标系中描述它们，并且要经常求解运动学和动力学问题。

(2) 工业机器人运动的数学模型是一个非线性模型，因此随着工业机器人面对环境的改变，其相关参数也在改变。

(3) 工业机器人的每一关节运动量的变化影响其他关节运动参数的变化,也就是说,各关节控制量与各关节输出量之间一般都存在耦合问题,这就使得工业机器人的控制系统不仅是一个非线性系统,而且是一个多变量系统。

(4) 对工业机器人的任一位姿都可以通过不同的方式和路径达到,因而工业机器人的控制系统涉及人工智能、优化设计等问题。

从目前来看,工业机器人的控制系统主要分为两大类控制系统:示教再现控制系统和微型计算机控制系统。

7.4.1 示教再现控制系统

示教再现控制系统是一种用得比较广泛的控制系统。这种控制系统在工作时,可分"示教"和"再现"两个阶段。在示教阶段,示教盒上"示教/再现"开关拨至示教,然后由操作者通过示教盒上的按钮或用手握着机器人的手臂操纵机器人,使其按需要的姿势、顺序和路线工作。同时,机器人将以上的各种信息通过反馈回路返回到记忆装置中,并贮存起来。当再现时,示教盒上"示教/再现"开关拨至再现,于是控制系统便从记忆装置中依次调出在示教阶段存储的信息,控制机器人动作。图 7-19 中,各种信息在示教时,通过虚线和双实线传递。

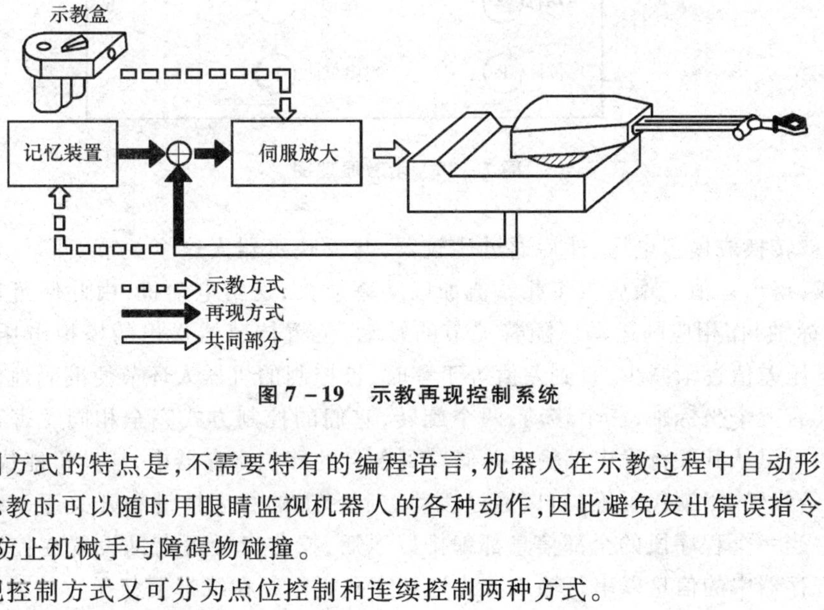

图 7-19 示教再现控制系统

这种控制方式的特点是,不需要特有的编程语言,机器人在示教过程中自动形成作业程序。操作人员在示教时可以随时用眼睛监视机器人的各种动作,因此避免发出错误指令,产生错误动作,同时还可防止机械手与障碍物碰撞。

示教再现控制方式又可分为点位控制和连续控制两种方式。

1. 示教再现式点位控制系统

示教再现式点位控制系统是一种与路径无关仅与起始和终点相关的示教再现控制系统,如:日本新明和公司研制的电弧焊机器人就是采用的示教再现点位控制系统,该机器人共有五个自由度,各个坐标轴的驱动都是分开进行的,主要用于焊接简单的焊缝,即焊头主要是作点位直线运动。经过示教所得到的机器人工作程序可以在纸带上穿孔保存起来,因此,系统中还配置有纸带打孔机和阅读机,图 7-20 给出了该系统的示教原理图。

示教时,操作者通过远距离控制台上的开关向某一对应的可逆计数器送入一个数,该数再经

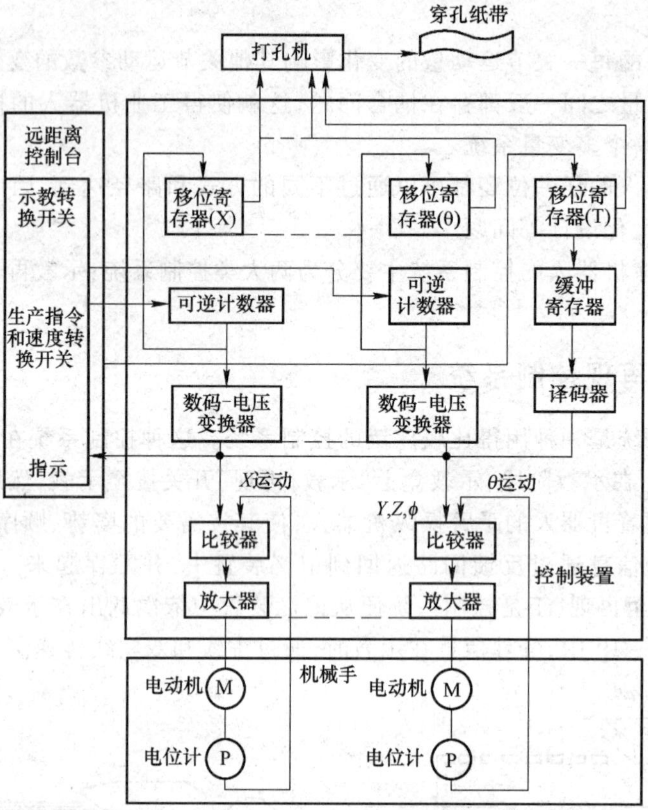

图 7-20　示教原理图

数/模转换器被转换成模拟电压,然后通过比较器,与反映机器人这个关节实际位置的模拟电压信号进行比较,得出差值。最后再将此差值加以功率放大,送给电动机,由此便可控制机器人的这个关节(坐标轴)作相应的运动。随着关节的转动,位置传感器送出的模拟电压逐渐加大,比较器输出的电压差值逐渐减少,直到差值等于零时,被控制的机器人环节便准确地停在所要求的位置上。它共有五个坐标轴,三个移动,两个旋转,它们的控制方式完全相同。寄存在五个可逆计数器中的数可以从其并行输出端输出并储存到各自的移位寄存器中,辅助机能代码(如移动速度代码、焊接条代码、闭锁代码等)可以通过拨动控制台上的数字按键和开关逐一编排后再送到寄存器 T 中。当一个程序段的全部信息都编排好以后,操作者便可借助设置在控制台上的功能开关将五个寄存器中的信息以串行输入方式送到穿孔机中并在纸带上穿孔。

在再现状态下,通过阅读穿孔纸带执行程序。阅读机将从穿孔纸带上读出的信息分送到各自的移位寄存器,然后再经缓冲计数器、数/模转换器和放大器去驱动直流伺服电动机,其过程与示教阶段相似,从而使机器人严格按照穿孔纸带上的程序动作。这种控制系统在焊接时,可以保证电极相对于焊件的位置精度达到 ±0.5 mm。

2. 示教再现式连续控制系统

当需要工业机器人的末端夹持器所夹持的焊极在某一表面上沿特定轮廓曲线运动时,则必须同时控制其在几个坐标方向按某一速度比例连续运动。目前机器人轮廓曲线控制系统有两种形式：一种形式是在存储器中连续存储每一个坐标轴所需要的全部位姿信息；另一种形式则是仅存储轮廓曲线上某几个特征点的位姿信息，然后用一种“插补运算器”在两个基点之间进行插补运算，形成空间轨迹（比如直线、圆弧、双曲线等）来逼近所需要的轮廓曲线。前者控制系统简单，需要大容量的存储器，现在这种形式的控制系统的工业机器人正在逐渐淘汰；后者控制系统复杂，需要有插补运算器，但存储器容量可以小一些，如图 7－21 所示。

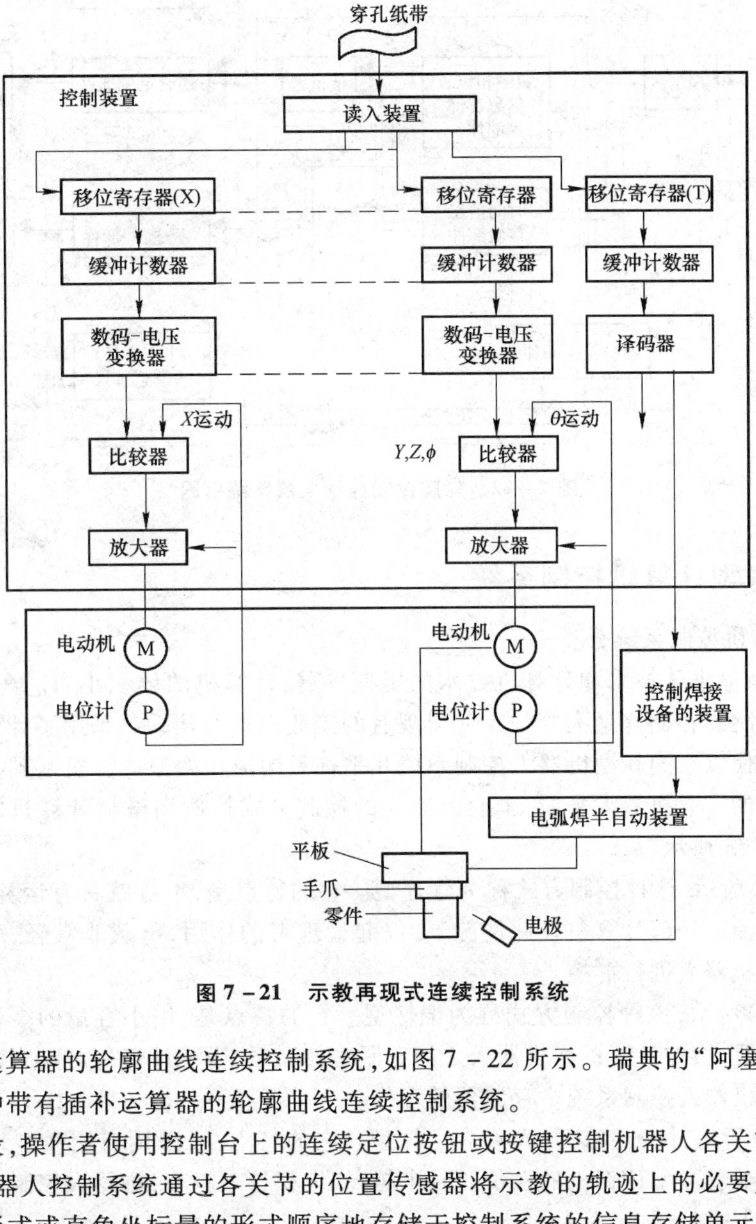

图 7－21 示教再现式连续控制系统

具有插补运算器的轮廓曲线连续控制系统，如图 7－22 所示。瑞典的“阿塞额”机器人的控制系统就是这种带有插补运算器的轮廓曲线连续控制系统。

在示教阶段，操作者使用控制台上的连续定位按钮或按键控制机器人各关节的伺服机械手运动。同时，机器人控制系统通过各关节的位置传感器将示教的轨迹上的必要点的位姿以关节旋转角度量的形式或直角坐标量的形式顺序地存储于控制系统的信息存储单元。

在再现阶段，首先从程序存储装置中读出轮廓曲线上两个相邻基点的坐标值，然后再送入插值器进行插补运算，并将所得结果送入连续定位部件去控制机器人末端夹持器械沿示教时所走过的轨迹运动。每个插补区间处理完毕后，控制转换部件，使它给出准备下一个插补区间的信号。

如图 7－22 所示的控制系统也可进行点位控制。在进行点位控制时，只需将插值器旁路去掉即可进行，所以这种系统往往又被称为点位－连续控制系统。

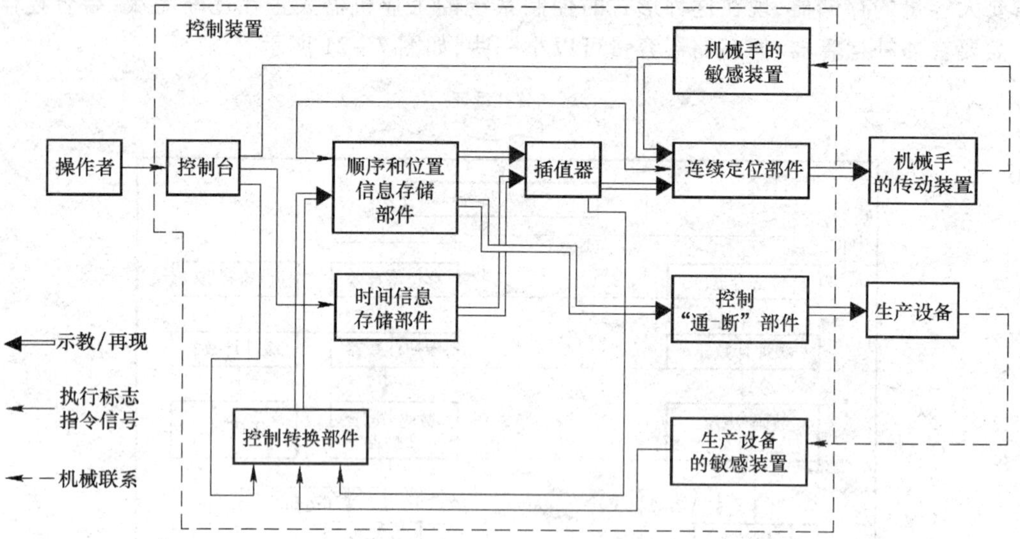

图 7－22　轮廓曲线连续控制系统框图

7.4.2　微型计算机控制系统

1. 微型计算机控制系统分类

近年来，随着微电子技术和计算机技术的迅速发展，计算机的体积小、计算速度快、价格低、可靠性高、灵活性强、存储容量大等优点使得现有的工业机器人几乎都采用了计算机控制。尤其是 20 世纪 80 年代以来的新型机器人控制系统几乎都是构造在微型计算机基础上的。

从目前使用的工业机器人来看，工业机器人的控制方式按所用微型计算机的形式大致可分为三类，如图 7－23 所示。

图 7－23(a)所示，该种控制方式称为管理型。它的特点是，本身就具有运算、驱动和记忆等所必需的控制功能。外部计算机在此情况下，仅起管理者的作用，负载非常轻，所以它可以同时对多台同类型的机器人进行群控。

图 7－23(b)所示，该种控制方式称为记忆型。它的特点是，用小容量的缓冲寄存器代替了大容量的存储装置，微型计算机和机器人之间有紧密的联系，微型计算机可随时修改缓冲寄存器中的内容并担负机器人控制系统中存储器的工作。

图 7－23(c)所示，该种控制方式称为运算型。它的特点是，采用专用微型计算机对机器人进行直接控制。随着微型计算机的性价比越来越高、体积越来越小，机器人控制系统越来越趋向于采用此种控制方式。

2. 微型计算机直接控制工业机器人

图 7－24 所示是一种比较典型的微型计算机直接控制工业机器人方式。图中，位置伺服回路装置通过伺服接口传递位置指令和位置反馈信号，位置指令不是微型计算机存储记忆数据的

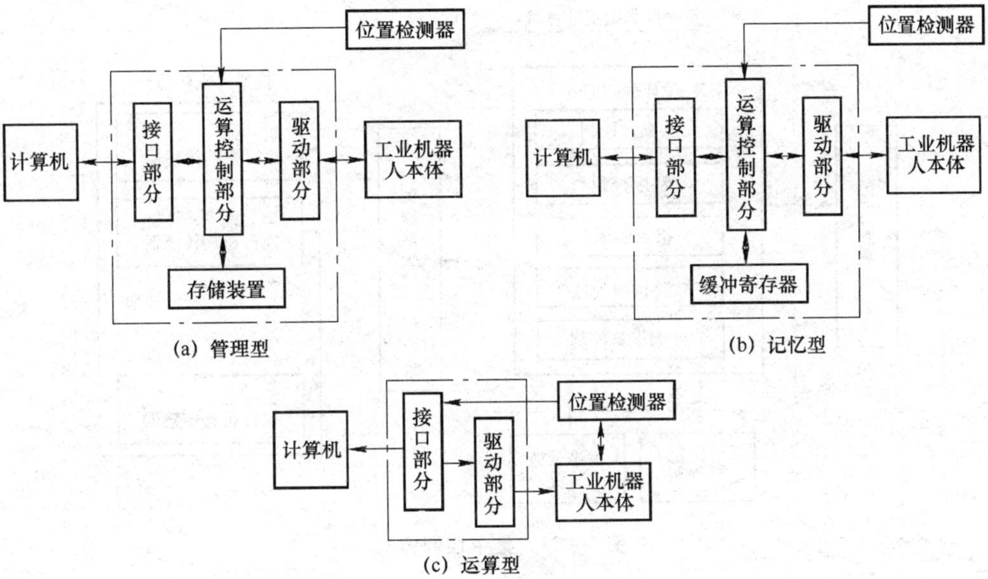

图 7－23 微型计算机控制系统示意图

简单输出,而是经过插补、坐标变换,并根据传感器的输出将其进行修正之后才输出的。当微型计算机的计算能力不能满足要求时,还可以根据需要附加乘除运算、三角函数运算等辅助运算回路。用微型计算机直接控制工业机器人又分为两种方式:

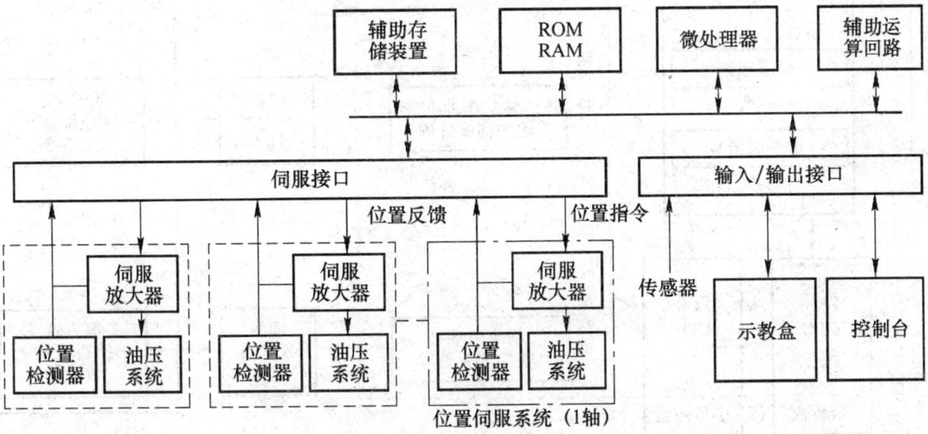

图 7－24 微型计算机直接控制工业机器人的结构框图

(1) 集中控制方式 用一台微型计算机实现全部控制的方式称为集中控制方式,如图 7－25 所示。在这种控制方式中,控制装置的构成比较简单,但是必须使用高速度、高性能的微型计算机,因而整个系统性价比较高。

(2) 分散控制方式 由数台微型计算机分担工业机器人的控制机能的方式称为分散控制方式,如图 7－26 所示。这种控制方式中,每个微型计算机是比较便宜的,但构成的系统却很复杂。主控 CPU 一般采用高档微处理器,可以进行大间隔的插补指令值的计算,在工业机器人的各关节轴上分别安装 8 位 CPU 进行小间隔的插补运算和伺服系统的处理。在示教盒和小型磁盘内

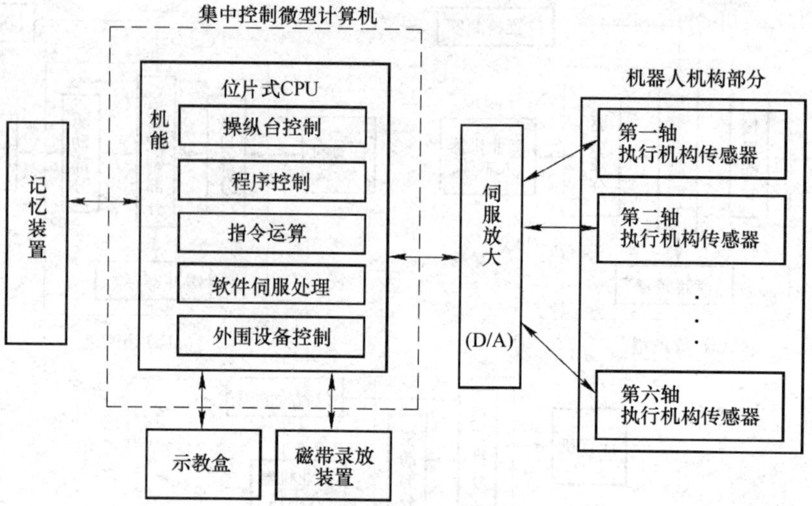

图 7－25　集中控制方式

也分别装有专用的 8 位 CPU，担负着输入、输出控制等功能。

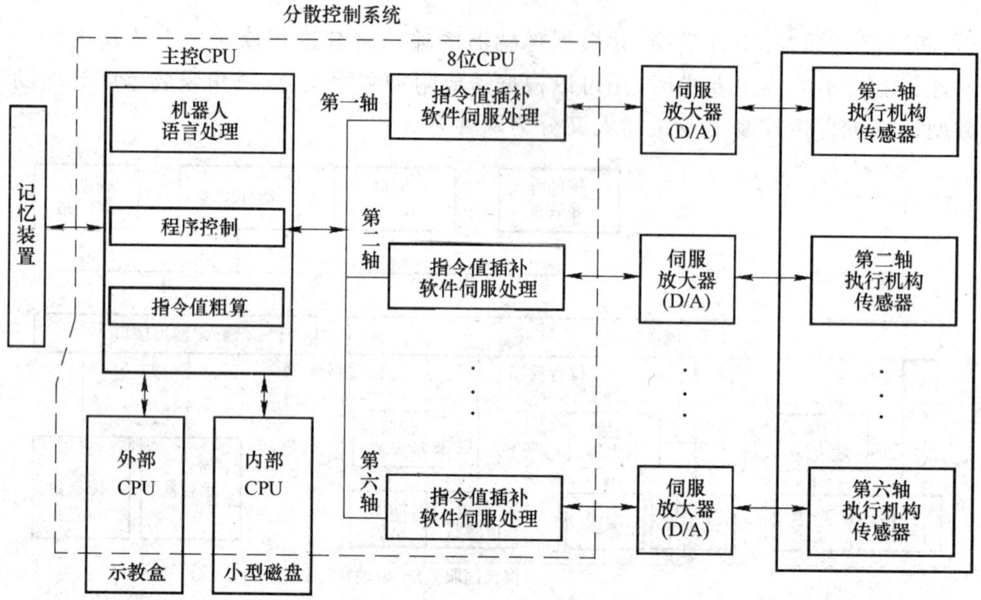

图 7－26　分散控制方式

7.5　工业机器人的操作

随着科学技术的不断进步，工业机器人在企业中的应用越来越普遍，工业机器人的应用和操作问题越来越多，对于不同的工业机器人工作系统，操作方式有所不同，但基本过程是相似的。本节以 ABB 工业机器人为例，就关于工业机器人如何操作问题，以及操作过程中应该注意的一些问题简要说明,以供使用其他类型工业机器人做参考。

工业机器人的操作包括开启电源、操作面板使用、示教盒的功能及使用、手动模式下的电动机起动及文本输入等几部分内容。

7.5.1 开启电源

在电源打开之前,检查有没有人在工业机器人的工作空间内,以保证不会出现人员受伤。工业机器人的操作者在一开始使用工业机器人时,在操作上可能会出现误动作,加之工业机器人的回转臂速度较大,因此,在开启电源之前必须进行安全性检查。

接通电源开关后,工业机器人的控制系统将进行硬件的自检工作,当检测完毕并没有发现错误时,将在示教盒显示一个如图 7－27 所示的欢迎信息。

在自动模式下,产品窗口将在几秒钟后显示。

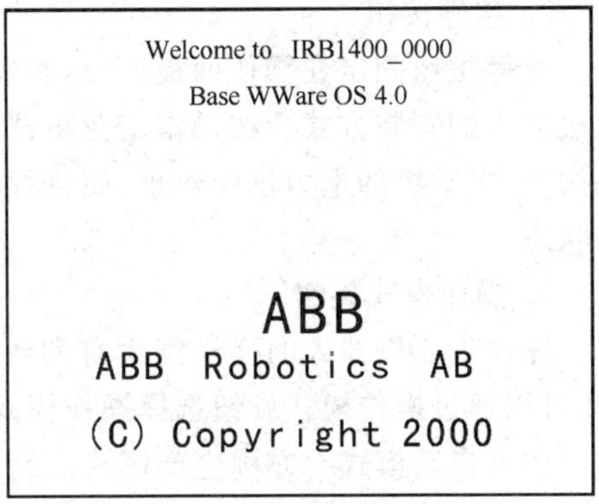

图 7－27 欢迎信息

工业机器人在使用过程中电源断电,然后相同的状态下起动,程序的中断点保持不变,也就是说,所有的数字输出量与电源断电前相同,附给数值或者是系统参数中设定的参数值,在起动后不变。当程序重新起动时,工业机器人仍然能够缓慢的移动到程序规定的路径并且继续在程序规定的路径上移动。其运动参数和有关数据在电源断电前自动被保存,在工作过程中仍能够继续对中断信号响应。机械部分将在程序开始被自动激活。如果工业机器人完成的是焊接功能,那么弧焊和点焊过程自动起动,这样才认为是正常的关闭和起动。

当重新起动时,所有的文件和连续通道是关闭的,所有的类似输出设定为 0,焊接设备不能重新起动,无约束的轴不能重新起动,这说明从新起动失败。

在中断程序运动过程中断电或错误处理不能重新起动,如果程序执行在 CPU 很忙的时候,就有可能没有足够的时间在断电的时候完成正确的关闭。既然这样工业机器人告诉用户不可能重新起动。

在整个起动顺序中,工业机器人功能被详尽的检测。如果有错误发生,将以简单的文字作为一条信息在示教盒报告,并记录在工业机器人的结果日志中,为日后的故障检修提供更多的信息。

7.5.2 操作面板使用

操作面板的示意图如图 7－28 所示。

1. 电动机工作按钮及指示灯

电动机工作指示灯处于常亮状态时,表示电动机准备好,程序可以运行。

若指示灯高速闪烁(4 Hz),则表示工业机器人没有校准或旋转计数器没有更新。电动机电源已经接通。

若指示灯低速闪烁(1 Hz),则表示工业机器人工作空间有涉及安全问题而处于激活态,电动

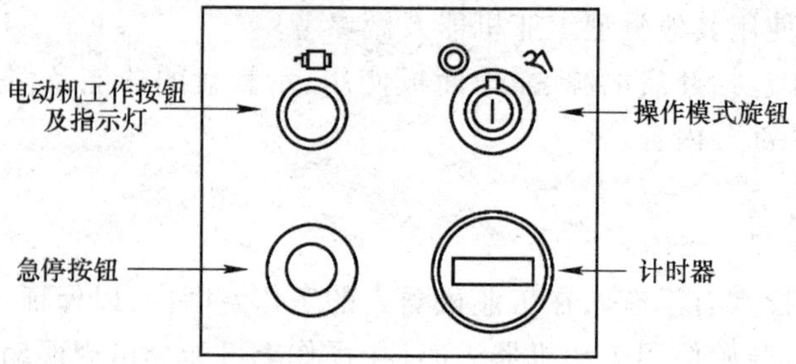

图7-28　操作面板示意图

机电源已经切断。

2. 急停按钮

急停按钮固定在操作面板上,示教盒的侧面。通常有几种方式激活急停按钮,但是取决于工业机器人的安装方式。在操作工业机器人过程中,出现意外情况或维修时,可按下急停按钮,如果按下,电动机的电力供应停止,而且程序执行停止。然后复位。通过电动机的按钮重新设置急停状态。

3. 操作模式旋钮

操作工业机器人的操作模式有两种,即自动模式和手动模式,工业机器人在何种模式下工作,可以通过操作模式旋钮选择操作模式,如图7-28所示。

(1) 自动模式　亦称生产模式。旋转操作面板的按钮到左边,工业机器人就进入自动工作模式状态。当工业机器人在自动操作模式时,它的工作空间必须是安全的,这是工业机器人在自动模式下工作的必须条件。

在实际生产过程中,通过示教盒完成手工编制程序后,运行完成程序的时候运用自动模式。在这种模式下,在示教盒的起动装置被分离并且用于编辑程序的功能被锁定。

(2) 减速手动模式　亦称编程模式。旋转操作面板的操作模式按钮到右边,工业机器人就进入手动模式状态。

如果持续按手动运行键(依靠系统参数功能是可以的),如图7-29所示,工业机器人连续执行系统程序,只要一释放手动运行键,系统程序执行就停止。

在编程或工业机器人工作时使用减速手动模式。在这种模式下,外部组合不能被远距离控制。

(3) 全速手动模式　亦称测试模式。旋转操作模式旋钮到全速手动模式,如图7-28所示,然后持续按下手动运行键即可。示教盒的起动键一释放,程序执行就停止。

全速手动模式只有当在测试工业机器人全速运行时使用。在这种模式下,外部组合不能被远距离控制。

7.5.3　示教盒的功能及使用

示教盒功能示意图如图7-29所示。

手动杆按键:当用手动杆操作工业机器人时,按下此键,显示一个对话框,工业机器人操作就通过手动杆来实现。在一些情况下,工业机器人夹持器所夹持的物体形成的空间轨迹既不是直

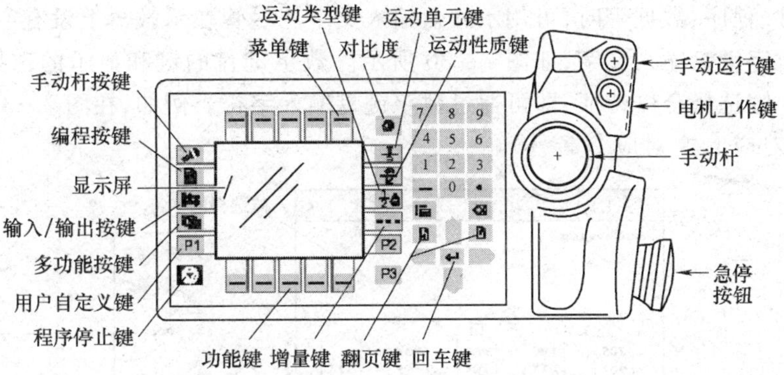

图 7-29 示教盒功能示意图

线也不是圆弧时,使用手动杆最为方便。工业机器人的手动杆按键可以使操作者控制工业机器人沿三个方向独立移动。工业机器人的移动速度与操作棒的偏转量成正比,偏转量越大,工业机器人的移动速度越快。但不超过 250 mm/s。

编程按键:用于编程和测试。

输入/输出:在手动操作模式下,手动操作工业机器人与外部设备之间信号的输入/输出连接设定。

多功能按键:此键具有多项内容显示,如:系统参数设定,服务器,文件管理窗口等内容。

程序停止键:停止程序运行。

对比度:校准显示比较。

菜单键:用于显示菜单包含各种命令。

功能键:用于直接选择各种命令。

运动单元键:用于手动杆操作工业机器人或其他机械单元运动。

运动类型键:用于选择工业机器人夹持器的轨迹是任意曲线还是圆弧、直线。

运动性质键:工业机器人共有六个电动机,是选择 1、2、3 轴,还是选择 4、5、6 轴。

增量键:在手动示教的情况下,用于控制工业机器人在运动的过程中移动量幅度的大小。

翻页键:上一页或下一页。

删除键:删除当前显示的选择数据。

回车键:用于输入数据。

上下箭头:指针上下移动。

左右箭头:指针左右移动。

用户自定义按钮:用户可根据需要来确定 P1、P2、P3 的功能及参数。

7.5.4 手动模式下的电动机起动及文本输入

在自动模式下,按操作面板上的电动机按钮。

在手动模式下,轻轻按下在示教盒上的电动机工作键,起动电动机。如果很短的时间内重复按电动机工作键,工业机器人将不能使电动机处于开的状态。如果这样的事情发生,首先放开电动机工作键,然后再重新轻轻按下电动机工作键到一半的位置。

在输入文件、程序、数据等时,可用示教盒输入文字。尽管在示教盒上没有字符键,但可以用其他方式使用数字键盘输入文字,如图 7 - 30 所示。数字键盘的键和显示的选择特征相符合并通过—>或<— 键选择全体特征,即可通过数字键盘输入字符。例如,在图 7 - 30 中第三组被选中,7 对应 M,8 对应 N,9 对应 O 等。

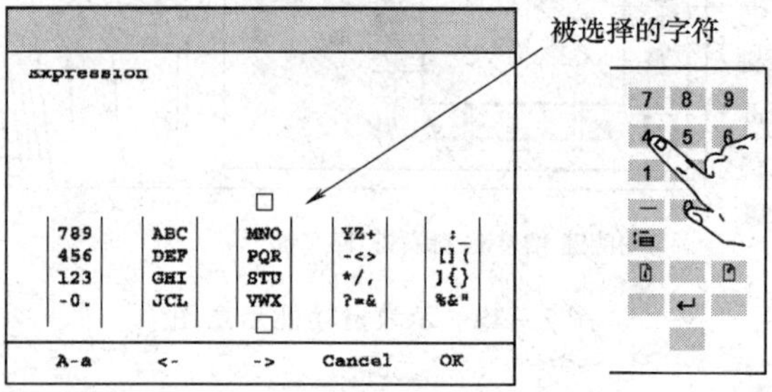

图 7 - 30　文本输入对话框

移动光标可用图 7 - 29 中的光标移动键;若删除光标前面的字符,则按删除键;通过选择 A - a 功能,可以转换大小写字符。当完成文字输入后按 OK 键。

7.6　工业机器人的编程

在机器人专用语言出现以前,人们首先使用的计算机语言编制机器人管理和控制程序,如汇编语言、BACIC 语言、C 语言等。随着机器人的应用越来越广泛,机器人语言也是在通用的计算机语言的基础上开发了出来。由于机器人的控制装置和作业要求多种多样,在国际上尚未制订统一的机器人控制代码标准,所以编程语言也是多种多样的。其中,RAPID 语言是一种应用较为广泛的机器人语言。

7.6.1　RAPID 语言

1. 语句结构

这个程序包含一系列描述机器人工作的指令,因此需要各种命令来完成这些指令,例如:机器人的一个移动指令,一个输出指令等。

这些指令通常有一系列相关的可以在特殊的指令中替换的变量。例如:在重置输出指令中包含要重置输出的变量。这些变量被指定在下面的五种形式中:

数值,例如:5 或者 4.6;

指针,例如:寄存器 1;

表达式,例如:5 + reg1 * 2;

调用函数,例如:Abs(reg1);

字符串,例如:“Producing part A”;

通常有三种常用的程序:子程序,函数和中断程序。

子程序完成某一固定功能,可由主程序多次调用;

函数用来获得一个特殊类型的数值和用做一个指令的变量;

中断程序提供一个反应中断的方式,一个中断程序可以和一个特殊的中断相关联。例如:当一个输入设定时,如果一个特殊的中断发生,它会自动的执行。

信息也可以储存为数据,例如:工具数据(在一个工具上包含所有,例如:它的 TCP 和重量)和数值数据(例如:可以用做计算进程过程的数量)。

数据可以组合成描述不同类型信息的不同的数据。例如:工具、位置和负载。由于这些数据可以被创建或分配专用的名字,因此它们是没有限制的(被存储器强制的除外)。不管在全局的程序中还是在局部的程序中,这些数据都能够存在。

数据有三种类型:常量、变量和应变量。常量表现为一个静态的值和手动的指定一个新值。变量也可以在程序的执行过程中分配一个新的数值。应变量可以描述为一个固定的变化,当程序保存时,初始的设定值反映了当前固定的数值。

这个机器人语言程序中还有其他的特性:

参数变量程序;

算法和逻辑表达式;

自动错误处理;

标准程序;

多重任务。

2. 控制程序流程

程序按照一定的顺序执行,也就是说,一条指令接着一条指令地执行。有时候,指令在执行过程中中断当前顺序执行的指令并且调入另外一个必须处理的不同状态。

(1) 设计原则　程序的流程可以根据下面的五条不同的原则来控制:

第一,通过调入其他的程序,并且当该程序已经执行,根据调入的程序结构继续执行;

第二,通过是否满足给定的条件,执行不同的指令;

第三,通过重复执行某一个指令一定的次数,直到给定的条件满足;

第四,通过在同一个程序内跳到标记;

第五,通过中止程序的执行。

(2) 调入另一个程序

指令	用处
ProcCall	调入(跳转)到另外一个程序
CallByVar	通过特殊的名字调入程序
RETURN	返回到原来的程序

(3) 程序中的控制

指令	用处
Compact IF	只有当一个条件满足才执行一个指令
IF	根据条件是否满足执行一些不同顺序的指令
FOR	重复程序的一部分一定的次数
WHILE	只有一个给定的条件满足,重复一些不同顺序的指令
TEST	根据表达式的值,执行不同的指令
GOTO	跳到一个标注

Label	指定一个标注(条目名)

(4) 终止程序的执行

指令	用处
STOP	终止程序的执行
EXIT	当一个程序不能重新开始时,终止程序的执行
Break	为调试程序的用处,临时终止程序的执行

(5) 终止当前的循环

指令	用处
Exit cycle	终止当前的循环,并移动程序点到主程序的第一条指令,当连续的执行模式被选择时,执行将继续下一个程序循环。

3. 各种指令

下面这些指令运用于:分配数据的数值;等待一定的时间或等待直到满足条件;加注释到程序中;加载程序模块。

(1) 给数据赋值　数据可以被赋予一个任意的值,它可以被初始为一个常数,例如:5;也可以更新为一个数学表达式,例如:reg1 +5 * reg3。

指令	用处
=	赋给数据数值

(2) 等待　机器人可以被程序编写为等待一定的时间或直到一个特定的条件满足,例如:等待直到设定输入。

指令	用处
WaitTime	等待一定的时间或直到机器人停止运动
WatiUntil	等待直到一个条件满足
WaitDI	等待直到数字输入设定
WaitDO	等待直到数字输出设定

(3) 注释　注释只是加到程序中增加程序的可读性,程序的执行不受到注释的影响。

指令	用处
comment	注释程序

(4) 加载程序模块　程序模块可以从大多数存储器加载或从程序存储器擦掉。这样,大的程序就能用小的存储器处理。

指令	用处
Load	加载程序模块到程序存储器
Unload	卸载程序模块到程序存储器
Start Load	在执行程序过程中,加载程序模块到程序存储器
Wait Load	连接模块到程序存储器(如果已经加载了 Start Load)
Save	储存程序模块

数据类型	用处
loadsession	规划加载集合

(5) 各种功能

功能	用处
OpMode	读取当前机器人的操作模式
RunMode	读取当前机器人执行程序的模式
Dim	获取阵列的尺寸
Present	当创建一个程序呼叫时,找出可选择的参数是否是当前的
IsPerts	检查一个参数是否是固定的
IsVar	检查一个参数是否是可变的

(6) 原始数据

数据类型	用于定义
bool	逻辑数据(包括数值的是与非)
num	数值(小数或整数)
symnum	带符号的数据
string	字符串
switch	带值的程序参数

(7) 转化功能

功能	用处
StrToByte	转化字符串到一个字节数字格式
ByteToStr	一个数字格式转化到一个字符串

4. 运动设置

机器人的一些运动特性被所有提供运动的逻辑指令确定。包括最大速度和速度极限、加速度、管理不同的机器人结构、有效载荷、单一点附近的行为、程序替换、软件伺服、调整数值等。

(1) 规划原则　机器人运动的基本特征由每个指定方位的指令数据确定。有些数据由单独的指令指定,这些指令提供所有的运动直到数据发生改变。

通常的运动设定由一系列的指令确定,但同时也能用可变系统 C_MOTSET 或 C_PROGDISP 读取。

(2) 定义速度　绝对速度由安置在指令中的一个变量来规划,并且由此最大速度和速度极限(程序速度的百分比)能够被定义。

指令	用于定义
VelSet	最大速度和速度极限

(3) 定义加速度　当有易碎的部分,比如有手柄的,程序的这些部分能够降低加速度。

指令	用于定义
AccSet	最大加速度

(4) 定义结构管理　机器人的结构通常在运动中检测,如果运用联合运动(轴和轴)正确的结构将被完成,如果运用线性运动或环性运动,机器人通常移动到最靠近的结构,但是检测是通过执行看和程序中的是否一样,否则尽可能的改变它。

指令	用于定义
ConfJ	在联合运动中控制结构的开/关

ConfL	在线性运动中控制结构的开/关

(5) 定义有效载荷 为了完成机器人的最好性能,必须定义正确的有效载荷。

指令	用于定义
GripLoad	有效载荷的机械爪

(6) 定义单个点的行为 机器人能够被程序规定通过自动改变工具的方位消除单个点。

指令	用于定义
SingArea	通过单点篡改方式

(7) 置换程序 当程序中的一部分必须被置换时,比如:接下来的是一个查找,可以添加一个置换的程序。

指令	用于
PDispOn	激活置换程序
PDispSet	通过一个指定的数值激活置换程序
PDispOff	解除激活置换程序
EOffsOn	通过一个指定的数值激活外部轴偏移
EOffsOff	解除外部轴偏移

功能	用于
DefDFrame	从三个方位中计算一个置换程序
DefFrame	从六个方位中计算一个置换程序
ORobT	从一个方位中删除一个置换程序

(8) 软件伺服 一个或更多的机器人轴可以被制成“软”的,当运用这项功能时,机器人是能够顺应或者替换的,比如:一个弹性工具。

指令	用于
SoftAct	为一个或多个轴激活软件伺服
SoftDeact	解除软件伺服

(9) 调整机器人的调谐值 通常,机器人的性能是可以自我调节的,但是由于某些特殊的原因,比如过载发生。可以调整机器人的调谐值来获得需要的性能。

指令	用于
TuneServe	调整机器人的调谐值
TuneReset	重置机器人的调谐值
PathResol	调整几何路径协议

数据类型	用于
tunetype	用符号常量描绘调谐

(10) 世界分区 在世界范围内,可以定义成 10 种以上的机器人工作量,它们能够分别用于:显示机器人的 TCP 是工作区域的一个明确部分;为机器人和防止工具冲突划分工作区域;创建两个机器人的公共工作区域,在一定的时间内,工作区域只能被一个机器人使用。

指令	用于
WZBoxDef[1]	定义一个盒状的全球分区
WZCylDef[1]	定义一个圆柱状的全球分区

WZSphDef[1]	定义一个球状的全球分区
WZLimSup[1]	为全球分区激活一个有限的管理
WZDOSet	激活一个全球区域的数字式输出
WZDisable[1]	为全球分区解除一个临时有限的管理
WZEnable[1]	激活一个临时的全球区域管理
WZFree[1]	删除一个临时的全球区域管理

数据类型	用于
wztemporary	识别暂时的全球分区
wzstationary	识别固定的全球分区
shapedata	描述全球分区的几何学

(11) 运动数据的设置

数据类型	用于
motsetdata	除替换程序外的运动设置
prodisp	替换设置

5. 运动

机器人的运动是由程序设定的从一个状态到另一个状态的运动，例如：从一个位置到另一个新的位置。两个位置之间的路径是由机器人自动计算的。

(1) 设计原则　基本运动特性是通过选择适当的方位指令来指定的，例如：路径的类型。剩余的运动特性是通过定义指令参数的数据来指定的。包括方位数据（机器人的最终位置和外部轴）如：速度数据（描述速度）、分区数据（方位的精确性）、工具数据（例如 TCP 的位置）、工件数据（例如当前坐标系）等。

有些机器人的运动特性用提供所有运动的逻辑结构确定，如最大速度和速度极限、加速度、不同机器人构造的管理、有效载荷、单一点附近的行为、替代程序、软件伺服、调谐量等。

机器人和外部轴都用同样的指令定位，外部轴以常数速度移动和机器人在同一时间到达最终位置。

(2) 定位指令

指令	运动类型
MoveC	TCP 沿环形路径移动
MoveJ	联合运动
MoveL	TCP 沿线形路径移动
MoveAbsJ	绝对的联合运动
MoveCDO	机器人沿环形运动并在拐角路径中间设一个数字输出
MoveLDO	机器人沿线形运动并在拐角路径中间设一个数字输出
MoveCSync[1]	机器人环形运动并且执行一个 RAPID 程序
MoveJsync[1]	机器人联合运动并且执行一个 RAPID 程序
MoveLSync[1]	机器人线形运动并且执行一个 RAPID 程序

(3) 搜寻　在移动的过程中，机器人能够搜寻工件的位置，例如：搜寻位置（传感器信号显示）被储存并能够在后续位置使用或计算替代程序。

指令	运动类型
SearchC	TCP 沿环形路径
SearchL	TCP 沿线形路径

(4) 激活输出或在指定的位置中断　通常逻辑指令在转变中从一个指令位置到另一个指令位置执行,但是如果使用指定的运动指令,当机器人运动到指定的位置时,这些指令会被替换执行。

指令	用于
TriggIO[1]	定义一个触发条件来在给定的位置设定一个输出
TriggInt[1]	定义一个触发条件来在给定的位置执行一个中断程序
TriggEquip[1]	定义一个触发条件来在给定的位置设定一个输出并尽可能的包含在外部设备中的延迟时间补偿
TriggC[1]	根据激活的触发条件环形运行机器人(TCP)
TriggJ[1]	根据激活的触发条件在轴与轴之间运行机器人
TriggL[1]	根据激活的触发条件线形运行机器人(TCP)
StepBwdPath[1]	在一个重启事件程序的路径中逆向运行

数据类型	用于定义
triggdata[1]	触发条件
aoitrigg[1]	模拟 I/O 触发条件

(5) 如果一个错误或中断发生的运动控制为了矫正一个错误或中断,运动可以被临时停止后重新开始。

指令	用于
StopMove	停止机器人运动
StartMove	重新开始机器人运动
StorePath[1]	储存最后生成的路径
RestoPath[1]	重新生成一个比储存更早的路径
ClearPath[1]	在当前运动路径等级上清楚整个运动路径

(6) 控制外部轴　机器人和外部轴通常用相同的指令定位,但是有些指令只影响外部轴的运动。

指令	用于
DeactUnit	解除一个外部机械单位
ActUnit	激活一个外部机械单位
MechUnit Load	为一个外部机械单位定义一个有效载荷

(7) 无约束轴　机器人轴 6(和在 IRB2400/4400 上的 4)或外部轴可以不依靠其他运动。轴的工作区域也可以重新设置,这将减少循环次数。

功能	用于
IndAMove[2]	改变轴为无约束模式并移动轴到绝对位置
IndCMove[2]	改变轴为无约束模式并开始轴的连续运动
IndDMove[2]	改变轴为无约束模式并移动轴到一个增量距离

IndRMove²	改变轴为无约束模式并移动轴到一个相关位置
IndReset²	改变轴为无约束模式并且/或者重新设置工作区域
IndInpos²	检测无约束轴是否就位
IndSpeed²	检测无约束轴是否到达程序设定的速度
指令	用于
HollowWristRest²	重新设置连接在操作臂上的销轴孔上销轴的方位。

(8) 路径修正

指令	用于
CorrCon²	连接到修正发生器
CorrWrite²	在路径坐标系中写偏移到修正发生器
CorrDiscon²	从先前连接的修正发生器上断开
CorrClear²	断开所有连接的修正发生器
功能	用于
CorrRead²	读取整个被用于所有连接修正发生器传送的修正
数据类型	用于
Corrdescr²	在路径坐标系中添加几何偏置

7.6.2 应用举例

如图 7-31 所示,一个机器人从进料口拿取一个毛坯,放置到机床上加工。零件加工好后,机器人将零件从机床中取出,放到出料口处。这个工作一直循环,直到外部信号通知停止。

1. 主循环路线思考

循环路线是由以下几个部分构成:

从进料口抓取零件并送零件到机床;

离开机床;

机床加工零件;

从机床抓取零件;

放零件于出料口,并回初位。

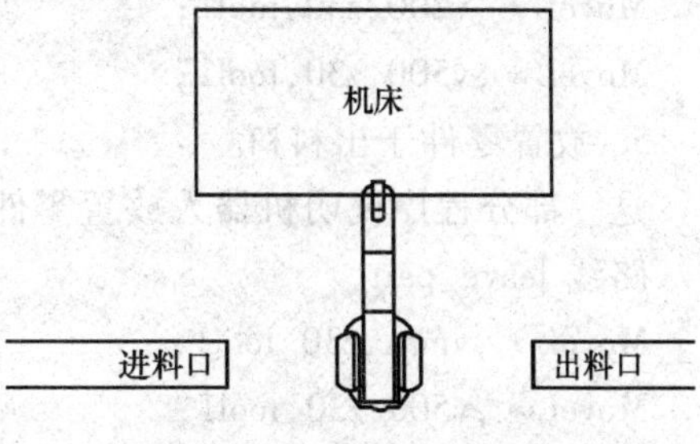

图 7-31 工作场地布局

2. 操作夹持器

机器人装备一个能够夹持零件的夹持器,这个夹持器的开合是通过一个数字输出信号来定义的,即若输出高电平,表示夹持器闭合,夹持零件;若输出低电平,表示夹持器打开,松开零件。

增加一个装载数据 load1,夹持器在抓取或松放一个零件时,需要一定时间,将零件放好或夹紧。在编程时,如果夹持器的开合次数较多时,最好独立设置,以便程序调用。

路线 grip	内容
set gripper	夹持一个零件
waittime 0.3;	等待 0.3 s
gripLoad load1	说明夹持器已夹持零件

路线 release	内容
reset gripper	松放一个零件
waittime 0.3;	等待 0.3 s
gripLoad load0	说明夹持器已没有夹持零件

3. 从进料口抓取零件

机器人从初位开始,到进料口抓取一个零件。若机器人从出料口位置到进料口抓取一个零件时,机器人要有一个连接路线的过程。

路线 :抓取零件 fetch_part	内容
MoveL * ,vmax,z50,tool1;	快速移动夹持器到进料口附近
MoveL * ,v1000,z30,tool1;	移动夹持器到零件的位置
MoveL * ,v200,fine,tool1;	慢慢地移动夹持器到夹持位置
grip;	夹持零件
MoveL * ,v200,z30,tool1;	到零件位置的上方

4. 放置零件于机床上

机器人放置零件在机床上的加工位置后,离开机床,等待机床加工。

路线:离开机床　leave_machine	内容
MoveL * ,vmax,z50,tool1;	快速离开机床的加工区域
MoveL * ,v500,z10,tool1;	走进机床
MoveL * ,v200,fine,tool1;	慢慢地到机床放置零件位置
release	松放零件
MoveL * ,v200,z30,tool1;	夹持器到零件上方
MoveL * ,v500,z30,tool1;	夹持器到机床上方

5. 放置零件于出料口

这一部分程序说明机器人放置零件于出料口。

路线 leave_part	内容
MoveL * ,vmax,z30,tool1;	快速到出料口附近
MoveL * ,v500,z30,tool1;	到放置零件位置的上方
MoveL * ,v200,fine,tool1;	慢慢移动到放置位置
release;	松放零件
MoveL * ,v200,z30,tool1;	到零件上方

习　题

7-1　工业机器人按信息输入形式分类可分为哪些类型?

7-2　工业机器人按坐标分类可分为哪些类型?

7-3　工业机器人按受控运动方式分类可分为哪些类型?

7-4　工业机器人按运动副连接方式分类可分为哪些类型?

7-5　机器人本体由哪几部分组成?

7-6　何谓机器人的位姿?

7-7　机器人手腕的运动形式有哪些?

7-8　机器人的手指结构形式有哪些?

7-9　工业机器人的控制系统分为哪几种类型?

7-10　示教再现控制方式有哪些类型?其原理如何?

7-11　微型计算机控制系统分为几种类型?各有何特点?

第8章 机电一体化产品实例

8.1 电梯

1900 年第一台自动扶梯试制成功。此后，美国奥的斯将卷筒式驱动电梯轿厢的形式改进为曳引轮式驱动，为今天的长行程电梯奠定了基础。1949 年，出现了群控电梯。首批 4 ~6 台群控电梯，在纽约的联合国大厦被使用。1976 年，微型计算机开始用于电梯，使电梯的电气控制，进入了一个新的发展时期。

近几年，又出现了交流调频、调压电梯，开拓了电梯电力拖动的新领域，结束了直流电梯独占高速领域的局面。现在的电梯更具有高度的安全性和可靠性，已向超高速，低噪音、节能高效、全电脑智能化发展。

我国的电梯业起步较晚。新中国成立后，首先建立了上海电梯厂，开始生产电梯，以后，随着电梯行业的发展，全国有 14 家电梯厂能生产客梯、货梯、医用梯及杂物梯。十一届三中全会后，随着改革开放的步伐，我国的电梯业，更加迅速的发展，大部分省市都有了自己的电梯制造业，有的还引进了国外的先进技术，可以生产各种类型的电梯与自动扶梯。

8.1.1 电梯组成与功能

电梯是由齿轮曳引机、轿厢、厅门等主要部分组成。曳引机是驱动电梯上下运行的原动力，它在电梯运行中需要频繁的起动、制动、正转、反转，而且负载变化大，经常工作在短时状态，电动状态，再生制动状态下，因此需要专用的电动机。

制动器是保证电梯安全运行的基本装置，它的功能是对主轴起制动作用，能使工作中的电梯轿厢停止运行。它还对轿厢与厅门地坎平层时的准确度起着重要的作用。当电梯处于静止状态时，曳引电动机、电磁制动器的线圈中均没有电流通过，这时因电磁铁心间没有吸引力，制动器瓦块在制动弹簧压力作用下，将制动轮抱紧，保证电梯不工作；当曳引电动机通电旋转的瞬间，制动电磁铁中的线圈也同时通上直流，电磁铁心迅速磁化吸合，带动制动臂使制动弹簧产生作用力，制动瓦块张开，与制动轮完全脱离，电梯得以运行；当电梯轿厢到达所需停站时，曳引电动机失电，制动电磁铁中是线圈也同时失电，电磁铁心中的磁力迅速消失，铁心在弹簧的作用力下使制动臂复位，制动瓦块再次将制动轮抱住，电梯停止工作。

曳引轮是曳引机上的绳轮，也称曳引绳轮或驱动轮。它的功能是为曳引机传递曳引力的装置，利用曳引钢丝绳与曳引轮缘上绳槽的摩擦力传递动力，曳引绳在曳引轮上的包角应大于

116°,如图 8－1 所示。包角越大,摩擦力就越大,即曳引力也越大,但该设计采用直绕法,且曳引轮不能无限地增大,所以包角应小于 180°。

缓冲器是一种吸收、消耗运动物体能量的装备,如图 8－2 所示,它是提供最后安全保护的一种电梯安全装置。它安装在底坑,当电梯在向上或向下运动中,由于钢丝绳断裂,曳引摩擦力不足、抱闸制动不足或控制系统失灵而超越终端层站或底坑时,将由缓冲器起作用,以避免电梯轿厢或对重装置直接撞底或冲顶,保护乘客和设备及货物的安全。

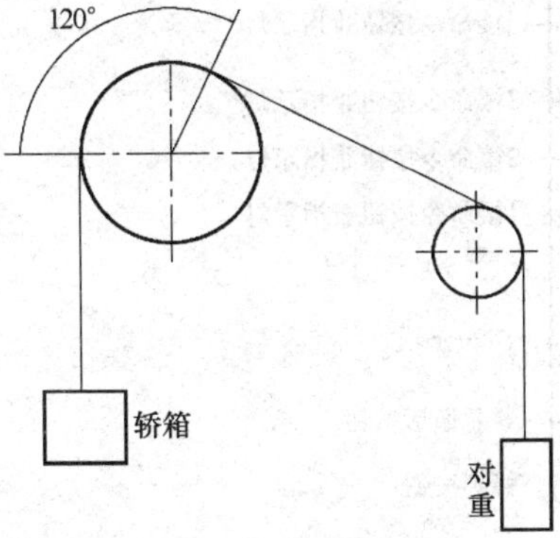

图 8－1 曳引轮工作原理

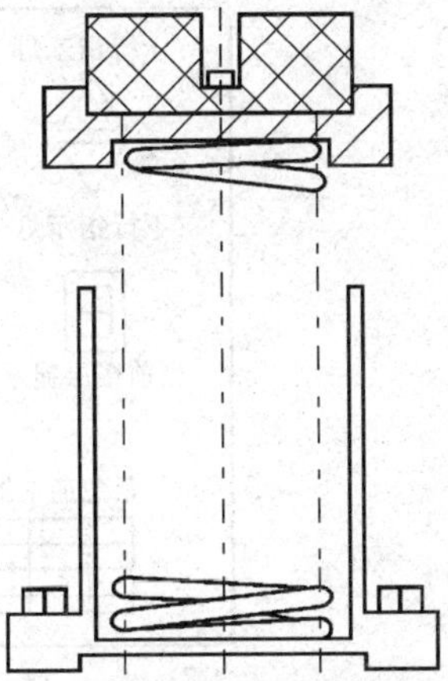

图 8－2 缓冲器的结构简图

安全钳是当轿厢(对重)超速运行或出现突然情况时,能接受限速器操纵,以机械动作将轿厢(对重)强行停留在导轨上,起保护乘客安全的作用。安全钳的结构分为两部分:操纵机构和钳座。安全钳以及操纵机构一般都安装在轿厢架上,而安全钳座则设在轿厢架下梁内。

限速器是检测轿厢超速的装置。限速器的功能是能反映并控制轿厢(对重)的实际速度,当速度达到极限时(超过允许值)能发出信号及产生机械动作,切断控制电路或迫使安全钳动作。

限速器装置包括限速器、限速器绳和绳头以及限速器张紧轮。限速器结构简图如图 8－3 所示。在电梯正常运行时,它不起作用。

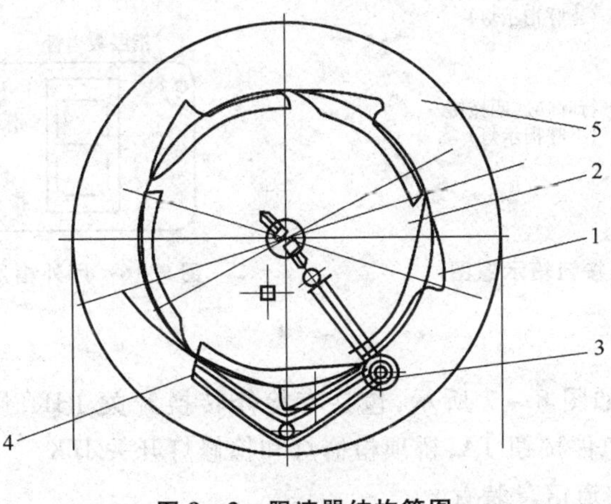

图 8－3 限速器结构简图

1—凸轮;2—棘轮;3—橡胶轮;4—棘爪;5—限速轮

8.1.2　电梯控制系统的主要部件

1. 操纵箱(轿内指令盒)

如图 8-4 所示,操纵箱上的电气元件一般包括:轿内指令按钮 XNLA,急停按钮 TA,开门和关门开关 KMA 和 GMA,轿内照明灯开关 JZK,风扇开关 FSK,蜂铃开关 FMK 和蜂鸣器 FM,指层灯和上行、下行指示灯。

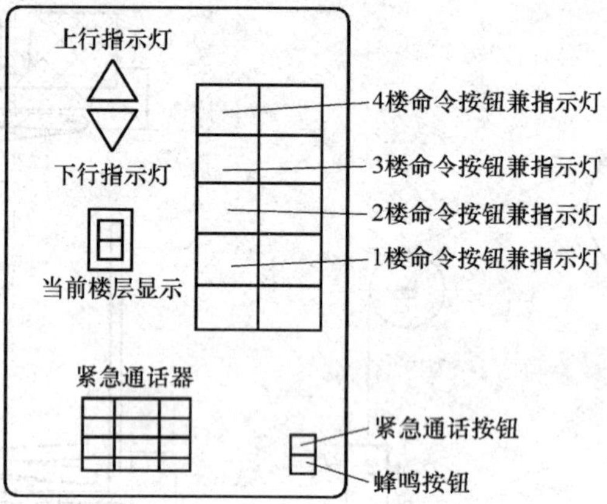

图 8-4　操纵箱示意图

2. 召唤按钮箱

如图 8-5 所示召唤按钮箱是设置在厅门外侧,给厅外乘用人员呼梯的装置。上端站只有上行呼唤按钮 XZA,下端站只有下行呼唤按钮 SZA,中间层则既有上行呼唤按钮 XZA,又有下行呼唤按钮 SZA,下端站若选为基站则还设有钥匙开关 TYK,一般还设有召唤响应指示灯。厅外指层灯箱,包括指层数码管和上行、下行指示灯,如图 8-6 所示。

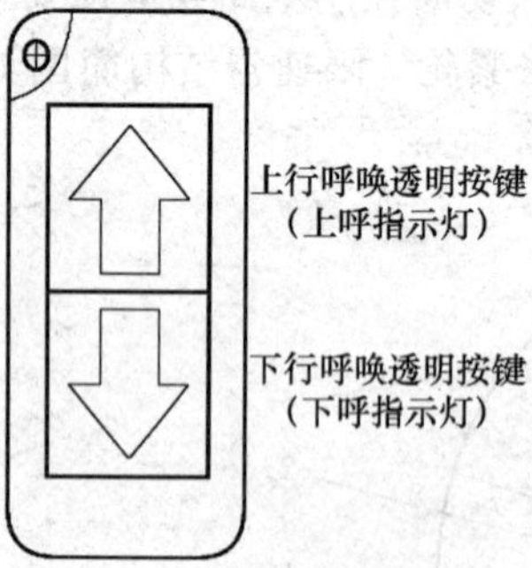

图 8-5　召唤按钮箱示意图

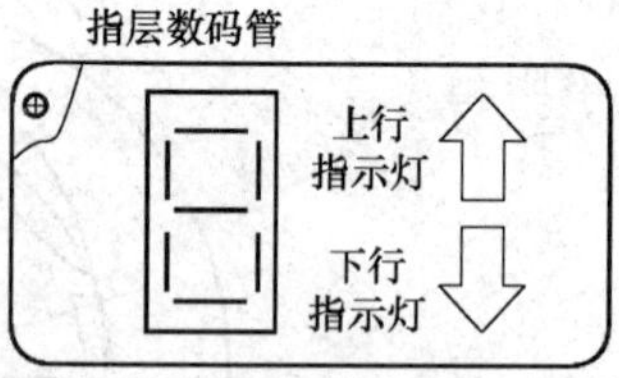

图 8-6　厅外指层灯箱示意图

3. 轿顶检修箱

轿顶检修箱示意图如图 8-7 所示,包括有检修转换开关 JHK,慢上按钮 MSA,慢下按钮 MXA,开门和关门按钮,急停按钮 TA,轿顶检修灯和检修灯开关 JZK。

4. 换速平层装置(井道信息装置)

包括了轿箱架上的隔磁板和上、下平层传感器 SPG,XPG,以及固定在轿箱导轨上的换速传

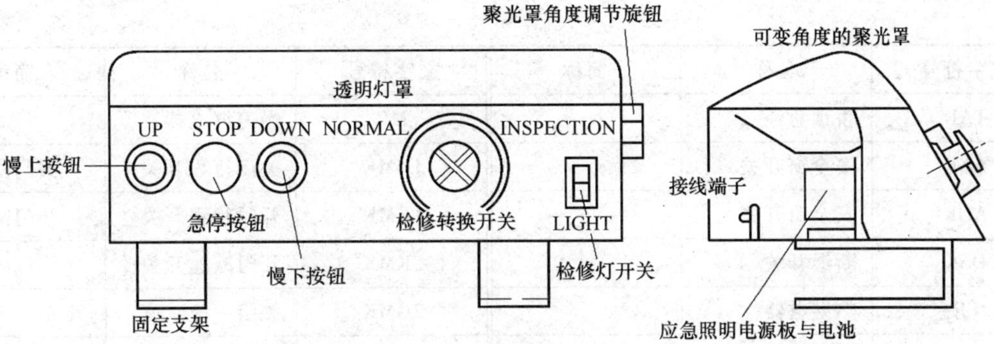

图 8-7 轿顶检修箱示意图

感器(1 ~ n)THG,上、下平层传感器在结构上是相同的,都是永磁式干簧管传感器。

5. 限位开关装置

在电梯的上,下端站处,设置了限制电梯运行区域的装置。中低速电梯的限位开关由轿箱上的开关打板以及固定在轿箱导轨上的专用行程开关两部分构成。一般的电梯均设有两道限位开关。上、下端站第一限位开关 1SXK,1XXK,是在电梯运行到端站楼面前,提前一定的距离将电梯的额定快速运行速度强迫切换为慢速运行的装置。上、下端站第二限位开关 2SXK,2XXK,作为第一限位开关失灵或因为其他原因造成轿箱超越上、下端站一定距离时,切断电梯上下运行控制电路,强迫电梯立即停靠的装置。第二限位开关与端站楼面的距离不能大于 100 mm。

6. 极限开关装置

用于交流双速电梯,当限位开关失灵或其他原因造成轿箱超越端站楼面达 100 ~ 150 mm 时,切断主电源的安全装置。早期的极限开关装置由改制的三项铁壳开关、轿箱架上打板(和限位开关装置使用同一打板)、滚轮组、钢丝绳构成。当打板碰撞到上或下滚轮组,滚轮组通过钢丝绳强行拉掉铁壳开关,切断电梯总电源,强迫电梯立即停靠。这种装置的结构比较复杂,故障率高,20 世纪 80 年代中期以后,一般采用限位开关加一只接触器来实现限位的目的,当限位开关被碰压时,限位开关将控制接触器,由接触器切断总电源。

7. 控制柜

由柜体和各种控制电气元件组成,是电梯控制的中心。

8. 开门机电阻箱

中档电梯使用直流电动机作为开关门的拖动电动机,既便于实现速度控制,同时又有效率较高,噪音水平低的优点。由于他励直流电动机的运行速度与电枢两端的电压成正比。因此只要控制和调节电枢两端的电压,就能实现电梯开关门速度的控制。开门机电阻箱内的器件,就是用于调节开关门的拖动电动机电枢两端电压的三只电阻。

电气元件文字符号如表 8-1 所示。

表 8-1 电气元件文字符号一览表

文字符号	名称	简称	文字符号	名称	简称
JKC	主电源		XC	下行接触器	
TAN	轿内急停		KC	快速继电器	

续表

文字符号	名称	简称	文字符号	名称	简称
TAD	轿顶急停		MC	慢速继电器	
ACK	安全窗开关		1GMK	关门行程开关	关门限位
AQK	安全钳开关		1KMK	开门行程开关	开门限位
DSK	断绳开关		2KMK	开门减速开关	
FR	热继电器		2GMK	关门一级减速	
XJ	相序继电器		3GMK	关门二级减速	
YJ	安全继电器		M	直流门电机	
GK	基站开关		ZCQ	电磁制动器	
GYK	基站钥匙开关		MDQ	门电机励磁线圈	
GMJ	关门继电器		MQR	板型电阻	
KMJ	开门继电器		1MJC	一慢减速继电器	
SC	上行接触器		2MJC	二慢减速继电器	
JMS	轿门锁	双锁串联	TMS	厅门锁	每楼一只串联

8.1.3　交流双速电梯电气原理

1. 上下行环节

三相交流电由三相铁壳开关 JXK 处引入。SC ,XC 是上行和下行继电器各由 PLC 的一个输出节点控制,SC,XC 各有两组常开触点,能按照 PLC 的控制要求,通过三相中的两相交换的方法,使曳引电机转向改变,从而达到控制电梯上行,下行的目的。值得强调的是 SC 与 XC 是互锁的,既在 PLC 编程中互锁,也有电气互锁,其电器互锁通过各自的一组动断触点实现。

2. 调速环节

KC、MC 是快车继电器和慢车继电器同样各由 PLC 的一个输出节点控制,同样是多重互锁的。KC 的 6 组动合触点全部闭合,此时 D1 ~3 线被短接,D4 ~6 线接入 380 V 交流电,电动机定子绕组被接成 Y 形,电动机快转用于起动,起动时为了限制起动电流,减小电网电压的波动以及起动时的加速度,改善起动舒适感并防止机械冲击,设计了电抗器和电阻器串接于定子绕组前,进行降压起动。达到在 PLC 编程预设的时间后,快加速继电器 KJC 动作控制三组触点动作切除串接在定子绕组上的电抗器和电阻器使电动机达到额定转速。当电梯将平层时,PLC 控制 MC 继电器动作,KC 复位,D4 ~6 线被切断,D1 ~3 线通入 3 相 380 V 交流电,此时电动机定子绕组被接成 Y 形,电动机进入慢速运行。当电动机由快速运行切换为慢速运行时,若旋转磁场方向维持不变,由于出现旋转转速 N_1 小于转子转速 N_2 的情况,转子内的电流方向必然和 $N_1 > N_2$ 时相反,因此转子导体在旋转磁场内的受力方向也必然和 $N_1 > N_2$ 时相反,力图使转子以反方向运转,这个力图使转子以反方向运转的电磁转矩,称为再生制动力矩。再生制动力矩的大小决定了换速的时间长短和换速距离的长短,再生制动力矩大,制动加速度大,换速时间短,换速距离短,运行效率高,但乘客的乘坐舒适性大受影响;反之再生制动力矩小,制动加速度小,换速时间长,换速距离长,运行效率低,但乘客的乘坐舒适性较好。因此乘坐舒适性和运行效率是矛盾的两个方面,再生制动力矩的大小必须做折中选择。

电梯运行速度曲线图如图 8-8 所示。曲线 *OABCD* 称为电梯的运行速度曲线,*B* 点为换速点,*D* 点为平层停靠点,在曲线 *OABCD* 的投影中,*bc* 段为换速距离,*cd* 段为平层前的慢速爬行距离,曲线段 *OA* 和 *BC* 的斜率决定了电梯在起动过程和换速过程的乘坐舒适感。曲线段 *BC* 的斜率即是由再生制动力矩的大小决定的,通过在定子绕组前串接电抗器和电阻器,来限制慢速旋转磁场的强度,进而控制再生制动力矩的大小。1MJC 是一慢减速继电器,2MJC 是二慢减速继电器,由 PLC 延时控制动作,电抗器和电阻器被分两级切除,电动机进入低速稳定运行,直至平层停车。

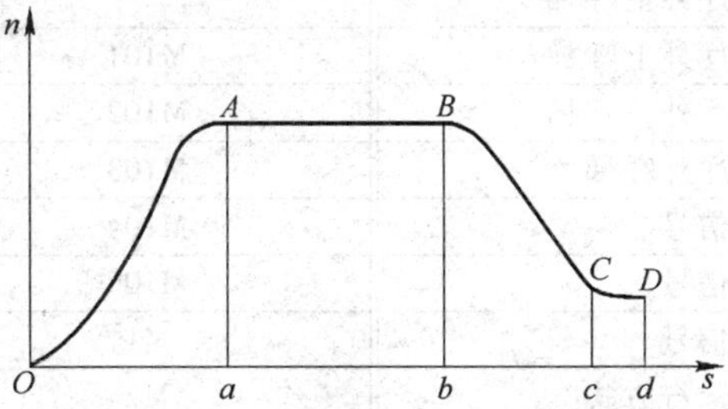

图 8-8 电梯运行速度曲线图

3. 主回路保护环节

包括了熔断器,热继电器,相序继电器。

4. 开、关门环节

门电动机是直流电动机,其使用的 115 ~ 125 V 直流电是由 380 V 交流电经过 380 V/(115 ~ 125)V 变压器变压及大功率整流二极管整流得来的,GMJ 和 KMJ 分别是关门继电器和开门继电器,两者是多重互锁的,当它们动作时,直流电动机的励磁绕组和电枢绕组都通电,并开始运转,GMJ 和 KMJ 的不同在于使接电枢绕组的直流电的正、负两极对调,使电动机的转向相反,进而实现开门和关门。门电动机的调速方式是多级电阻分压调速开门分压电阻分两级接入,关门分压电阻分三级接入,各级接入与切除由门系统的传感器和继电器控制,而没有使用 PLC 控制。

5. 电气安全回路环节

TAN(轿内急停)、TAD(轿顶急停)、ACK(安全窗关)、AQK(安全钳开关)、DSK(限速器断绳开关)、FR(曳引电动机热继电器)、XJ(相序保护继电器)、JMS(轿门锁,双锁串联)、TMS(厅门锁,每层楼一只串联)连锁,任意一环动作将使安全继电器 YJ 动作,YJ 将使主接触器动作,曳引机失电不能起动,同时 YJ 的一组长闭触点将动作,切断电磁制动器线圈 ZCQ 的供电,电磁制动器抱闸使电梯停止。

8.1.4 PLC I/O 节点分配

PLC I/O 节点一览表见表 8-2。

表 8 - 2　PLC I/O 节点一览表

输入节点		Y16	下行指示信号输出
X0	楼层换速信号	Y17	上运行继电器
X1	上终端限位	Y18	下运行继电器
X2	下终端限位	Y19	快车继电器
X3	一内指令输入	Y20	快加速继电器
X4	二内指令输入	Y21	慢车继电器
X5	三内指令输入	Y22	一慢减速
X6	四内指令输入	Y23	二慢减速
X7	一楼厅外呼梯	Y25	开门继电器
X10	二楼厅外上呼梯	Y26	关门继电器
X11	二楼厅外下呼梯	辅助继电器	
X12	三楼厅外上呼梯	M101	一楼楼层继电器
X13	三楼厅外下呼梯	M102	二楼楼层继电器
X14	四楼厅外呼梯	M103	三楼楼层继电器
X15	门区信号	M104	四楼楼层继电器
X16	开门信号	M106	换速微分信号
X17	关门信号	M1	上运行监视
X20	检修运行方式	M2	下运行监视
X21	检修上行	M3	上方向选择
X22	检修下行	M4	下方向选择
X23	超载信号	M5	上方向控制
X24	空载信号	M6	下方向控制
X25	满载信号	M7	上呼梯换速
X26	门光幕信号输入	M8	下呼梯换速
X27	开门行程开关	M9	指令换速
X30	关门行程开关	M10	门光幕继电器
X31	门锁信号	M11	停车继电器
X32	平层信号	M12	运行继电器
输出节点		M13	本层外呼/内选开门
Y1	楼层指层信号	M14	起动继电器
Y2	楼层指层信号	M15	换速继电器
Y3	一内指令继电器	定时器	
Y4	二内指令继电器	T0	自动开门延时
Y5	三内指令继电器	T1	自动关门延时
Y6	四内指令继电器	T2	一慢减速延时
Y7	一上呼梯继电器	T3	二慢减速延时
Y10	二上呼梯继电器	T4	快加速时间
Y11	二下呼梯继电器		
Y12	三上呼梯继电器		
Y13	三下呼梯继电器		
Y14	四上呼梯继电器		
Y15	上行指示信号输出		

8.1.5 四层电梯 PLC 控制程序

集选控制方式是电梯 PLC 控制的常用方式。集选控制方式:将厅外呼梯信号与轿内指令信号进行记忆,并和其他的专用信号(平层信号、换速信号、门区信号、安全信号等)加以综合分析后,由电梯乘坐人员控制电梯运行的控制方式。

本设计,电梯的 PLC 控制程序共 343 步,从功能上分为七个功能模块,如图 8-9 所示。

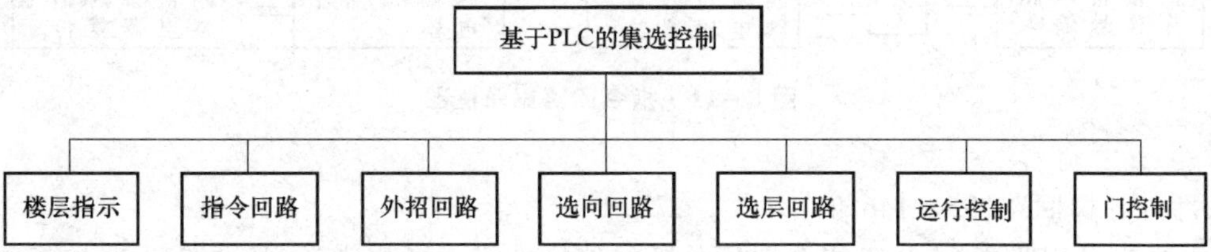

图 8-9 电梯 PLC 控制程序功能模块图

1. 楼层指示(0~70 步)

要对电梯进行控制,要解决的首要问题是反映电梯实际的所在楼层,楼层指示回路即是用于完成这一功能的,电梯在哪层,对应的楼层继电器就会动作。其逻辑框图如图 8-10 所示。

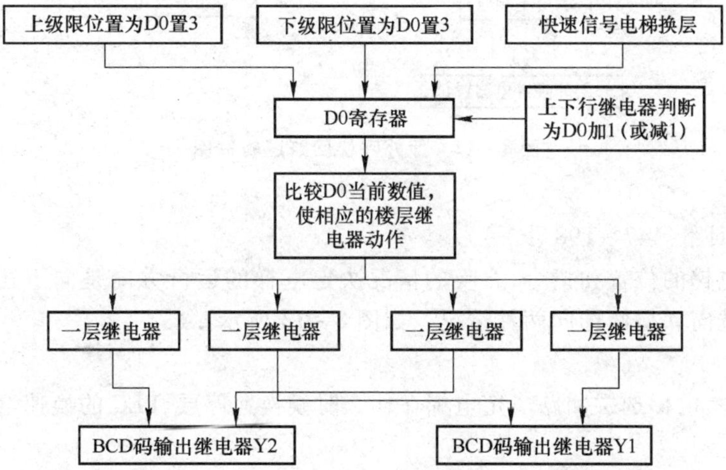

图 8-10 楼层指示逻辑框图

2. 指令回路(71~94 步)

将轿内指令记忆并显示。使用置位指令 SET 使得继电器动作并自保(记忆),使用复位指令 RST 消除记忆。如图 8-11 所示。

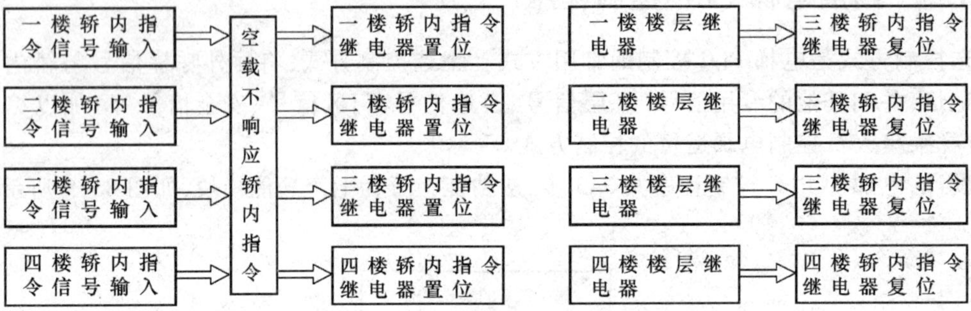

图 8-11　指令回路逻辑框图

3. 厅外呼梯回路(95~146 步)

同样要使用 SET 指令,RST 指令对厅外呼梯信号进行记忆和消除,要注意到 2 楼有两个召唤(上招和下招)。仅举一楼为例子:顺向呼梯响应,反向呼梯被记忆,如图 8-12 所示。

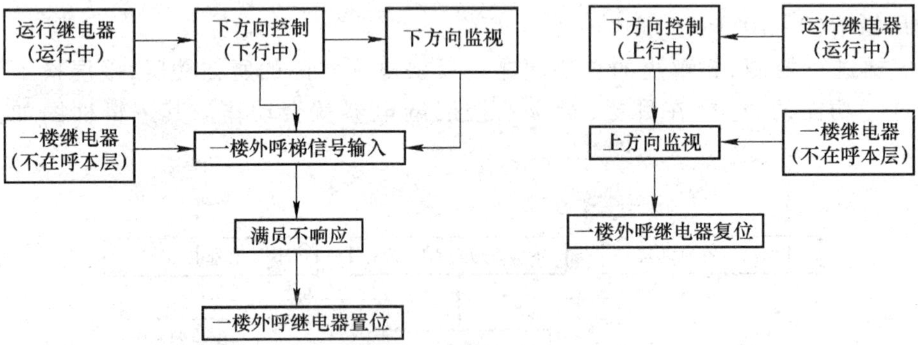

图 8-12　厅外呼梯回路逻辑框图

4. 电梯选向回路(147~198 步)

是根据目前电梯的位置和指令,召唤的情况决定电梯的运行方向是向下还是向上。电梯的选向包括了自然选向和检修选向两种情况。如图 8-13 所示。

5. 其他回路

在电梯控制中,电梯选层回路决定电梯在什么时候换速停层,PLC 的换速继电器动作即意味着将停层。

运行控制环节用来控制起动、调速与平层停车。

门控制环节用来控制轿门、厅门开闭。

由于篇幅限制这里不再说明。

电梯控制的梯形图见附录Ⅳ。

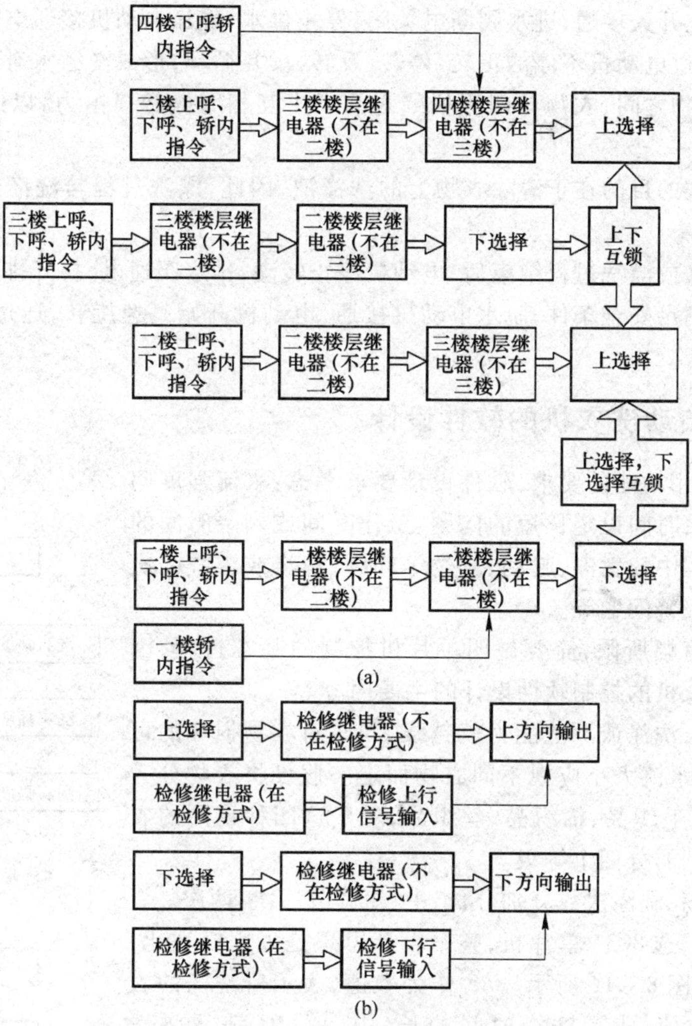

图 8-13 电梯选向回路逻辑框图

8.2 全自动洗衣机

世界上第一台洗衣机在美国问世。当时的洗衣机比较简单，也比较粗糙，是用机械方式来搅拌浸泡在洗涤液中的衣物，经过几十年不断更新换代，技术的不断成熟，尤其是单片机控制技术的应用使得洗衣机的自动化、智能化程度越来越高。

8.2.1 全自动洗衣机工作过程

全自动洗衣机的主要工作过程是：洗涤—脱水—漂洗—脱水—漂洗—脱水。上述工作程序中，包含三个过程，洗涤过程、漂洗过程、脱水过程。

洗涤过程：放好待洗衣物，按下起动开关，进水阀通电，打开进水阀，向洗衣机供水，当供水达到预定水位时,水位开关接通,进水阀断电关闭,停止供水,洗涤电动机接通电源,带动波轮旋转,形成洗涤水流。通过电动机不停的正转、停转、反转,反复循环,形成洗涤水对洗涤物产生强烈的翻滚作用,同时,衣物之间、衣物与四周桶壁之间产生互相摩擦和撞击力,以此达到洗涤衣物的目的。

漂洗过程:漂洗的目的在于清除衣物上的洗涤液,因此,漂洗过程与洗涤过程的电器动作是完全一样的。

脱水过程:洗涤或漂洗过程结束后,电动机停止转动,排水阀通电,打开排水阀门排水。当水位低到一定值时,满足安全条件,脱水电动机接通,电动机开始高速旋转,通过离心作用,使被洗涤衣物脱水甩干。

8.2.2　全自动洗衣机的软件设计

根据洗衣机使用功能的要求,软件设计要求考虑:水流强度问题,洗涤、漂洗、脱水时间设定长短的问题,工作时间或剩余时间的显示问题,工作过程中的暂停、起动、复位等问题,洗涤或漂洗的次数问题,洗完后的报警问题等。

在这里,由于篇幅所限,简要说明单片机控制的基本过程,因此,下面仅介绍洗衣机的控制软件设计的主要内容。

水流强度越强,洗涤或漂洗能力就越强,同时对衣物损坏的可能性就越大,因此,水流大小应视不同衣物而定。假设将衣物分为四个等级,牛仔服、毛织品、棉织品、丝织品,对于这四种不同的衣物,水流强度由强到弱分四个等级。

同理洗衣时间和洗涤次数分别分长、中、短和分一次、两次。

根据以上要求,选 8031 单片机,整个设计思想是采用模块化,设计主程序框图如图 8 - 14 所示。$R2$ 作为数值,表示所洗涤的衣物类型;$R3$ 作为数值,表示洗涤时间的长、中、短;$R4$ 表示漂洗次数。

洗衣机上电后,单片机上电,首先进行单片机系统的初始化,接着要查询水流强度、洗衣时间和洗涤次数,然后等待起动指令(该开关为奇偶开关,奇数为起动,偶数为停止)。得到起动指令后,进入洗衣状态。完成后,报警同时停止。

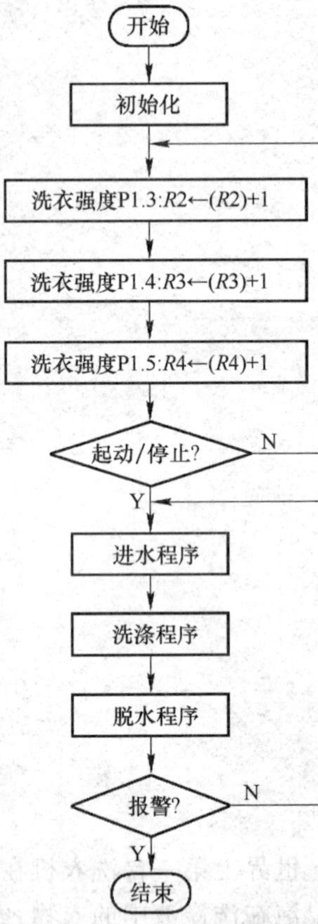

图 8 - 14　主程序框图

1. 8255A 初始化

8255A 各端口地址及控制字如下:

端口 A:7FFCH　　　　端口 B:7FFDH

端口 C:7FFEH　　　　控制字:7FFFH

由控制字可知,8255A 的 A、B、C 端口均为输出方式,且工作方式为方式 0。

初始化程序如下:

```
MOV    DPTR,    #PCTL
MOV    A,       #80H
```

```
MOVX    @DPTR,   A
MOV     DPTR,    #PA
MOV     A,       03H
MOV     @DPTR,   A
MOV     A,       01H
MOV     DPTR,    #PC
MOV     @DPTR,   A
```

对 P3 口、外部中断 0、工作寄存器初始化如下：

```
MOV     R2,      #00H
MOV     R3,      #00H
MOV     R4,      #00H
SETB    EX0
SETB    EA
CRL     IT0
```

2. 进水程序设计

输出一个高电平，打开进水电磁阀，洗衣机开始进水。当水位到达要求时，压力开关被压下，返回一个电信号，进水电磁阀复位，进水结束。程序框图如图 8－15 所示。

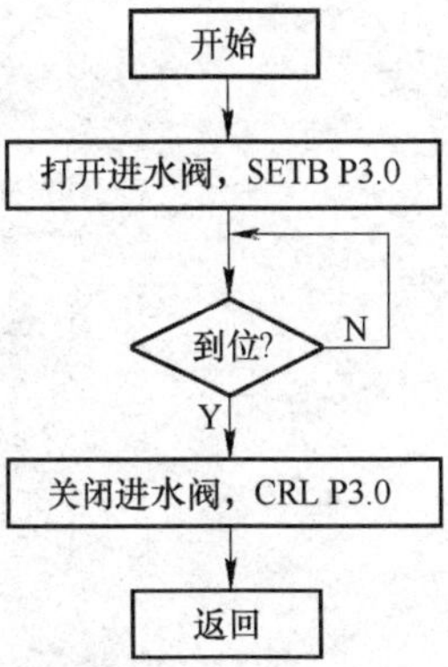

图 8－15　进水程序框图

3. 洗衣过程程序设计

洗衣强度是根据正转、反转和间歇的时间不同来实现的，为此，在此部分程序设计时，进行如下规定：

牛仔服：正转为 10 s　间歇为 0 s　反转 10 s

毛织品：正转为 10 s　间歇为 2 s　反转 10 s

棉织品：正转为 10 s　间歇为 4 s　反转 10 s

丝织品：正转为 10 s　间歇为 6 s　反转 10 s

当外部中断发生时，洗衣动作停止，洗衣程序框图如图 8－16 所示，程序见附录 V。

4. 脱水、漂洗程序设计

洗涤或漂洗后，需要对衣物进行脱水以便晾干，所以脱水是洗衣过程中必不可少的环节。脱水前打开排水阀并维持一段时间，将洗涤用水排尽，然后起动脱水电动机，脱水时间在此处设定为 1 min，然后停止脱水。接着判断洗衣次数，若洗衣次数为 0 时，则洗衣结束，开蜂鸣器，提醒洗衣结束；若洗衣次数不为 0 时，则进行第二次漂洗。程序框图如图 8－17 所示。

5. 外部中断 0、中断 1

为了防止外部电压过高或过低对洗衣机的电器及控制硬件产生损坏，用外部中断 0 来进行保护。当电压过高或过低时，引起外部中断 0 中断，转入中断处理程序，洗衣机停止一切动作，进入保护状态。程序框图如图 8－18 所示。

在洗衣过程中，根据需要，如对袖口、领口等部位进行手工洗涤，洗衣机需要停止工作，用中

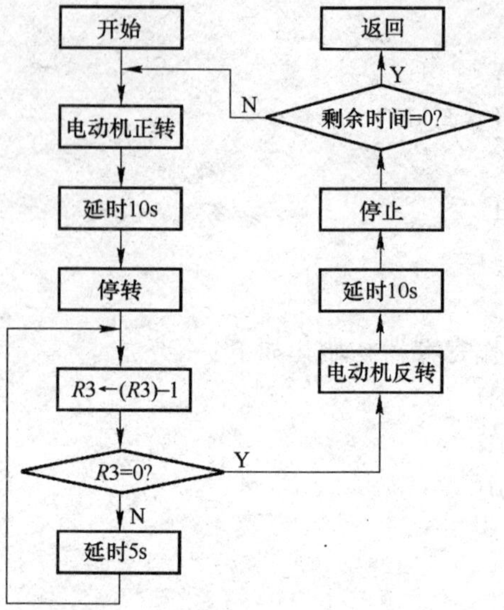

图 8-16　洗衣程序框图

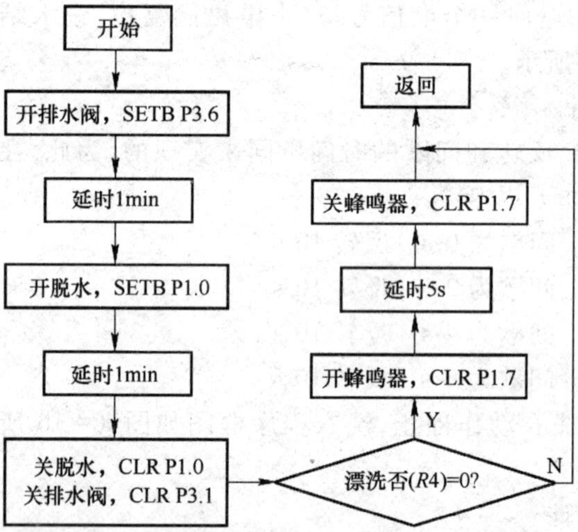

图 8-17　脱水、漂洗程序框图

断 1 程序来实现。在洗衣过程中，当起动/暂停键按下时，引起外部中断 1 中断，转入中断 1 处理程序。中断 1 处理程序将使洗衣机停止工作，并将停止前的状态存储起来。当又按下起动/暂停键时，洗衣机又恢复工作。程序框图如图 8-19 所示。

6. 内部定时中断

内部定时中断程序框图如图 8-20 所示，为了将洗涤、漂洗等工作的时间具体描述，起用单片机的定时器 0。用定时器 0 前，首先进行初始化。在这里用定时器方式 1 设置时间常数，每 0.1 s 中断一次。初始化程序如下：

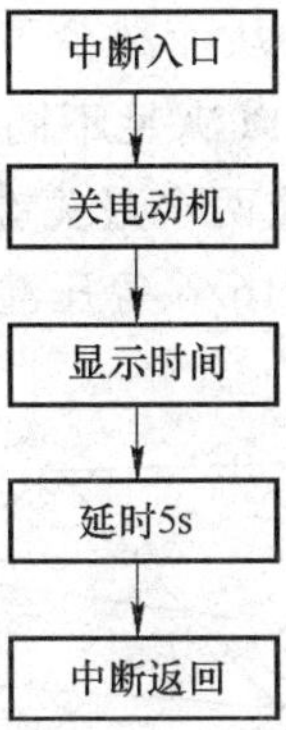

图 8－18　外部中断 0 程序框图

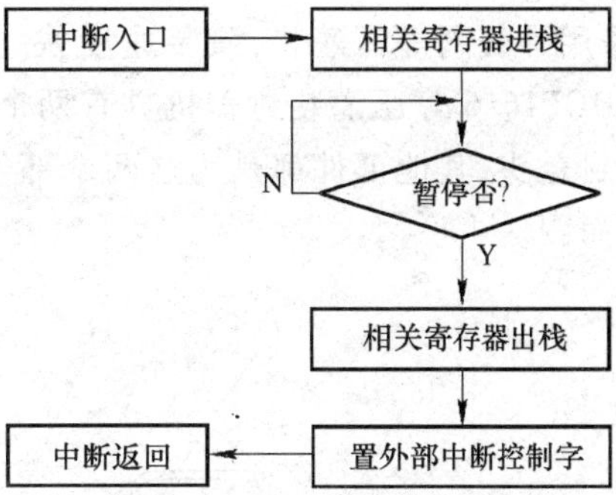

图 8－19　中断 1 程序框图

```
MOV     TMOD,     #01H;
MOV     TL0,      #00H;
MOV     TH0,      #38H;
MOV     A,        #0AH;
INC     R3;
MOV     B,R3;
MUL     AB;
MOV     MIN,      A;
MOV     DEC,      #00H;
MOV     BUF,      #00H
SETB    ET0
SETB    ET
SETB    TR0
SETB    EX1
CRL     IT1
```

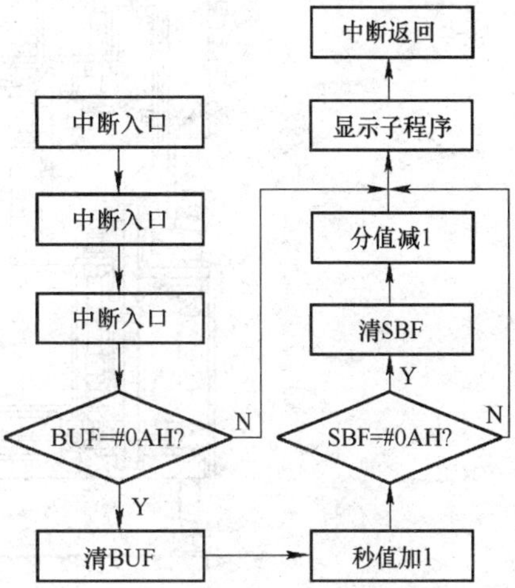

图 8－20　内部定时中断程序框图

洗衣机的程序清单见附录Ⅴ。

8.3　灌装封盖机械

灌装封盖机械是将液体物料(简称液料)灌入包装容器内并将容器封口的装置。

液料的包装容器主要有玻璃瓶、金属罐、塑料瓶(杯)等硬质容器,以及用塑料或其他柔性复合材料制成的盒、袋、管等软质容器。

本节主要介绍玻璃瓶灌装设备。

8.3.1　典型灌装封口机结构分析

下面以 DGP16/6 等压灌装封盖机为例来分析各部分的结构和功能,它是回转式压灌装封盖设备。D 代表等压,G 代表灌装,P 代表含气液体,16 代表 16 个灌装阀,6 代表 6 个封盖头。它的优点是：灌装和封盖二机合为一体，减少了灌装和封盖之间的距离，从而减少了液料受污染的机会；采用弹簧阀等压灌装，灌装速度快，主机采用变频无级调速，可以满足不同生产能力的要求等。DGP16/6 等压灌装封盖机具有两个主要功能：灌装和封盖，相应两个最关键的部件就是灌装阀和封盖头，其他部件都是为这两个部件服务的。图 8－21 为 DGP16/6 等压灌装封盖机的总体结构简图。

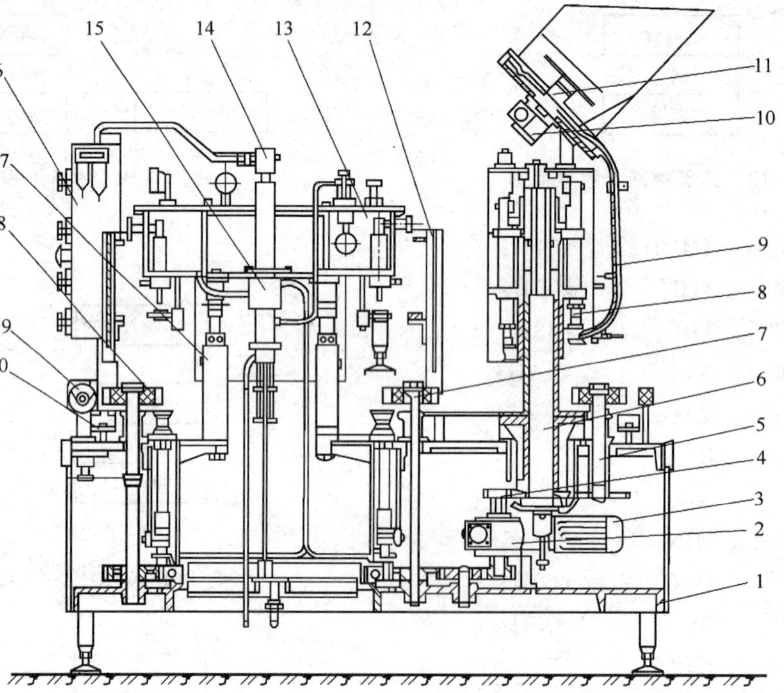

图 8－21　DGP16/6 等压灌装封盖机的总体结构简图

1—机身框架；2—TPS80－32 减速机；3—YMT132 调速电机；4—齿轮；5—出瓶拨盘机构；6—压盖传动机构；7—中间拨盘机构；8—压盖冲头机构；9—送盖滑道；10—蜗轮减速机；11—理盖器；12—灌装控制与防护；13—灌装部分；14—旋转导气接头；15—中心进液分配器；16—电器控制箱；17—升降支柱中心进液分配器；18—进瓶拨盘机构；19—进瓶螺旋导杆机构；20—输送部分

按其各部分的功能大致可分为五个部分即：传动部分、灌装缸升降及瓶托升降部分、灌装缸灌装阀及其控制系统、封盖部分和电气控制部分。这里详细分析各部分的结构及工作原理。

1. 传动部分

灌装和封盖两个主要功能是通过执行机构的旋转或往复运动实现的，传动部分的作用就是将电动机输出的动力和运动传递和分配给执行机构实现灌装和封盖，传动系统示意图如图8－22所示，图 8－23 是传动结构示意图。

灌装与封盖工作的主电动机是 YMT132－4B 1.5 kW 普通三相交流异步电动机（图8－22中 1），经过变频无级调速通过三角皮带（图 8－22 中 10）传动到 TPS－32 蜗轮减速机（图 8－22中 13），蜗轮减速机的上输出轴的齿轮（图 8－23 中 9）与封盖传动齿轮（图 8－22 中 15）

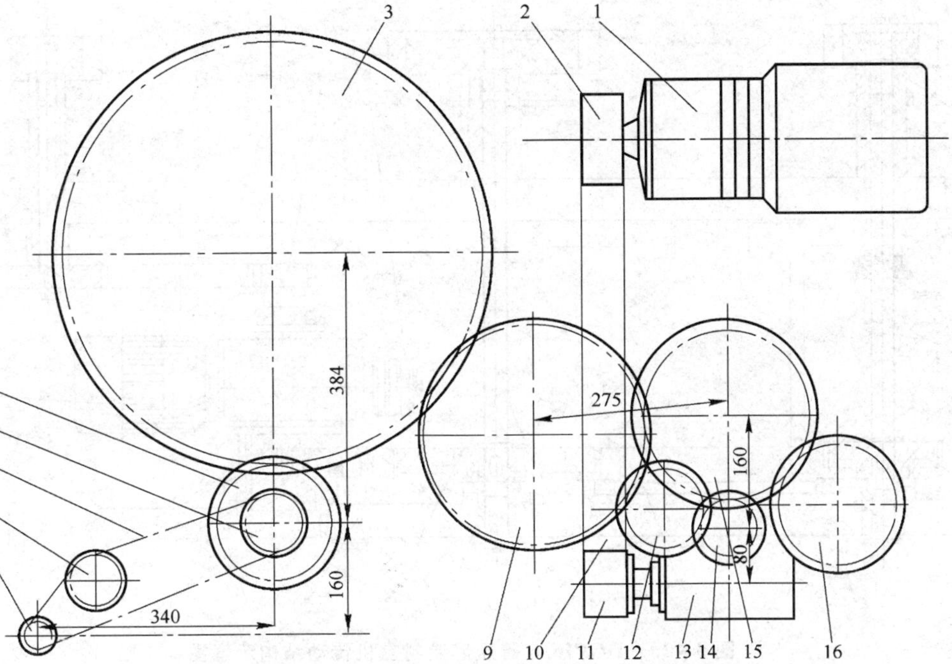

图 8 - 22 DGP16/6 等压灌装封盖机传动系统示意图

1—电动机；2—电动机带轮；3—灌装大齿圈；4—进瓶拨盘齿轮；5—主动链轮；6—套筒滚子链；7—张紧链轮；8—螺旋推进器链轮；9—输出轴轮；10—三角带 A 型；11—减速机带轮；12—介齿轮；13—蜗轮减速机；14—减速机输出齿轮；15—封盖传动齿轮；16—下输出轴齿轮

相啮合，下输出轴的齿轮（图 8 - 23 中 16）通过介齿轮（图 8 - 23 中 20）与灌装部分的灌装大齿圈（图 8 - 22 中 3）相啮合，从而实现整个灌装与封盖传动功能，灌装与封盖的转动均为顺时针方向。进瓶拨盘轴上装有一主动链轮（图 8 - 23 中 6），螺旋推进器部分的大锥齿轮轴上也装有一相应的被动链轮（图 8 - 22 中 8），通过套筒滚子链（图8 - 22中 6）将运动和动力传给螺旋推进器的立轴（图 8 - 25 中 10）上，再通过一对锥齿轮传动（图 8 - 25 中 8 和 9），将竖直方向的旋转运动转换为水平方向的旋转运动，从而带动螺旋推进器（图 8 - 25 中 5）旋转。

（1）输送流程（图 8 - 24 为瓶子工作流程及接近开关布置图） 洗净的瓶子由左边输入进入灌装，封盖后从右边输送链送出。机器连续运转的状态下，洗净的瓶子在进入灌装机之前必须单列紧密地跟进，经过螺旋推进器 1，将瓶子一一定位，送入灌装进瓶拨盘 2，进瓶拨盘 2 再将瓶子转换方向送上托瓶机构的瓶托（图 8 - 26 中 11）上，使瓶子与位于灌装缸下面的灌装机（图8 - 24中 8）对准，接着，瓶托上升，使瓶口与灌装阀紧紧密封，灌装阀逐个被打开进行等压灌装，然后关阀、排气，装满液体的瓶子随着瓶托的下降而被导入中间拨盘 4，再进入封盖机 7，随着封盖头的下降，完成封盖后经出瓶拨盘 6 将瓶子送到输送机链板上，至此整个灌装封盖工作完毕。

（2）螺旋进给机构（图 8 - 25 为螺旋进给机构简图） 其作用是使输送机链板上洗净的紧密相连的空瓶被螺旋推进器分开为一定距离，以便同步进入进瓶拨盘（图 8 - 24 中 2）。

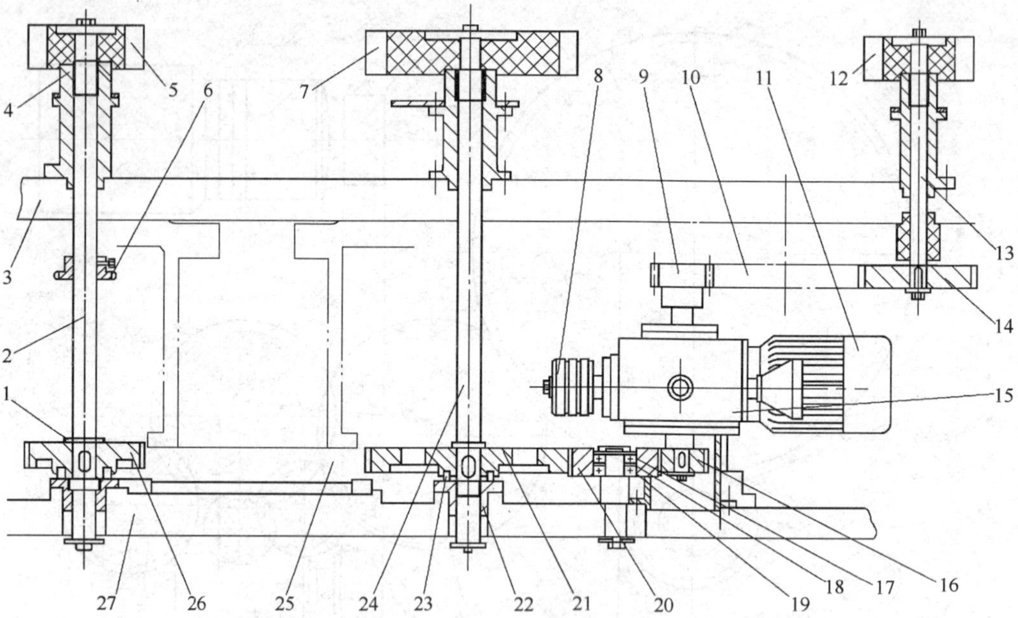

图 8－23　DGP16/6 等压灌装封盖机传动结构示意图

1—挡圈；2—进瓶拨盘轴；3—工作台上平板；4—无油润滑轴承；5—进瓶拨盘；6—主动链轮；7—中间拨盘；8—减速机带轮；9—减速机上输出齿轮；10—封盖齿轮；11—电动机；12—出瓶拨盘；13—出瓶拨盘轴；14—齿轮；15—减速机；16—减速机下输出齿轮；17—端盖；18—挡圈；19—轴承；20—介齿轮；21—中间拨盘齿轮；22—轴承座；23—轴承；24—中间拨盘轴；25—灌装大齿圈；26—齿轮；27—工作台下平板

螺旋推进器 5 装在水平轴 1 上，沿螺旋推进器 5 入口有一个弹性挡板（图 8－24 中 9），挡板紧贴着瓶子使瓶子紧靠螺杆齿根，瓶子与挡板之间有 3～5 mm 的间隙，如输送线上瓶子对挡板推力过大或瓶型特殊，在螺旋杆入口发生阻塞时，DGP16/6 灌装封盖机会起动一个接近开关（图 8－24 中 SQ14），可使整机停止运行，直至故障被排除时为止。每一种瓶型对应一种螺旋推进器的螺旋槽，可以根据需要更换螺旋推进器。防护罩 6 起安全防护作用，支架 3 起支承水平轴 1 的作用。

2. 灌装缸升降及瓶托升降

图 8－26 为 DGP16/6 等压灌装封盖机灌装缸及瓶托升降机构简图。16 个瓶托机构均布在回转盘 25 上，回转盘 25 与灌装大齿圈 21 刚性连接，四点接触轴承 22 的内径与灌装大齿圈的外凸缘相配合，四点接触轴承 22 的外径与工作台下平板 23 相配合，在工作过程中，灌装大齿圈 21 在转动的同时带动回转盘 25 和四点接触轴承 22 的内圈回转，四点接触轴承 22 的外圈与工作台下平板静止不动。在灌装过程中，瓶子要通过灌装阀（图 8－27 中 8）和灌装缸（图 8－27中 6）相接触，并且要求在密封状态下进行灌装，灌装后的瓶子脱离灌装阀，使瓶子与大气相通，这就要求在灌装过程中瓶子有一个上升和下降的运动，这一升降运动就是通过瓶托升降机构来实现的。

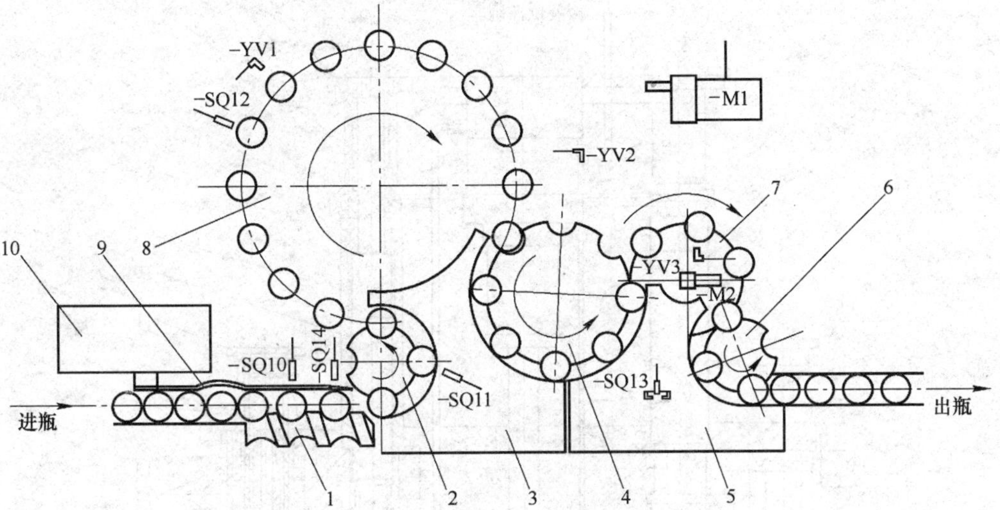

图 8-24 瓶子工作流程及接近开关布置图

1—螺旋推进器；2—进瓶拨盘；3—导板；4—中间拨盘；5—导板；6—出瓶拨盘；7—封盖机；8—灌装机；9—弹性挡板；10—电控箱

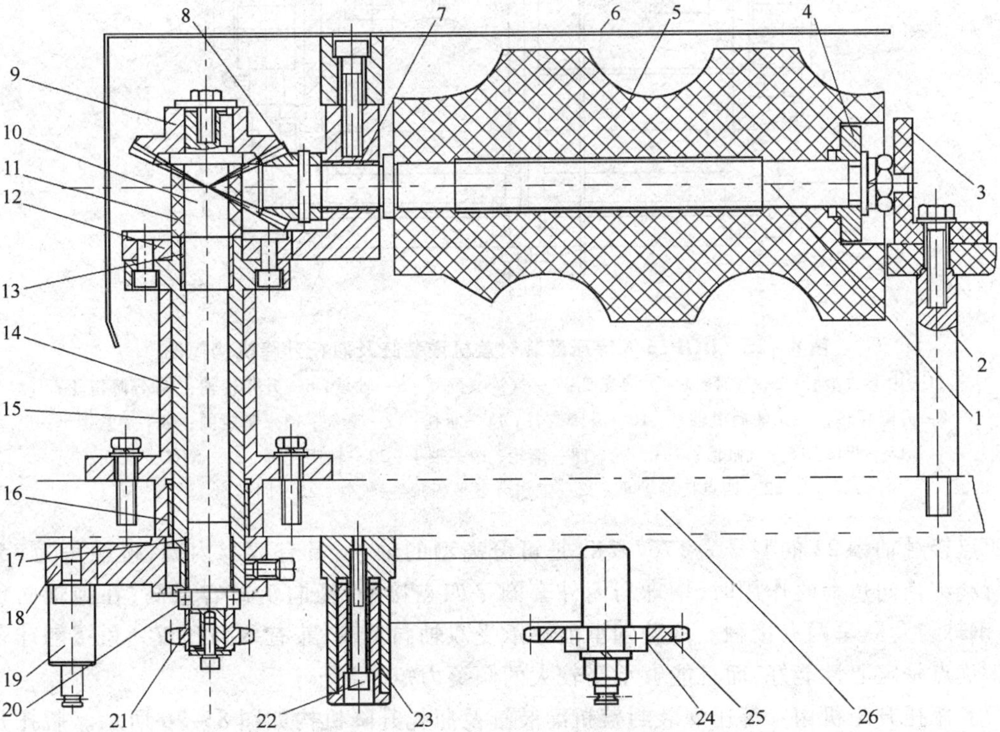

图 8-25 螺旋进给机构简图

1—水平轴；2—立柱；3—支架；4—垫圈；5—螺旋推进器；6—防护罩；7—无油润滑轴承；8—小锥齿轮；9—大锥齿轮；10—立轴；11—隔套；12—轴承座；13—无油润滑轴承；14—轴套；15—支架；16—无油润滑轴承；17—无油润滑轴承；18—固定座；19—弹簧支架；20— 轴承；21—被动链轮；22—内六角螺钉；23—固定架；24—轴承；25—张紧链轮；26—平板

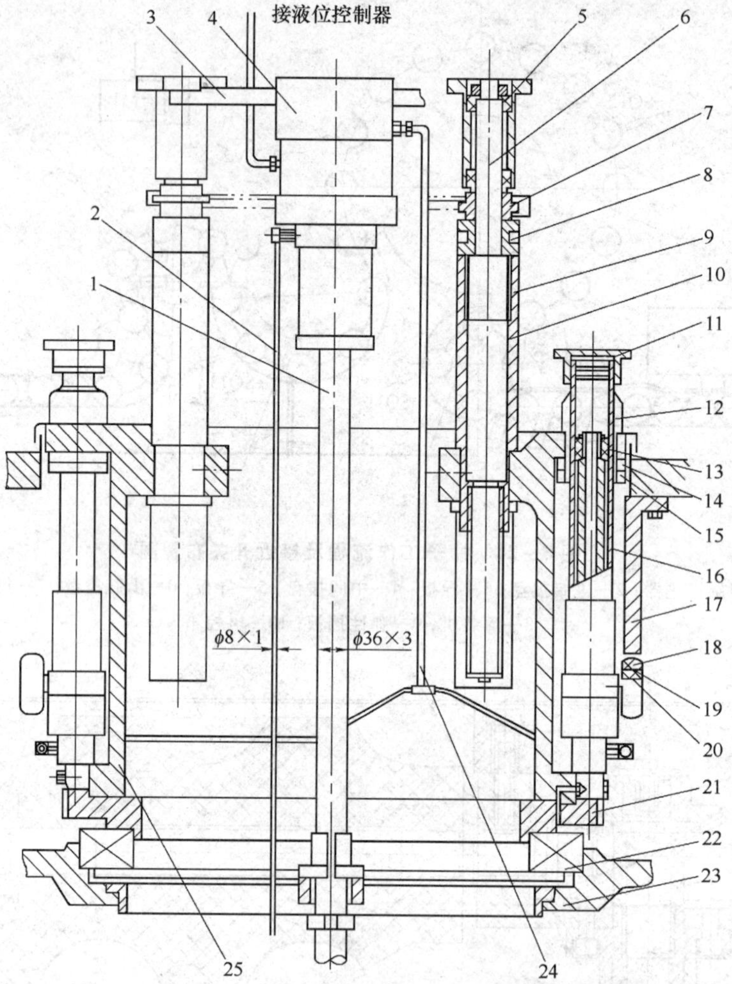

图 8-26　DGP16/6 等压灌装封盖机灌装缸及瓶托升降机构简图

1—中心进液管；2—气管；3—进液支管；4—气液分配器；5—轴承；6—升降转轴；7—升降链轮；8—升降螺母；9—无油润滑轴承；10—升降支柱；11—瓶托；12—套筒；13—密封圈；14—锁紧螺母；15—背母；16—气缸筒；17—凸轮；18—滚轮；19—轴承；20—轴用挡圈；21—灌装大齿圈；22—四点接触轴承；23—工作台下平板；24—气管；25—回转盘

四点接触轴承 22 的型号为 176792K，是可分离型的轴承，具有双半内圈，接触角为 35°。在无负荷和纯径向负荷时作用时，钢球与内外套圈呈四点接触，径向负荷容量高；在纯轴向负荷容量下，钢球与套圈呈两点接触。该种轴承能够承受双轴向负荷，兼有单列和双列角接触球轴承的功能。优点是定心性能好，而且能够承受较大的倾覆力矩。

（1）瓶托升降机构　等压灌装封盖机灌装缸及瓶托升降机构如图 8-26 所示。瓶托升降机构采用的是用气缸将瓶托升起，靠凸轮 17 的斜面将气缸筒 16、瓶托 11 拉下。16 个瓶托机构固定在回转盘 25 上，随同回转盘一同旋转。瓶托 11 固定在气缸筒 16 的上部，滚轮 18 通过滚轮轴固定在气缸筒 16 的下部，因有轴承 19 的作用，滚轮 18 可围绕滚轮轴回转。在工作时，压缩空气通过气管 24 同时通入 16 个气缸内部，活塞杆固定不动气缸筒 16 可上下移动。凸轮 17 的形状

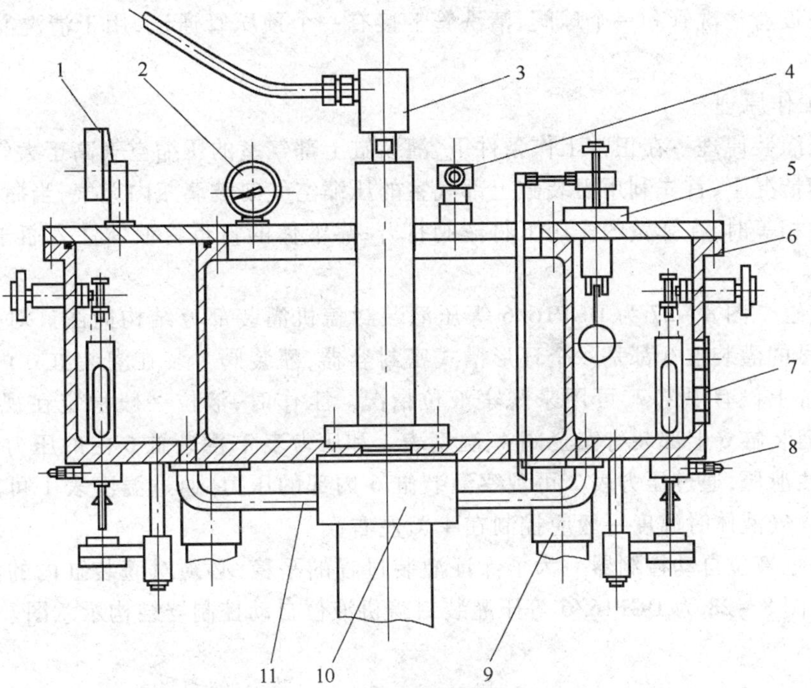

图 8-27 DGP16/6 等压灌装封盖机灌装部分结构简图

1—温度表；2—压力表；3—旋转导气接头；4—安全阀；5—液位控制器；6—灌装缸；7—视窗；8—灌装阀；9—升降支柱；10—气液分配器；11—进液支管

是按照灌装时的工艺要求来设计的，有了凸轮 17 的作用则使 16 个瓶托处于不同的高度。压缩空气在 16 个气缸和环形管中循环使用，进气与出气的情况基本平衡，只需补充少量漏损量。

（2）灌装缸升降机构　由于灌装机要适应不同类型、高度的瓶子，所以灌装缸的高度要能够调整。灌装缸固定在三个升降支柱 10 的上部，调整升降螺母 8 和升降链轮 7 与升降转轴 6 通过键连接，升降支柱 10 固定在回转盘 25 上，升降转轴 6 下部的梯形外螺纹与升降支柱 10 下部的梯形内螺纹相配合，三个升降支柱 10 通过升降链轮 7 和套筒滚子链相连接，转动一个升降螺母 8 则三个升降转轴同时旋转，因升降转轴 6 转动时升降支柱 10 固定不动，所以升降转轴 6 在转动的同时还有垂直方向的升降运动。调整灌装缸高度的方法是：在停机的情况下，首先卸下关阀机构，调整泄压板至脱离泄压阀触头为止，再用专用手柄插入灌装缸下三根升降支柱 10 的升降螺母 8 的孔中，升降螺母 8 转动即可使灌装缸上升或下降至所需高度，理想的高度是灌装阀控位圈的最下沿距离瓶口约 5～9 mm。与此同时，将环形板的灌装控位架及防护罩上升或下降相同的高度即可。先松开防护罩下四根支柱上的螺母，然后调整到相应的高度后再锁紧，一般为泄压板与灌装阀的泄压阀排气塞的高度一致。

（3）灌装进液机构　灌装缸被固定在三个升降支柱 10 的上部。进液主管道是在左下部的不锈钢管，液体经过进液主管道，通过一个不锈钢球阀的总控制，流经液体观察窗进入中心进液管 1，再进入气液分配器 4，因灌装缸（图 8-27 中 6）是环形的，所以在气液分配器 4 处将液体分为三个进液支管 3，液体从灌装缸下部流入灌装缸，这样可使进液平稳并且减少气泡的产生。中心进液管 1 可以调整长短，当灌装缸的高度变化时，中心进液管 1 的高度也要做相应的调整。在进液管始端另设有清洗管和一个球阀，清洗管上接有一个预压管通道，用于清洗灌装缸用（图中未画出）。

3. 灌装工作原理

（1）等压灌装原理　在正常工作条件下，灌装缸上部气室的压缩空气高于大气压，在瓶口与灌装阀密封的情况下，首先利用灌装缸上部气室的压缩空气向玻璃瓶内充气，当瓶子中的压力与灌装缸中压力相等时，在弹簧的作用下将液阀打开，靠液体的自重将液体注入瓶子中，这种灌装叫等压灌装。

（2）灌装缸　图 8－27 为 DGP16/6 等压灌装封盖机灌装部分结构简图。对回转式灌装机而言，各种型号的灌装缸 6 都是一个环形槽式密封容器，灌装阀 8 装在灌装缸 6 内，有良好的密封性，在灌装缸上设有视窗 7，可用来观察液位情况。工作时，液位一般稳定在视窗孔的 1/2 ~ 1/3位置处。灌装缸 6 上部装有安全阀 4、温度表 1 和压力表 2，灌装缸 6 内的压力超过一定的压力，安全阀 4 便泄压，通过压力表 2 可观察灌装缸 6 内部的压力，通过温度表 1 可观察灌装时的温度，当灌装含气液体时温度一般应控制在 4 ℃左右。

（3）灌装缸液位自动控制器　为了保证灌装过程的平稳，必须对灌装缸内的液位的高低进行自动控制。图 8－28 为 DGP16/6 等压灌装封盖机液位自动控制器结构示意图。

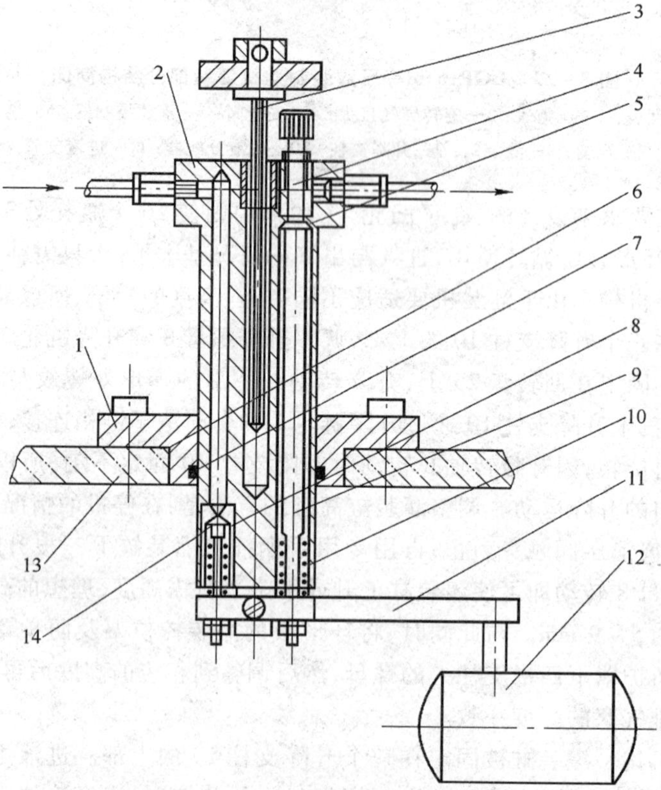

图 8－28　DGP16/6 等压灌装封盖机液位自动控制器结构示意图

1—阀座；2—阀体；3—螺杆；4—调整螺钉；5—密封圈；6—密封圈；7—密封圈；8—进气阀芯；9—排气阀芯；10—弹簧；11—杠杆；12—浮筒；13—灌装缸上盖；14—密封圈

其原理是利用液位控制器来控制液料的进液压力与灌装缸内气体的压力之间的压差，以保证缸内液位的稳定。阀座 1 固定在灌装缸上盖 13 上，阀体 2 固定在阀座 1 上，螺杆 3 用来调整阀体在阀座 1 中的上下位置，浮筒 12 与杠杆 11、进气阀芯 8、排气阀芯 9 刚性连接，杠杆 11 通过销轴与阀体 2 相连，杠杆 11 可围绕销轴上下摆动，从而带动进气阀芯和排气阀芯上下移动。在灌装过程中缸内液位下降时，浮筒 12 也随着下降，因而带动杠杆 11 顺时针转动，使排气阀芯 9 下移，密封圈 5 不起密封作用，便打开排气气阀，排出灌装缸内的反压气体，缸内的气压随之降低，所以液体便缓缓流入灌装缸内，杠杆 11 围绕销轴作缓缓的逆时针运动。当液位升至要求位置时，密封圈 5 便起密封作用，将排气阀关闭。当灌装缸内液位超过浮筒 12 控制的正常液位时，杠杆 11 逐渐带动进气阀芯 8 下移，使密封圈 14 不起密封作用，打开进气阀，使反压气体进入缸内（因为反压压力高于进液压力 0.05 MPa），由于灌装缸内反压压力增长即产生压差，会使料液停止进入缸内，以保持生产中的液位动态平衡，稳定状态一般使液位保持在视窗孔的 1/2 ~ 1/3 高度处，可通过视窗孔（图 8 – 27 中 7）观察。

（4）灌装阀　灌装阀是灌装缸、气室（包括充气室、排气室、真空室等）和灌装容器（玻璃瓶）这三者之间的流体通路开关，根据灌装工艺要求，能依次对有关通路进行切换。灌装阀是关系到灌装机能否正常而又高效工作的关键部件。这里着重介绍等压灌装阀。

DGP16/6 等压灌装封盖机采用的是机械式弹簧等压灌装阀，它的显著优点是灌装速度快，结构简单，动作较灵敏，无瓶不灌装，在升压到瓶子耐压强度不够而发生爆瓶时能自动关阀，而且易清洗，阀口与瓶口容易对正，拆装方便。

图 8 – 29 是 DGP16/6 等压灌装封盖机灌装阀结构示意图。整个阀装在灌装缸内，具有良好的密封性。它的工作原理是这样的：扳机 1 与锁瓣 2、拨叉 7 刚性连接在一起，转扳机 1 可使拨叉 7 上下移动，当拨叉 7 位于最下端，拨叉 7 压着套筒 24，套筒 24 压着气门 22，封气圈 21 起作用，液压缸上部的压缩气体不能通过气门 22 及阀芯管 15 中部的小孔流入瓶内，灌装阀处于关闭状态；当瓶口与灌装阀达到密封时，开阀机构的活塞杆上移，活塞杆上部的滑块将扳机轴 1 顶起，使扳机轴 1 转动一定的角度，从而使拨叉 7 向上抬起一定的距离，这时，套筒 24 在弹簧 23 的作用下将气门 22 抬起，这时封气圈 21 不起作用，液压缸上部的压缩气体可通过气门 22 和阀芯管中部的小孔流入瓶子内部，当瓶子内部的压力与液压缸上腔的压力达到平衡时，阀芯管 15 在弹簧 23 和弹簧 19 的共同作用下被向上抬起，封水圈 17 不起密封作用，液体可以通过阀芯管 15 的外壁流入瓶子内部，瓶子内部的气体则通过阀芯管 15 中部的通气孔与气门 22 流回灌装缸上部，灌装阀处于开阀状态；当瓶子内部的液体接触到阀芯管 15 的下部时，瓶子内部的气体不能通过阀芯管 15 流回灌装缸上部，随着液体的继续下流，当瓶子内部的气体压力与液压缸上部的气体压力和液压缸内部的液体高度相平衡时，液压缸内部的液体则不再流入瓶子内部，这样限定了瓶子内液面距离瓶口的距离，同时也规定了瓶子内部液体的容量，改变阀芯管 15 的长度可改变瓶子内液面到瓶口的距离；当灌装阀随着灌装缸回转到关阀位置时，关阀机构将扳机 1 转动一与开阀时相反的角度，拨叉 7 拨动套筒 24 使气门 22 和阀芯管同时向下移动，使封气圈 21 和封水圈 17 同时将气路和水路关闭，灌装阀又处于关闭状态；随着灌装阀的旋转柱塞 9 与泄压机构的弧形导板相接触，弧形导板使柱塞 9 向右移动一定距离，柱塞 9 的密封圈不起密封作用，瓶子上部的气体被排出到大气中，使其与大气压相等，至此整个灌装过程结束。分水圈弹簧 16 的作用是使液体沿着瓶壁下流，以免影响气体的回流。当瓶子在

充气或灌装过程中爆破时，则气门 22 和阀芯管 15 则在灌装缸上部高压气体的作用下自动下移，从而关闭灌装阀。

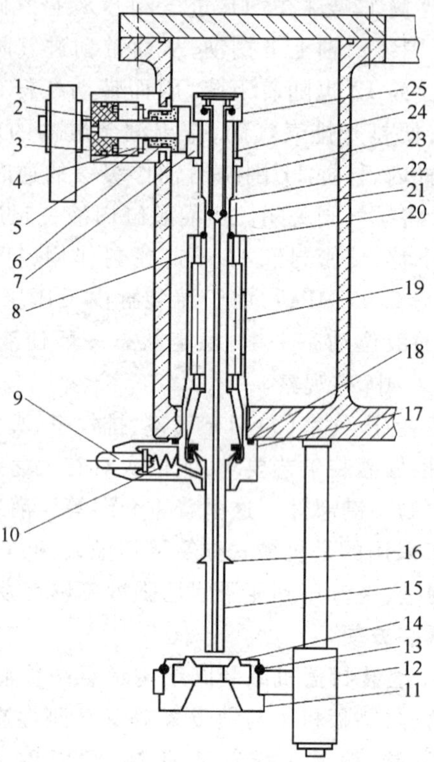

图 8－29　DGP16/6 等压灌装封盖机灌装阀结构示意图

1—扳机；2—锁瓣；3—密封圈；4—弹簧；5—密封圈；6—密封圈；7—拨叉；8—阀座；9—柱塞；10—弹簧；11—控位圈；12—滑块；13—卡圈；14—瓶口密封圈；15—阀芯管；16—分水圈弹簧；17—封水圈；18—密封圈；19—弹簧；20—密封圈；21—封气圈；22—气门；23—弹簧；24—套筒；25—密封圈

(5) 灌装阀的控制系统　灌装阀的控制是根据必要的灌装程序设计为多个小的控制机构，装在环形板上，为了安全，环形板外部装有防护板。

① 开阀机构　它的主要作用是打开灌装阀中气阀和实现无瓶不开阀、不灌装。图 8－30 是 DGP16/6 等压灌装封盖机开阀机构结构图。支架 6 用螺钉固定在环形板上，角支架 4 与气缸 9、两个侧板 5 和气缸 9 用螺钉刚性连接，角支架 4 在支架 6 上可通过长孔调整位置，连杆 7 与活塞杆 8 刚性连接在一起，连杆 7、角支架 4 和滑块 1 之间用销轴 2 来连接，彼此可以有相对转动。当在进瓶处检测到有瓶时，信号送 PLC 处理，当瓶子到灌装工位时，自动接通一电磁阀，气路被自动打开，压缩空气便进入到气缸 9 的内部，活塞杆 8 向上伸出，使滑块 1 向上倾斜一小角度，此时，灌装阀的扳机（图 8－29 中 1）正从滑块 1 的上部经过，将扳机被转动一小角度将灌装阀的气门（图 8－29 中 22）打开，灌装阀开始灌装工作。当检测到无瓶时，上述动作不进行，灌装阀不被打开。

② 中间调位机构　图 8－31 为 DGP16/6 等压灌装封盖机中间调位机构。灌装阀的开阀量在开阀机构的作用下全部被打开，充气并开始灌装的一刹那，回阀轮将阀关至“中间位置”，以不

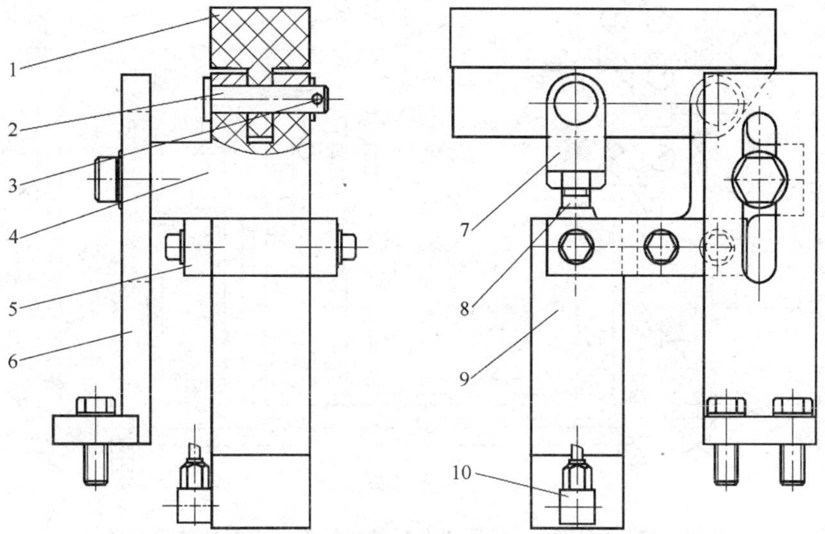

图 8-30 DGP16/6 等压灌装封盖机开阀机构结构图

1—滑块；2—销轴；3—开口销；4—角支架；5—侧板；6—支架；7—连杆；8—活塞杆；9—气缸；10—终端接头

影响灌装速度为原则，这样可以使瓶子在爆破或严重漏气时，在弹簧的作用下，气、水阀能够自动关闭，防止液体的流损。支柱 1 通过螺钉固定在环形板上，滚轮 5 可以转动，当灌装阀的扳机（图 8-29 中 1）经过滚轮 5 的下部时，滚轮 5 给扳机（图 8-29 中 1）一个向开阀相反方向的力，使扳机（图 8-29 中 1）转动一微小角度，从而将灌装阀关至“中间位置”。

③ 关阀机构　它的主要作用是关闭气、水阀，使缸内与瓶内压力隔离。

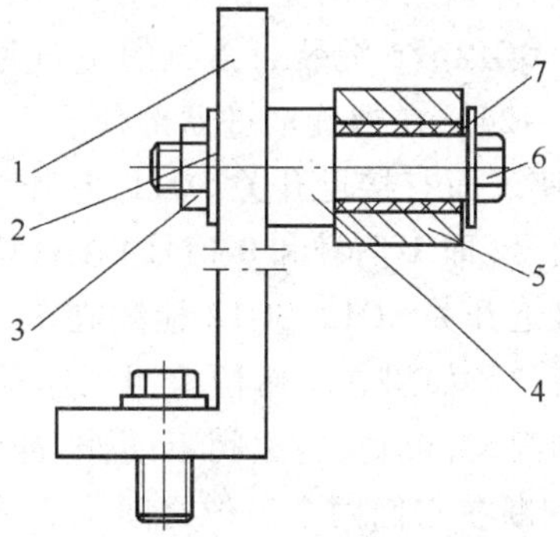

图 8-31 DGP16/6 等压灌装封盖机中间调位机构

1—支柱；2—垫圈；3—螺母；4—轴；5—滚轮；6—螺钉；7—挡圈

8.3.2 控制部分

（1）气控部分　DGP16/6 等压灌装封盖机的扩展气动控制功能原理如图 8-32 所示。气动控制箱是灌装封盖正常工作的基本保证，控制连接压缩空气、无菌空气或二氧化碳气体，并控制压力的平衡和压差，控制指令动作。

① 压缩空气主要通过一个气源三联件进行油水分离、定压和对气进行油雾处理，再经调压指令使托瓶气缸和开阀气缸进行工作。

② 二氧化碳气或无菌空气主要作用是对预压、灌装缸液位进行控制，预压控制主要是在灌装开始进液时起作用，在灌装前，首先使灌装系统进行预压。方法是：打开预压阀阀门，使灌装缸内气压达到比混合机贮液缸压力高 0.05 MPa 后立刻关闭，然后打开进液阀使液体缓缓流进，再慢慢打开液位控制器的放气阀直至液位适中时为止。

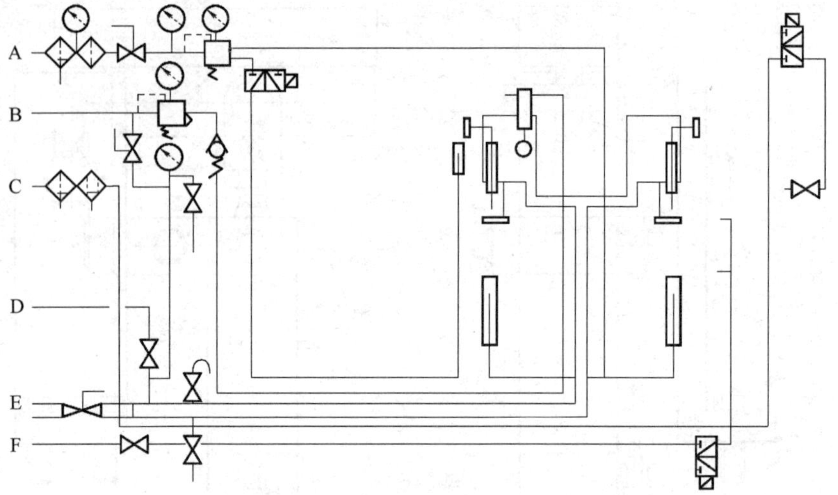

图 8－32　DGP16/6 等压灌装封盖机的气动控制功能原理图

A—压缩空气进口；B—CO_2 气和无菌空气晕进口；C—无油压缩空气；D—清洗液接口；E—饮料进口；F—喷冲进水口

③ 无油压缩空气主要是供封盖机吹盖用，它由粗过滤器、精过滤器、电磁阀和阀门组成，开机则通气，停机则自动关闭。

（2）DGP16/6 灌装封盖机的电气原理　DGP16/6 灌装封盖机的接近开关和电磁阀的布置图见图 8－24。在螺旋推进器部位有一个检测接近开关 SQ10，其所在位置是瓶子计数的第 1 工位，在机座下面有接近开关 SQ11，它作为 SQ10 瓶子计数的同步信号，作用是将 SQ10 获得的有无瓶子的信号（即 **1** 信号和 **0** 信号）在移位寄存器中向前移位。从 SQ10 第 1 工位算起，在第 10 工位有一接近开关 SQ12，SQ12 检测在其下一工位即开阀灌装工位之前是否有瓶子，SQ12 所在工位叫验瓶位。如果在验瓶位检测到瓶子时，其下位即开阀灌装位在瓶子到位时动作一个电磁阀准确开阀灌装，否则，电磁阀不动作，灌装阀不被打开。接近开关 SQ10 和 SQ12 的串联逻辑信号经 PLC 判断在它们两个工位之间是否有瓶子破损，如果在灌装工位之前有瓶子破损，在灌装工位之后有一工位叫清理碎瓶工位，当破损的瓶子到达此工位时，气动电磁阀被打开，将破碎的瓶子清理干净。以上内容就是所谓的“有瓶开阀灌装、无瓶不开阀”的工作原理，它的实现离不开 SQ11 同步信号的作用。

DGP16/6 灌装封盖机的另一控制内容是实现自动理盖，在送盖滑道上有一光电开关 SQ13，当送盖瓶盖不足时即 SQ13 没有被瓶盖遮挡，SQ13 获得一输出信号，理盖器电动机被起动使理盖器转动，瓶盖在理盖器的作用下沿送盖滑道下落；当送盖滑道上瓶盖足够多使瓶盖遮挡住 SQ13 时，经一段时间（几秒至十几秒）的延时后，理盖器电动机停止运行。上述动作反复执行，实现灌装封盖机自动理盖的控制。

① 外部输入信号、输出信号和 PLC 输入、输出点的对应表如表 8－3 所示。

内部移位寄存器：V100 计瓶移位寄存器；V110 开阀移位寄存器；V120 清理碎瓶寄存器。

② 有瓶开阀、无瓶不开阀的逻辑判断表如表 8－4 所示

表 8 – 3 外部输入信号、输出信号和 PLC 输入、输出点的对应表

输入信号			输出信号		
名称	接近(光电)开关	理论输入点	名称	电磁阀	输出点
第 1 工位	SQ10	I1.0	开阀灌装位	YV1	Q1.0
同步信号	SQ11	I1.1	清理碎瓶位	YV2	Q1.1
验瓶位	SQ12	I1.2	吹反盖	YV3	Q1.2
理盖检测位	SQ13	I1.3	理盖器	M2	Q1.3

表 8 – 4 有瓶开阀、无瓶不开阀的逻辑判断表

SQ10	SQ12	YV1	YV2
1(有瓶)	**1**(无瓶)	**0**(不灌装)	**1**(吹碎瓶)
1(有瓶)	**0**(有瓶)	**1**(灌装)	**0**(不吹碎瓶)
0(无瓶)	**1**(无瓶)	**0**(不灌装)	**0**(不吹碎瓶)

注：SQ10 有瓶时是 **1**,无瓶时是 **0**;SQ12 有瓶时是 **0**,无瓶时是 **1**;

YV1 灌装时是 **1**,不灌装时是 **0**;YV2 清理碎瓶时是 **1**,不清理时是 **0**。

③ 有瓶开阀、无瓶不开阀的移位寄存器状态图如图 8 – 33 所示。

从第 1 工位即 SQ10 所在位置算起,验瓶位 SQ12 的工位数是 10,开阀灌装工位数是 11,清理碎瓶位的工位数是 15,验瓶位和清理碎瓶位相差 5 个工位,这是清理碎瓶电磁阀动作的计数标准。

图 8 – 33 为 DGP16/6 灌装封盖机有瓶开阀、无瓶不开阀的移位寄存器状态图。移位寄存器为 8 位,低位为 LSB,高位为 MSB,第 1 位为 0 位,第 8 位为 7 位,因移位寄存器最多为 8 位,而 DGP16/6 灌装封盖机从 SQ10 到 SQ12 有 10 个工位,所以 V100 和 V101 两个移位寄存器串联起来使用。当第 1 工位有瓶子时,V100 的 0 位为 **1**,当第 2 工位有瓶子时,V100 的第 0 和 1 位都为 **1**(即 **11**),当第 3 工位有瓶子时,V100 的第 0、1 和 2 位都为 **1**(即 **111**),其他依次类推;当第 9 工位有瓶子时,V100 的 8 位全为 **1**,同时 V101 的第 0 位为 **1**,当第 10 工位有瓶子时,V100 的 8 位全为 **1** 的同时 V101 的第 0 位和第 1 位都为 **1**(即 **1111111111**)。

当 SQ10 在第 1 工位检测到有瓶子时,即 I1.0 = **1** 时,移位同步信号 SQ11 将逻辑 **1** 信号送入 V100.0 位,经移位寄存器(V100)左移 10 位后,逻辑 **1** 信号到达 V101.1 位,此时 V101.1 = **1**。若瓶子在第 1 工位和第 10 工位之间没有破损,此时 I1.2 = **0**(验瓶位有瓶子时,SQ12 的检测块被瓶子顶起,SQ12 没有输出信号,所以 I1.2 = **0**),那么 V101.1 = **1** 和 I1.2 = **0** 的**非**逻辑相**与**等于 **1**($V101.1 \cdot \overline{I1.2} = 1$),同步信号把此时相**与**后的逻辑 **1** 信号送入 V110 移位寄存器的 V110.0 位(即 V110.0 = **1**),在下一个同步移位脉冲到来时,V110.0 的 **1** 信号被送入到 V110.1 位中,即 V110.1 = **1**,灌装阀被准确打开,开始灌装。若在第 1 工位和第 10 工位之间瓶子破损,则 I1.2 = **1**,那么 V101.1 和 I1.2 = **1** 的**非**逻辑相**与**等于 **0**,即 **0** 信号移入 V110.0 位,即 V110.0 = **0**,在下一个移位脉冲到来时 V110.1 = **0**,灌装阀不被打开。

V101.1 和 I1.2 的逻辑**与**结果送到 V120.0 位,在移位脉冲的作用下左移,在 V120.4 位视

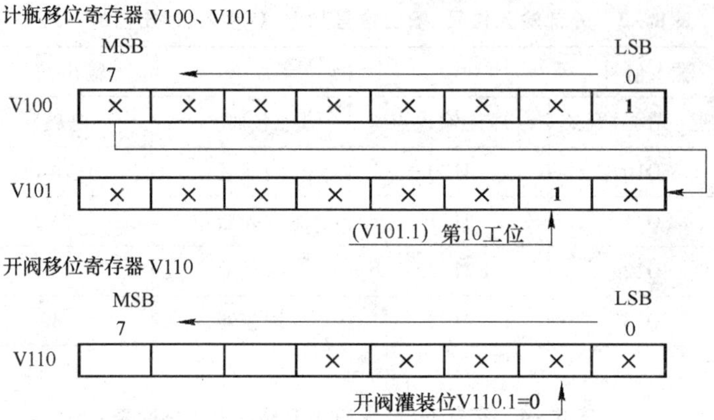

图 8-33　有瓶开阀、无瓶不开阀的移位寄存器状态图

注：V101.1 和 I1.2 的非逻辑相与结果送到 V110.0 位，V110.0 位的值在同步信号的作用下左移位，在 V110.1 位判断是否开阀灌装。

V120.4 位的值判断是否清理碎瓶（原理同上）。

④ DGP16/6 等压灌装封盖机运行调速　DGP16/6 等压灌装封盖机采用富士变频器在生产过程中实现变速控制。利用变频器的调速方法是现代自动控制过程中比较常用的调速方法，与其他的调速方法相比（如变电阻调速、电磁调速等），变频调速的优点是节约能源，可靠性高，可实现无级调速，在低频下能获得较大的输出转矩，运行平稳，在起动时对电动机的冲击小。

在控制面板上设置一个起动/停止按钮，当初次按下起动/停止时，起动信号被输入 PLC，经 PLC 运算输出一电信号控制一个中间继电器动作，中间继电器的一组动合点闭合作为变频器正转控制信号，变频器驱动电动机运行；当第 2 次按下起动/停止按钮时，PLC 将正转运行信号中断，变频器就停止输出，主电动机停止运行。在控制面板上安装一调速电位器，将调速电位器接到变频器 0～10V 输入点，旋转电位器器钮，电动机按变频器给定频率运行，实现变频调速。

⑤ 电器控制原理 PLC 接线原理及梯形图　DGP16/6 等压灌装封盖机采用西门子 ST-200 系列 ST-224 型 24 点（14 入、10 出）PLC。图 8-34为 DGP16/6 等压灌装封盖机的 PLC 的接线原理图，图 8-35 为 PLC 梯形图。

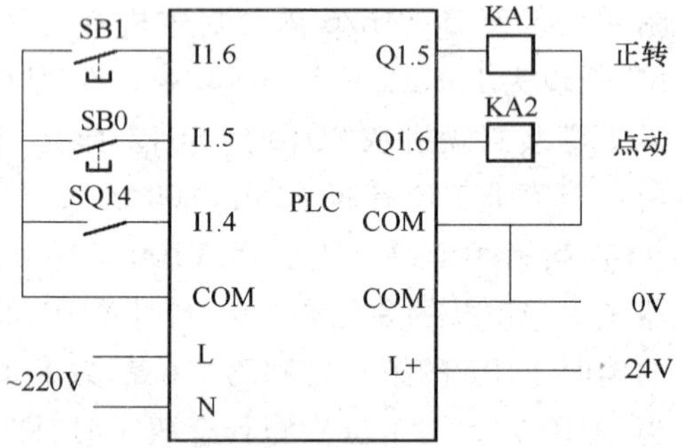

图 8-34　DGP16/6 等压灌装封盖机的 PLC 接线原理图

SB1—点动按钮；KA1—主机正转运行继电器；
SB0—起动/停止按钮；KA2—主机点动运行继电器；
SQ14—挤瓶接近开关

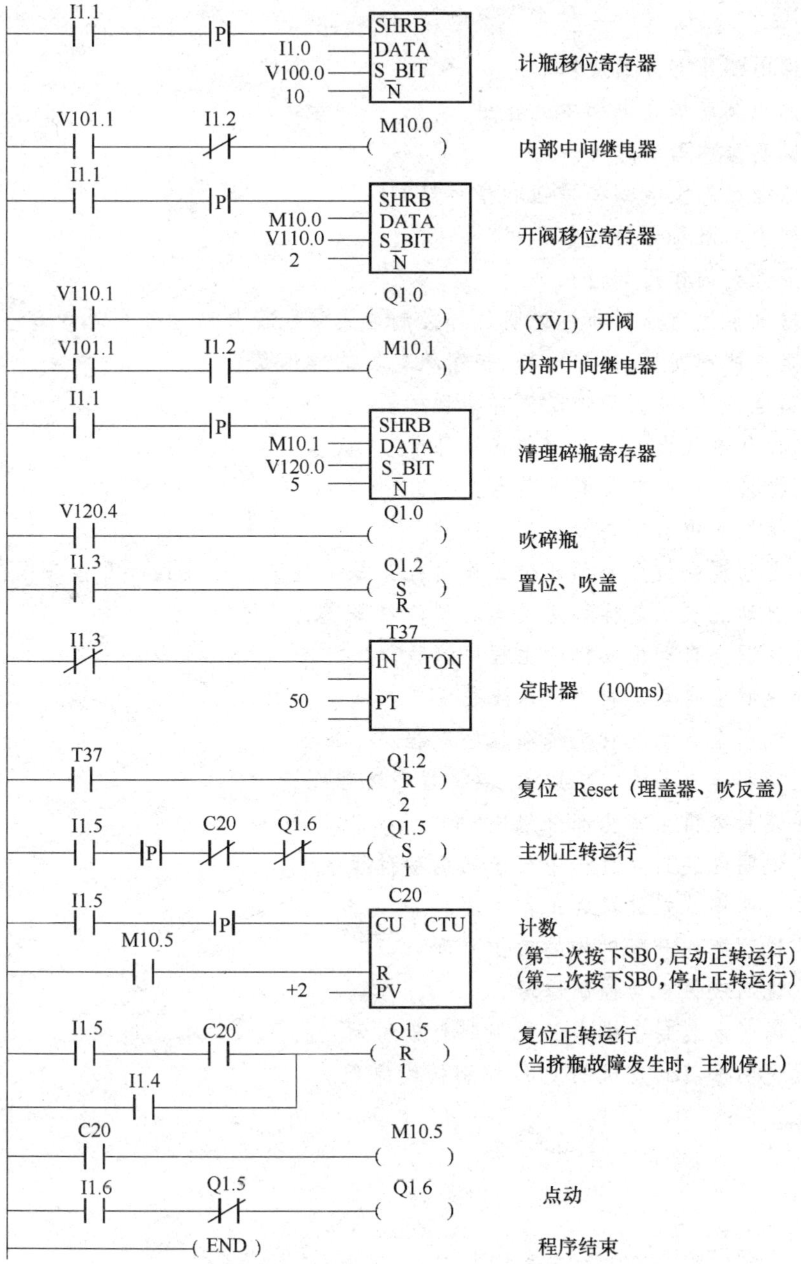

图 8-35 DGP16/6 等压灌装封盖机 PLC 梯形图

习　题

8-1　电梯由哪几部分组成？

8-2　试说明制动器在电梯中的作用。

8-3　试说明缓冲器的作用。

8-4　电梯操纵箱上有哪些按钮和指示灯？

8-5　电梯中的限位开关有何作用？

8-6　极限开关的作用如何？

8-7　根据电梯运行速度曲线说明怎样控制曲线使电梯起动和停止时舒适感强。

8-8　电路中的熔断器、热继电器、相序继电器的作用是什么？

8-9　说明电梯开、关门动作是怎样实现的。

8-10　电梯从电气设计上有哪些安全环节？

8-11　电梯控制中有哪些输入节点？

8-12　电梯控制中有哪些输出节点？

8-13　全自动洗衣机分为哪几个工作过程？每个过程以应该具有哪些动作？

8-14　全自动洗衣机怎样针对不同类型的衣服进行洗涤？

8-15　试说明全自动洗衣机的主程序流程。

8-16　试说明全自动洗衣机进水流程。

8-17　试说明全自动洗衣机洗涤程序流程。

8-18　试说明全自动洗衣机脱水、漂洗程序流程。

8-19　灌装封盖机由哪几部分组成？

8-20　试说明灌装封盖过程中瓶子的运动过程。

8-21　试说明螺旋推进器的工作原理。

8-22　试说明瓶托升降机构的工作原理。

8-23　试说明液位自动控制原理。

8-24　试说明灌装封盖机中怎样判别有瓶和无瓶。

8-25　试说明灌装封盖机的 PLC 控制接线原理。

附 录

附录 I 通用键盘布局和正常编码

图 F1 –1 键盘布局图

Esc 1B	F1 0,3B	F2 0,3C	F3 0,3D	F4 0,3E	F5 0,3F	F6 0,40	F7 0,41	F8 0,42	F9 0,43	F10 0,44	F11	F12	Power	Sleep	Wake						
` 60	1 31	2 32	3 33	4 34	5 35	6 36	7 37	8 38	9 39	0 30	- 2D	= 28	Backspace 08	Print Screen	Scroll Lock	Paus Break	Num Lock	/ 2F	* 2A	- 2D	
Tab 09	Q 71	W 77	E 65	R 72	T 74	Y 79	U 75	I 69	O 6F	P 70	[5B	] 5D	Ins 0,52	Home 0,47	PgUp 0,49	Home 0,47	↑ 0,48	PgUp 0,49	+ 2B		
Caps Lock	A 61	S 73	D 64	F 66	G 67	H 68	J 6A	K 6B	L 6C	; 3B	' 27	Enter 0D	Del 0,53	End 0,4F	PgDn 0,51	← 0,4B	5	→ 0,4D			
Shift	Fn	Z 7A	X 78	C 63	V 76	B 62	N 6E	M 6D	, 2C	. 2E	/ 2F	Shift	\ 5C		↑ 0,48		End 0,4F	↓ 0,50	PgDn 0,51	Enter 0D	
Ctrl	开始键	Alt	SPACE 20	Alt	开始键	快捷键	Ctrl	← 0,4B	↓ 0,50	→ 0,4D	Ins 0,52	Del 0,53									

图 F1－2 正常键码

附录Ⅱ 与 Shift、Ctrl 组合的键盘编码

Esc 1B	F1 0,54	F2 0,55	F3 0,56	F4 0,57	F5 0,58	F6 0,59	F7 0,5A	F8 0,5B	F9 0,5C	F10 0,5D	F11	F12	Power	Sleep	Wake						
~ 7E	! 21	@ 40	# 23	$ 24	% 25	^ 5E	& 26	* 2A	(28	) 29	_ 5F	+ 2B	Backspace 08	Print Screen	Scroll Lock	Paus Break	Num Lock	/ 2F	* 2A	- 2D	
Tab	Q 51	W 57	E 45	R 52	T 54	Y 59	U 55	I 49	O 4F	P 50	{ 7B	} 7D	Ins	Home	PgUp	7 37	8 38	9 39	+ 2B		
Caps Lock	A 41	S 53	D 44	F 46	G 47	H 48	J 4A	K 4B	L 4C	: 3A	" 22	Enter 0D	Del	End	PgDn	4 34	5 35	6 36			
Shift	Fn	Z 5A	X 58	C 43	V 56	B 42	N 4E	M 4D	< 3C	> 3E	? 3F	Shift	7C		↑		1 31	2 32	3 33	Enter 0D	
Ctrl	开始键	Alt	SPACE 20	Alt	开始键	快捷键	Ctrl	←	↓	→	0 30	Del 2E									

图 F2－1 与 Shift 组合的键码

Esc 1B	F1 0,5E	F2 0,5F	F3 0,60	F4 0,61	F5 0,62	F6 0,63	F7 0,64	F8 0,65	F9 0,66	F10 0,67	F11	F12	Power	Sleep	Wake					
~ 7E	!	@ 00	#	$	%	^ 1E	&	*	(	)	_ 1F	+	Backspace 2F	Print Screen	Scroll Lock	Paus Break	Num Lock	/ 2F	* 2A	
Tab	Q 11	W 17	E 05	R 12	T 14	Y 19	U 15	I 09	O 1F	P 10	{ 1B	} 1D		Ins	Home	PgUp	7 0,77	8	9 0,84	
Caps Lock	A 01	S 13	D 04	F 06	G 07	H 08	J 0A	K 0B	L 0C	: ;	" '	Enter 0A		Del	End	PgDn	4 0,73	5	6 0,74	
Shift	Fn	Z 1A	X 18	C 03	V 16	B 02	N 0E	M 0D	< ,	> .	? /	Shift	1C		↑		1 0,75	2	3 0,76	
Ctrl	开始键	Alt	SPACE 20	Alt	开始键	快捷键	Ctrl	←	↓	→	0	Del								

图 F2 – 2　与 Ctrl 组合的键码

附录Ⅲ　与 Alt 组合的键盘编码

Esc	F1 0,68	F2 0,69	F3 0,5A	F4 0,6B	F5 0,6C	F6 0,6D	F7 0,6E	F8 0,6F	F9 0,70	F10 0,71	F11	F12	Power	Sleep	Wake						
~ `	1 0,78	2 0,79	3 0,7A	4 0,7B	5 0,7C	6 0,7D	7 0,7E	8 0,7F	9 0,80	0 0,81	- 0,82	= 0,83	← Backspace	Print Screen	Scroll Lock	Paus Break	Num Lock	/	*	-	
Tab	Q 0,10	W 0,11	E 0,12	R 0,13	T 0,14	Y 0,15	U 0,16	I 0,17	O 0,18	P 0,19	{ [	}]		Insert	Home	Page Up	7 Home	8 ↑	9 PgUp	+	
Caps Lock	A 0,1E	S 0,1F	D 0,20	F 0,21	G 0,22	H 0,23	J 0,24	K 0,25	L 0,26	: ;	" '	Enter		Delet	End	Page Down	4 ←	5	6 →		
Shift	Fn	Z 0,2C	X 0,2D	C 0,2E	V 0,2F	B 0,30	N 0,31	M 0,32	< ,	> .	? /	Shift	| \		↑		1 End	2 ↓	3 PgDn	Enter	
Ctrl	开始键	Alt	SPACE 20	Alt	开始键	快捷键	Ctrl	←	↓	→	0 Ins	. Del									

图 F3 – 1　与 Alt 组合的键码

附录Ⅳ　电梯控制梯形图

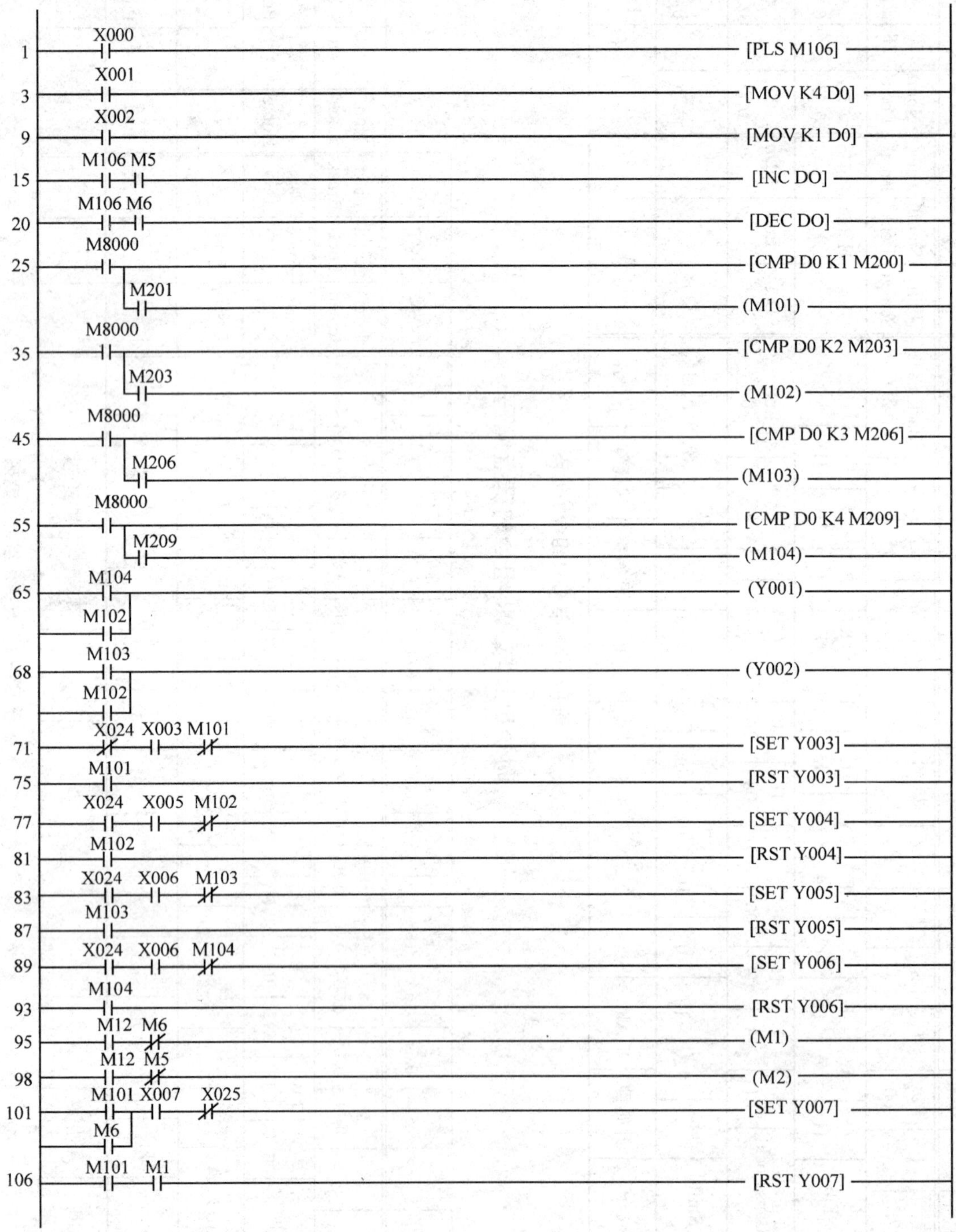

1 X000 [PLS M106]
3 X001 [MOV K4 D0]
9 X002 [MOV K1 D0]
15 M106 M5 [INC DO]
20 M106 M6 [DEC DO]
25 M8000 [CMP D0 K1 M200]
M201 (M101)
35 M8000 [CMP D0 K2 M203]
M203 (M102)
45 M8000 [CMP D0 K3 M206]
M206 (M103)
55 M8000 [CMP D0 K4 M209]
M209 (M104)
65 M104 M102 (Y001)
68 M103 M102 (Y002)
71 X024 X003 M101 [SET Y003]
75 M101 [RST Y003]
77 X024 X005 M102 [SET Y004]
81 M102 [RST Y004]
83 X024 X006 M103 [SET Y005]
87 M103 [RST Y005]
89 X024 X006 M104 [SET Y006]
93 M104 [RST Y006]
95 M12 M6 (M1)
98 M12 M5 (M2)
101 M101 X007 X025 M6 [SET Y007]
106 M101 M1 [RST Y007]

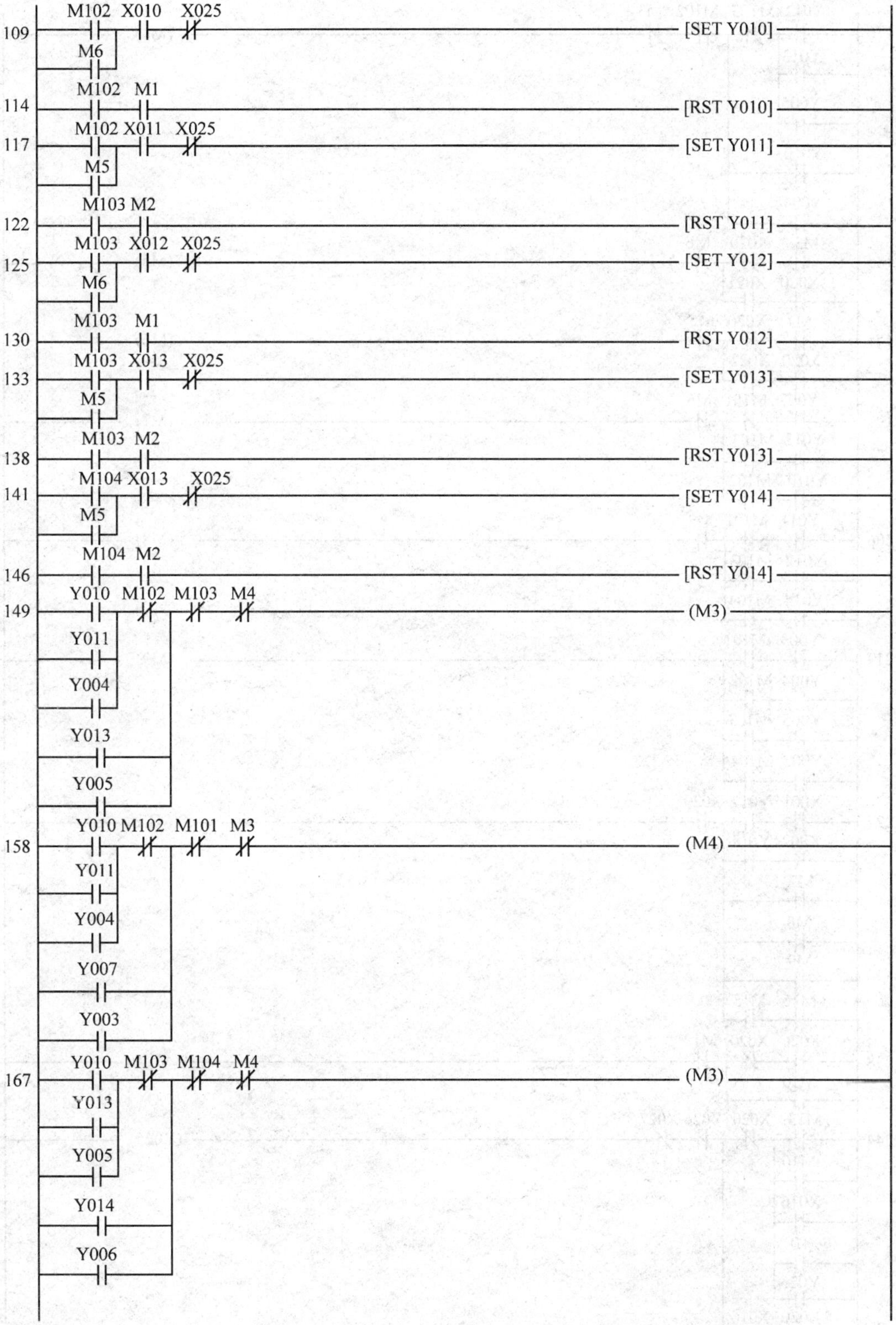
109 M102 X010 X025 [SET Y010]
M6
114 M102 M1 [RST Y010]
117 M102 X011 X025 [SET Y011]
M5
122 M103 M2 [RST Y011]
125 M103 X012 X025 [SET Y012]
M6
130 M103 M1 [RST Y012]
133 M103 X013 X025 [SET Y013]
M5
138 M103 M2 [RST Y013]
141 M104 X013 X025 [SET Y014]
M5
146 M104 M2 [RST Y014]
149 Y010 M102 M103 M4 (M3)
Y011
Y004
Y013
Y005
158 Y010 M102 M101 M3 (M4)
Y011
Y004
Y007
Y003
167 Y010 M103 M104 M4 (M3)
Y013
Y005
Y014
Y006

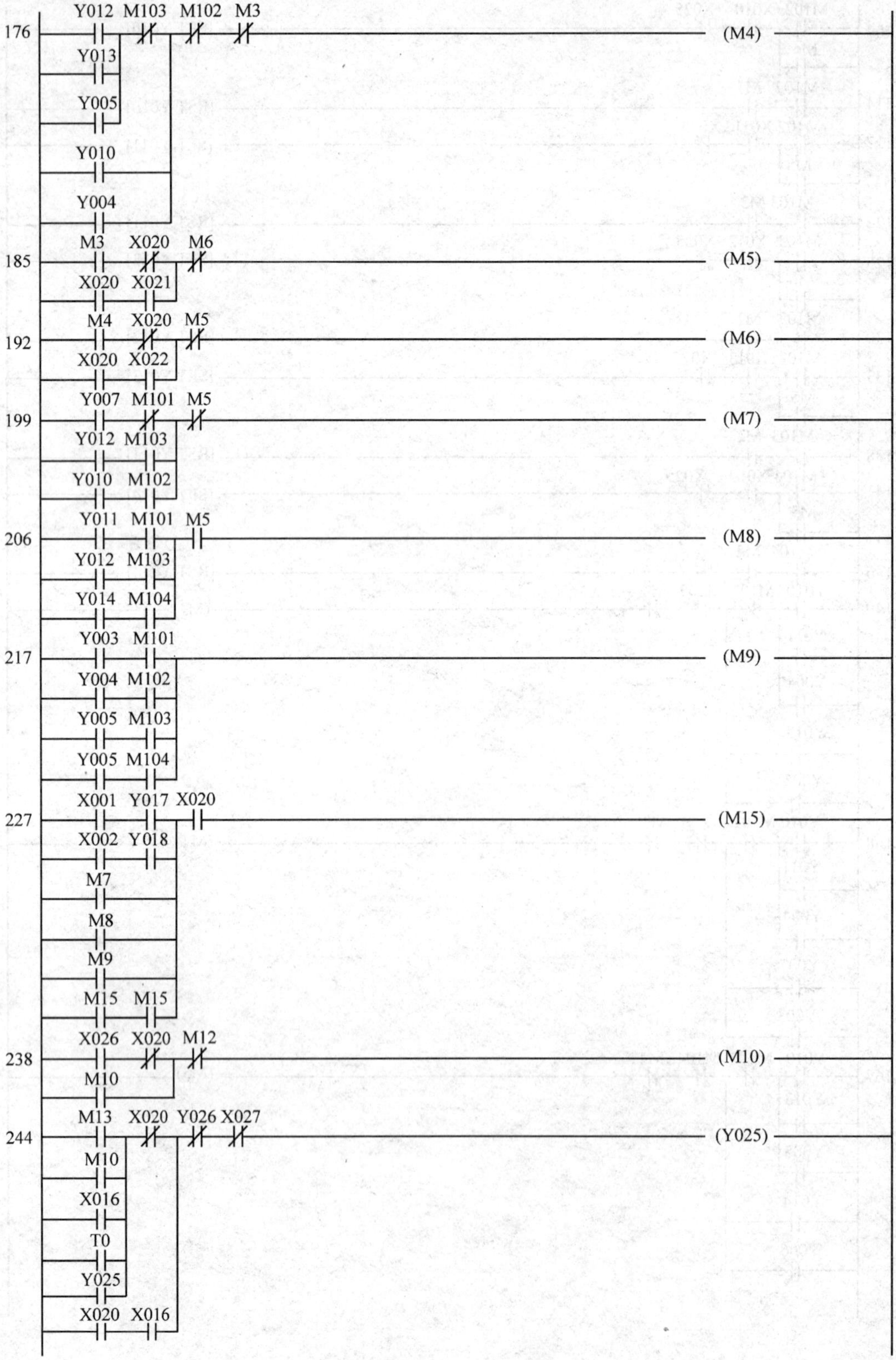
176
Y012 M103 M102 M3
Y013
Y005
Y010
Y004
(M4)
185
M3 X020 M6
X020 X021
(M5)
192
M4 X020 M5
X020 X022
(M6)
199
Y007 M101 M5
Y012 M103
Y010 M102
(M7)
206
Y011 M101 M5
Y012 M103
Y014 M104
(M8)
217
Y003 M101
Y004 M102
Y005 M103
Y005 M104
(M9)
227
X001 Y017 X020
X002 Y018
M7
M8
M9
M15 M15
(M15)
238
X026 X020 M12
M10
(M10)
244
M13 X020 Y026 X027
M10
X016
T0
Y025
X020 X016
(Y025)

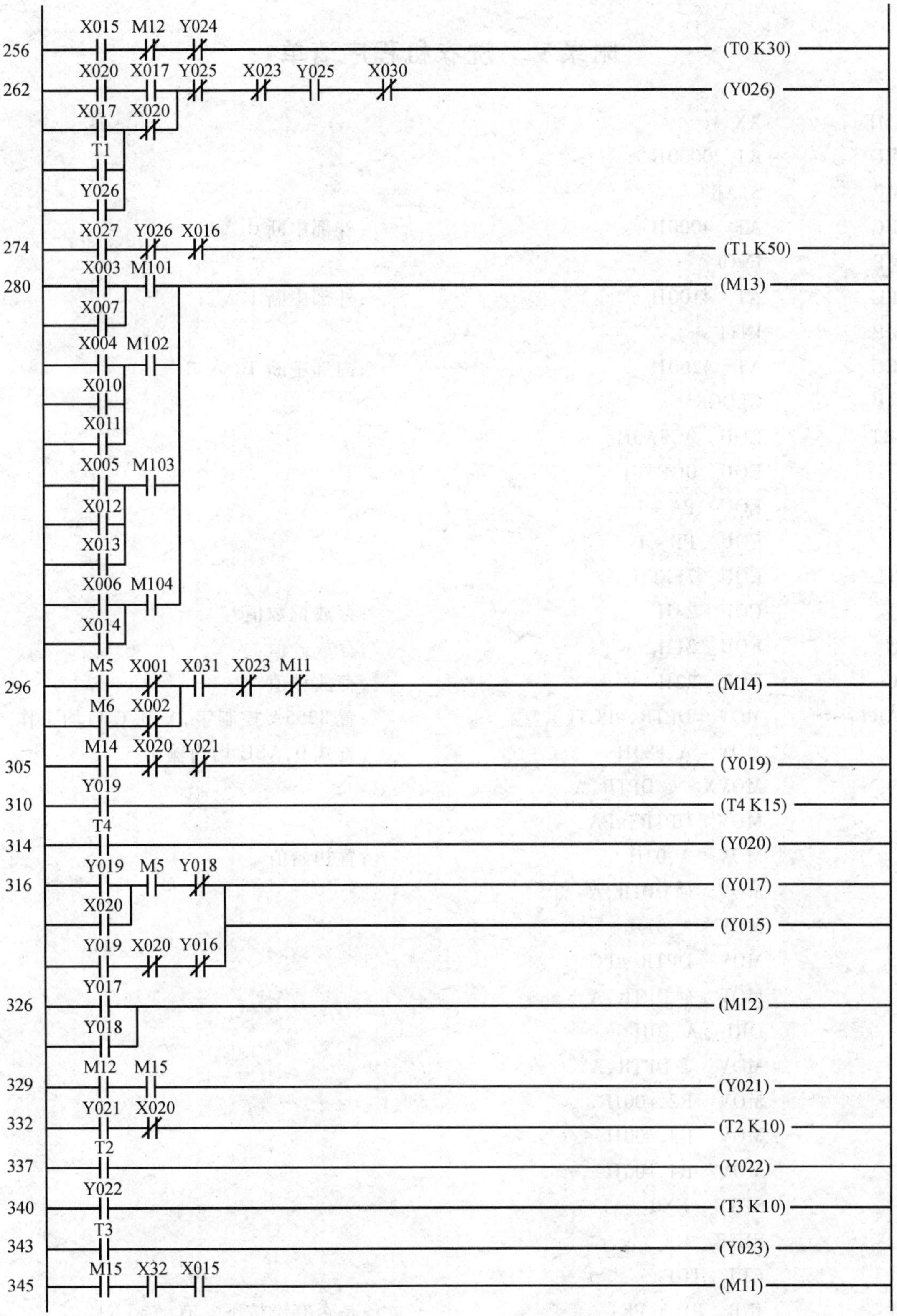
256 X015 M12 Y024 (T0 K30)
262 X020 X017 Y025 X023 Y025 X030 (Y026)
X017 X020
T1
Y026
274 X027 Y026 X016 (T1 K50)
280 X003 M101 (M13)
X007
X004 M102
X010
X011
X005 M103
X012
X013
X006 M104
X014
296 M5 X001 X031 X023 M11 (M14)
M6 X002
305 M14 X020 Y021 (Y019)
310 Y019 (T4 K15)
314 T4 (Y020)
316 Y019 M5 Y018 (Y017)
X020
(Y015)
Y019 X020 Y016
326 Y017 (M12)
Y018
329 M12 M15 (Y021)
332 Y021 X020 (T2 K10)
337 T2 (Y022)
340 Y022 (T3 K10)
343 T3 (Y023)
345 M15 X32 X015 (M11)

附录V 洗衣机程序清单

```
NAME        XX
CSEG        AT   0000H
LJMP        START
CSEG        AT   4000H              ;外部中断0入口
LJMP        INT0
CSEG        AT   4100H              ;外部中断1入口
LJMP        INT1
CSEG        AT   4200H              ;内部中断T0入口
LJMP        CLOCK
PORT        EQU   0CFA0H
PA          EOU   0CFAlH
PB          EOU   PA+1
PC          EOU   PB+1
PCTL        EQU   7FFFH
BUF         EQU   23H               ;存放记数值
MIN         EQU   21H               ;存放分值
SEC         EQU   22H               ;存放秒值
START:      MOV   DPTR,#PCTI        ;置8255A控制字,A、B、C口均工作
            MOV   A,#80H            ;方式0,ABC均为输出
            MOVX  @DPTR,A
            MOV   DPTR,#PA
            MOV   A,03H             ;置初始值
            MOV   @DPTR,A
            MOV   A,01H
            MOV   DPTR,#PC
            MOV   @DPTR,A
            ORL   A,10H
            MOV   @DPTR,A
            MOV   R2,#00H
            MOV   R3,#00H
            MOV   R4,#00H
            SETB  EX0
            SE7B  EA
            CRL   IT0
KL1:        JNB   P1.3,PK1          ;是否有键按下? 有,转PK1
```

```
        JB   P1.3,KL2              ;无,转 KL2
PK1:    MOV  R7,#10H               ;去抖动
        JNB  P1.3,C1
C1:     INC  R2                    ;有键按下工作寄存器加 1
        CJNE R2,#03H, ZS1
        MOV  A,#01H
        MOV  DPTR,#PC0             ;根据 R2 的值电亮响应的指示灯
        MOV  @DPTR,A
ZS1:    MOV  A,#01H
        DJNZ R2,2Y1
ZY1:    RL   A
        MOV  DPTR,PC0
        MOVX @DPTR, A
        MOV  R7,A
KL2:    JNB  P1.4,PK2              ;是否有键按下? 有,转 PK2
        JB   P1.3,KL3              ;无,转 KL3
PK2:    MOV  R7,#10H               ;去抖动
        JNB  P1.4,C2
C2:     INC  R3                    ;有键按下工作寄存器加 1
        CJNE R3,#02H,ZS2           ;根据 R3 的值电亮响应的指示灯

        MOV A,#03H
        MOV  DPTR,#PA
        MOVX @DPTR,A
ZS2:    MOV  A,#03H
        DJNZ R3,ZY2
ZY2:    RL   A
        MOV  DPTR,#PA
        MOVX @DPTR、A
KL3:    JNB  P1.5,PK3              ;是否有键按下? 有,转 PK3
        JB   P1.5,KL4              ;无,转 KL4
PK3:    MOV  R7,#10H               ;去抖动
        JNB  P1.5,C3               ;有键按下工作寄存器加 1
C:      INC  R4                    ;根据 R4 的值点亮相应的指示灯
        MOV  A,01H
        ANL  A,R4
        MOV  R4,A
        CJNE A,#00H,ZS3
```

```
ZS3:    MOV   A,20H
        ORL   A,R7
        MOV DPTR,#PC
        MOV @DPTR,A
KL4:    JB    P1.6,KL1          ;起动键是否按下？否,转 KL1
JS:     SETB  P3.0              ;开进水阀
KL5:    JB    P1.0,KL5          ;等待压力开关闭合
        CRL   P3.0              ;关进水阀
XY:     MOV TMOD,#01H           ;定时器 0 设置为方式 1
        MOV   TL0,#00H          ;置时间常数,每 0.1 s 中断 1 次
        MOV   TH0,#38H
        MOV   A,#0AH
        INC   R3
        MOV   B,R3
        MUL   AB
        MOV   MIN,A             ;分秒字节置初值
        MOV   DEC,#00H
        MOV   BUP,#00H
        SETB  ET0               ;开中断
        SETB  EA
        SETB  TR0
        CRL   PT0               ;设 T0 为低优先级
        SETB  EX1
        CRL   IT1
M:      SETB  P1.1              ;电动机正转 10 s
        ACALL   DELAY1
        CRL   P1.1
        MOV   A,R3              ;根据 R3 的值间歇响应的时间
        INC   A
        DJNZ  A,DELAY2
        SETB  P1.2              ;电动机反转 10 s
        ACAIL   DELAY1
        MOV   A,MIN
        CJZE  A,#00H,M          ;剩余时间为 0 时关电动机
        CRL   P1.1
        CRL   P1.2
T:      SETB  P3.0              ;开排水阀
        MOV   R0,#08H           ;排水 1 min
```

```
        DJNZ   R0,DELAY1
S:      SETB   P1.1               ;开脱水电动机
        MOV    R0,#06H            ;脱水时间为 1 min
        DJNZ   R0,DELAY1
        CRL    P1.1
        MOV    A,R4               ;判断洗衣次数
        CJNE   A,#00H,JS
P:      SETB   P1.7               ;洗衣结束报警
        ACALL  DELAY2
        CRL    P1.7
CLOCK:  MOV    TL0,#00H           ;置时间常数
        MOV    TH0,#38H
        PUSH   ACC                ;进栈
        PUSH   PSW
        MOV    A,Mm
        CJNE   A,#05H,COINT       ;剩余时间是否为 5 min
        SETB   P3.0               ;同时开进水阀和出水阀
        SETB   P3.1
COUNT:  CJNZ   A,#00H,DIR         ;剩余时间是否为 0
        INC    BUF                ;记数值加 1
        MOV    A,BUF
        CJNE   A,#0AH,DIR         ;判断是否到 1 s
        MOV    BUP,#00H
        MOV    A, SEC             ;秒值加 1
        INC    A
        DA     A                  ;十进制调整
        MOV    SEC,A
        CJNE   A,#60H,DIR
        MOV    SEC,#00H
        MOV    A,MIN              ;分值减 1
        DA     A
        DEC    A
        MOV    MIN,A
DIR:    MOV    R0,#40H            ;显示缓冲区首地址
        MOV    A,#00H             ;清零
        MOV    @R0,A
        INC    R0
        MOV    @R0,A
```

```
DS1:     MOV   R0,#40H           ;置显示缓冲区首址
         MOV   R1,#02H           ;置位选码初值
         MOV   A,R1
LOOP:    MOV   DPTR,#PA
         MOVX  @DPTR,A           ;输出位选码
         INC   DPTR
         MOV   R0,#41H
         MOV   A,MIN
         ACALL GET
         MOV   A,R0
         ACALL TABLE
DEL:     MOVX  @DPTR,A           ;显示
         INC   R0                ;显示缓冲字节加1
         MOV   A,R1
         RRC   A                 ;显码右移1位
         JNZ   LOOP              ;是否显示完毕
         ENDT  POP  PSW          ;出栈
         POP   ACC
         RETI
GET:     MOV   R7,A
         ANL   A,#0FH            ;低位送41H
         MOV   @R0,A
         DEC   R0
         MOV   A,R7              ;高位送40H
         SWAP  A
         ANL   A,#0FH
         MOV   @R0,A
         RET
TABLE:   INC   A                 ;取显示代码
         MOV   A,@A+PC
         RET
         DB  3FH
         DB  06H
         DB  5BH
         DB  4FH
         DB  66H
         DB  6DH
         DB  7DH
```

```
            DB   07H
            DB   7FH
            DB   6FH
            DB   77H
            DB   7CH
            DB   39H
            DB   5EH
            DB   79H
            DB   71H
            DB   80H
            RET
INT0:       CRL P1.1                      ;中断 0
            CRL P1.2
            MOV   A,#02H
            MOV   DPTR,#PA
            MOVX  @DPTR,A
            MOV   A,#77H
            MOV   DPTR,#PB
            MOVX  @DPTR,A
            MOV   A  #01H
            MOV   DPTR,#PA
            MOVX  @DPTR,A
            MOV   DPTR,#PB
            MOV   A,#77H
            MOVX  @DPTR,A
            DETB  P1.7
DEL5S:      MOV   R5,#50H                 ; 延时 5 s
DEL1:       MOV   R6,#200
DEL2:       MOV   R7,#126
DEL3:       DJNZ  R7,DEL3
            DJNZ  R6,DEL2
            DJNZ  R5,DEL1
            RETI
INT1:       PUSH  ACC                     ;中断 1
            PUSH  PSW
KL6:        JNB   P1.6,KL6
            POP   PSW
            POP   ACC
```

```
            SETB   EX1
            RET
DELAY1:     MOV    R5,#100H          ;延时 10 s
            JMP    DEL1
DELAY3:     MOV    R5,#20H           ;延时 5 s
DELAY2:     MOV    R5,#50H           ;延时 2 s
DEL1:       MOV    R6,#200
DEL2:       MOV    R7,#126
DEL3:       DJNZ   R7,DEL3
            DJNZ   R6,DEL2
            DJNZ   R5,DEL1
            RETI
```

参考文献

[1] 沈美明,温东婵. IBM - PC 汇编语言程序设计[M]. 北京:清华大学出版社,1994.
[2] Steven Armbrust,Ted Forgeron. DOS/BIOS 使用详解[M]. 舒志勇,刘东源,译. 北京:电子工业出版社,1989.
[3] 张仰森. 微型计算机常用软硬件技术速查手册[M]. 北京:北京希望电脑公司,1991.
[4] 刘杰,赵春雨,宋伟刚,等. 机电一体化技术基础与产品设计. 北京:冶金工业出版社,2003.
[5] 苏广川,沈英. 高级计算机系统及接口技术[M]. 北京:北京理工大学出版社,2001.
[6] 张建民,等. 机电一体化系统设计. 2 版[M]. 北京:高等教育出版社,2001.
[7] 胡泓,姚伯威. 机电一体化原理及应用[M]. 北京:国防工业出版社,1999.
[8] 赵松年,张奇鹏. 机电一体化机械系统设计[M]. 北京:机械工业出版社,1996.
[9] 郑堤,唐可洪. 机电一体化设计基础[M]. 北京:机械工业出版社,1997.
[10] 张立勋,孟庆鑫,张今瑜. 机电一体化系统设计[M]. 哈尔滨:哈尔滨工程大学出版社,1997.
[11] 张莹. 机械设计基础:下册[M]. 北京:机械工业出版社,1997.
[12] 梁森,王侃夫,黄杭美. 自动检测与转换技术[M]. 北京:机械工业出版社,2002.
[13] 朱名铨,李晓莹,刘笃喜. 机电工程智能检测技术与系统[M]. 北京:高等教育出版社,2002.
[14] 滚动轴承产品样本. 洛阳:机械电子工业部洛阳轴承研究所,1989.
[15] DGP16/6 等压灌装封盖机使用说明书. 廊坊:廊坊包装设备制造总公司,1991 .
[16] 张铁,谢存喜. 机器人学[M]. 广州:华南理工大学出版社,2002.
[17] 白井良明. 机器人工程[M]. 北京:科学出版社 &OHM 社,2001.
[18] 熊有伦. 机器人技术基础[M]. 武汉:华中理工大学出版社,1996.
[19] 黄筱调,赵松年. 机电一体化技术基础及应用[M]. 北京:机械工业出版社,2001.
[20] 周绍英,储方杰. 交流调速系统[M]. 北京:机械工业出版社,1996.
[21] 倪忠远. 直流调速系统[M]. 北京:机械工业出版社,1996.
[22] 陈家盛. 电梯结构原理及安装维修[M]. 北京:机械工业出版社,2001.
[23] 程宪平. 机电传动与控制[M]. 武汉:华中理工大学出版社. 1997.
[24] 杨可桢. 机械设计基础. 3 版[M]. 北京:高等教育出版社,1995.
[25] 杨平,廉仲. 机械电子工程设计[M]. 北京:国防工业出版社,2001.
[26] 许福玲,陈尧明. 液压与气动传动[M]. 北京:机械工业出版社,1999.
[27] 周祖德,唐泳洪. 机电一体化控制技术与系统[M]. 武汉:华中理工大学出版社,1993.
[28] 王永章,等. 机床的数字控制技术[M]. 哈尔滨:哈尔滨工业大学出版社,1995.
[29] 王兆义. 小型可编程控制器实用技术[M]. 北京:机械工业出版社,1996.
[30] 蒋春玉,张元培,陈家芳. 电梯安装与使用维修实用手册[M]. 北京:机械工业出版

社,2002.
[31] 史信芳.电梯技术[M].北京:电子工业出版社,1989.
[32] 张汉杰,王锡仲,朱学莉.现代电梯控制技术[M].哈尔滨:哈尔滨工业大学出版社,1996.
[33] 汪晓光,孙晓瑛.可编程控制器原理及应用[M].北京:机械工业出版社,2001.
[34] 周开勤.机械零件手册[M].北京:高等教育出版社,1999.